普通高等教育“十五”国家级规划教材

热能与动力机械制造工艺学

主　编　陶正良
副主编　张　华
参　编　赵志军　刘　敏
　　　　　任秋梅　廖旭东
主　审　林宗虎

机械工业出版社

本书是普通高等教育“十五”国家级规划教材，是根据许多高校设置的热能与动力机械大专业的需要，按新的教学计划编写而成。

本书除了讲授热能与动力机械制造工艺学的基础知识外，又介绍了汽轮机、锅炉、制冷机等的制造工艺，便于各高校根据各自的特点全部或选择性地进行教学。本书的内容既有理论又结合我国工程实际，许多新技术和新工艺在书中都得到反映和充实，是一本具有特色的制造工艺学教材。

本书为热能与动力工程类专业的本科生教材，也可作为相应领域的设计及工艺部门、科研院所的工程技术人员的参考书。

图书在版编目（CIP）数据

热能与动力机械制造工艺学/陶正良主编．—北京：机械工业出版社，2006.5（2025.8 重印）

普通高等教育“十五”国家级规划教材

ISBN 978-7-111-19092-9

Ⅰ.热...　Ⅱ.陶...　Ⅲ.①热能-高等学校-教材　②动力机械-机械制造工艺-高等学校-教材　Ⅳ.TK11

中国版本图书馆 CIP 数据核字（2006）第 044773 号

机械工业出版社（北京市百万庄大街 22 号　邮政编码 100037）
策划编辑：邓海平　责任编辑：蔡开颖　版式设计：张世琴
责任校对：李秋荣　封面设计：姚　毅　责任印制：李　昂
涿州市般润文化传播有限公司印刷
2025 年 8 月第 1 版第 9 次印刷
184mm×260mm · 18.75 印张 · 462 千字
标准书号：ISBN 978-7-111-19092-9
定价：49.80 元

电话服务　　　　　　　　网络服务
客服电话：010-88361066　机　工　官　网：www.cmpbook.com
　　　　　010-88379833　机　工　官　博：weibo.com/cmp1952
　　　　　010-68326294　金　　书　　网：www.golden-book.com

封底无防伪标均为盗版

机工教育服务网：www.cmpedu.com

前　　言

本书是普通高等教育“十五”国家级规划教材，是根据全国许多高等院校都设置热能与动力机械大专业的现实需要，按新的教学计划编写而成。

近十余年来能源、动力、制冷技术得到了飞速发展，传统行业与信息产业得到了有效的结合，与此相应，培养热能与动力工程专业学生的教学需要更新，而本书反映的专业方向及知识面较宽，各类新技术和新工艺得到充分体现，并且与热能动力工程专业基础课程得到很好的衔接。

本书编写人员均是长期从事能源、动力、制冷技术的一线教学与科研人员，同时还约请国内大型专业企业集团的技术人员参与编写部分章节。编写人员的有机结合将使本书覆盖的内容得到较好的阐述。本书可以将目前大专业办学的几门专业方向的制造工艺学课程整合成一门较为系统的专业教材。本书由上海理工大学陶正良负责第1篇第1~4章和第3篇第10章的撰写，其中大连冰山集团的任秋梅、刘敏分别参与了第2章和第3章部分内容的编写；上海理工大学赵志军负责第2篇第5~8章和第3篇第9章的撰写；上海理工大学张华负责第4篇第11~14章的撰写，其中大连冰山集团的刘敏、廖旭东等参与了部分内容的编写。全书由陶正良任主编，张华任副主编。陶正良负责制定编写大纲、修改和定稿工作。

全书由西安交通大学林宗虎教授主审。林教授认真审阅了全书，并对本书的结构、论述等提出了很多意见和建议，为本书增色不少，特此感谢。

在本书的编写过程中得到上海理工大学、上海电力学院、上海市重点学科建设项目（T0503）、大连冰山集团、上海汽轮机厂、上海锅炉厂等单位的同行及有关领导以及赵钧锷、李永光、邬志敏、王志强、刘殿铭等同志的大力支持；上海汽轮机有限公司工艺处的王春复、褚春弟、徐雄国、金建江为第2篇的编写提供了大量资料，上海锅炉厂有限公司王炯祥对第3篇的编写提出了很好的建议；上海理工大学的江薛麟、何明勋等同志为本书的编写、打印等工作进行协助，在此谨表示诚挚的谢意。

本书适合作为热能与动力工程专业的本科教材，也可作为有关企业的工程技术人员的参考书。

限于编者水平，书中不妥之处，恳请广大读者批评指正。

编　者

目　录

第2篇 汽轮机制造工艺

第3篇　锅炉制造工艺

第4篇　制冷机制造工艺

第1篇　工艺基础知识

本篇的主要任务是介绍透平机械、锅炉制造及制冷机加工工艺中所需要的机械加工、焊接与切割、板料的冲压和数控加工方面的有关基础知识。

第1章　机械加工基础

1.1　概述

各种热能与动力机械（如内燃机、汽轮机、燃气轮机、压气机、锅炉、制冷机等）都是由许多零件、组件和部件装配而成的。一台复杂的机器，它的生产过程往往是由许多工厂联合完成的。如汽轮机上所用的电动机、电器、滚动轴承、标准件、非金属制品等都是由相应的专业工厂完成的。

工厂的生产过程是指从生产准备开始到成品出厂的全部过程。机械产品的生产基本过程如图1-1所示。

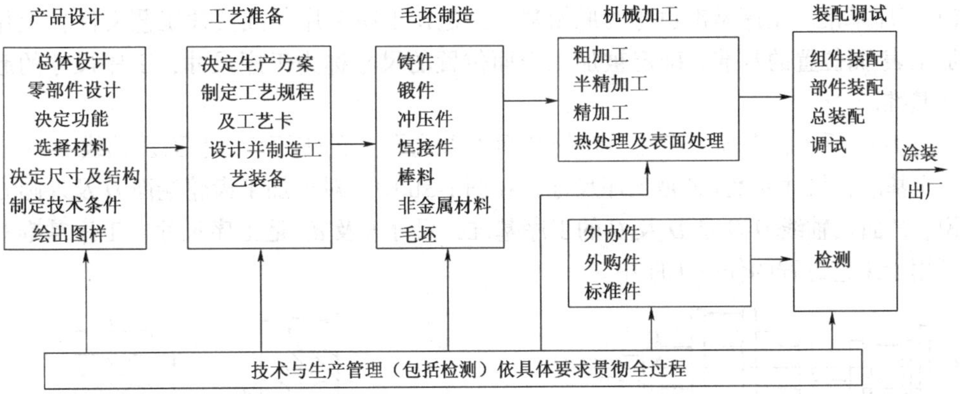

图1-1　机械产品生产基本过程

工厂的工艺过程包括以下几个主要阶段：毛坯制造（铸造、锻造等）；将毛坯加工成零件（机械加工、热处理等）；将零件装配成机器并调试成合格的产品。

将工艺过程中的各项内容写成文件就是工艺规程。

毛坯进入机械加工车间以后，要依次在一些机床上进行加工。机械加工过程一般分为如下组成部分：

1）工序、工步和走刀。工序是组成工艺过程的基本单元。工序是指一个（或一组）工人，在一台机床（或一个工作地点），对一个（或同时对几个）工件所连续完成的那部分工艺过程。

工步是在加工表面不变、切削刀具不变、切削用量（不包括背吃刀具）不变的条件下所连续完成的那部分工艺过程。

走刀是切削工具在加工表面上切削一次所完成的那部分工艺过程。

2）安装和工位。工件在机床上（或在夹具中）定位后予以夹紧的过程称为安装。

采用转位（或移位）夹具、回转工作台，或在多轴机床上加工时，工件在机床上安装后，要经过若干个位置一次进行加工，工件在机床上所占据的每一个位置上完成的那部分工艺过程称为工位。

机械加工过程中常用到基准的概念。基准的分类如下：

- 基准
  - 设计基准
  - 工艺基准
    - 工序基准
    - 定位基准
      - 粗基准
      - 精基准
        - 基本精基准
        - 辅助精基准
    - 度量基准
    - 装配基准

（1）设计基准　设计基准是零件设计图上标定某些点、线、面位置时所依据的点、线、面。如图 1-2 所示的曲轴，*A* 面分别是 *A*′、*B*、*D*、*F* 和 *H* 面的设计基准；*B* 面是 *C* 面、*D* 面是 *E* 面、*F* 面是 *G* 面的设计基准；轴线 *O*-*O* 是 *O*′-*O*′和 *O*″-*O*″的设计基准。

（2）工艺基准　在零件加工、测量和机器装配时所采用的基准。按其用途又可分为工序基准、定位基准、度量基准和装配基准。

1）工序基准。工序基准也称为原始基准，是在工序卡片（或其他工艺文件）上用以确定被加工表 面位置的基准。确定被加工表面位置的尺寸称为工序尺寸，工序尺寸的起点就是工序基准。

如图 1-3a 所示，在加工齿轮毛坯的端面 *E* 及内孔 *F* 的工序中，*B* 面及轴线 *O*-*O* 是 *E* 及 *F* 的工序基准，尺寸 *a* 及 *dF* 是工序尺寸。在图 1-3b 中，对于加工齿轮端面 *D* 及外圆 *C* 的工序来说，*E* 面及轴线 *O*-*O* 是 *D* 及 *C* 的工序基准，尺寸 *b* 及 d_C 是工序尺寸。工序基准和工序尺寸可用于工艺过程的任一工序中。

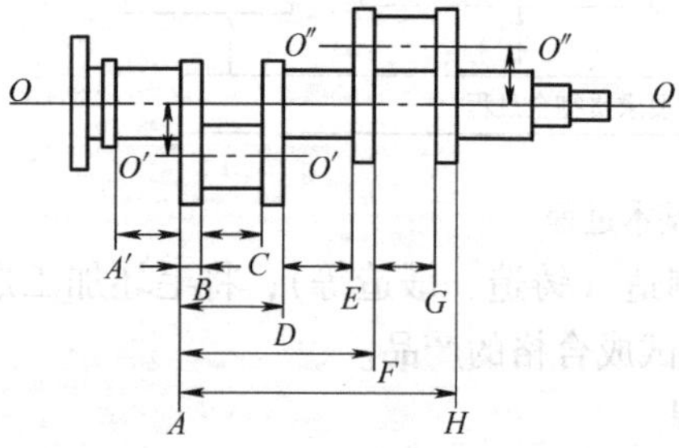

图 1-2　曲轴的设计基准

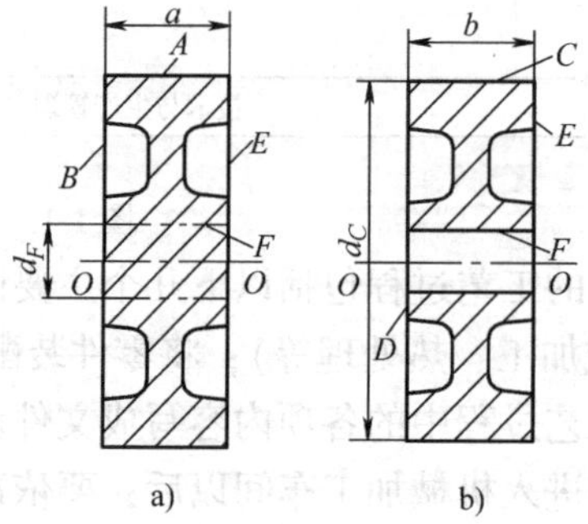

图 1-3　齿轮的加工

2）定位基准。定位基准是工件在夹具上（或直接在机床上）定位时，用以使工件在工序尺寸方向上相对于刀具得到确定位置的基准。

从图 1-3a 可以看出，在加工齿轮端面 *E* 及内孔 *F* 的第一工序中，由于是以毛坯外圆面 *A* 及端面 *B* 确定工件在夹具上的位置，所以 *A*、*B* 面就是此工序的定位基准。在图 1-3b 中，是以 *E* 面及 *F* 内孔面确定工件的位置，加工齿轮端面 *D* 及外圆 *C*，*E* 及 *F* 就是此工序的定位基准。由于工序尺寸方向不同，作为定位基准的表面也不同。

作为定位基准的表面可用未经加工的表面或已经加工过的表面。未经加工的表面称为粗基准（毛基准）；已经加工过的表面则称为精基准（光基准）。精基准中又可分为基本精基准和辅助精基准。若在装配时也是作为装配基准的，称为基本精基准；辅助精基准则是指用作精基准的表面在装配和使用时没有用处者。

3）度量基准。度量基准指用以度量加工表面位置的基准。在工件进行加工或加工完毕进行检验时，用到度量基准。

4）装配基准。装配基准指当零件装配成部件和机器时，用以确定零、部件在机器中位置的基准。例如，将曲轴装进机体，曲轴上与机体接触、限制曲轴轴向运动的两轴肩面（图 1-2 中的 *A*、*A′*面）即为曲轴的轴向装配基准，它确定了曲轴轴向各表面与机体各有关表面之间的相互位置。

最后应当指出，作为工艺基准的面、线、点，在工件上有时并不一定具体存在（如轴线、基准中心平面），而常由具体的表面体现，该表面称为基面。如图 1-3 所示，齿轮孔的内表面可为齿轮的定位基面、度量基面和装配基面，它所体现的基准是孔的轴线。

不同基准重合在一起的情况称为基准重合。上述各种基准，在可能情况下应尽量做到重合。例如，设计零件图样时，应尽量以装配基准作为设计基准，这样可直接保证装配精度；在制定工艺规程时，应尽量以设计基准作为工序基准，或以工序基准作为定位基准和度量基准。这是由于基准统一可减少换算误差，保证零件的精度。

1.2　机械加工精度和表面质量

1.2.1　加工精度与加工误差

零件的加工精度是指零件在机械加工以后的尺寸、几何形状和各表面间的相互位置等实际数值与理想数值相接近的程度。

零件在加工过程中，由于种种原因总会存在一定的误差，这就是加工误差。研究加工精度的目的，就是研究如何把各种误差控制在允许范围内，弄清楚各种因素的影响规律，找出减少加工误差、提高精度的途径。

加工精度的具体内容是：

（1）尺寸精度　指零件的直径、长度和表面间距离等尺寸的实际值和理想值的接近程度。

（2）形状精度　指零件表面或线的实际形状与理想形状的接近程度，国家标准中规定用直线度、平面度、圆度、圆柱度等作为评定形状精度的项目。

（3）位置精度　指零件表面或线的实际位置和理想位置的接近程度，国家标准中用平行度、垂直度等作为评定位置精度的项目。

1.2.2　产生加工误差的主要因素

1. 加工原理误差

加工原理误差是由于采取了近似的加工方法或传动方式及形状近似的刀具等造成的。如车螺纹时，如果螺距具有几位小数，在选择交换齿轮时，因为交换齿轮的齿数是固定的，所以往往只能得到近似的螺距。

2. 机床、刀具及夹具的制造误差与磨损

(1) 机床的制造误差与磨损　机床本身的各种制造、安装误差和机床的磨损，都会使工件产生加工误差。

(2) 刀具的制造误差与磨损　用定尺寸刀具，如钻头、铰刀、丝锥、车槽刀等加工工件时，由于加工面的尺寸直接由刀具尺寸来决定，故刀具的制造精度和磨损情况将直接影响工件的尺寸精度。

(3) 夹具的制造误差与磨损　夹具本身的制造误差、安装误差以及使用过程中的磨损，构成了夹具误差。

3. 工件的安装误差

工件的安装误差包括定位误差和夹紧误差，以 Δ_{ga} 表示。

(1) 定位误差　定位误差就是加工的一批工件，由于定位的原因所产生的工序基准在工序尺寸方向上相对于夹具定位元件上的起始基准（代表定位件的理想的几何要素）的最大位移量。它包括基准不重合误差和基准位移误差。基准位移误差就是一批工件的定位基准相对定位元件起始基准在工序尺寸方向上的最大位移量。三者的关系为

$$\Delta_{dw} = \Delta_{jb} + \Delta_{jw}$$

式中　Δ_{dw}——定位误差；

Δ_{jb}——基准不重合误差；

Δ_{jw}——基准位移误差。

(2) 夹紧误差　夹紧力通过工件传至支承，造成工件变形和定位基准位移，所产生的加工表面的形状误差和加工表面的位置尺寸误差，均称为夹紧误差，以 Δ_{jj} 表示。因此，安装误差可表示为

$$\Delta_{ga} = \Delta_{dw} + \Delta_{jj}$$

4. 工艺系统的受力变形

(1) 工艺系统刚度　工艺系统的受力变形是指机床——刀具——夹具——工件组成的工艺系统，在切削过程中受力而产生的变形。这个变形会改变刀具与工件加工表面的相对位置，因而造成加工误差。工艺系统的受力变形，是由系统中各零件的弹性变形和各部位的接触变形组成的。抵抗变形的能力就是刚度。

(2) 毛坯误差的复映规律　工件的毛坯外形虽然具有粗略的零件形状，但它在尺寸上、形状上以及表面层硬度的均匀性上都有较大的误差。毛坯的这些误差在加工时，使背吃刀量不断地变化，从而引起切削力的变化，使工艺系统产生相应的变形。因而在加工后的工件上还保留着与毛坯表面类似的形状或尺寸误差。当然，工件表面残留的误差比毛坯表面的误差从数值上看已大大减小。这种现象称为毛坯误差的复映规律。

5. 工艺系统的热变形

在切削过程中，工艺系统因受热而引起的变形，称为热变形。引起热变形的热源有三个方面：

（1）切削热　它是被加工材料塑性变形以及刀具前后面摩擦而转变成的热量。由于热的传导，它主要对工件和刀具有较大的影响。

（2）摩擦热　它包括机床运动零件（齿轮、轴承、导轨等）的摩擦转变的热量，液压传动（液压泵、液压缸等）和电动机的温升等，这类热对机床的影响较大。

（3）外界热源的辐射及传导　当室温变化及附近存在热源时，就会使工艺系统受热。它的具体表现为机床的热变形引起的加工误差、刀具的热变形引起的加工误差以及工件的热变形。

6. 工件内应力的影响

在去除外加负载或外部因素的作用以后，工件内部所存留的应力称为内应力。内应力通常是处于相对平衡的状态，在没有某种因素破坏这种平衡时，工件外形不会发生变化。失去平衡后，内应力就要重新分布，因而工件产生变形。由于变形，也会影响到工件的加工精度。

7. 测量误差和调整误差

测量误差是指工件实际尺寸与量具表示出的尺寸之间的误差。调整误差是指在加工时由于刀具——机床——夹具工艺系统没有调整到正确位置而产生的加工误差。

1.2.3　表面质量

表面质量是指机械加工以后，零件表面的几何形状（主要是表面粗糙度）和表面层的物理力学性能两个方面。

1. 表面的几何形状

零件经过机械加工后，表面实际形状总存在着与理想几何形状的偏差。这种偏差包含以下三种情况：

（1）宏观几何形状偏差或宏观不平度　它表明加工后工件宏观实际几何形状与理想几何形状之间的偏差，如平面度、圆柱度等。其波形形状特征是表面的波距 l_1 与波高 h_1 的比值很大，$l_1/h_1>1000$。

（2）表面粗糙度　就是表面的微观几何形状偏差或微观不平度。图 1-4 中 l_3 与 h_3 即表示这种波形表面的波距与波高，其 l_3 与 h_3 的比值较小（$l_3/h_3\leqslant 50$）。表面粗糙度是表面质量所要研究的一个主要内容。

（3）表面波形　其波形表面的波距 l_2 与波高 h_2 的比值，介于上述两者之间。这种几何形状偏差的波距 l_2 与波高 h_2 如图 1-4 所示。这是一种有规律、多次重复的偏差，往往具有正弦曲线的性质。

2. 表面层的物理力学性能

工件在机械加工过程中，由于切削力和切削热的作用，使表面层金属具有与内部金属不同的性质。图 1-5 示出加工表面层结构沿深度的变化，在最外层生成有氧化膜或其他化合物并吸收、渗进了气体、液体和固体的粒子，故称为吸附层。该层的总厚度通常不超过 8nm。压缩层即为塑性变形区，由切削力造成，厚度约在几十至几百 μm 之间，随加工方法的不同而变化，期间的纤维层由被加工材料与刀具间的摩擦力造成。切削力也会使表面层产生各种变化，如同淬火、回火一样会使材料产生相变以及晶粒大小的变化等。以上原因最终使表面层的物理力学性能不同于内部基体金属，而表面层又影响零件的使用寿命，所以研究机械加工后金属的表面层性能是重要的。表面层的物理力学性能包括：

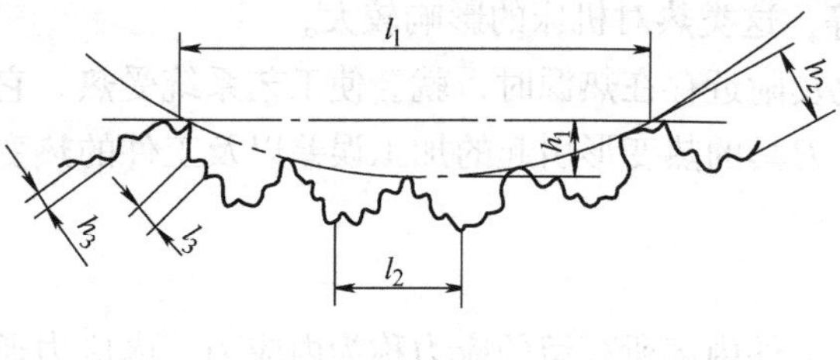

图 1-4　表面的几何形状

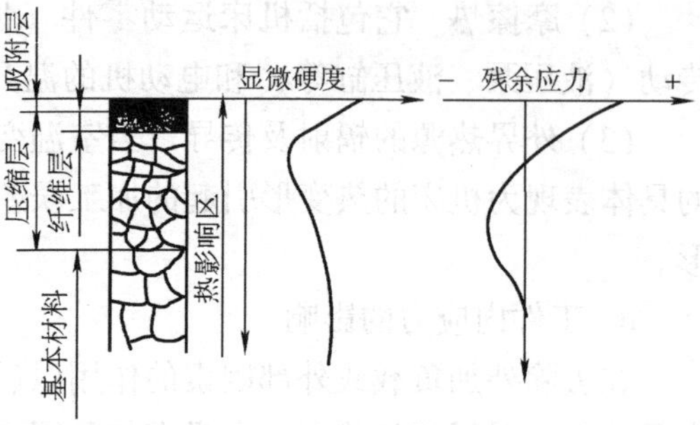

图 1-5　加工表面层的结构

1）表面层的冷硬程度和深度。

2）表面层残余应力的种类（拉伸或压缩）、大小及其分布状况。

3）表面层的金相组织。

1.2.4　表面质量对零件使用性能的影响

1. 对零件耐磨性的影响

零件的耐磨性主要与摩擦副的材料和润滑条件有关，但在这些条件已定的前提下，表面质量就起着决定性的作用。当两个表面接触时，往往先在一些凸峰顶部接触，因此，实际接触面积大大小于理论接触面积。在外力作用下，凸峰处将产生很大的压强。表面越粗糙，实际接触面积越小，凸峰处的压强越大。当零件作相对运动时，接触处的凸峰就会产生弹性变形、塑性变形及切变现象，将引起严重的磨损。

在一般情况下，工作表面在初期磨损阶段（图 1-6 的第Ⅰ部分）磨损得很快；随着磨损的发展，实际接触面积逐渐增大，单位面积压力也逐渐降低，从而磨损将以较慢的速度进行，进入正常磨损阶段（图 1-6 的第Ⅱ部分）。此时，在有润滑的情况下，就能起到很好的润滑作用。过了此阶段又将出现急剧磨损阶段（图 1-6 的第Ⅲ部分），这是因为磨损继续发展，实际接触面积越来越大，产生了金属分子之间的亲和力，使表面容易咬焊。此时，即使有润滑油也将被挤出而产生急剧的磨损。

从图 1-7 可知表面粗糙度值与初期磨损量间的关系。

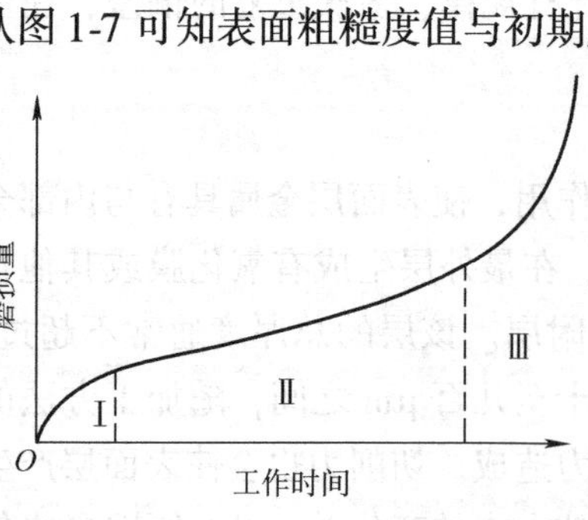

图 1-6　磨损过程的基本规律

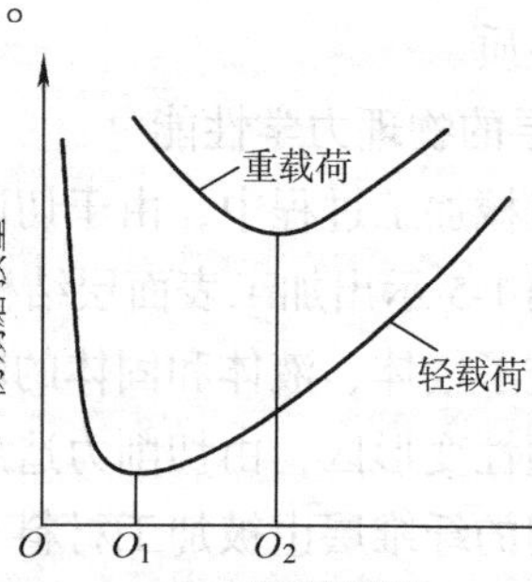

图 1-7　初期磨损量与表面粗糙度值的关系

2. 对零件疲劳强度的影响

在交变载荷的作用下，零件表面粗糙、划痕以及裂纹等缺陷容易引起应力集中，产生和加大疲劳裂纹而造成疲劳损坏。

表面层的残余压应力能够部分地抵消工作载荷所引起的拉应力，延缓疲劳裂纹的扩展，提高零件的疲劳强度；而残余拉应力容易使已加工表面产生裂纹，因而降低疲劳强度。零件表面的硬度层能够阻碍裂纹的扩大和新裂纹的出现，消除外部缺陷和表面不平度的不良影响，因此可以提高零件的疲劳强度。

改变表面层的物理力学性能可以提高零件的疲劳强度，常用方法有表面淬火、渗碳淬火、渗氮、喷丸处理或用滚柱和钢珠滚压等。

3. 对零件耐腐蚀性的影响

发动机上与燃气、水和空气等接触的零件表面，常会受到腐蚀。试验表明，零件的表面越粗糙，耐腐蚀性能越差。

4. 对零件配合性质的影响

在间隙配合中，如果零件的配合表面很粗糙，则在工作过程中将很快磨损，使配合间隙增大，从而改变了所要求的间隙配合性质。在过盈配合中，如果零件的配合表面很粗糙，则在配合时，表面的凸峰被压平，使有效过盈量减小，从而降低了过盈配合的强度。

1.2.5 各种加工方法所能达到的经济精度

在机械加工中，用经济精度表示某一种加工方法能经济地达到的精度等级。所谓经济精度，是指在正常生产条件下（采用符合质量标准的设备、工艺装备和使用标准技术等级的工人，不延长加工时间），该加工方法所能保证的公差等级。每一种加工方法的经济加工精度都与一定范围的公差等级相对应。

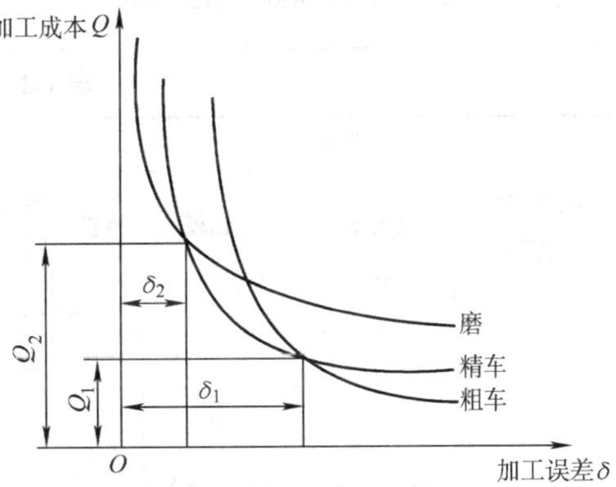

图 1-8 不同加工方法的加工误差和加工成本的关系

不同的加工方法，其经济精度是不同的。如图 1-8 所示的三种加工方法，当要求加工公差小于 δ_2 时，应该选择磨削，这种加工方法的经济精度较高；当要求公差大于 δ_1 时，应该粗车，这种加工方法的经济精度低；当要求公差介于 δ_1 和 δ_2 之间时，则应精车，其经济精度适中。

各种加工方法的经济精度可从有关手册中查阅。表 1-1、表 1-2、表 1-3 分别列出各种加工方法加工外圆、孔及平面时所能达到的经济精度，可供选择表面加工方法时参考。

1.2.6 表面粗糙度的选择

由于加工时各种因素对表面质量的影响，各种加工方法所能达到的表面粗糙度也不一样。对每一种加工方法，只要改变它的切削用量、刀具几何形状及其他条件，就能在很大范围内影响表面粗糙度。

表面粗糙度和尺寸精度一样，也是根据零件在机器中的作用、工作条件、经济性按类比法来选择的。选择时可参考下列原则。

表 1-1　圆柱形外表面加工的经济精度

基本直径 /mm	车					磨				研磨	用钢球或滚柱工具滚压			
	粗	半精或一次加工		精		一次加工	粗	精						
	加工的公差等级（IT）和标准公差值/μm													
	14~12	13	11	10	9	7	9	7	6	5	10	9	7	6
≤3	250~100	140	60	40	25	10	25	10	6	4	40	25	10	6
>3~6	300~120	180	75	48	30	12	30	12	8	5	48	30	12	8
>6~10	360~150	220	90	58	36	15	36	15	9	6	58	36	15	9
>10~18	430~180	270	110	70	43	18	43	18	11	8	70	43	18	11
>18~30	520~210	330	130	84	52	21	52	21	13	9	84	52	21	13
>30~50	620~250	390	160	100	62	25	62	25	16	11	100	62	25	16
>50~80	740~300	460	190	120	74	30	74	30	19	13	120	74	30	19
>80~120	870~350	540	220	140	87	35	87	35	22	15	140	87	35	22
>120~180	1000~400	630	250	160	100	40	100	40	25	18	160	100	40	25
>180~250	1150~460	720	290	185	115	46	115	46	29	20	185	115	46	29
>250~315	1300~520	810	320	210	130	52	130	52	32	23	210	130	52	32
>315~400	1400~570	890	360	230	140	57	140	57	36	25	230	140	57	36
>400~500	1550~630	970	400	250	155	63	155	63	40	27	250	155	63	40

表 1-2　孔加工的经济精度

孔的基本直径 /mm	钻及扩钻孔				扩孔				铰孔						拉孔	
	无钻模		有钻模		粗扩	铸孔或冲孔后一次扩孔		钻扩后精扩	半精铰		精铰		细铰		粗拉铸孔或冲孔	
	加工的公差等级（IT）和标准公差值/μm															
	13	11	13	11	13	13	11	10	11	10	9	8	7	6	11	10
≤3	—	60	—	60	—	—	—	—	—	—	—	—	—	—	—	—
>3~6	—	75	—	75	—	—	—	—	75	48	30	18	12	8	—	—
>6~10	—	90	—	90	—	—	—	—	90	58	36	22	15	9	—	—
>10~18	270	—	—	110	270	—	110	70	110	70	43	27	18	11	—	—
>18~30	330	—	—	130	330	—	130	84	130	84	52	33	21	—	—	—
>30~50	390	—	390	—	390	390	160	100	160	100	62	39	25	—	160	100
>50~80	—	—	460	—	460	460	190	120	190	120	74	46	30	—	190	120
>80~120	—	—	—	—	540	540	220	140	220	140	87	54	35	—	220	140
>120~180	—	—	—	—	—	—	—	—	250	160	100	63	40	—	250	160
>180~250	—	—	—	—	—	—	—	—	290	185	115	72	46	—	—	—
>250~315	—	—	—	—	—	—	—	—	320	210	130	81	52	—	—	—
>315~400	—	—	—	—	—	—	—	—	—	—	—	—	—	—	—	—
>400~500	—	—	—	—	—	—	—	—	—	—	—	—	—	—	—	—

（续）

基本直径/mm	拉孔			镗孔							磨孔				研磨	用钢球、挤压杆校正，用钢球或滚柱扩孔或挤孔			
	粗拉或钻孔后精拉孔			粗	半精	精			细		粗		精						
	加工的公差等级（IT）和标准公差值/μm																		
	9	8	7	13	11	10	9	8	7	6	9	8	8	7	6	10	9	8	7
≤3	—	—	—	—	—	—	—	—	—	—	—	—	—	—	—	—	—	—	—
>3～6	—	—	—	—	—	—	—	—	—	—	—	—	—	—	—	—	—	—	—
>6～10	—	—	—	—	—	—	—	—	—	—	—	—	—	—	—	—	—	—	—
>10～18	43	27	18	270	110	70	43	27	18	11	43	27	27	18	11	70	43	27	18
>18～30	52	33	21	330	130	84	52	33	21	13	52	33	33	21	13	84	52	33	21
>30～50	62	39	25	390	160	100	62	39	25	16	62	39	39	25	16	100	62	39	25
>50～80	74	46	30	460	190	120	74	46	30	19	74	46	46	30	19	120	74	46	30
>80～120	87	54	35	540	220	140	87	54	35	22	87	54	54	35	22	140	87	54	35
>120～180	100	63	40	630	250	160	100	63	40	—	100	63	63	40	25	160	100	63	40
>180～250	—	—	—	720	290	185	115	72	46	—	115	72	72	46	29	185	115	72	46
>250～315	—	—	—	810	320	210	130	81	52	—	130	81	81	52	32	210	130	81	52
>315～400	—	—	—	890	360	230	140	89	57	—	140	89	89	57	36	230	140	89	57
>400～500	—	—	—	970	400	250	155	97	63	—	155	97	97	63	40	250	165	97	63

注：1. 孔加工精度与工具制造精度有关。

2. IT7、IT6 级精度细镗孔要采用金刚石刀具。

3. 用钢球或挤压杆校正适用于孔径小于或等于 50mm

表 1-3 平面加工的经济精度

基本尺寸（高或厚）/mm	刨削和圆柱铣刀及端铣刀铣削									拉削					磨削				研磨		用钢球或滚柱工具滚压		
	粗			半精或一次加工		粗	细			粗拉铸面及冲压表面		精拉			一次加工		粗	精	细				
	加工公差精度等级（IT）和标准公差值/μm																						
	14	13	11	13	11	10	9	7	6	11	10	9	7	6	9	7	9	7	6	5	10	9	7
>10～18	430	270	110	270	110	70	43	18	11	—	—	—	—	—	43	18	43	18	11	8	70	43	18
>18～30	520	330	130	330	130	84	52	21	13	130	84	52	21	13	52	21	52	21	13	9	84	52	21
>30～50	620	390	160	390	160	100	62	25	16	160	100	62	25	16	62	25	62	25	16	10	100	62	25
>50～80	740	460	190	460	190	120	74	30	19	190	120	74	30	19	74	30	74	30	19	13	120	74	30
>80～120	870	540	220	540	220	140	87	35	22	220	140	87	35	22	87	35	87	35	22	15	140	87	35
>120～180	1000	630	250	630	250	160	100	40	25	250	160	100	40	25	100	40	100	40	25	18	160	100	40
>180～250	1150	720	290	720	290	185	115	46	29	290	185	115	46	29	115	46	115	46	29	20	185	115	46
>250～315	1300	810	320	810	320	210	130	52	32	—	—	—	—	—	130	52	130	52	32	23	210	130	52
>315～400	1400	890	360	890	360	230	140	57	36	—	—	—	—	—	140	57	140	57	36	25	230	140	57
>400～500	1550	970	400	970	400	250	155	63	40	—	—	—	—	—	155	63	155	63	40	27	250	155	63

注：1. 表内资料适用于尺寸小于 1m、结构刚性好的零件加工，用光洁的加工表面作为定位和测量基准。

2. 面铣刀铣削的加工精度在相同条件下大体上比圆柱铣刀铣削高一级。

3. 细铣仅用于端铣刀铣削。

1）一般工作表面的表面粗糙度比非工作表面的要求高。尺度精度要求高的表面，其表面粗糙度要求也高。精度和表面粗糙度是密切相关的。实践证明，平面度的平均高度 R_z 不应超过尺寸公差的10% ~25%，根据这个数值便能确定每级精度所要求的表面粗糙度。

2）摩擦表面的表面粗糙度比非摩擦表面的要求高。摩擦面的速度越高，所受的单位面积压力越大，表面粗糙度要求也越高。滚动摩擦表面的表面粗糙度比滑动摩擦表面的要求高。

3）对于间隙配合，间隙越小，表面粗糙度要求越高。对过盈配合，连接强度越高，表面粗糙度要求也越高。一般情况下，间隙配合的表面粗糙度要求比过盈配合高。

4）配合性质相同、精度相同时，零件的尺寸越小，则表面粗糙度要求越高。轴比孔的表面粗糙度要求高。

5）受周期性载荷的表面及可能发生应力集中的圆角和凹槽处的表面粗糙度应较高。

各种加工方法所能达到的 R_a 值见表1-4。

表1-4 各种加工方法能达到的 R_a 值

加工方法		表面粗糙度													
		0.006	0.012	0.025	0.05	0.1	0.2	0.4	0.8	1.6	3.2	6.3	12.5	25	50
砂模铸造												—	—	—	—
型壳铸造												—	—	—	—
金属模铸造										—	—	—	—	—	
离心铸造										—	—	—	—		
精密铸造									—	—	—	—			
蜡模铸造								—	—	—	—	—			
压力铸造								—	—	—	—				
热轧												—	—	—	—
模锻										—	—	—	—	—	—
冷轧							—	—	—	—	—	—			
挤压								—	—	—	—	—			
冷拉							—	—	—	—	—				
锉								—	—	—	—	—	—		
刮削								—	—	—	—	—			
刨削	粗											—	—	—	
	半精									—	—				
	精							—	—						
插削										—	—	—	—		
钻孔									—	—	—	—	—		
扩孔	粗											—	—		
	精									—	—				
金刚镗孔					—	—	—								

（续）

加工方法		表面粗糙度													
		0.006	0.012	0.025	0.05	0.1	0.2	0.4	0.8	1.6	3.2	6.3	12.5	25	50
镗孔	粗											—	—	—	
	半精								—	—	—				
	精							—	—						
铰孔	粗									—	—	—			
	半精							—	—	—					
	精					—	—	—	—						
拉削	半精							—	—	—					
	精					—	—								
滚铣	粗										—	—	—		
	半精								—	—	—				
	精							—	—						
端面铣	粗										—	—			
	半精							—	—	—	—				
	精						—	—	—						
车外圆	粗											—	—		
	半精									—	—	—			
	精						—	—	—						
金刚车				—	—	—									
车端面	粗											—	—		
	半精									—	—	—			
	粗							—	—						
磨外圆	粗								—	—	—				
	半精						—	—	—						
	精			—	—	—	—								
磨平面	粗									—					
	半精							—	—						
	精			—	—	—	—								
珩磨	平面			—	—	—	—	—	—						
	圆柱		—	—	—	—	—								
研磨	粗						—	—	—						
	半精				—	—	—								
	精		—	—	—										
抛光	一般					—	—	—	—						
	精		—	—	—										

（续）

加工方法		表面粗糙度													
		0.006	0.012	0.025	0.05	0.1	0.2	0.4	0.8	1.6	3.2	6.3	12.5	25	50
滚压抛光					—	—	—	—	—	—					
超精加工	平面		—	—	—	—	—								
	圆柱	—	—	—	—	—	—								
化学磨									—	—	—	—	—		
电解磨			—	—	—	—	—	—	—						
电火花加工									—	—	—	—	—		
切割	气割											—	—	—	—
	锯									—	—	—	—	—	—
	车										—	—	—		
	铣												—	—	
	磨									—	—				
螺纹加工	丝锥板牙								—	—	—				
	梳铣								—	—	—				
	滚						—	—							
	车								—	—	—	—			
	搓丝								—	—	—				
	滚压							—	—	—					
	磨						—	—	—						
	研磨				—	—	—	—	—						
齿轮及花键加工	刨								—	—	—				
	滚								—	—	—				
	插								—	—	—				
	磨					—	—	—							
	剃						—	—	—						

注：本表适用于钢及有色金属加工。

1.3 尺寸链

机器的装配精度与零件的加工精度密切相关，在完全互换装配中，装配精度是由零件精度保证的，而零件精度又是根据装配精度确定的，零件精度和装配精度之间的这种联系可以用尺寸链原理加以分析。这个问题对于设计人员特别重要，因为如何根据装配精度的要求规定各零件的精度，是设计人员要解决的问题，也是尺寸链的一种解法。

1.3.1 尺寸链的基本概念

先分析几个实际例子。图 1-9 所示的圆柱形零件在配合时，间隙 N 由尺寸 A_1 及 A_2 决定，其相互关系为 $N = A_1 - A_2$。同样，对两个零件来说，在加工过程中，各尺寸的形成也是相互关联的。图 1-10 为在车床上加工阶梯轴的情况，尺寸 A、B、C 可由三种方法获得。先加工 C，后加工 B，最后得总长 $A = B + C$。也可先截取总长 A，再加工 B，最后得小头尺寸 $C = A - B$。还可以先截取总长 A，再加工 C，最后得大头尺寸 $B = A - C$。

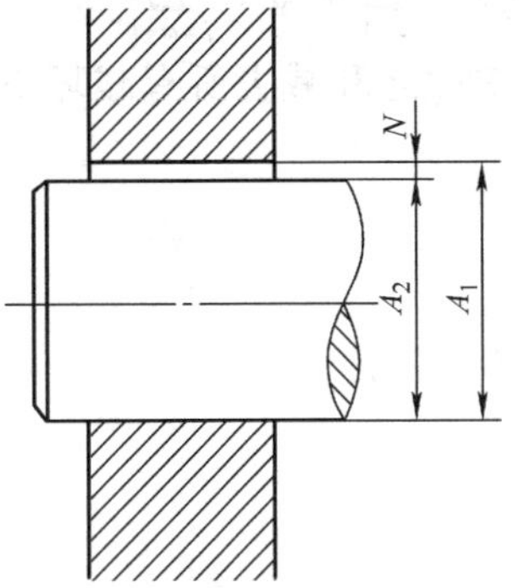

图 1-9　圆柱形零件的配合

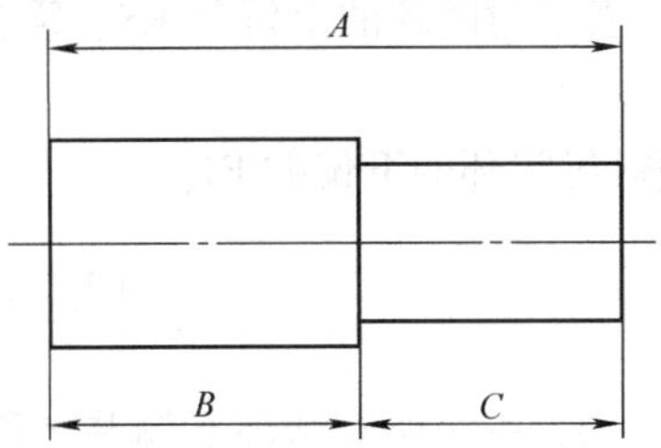

图 1-10　阶梯轴轴向尺寸

由此可见，在零件加工或装配过程中，总是有一组或几组尺寸是互相紧密联系的，其中某一尺寸精度又受其他所有尺寸精度的影响，这种按一定顺序排列成封闭形的尺寸组就称为尺寸链。图 1-9 所示的尺寸链称为装配尺寸链，图 1-10 所示的尺寸链称为工艺尺寸链。

尺寸链中所有各个尺寸简称为环。在每一个尺寸链中都有一个特殊的环，这个环只有在加工或装配完毕时才形成。如图 1-9 中的 N。这个特殊环称为封闭环，常用 N 表示，其余各环都称为组成环。在其他组成环不变的条件下，当某组成环尺寸增大时，若封闭环的尺寸也随之增大，则此环称为增环。反之，若封闭环尺寸随之减小，则此组成环称为减环。如图 1-9 中 A_1 为增环，A_2 为减环。

综上所述，可以得到直线尺寸链中封闭环和组成环之间的一般关系：

若某尺寸链中共有 n 环，其中一个为封闭环，在 $n-1$ 个组成环中假定有 m 个增环，从 $m+1$ 到 $n-1$ 环为减环，这样尺寸链各组成环与封闭环之间的关系为

$$N = (A_1 + A_2 + \cdots + A_m) - (A_{m+1} + A_{m+2} + \cdots + A_{n-1})$$

$$= \sum_{z=1}^{m} A_z - \sum_{j=m+1}^{n-1} A_j \tag{1-1}$$

式中　A_z——增环第 z 环基本尺寸；

A_j——减环第 j 环基本尺寸。

式（1-1）表示封闭环的基本尺寸等于增环的基本尺寸之和减去减环的基本尺寸之和。

如果假定所有增环得到的都是最大极限尺寸，所有减环得到的都是最小极限尺寸，则封闭环得到的必定是最大极限尺寸，即

$$N_{\max} = \sum_{z=1}^{m} A_{z\max} - \sum_{j=m+1}^{n-1} A_{j\min} \tag{1-2}$$

同理得到封闭环的最小极限尺寸为

$$N_{\min} = \sum_{z=1}^{m} A_{z\min} - \sum_{j=m+1}^{n-1} A_{j\max} \tag{1-3}$$

式（1-2）和式（1-3）相减得到封闭环公差与组成公差之间的关系。

$$T_N = \left(\sum_{z=1}^{m} A_{z\max} - \sum_{z=1}^{m} A_{z\min}\right) + \left(\sum_{j=m+1}^{n-1} A_{j\max} - \sum_{j=m+1}^{n-1} A_{j\min}\right) = \sum_{i=1}^{n-1} T_i \tag{1-4}$$

由式（1-2）~式（1-1）可得到封闭环的上偏差 ES_N

$$ES_N = \left(\sum_{z=1}^{m} A_{z\max} - \sum_{z=1}^{m} A_z\right) + \left(\sum_{j=m+1}^{n-1} A_{j\min} - \sum_{j=m+1}^{n-1} A_j\right) = \sum_{z=1}^{m} ES_{Az} - \sum_{j=m+1}^{n-1} EI_{Aj} \tag{1-5}$$

式（1-5）表示封闭环的上偏差 ES_N 等于所有增环上偏差 ES_{Az} 之和减去所有减环下偏差 EI_{Aj} 之和。

同理得封闭环的下偏差 EI_N

$$EI_N = \sum_{z=1}^{m} EI_{Az} - \sum_{j=m+1}^{n-1} ES_{Aj} \tag{1-6}$$

式中 $\sum_{z=1}^{m} EI_{Az}$——所有增环下偏差之和；

$\sum_{j=m+1}^{n-1} ES_{Aj}$——所有减环上偏差之和。

上述6个公式是建立在极限尺寸的基础上，并没有考虑零件加工后实际尺寸的分布特性。用上述方法计算尺寸链，零件在装配时能互相更换，故称这种方法为完全互换法或极大极小法。

事实上，在加工或装配一组零件时出现极限尺寸的情况是很少的。如前所述，零件实际尺寸分布符合正态曲线。封闭环的尺寸分布亦符合正态曲线，在无系统误差的情况下，各环尺寸分布中心均与公差中心重合。

从概率（或然率）理论可知，封闭环的公差等于各环公差平方之和的平方根，即

$$T_N = \sqrt{T_1^2 + T_2^2 + \cdots + T_{n-1}^2} = \sqrt{\sum_{i=1}^{n-1} T_{Ai}^2} \tag{1-7}$$

当分布中心与公差带中心重合时，如图1-11所示，则各环的平均尺寸为

$$A_{icp} = A_i + \Delta_{oi}$$

式中 A_i——第 i 环的基本尺寸；

Δ_{oi}——第 i 环基本尺寸与公差带中心的距离。

若式（1-1）中各组成环尺寸用平均尺寸代替，则

$$N_{cp} = N + \Delta_{oN} = \sum_{z=1}^{m} (A_z + \Delta_{oz}) - \sum_{j=m+1}^{n-1} (A_j + \Delta_{oi})$$

式中 Δ_{oN}——封闭环基本尺寸离封闭环公差带中心的距离。从上式可知

$$\Delta_{oN} = \sum_{z=1}^{m} \Delta_{oz} - \sum_{j=m+1}^{n-1} \Delta_{oi} \tag{1-8}$$

因封闭环尺寸符合正态曲线，则封闭环的上下偏差各为

$$ES_N = \Delta_{oN} + \frac{T_N}{2} \tag{1-9}$$

$$EI_N = \Delta_{oN} - \frac{T_N}{2} \tag{1-10}$$

由此可知，应用式（1-7）~式（1-10）计算尺寸链时，若封闭环公差不变，则各组成环可以获得较大的尺寸公差范围，从而降低零件的加工精度。但这种方法必须在批量较大的

条件下才合适。从理论上讲，应用这种方法尚不能使产品都合格。故这种方法又称为不完全互换法或概率（或然率）法。

不论是极大极小法还是概率法，其尺寸链中组成环的公差最终都将反映到封闭环上，因此在工艺尺寸链中应选择最不重要的环作为封闭环。在装配尺寸链中，由于封闭环就是装配的精度要求，故在设计时应尽量使组成环数目最小，即设计时应遵守最短尺寸链原则。

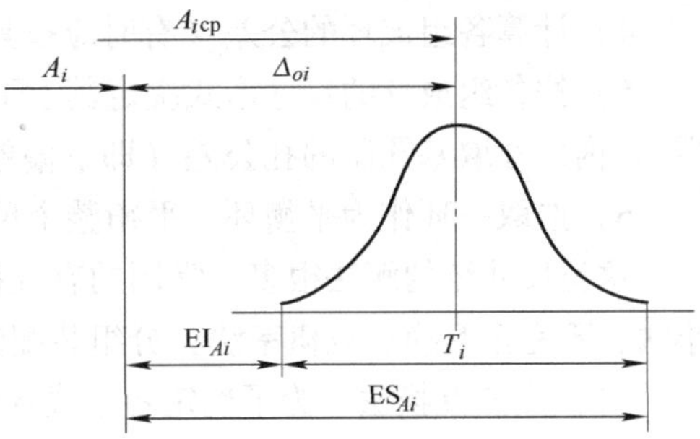

图 1-11　尺寸分布中心与公差中心重合

1.3.2　尺寸链的解法

解尺寸链实际上就是根据设计的要求，考虑到工艺的可能性，运用尺寸链原理来决定组成环或封闭环的公差和极限偏差。根据问题的不同，尺寸链解法可以分为两种基本形式：

1. 已知各组成环的基本尺寸及公差，求封闭环的基本尺寸及公差

这类问题常用于验算。解这类问题可以直接用上述公式。运用式（1-1）至式（1-6）时为完全互换法；运用式（1-7）至式（1-10）为不完全互换法。无论采用哪一种方法，其一般步骤如下：

1）根据结构图绘制尺寸链简图。

2）根据加工工艺或装配工艺确定尺寸链的封闭环。

3）分出增环和减环。

4）算出封闭环的最大最小极限尺寸和基本尺寸。

5）计算封闭环的公差，并进行验算。

例 1　如欲加工图 1-10 所示的阶梯轴，先加工小头尺寸 $C=20^{+0.14}_{0}$mm，然后加工大头至尺寸 $B=20^{+0.14}_{0}$mm，求加工后零件的总长 A。

解　先绘制尺寸链简图，如图 1-12 所示。由图可知 A 是封闭环，B 和 C 均为增环，由式（1-2）、式（1-3）知

$$A_{max}=C_{max}+B_{max}=(20.14+20.14)\text{mm}=40.28\text{mm}$$
$$A_{min}=C_{min}+B_{min}=(20.00+20.00)\text{mm}=40.00\text{mm}$$

所以　总长 $A=40^{+0.28}_{0}$mm

由式（1-4）进行验算，即

$$T_A=T_C+T_B=(0.14+0.14)\text{mm}=0.28\text{mm}$$

说明计算正确。

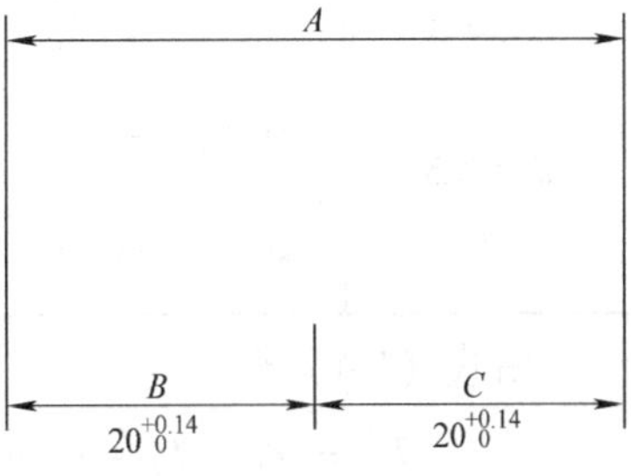

图 1-12　阶梯轴尺寸链简图

2. 已知封闭环的尺寸、公差和各组成环的基本尺寸，求组成环的公差

这类问题常在设计中遇到。解这类尺寸链的一般步骤为：

1）根据结构图绘制尺寸链简图。

2）分出封闭环、增环和减环，并注明基本尺寸。

3）按设计要求定出封闭环公差或上下偏差。

4）计算各组成环的公差（有时应按具体情况对计算出的公差进行合理的调整）。

5）按各组成环的尺寸形式决定其上下偏差。如外尺寸取基轴制的轴公差（即上偏差为零）。内尺寸取基孔制的孔公差（即下偏差为零）。

6）选取一环作为平衡环，平衡整个尺寸链的公差位置。

这类尺寸链的解法很多，常用的有五种，也就是装配的五种方法：完全互换法或极大极小法，不完全互换法或概率法，分组装配法，修配法，调整装配法。

（1）完全互换法　为了确定各组成环的公差，可用等公差法和等精度法来求解。

1）等公差法。它的前提是假定各组成环的公差相等。即

$$T_{A1} = T_{A2} = \cdots = T_{n-1}$$

而
$$T_N = T_1 + T_2 + \cdots + T_{n-1} = (n-1)T_i = \sum_{i=1}^{n-1} T_i$$

所以
$$T_i = \frac{T_N}{n-1} = T_{cp} \tag{1-11}$$

用这种方法计算出各环的平均公差后，还须从生产实际出发，考虑加工难易程度和基本尺寸的大小来合理调整各环的公差值，但最后必须满足式（1-4）。用等精度法可以解决上述公差分配的不合理情况。

2）等精度法。由公差标准可知，标准公差 IT 可以用公差单位 i 表示，即 $IT = ai$，对于 1 ~ 500mm 范围内的直径公差，其 $i = 0.5\sqrt[3]{d_{cp}}$，其中 d_{cp} 为各尺寸分段的平均尺寸。表 1-5 列出了各段平均尺寸的立方根值。

表 1-5　尺寸分段的立方根值

尺寸分段 /mm	1 ~ 3	>3 ~ 6	>6 ~ 10	>10 ~ 18	>18 ~ 30	>30 ~ 50	>50 ~ 80	>80 ~ 120	>120 ~ 180	>180 ~ 260	>260 ~ 360	>360 ~ 500
$\sqrt[3]{A_{icp}}$ /mm	1.26	1.651	2.00	2.41	2.884	3.42	4.021	4.642	5.313	6.037	6.768	7.548

a 表示精度系数。每个精度等级的特征是 a 值一定。表 1-6 列出了各级精度的 a 值。

等精度法即为尺寸链中各环的 a 值都相等，即

$$a_1 = a_2 = a_3 = \cdots = a_{n-1} = a_{cp}$$

表 1-6　尺寸在 1 ~ 500mm 范围内的 a 值

精度等级		1	2	3	4	5	6	7	8	9	10
精度系数 a	轴	7	10	16	30	64	100	200	400	640	1000
	孔	10	16	25	30	64	100	200	400	640	1000

由式（1-4）得

$$T_N = T_1 + T_2 + \cdots + T_n = (a_{cp} \times 0.5\sqrt[3]{A_{1cp}}) + (a_{cp} \times 0.5\sqrt[3]{A_{2cp}}) + \cdots$$
$$+ (a_{cp} \times 0.5\sqrt[3]{A_{(n-1)cp}}) = 0.5a_{cp}\sum_{i=1}^{n-1}\sqrt[3]{A_{icp}}$$

$$a_{cp} = \frac{T_N}{0.5\sum_{i=1}^{n-1} \sqrt[3]{A_{icp}}} \tag{1-12}$$

用上述方法计算的尺寸公差，虽然比较合理，并能保证装配后的质量，但它还不是最经济的。如果生产批量很大时，利用不完全互换法来解决此问题能得到更好的效果。

完全互换法在透平机械中用得比较普遍，例如叶片和轮槽的装配都用的是完全互换法。

（2）不完全互换法　不完全互换法同样可以用等公差法和等精度法，所不同的是要应用式（1-6）~式（1-10）。用等公差法时，因为 $T_1 = T_2 = \cdots = T_{cp}$，代入式（1-7）即得

$$T_{cp} = \frac{T_N}{\sqrt{n-1}} \tag{1-13}$$

用等精度法时，因为 $a_1 = a_2 = \cdots = a_{n-1} = a_{cp}$，按式（1-7）

$$T_N^2 = a_{cp}^2 \times \sum_{i=1}^{n-1} (0.5\sqrt[3]{A_i})^2$$

$$a_{cp} = \frac{T_N}{0.5\sqrt{\sum_{i=1}^{n-1} (\sqrt[3]{A_i})^2}} \tag{1-14}$$

从这两种装配法中可以了解到，机器的装配精度，常限制着组成机器的部件或零件的尺寸公差。有时由于机器装配精度要求较高，或组成尺寸链的环数很多，常会使零件的制造公差缩小到工艺上无法经济合理得到的地步。这时为了保证装配精度，又能使零件的制造经济合理，根据不同情况可以采用下面三种装配方法。

（3）分组装配法（选择装配法）　这种装配方法，在零件加工时，将尺寸链中组成环的公差放大到合理可行的程度。装配前，将按放大公差制造的零件，根据实际尺寸进行分组，然后按对应的组进行装配。这种方法在解决高精度的三环尺寸链中用得很普遍。如汽车发动机的活塞销与连杆孔的配合，滚动轴承的滚动件与内外环的配合等都用这种装配方法。这类配合组成环数少，装配精度要求高。例如，活塞销与连杆孔的配合尺寸为 ϕ22mm，要求装配间隙的变动范围为 0.0045~0.0095mm，间隙公差为 0.005mm。如按完全互换法分配公差，则

$$T_{icp} = \frac{0.005}{2}\text{mm} = 0.0025\text{mm}$$

即活塞销的尺寸为 $\phi 22^{\ 0}_{-0.0025}$mm，连杆孔的尺寸为 $\phi 22^{+0.0070}_{+0.0045}$mm，这个公差超过一级精度，使制造困难。如果采用分组装配法就可得到合理的解决。我们可以根据加工的实际情况，将公差放大四倍，即将公差由 0.0025mm 放大到 $T'_{A1} = 0.01$mm，则销的尺寸为 $\phi 22^{\ 0}_{-0.01}$mm，孔的尺寸为 $\phi 22^{+0.007}_{-0.003}$mm。把制造后的零件按尺寸大小分成四组，每组公差为

$$T_{Ai} = \frac{T'_{Ai}}{n} = \frac{0.01}{4}\text{mm} = 0.0025\text{mm}$$

各组的尺寸见表 1-7，这样零件（组成环）的公差增大了，但装配精度（封闭环公差及偏差）仍能达到预定的要求。

表 1-7 活塞销的尺寸分组 （单位：mm）

组别	活塞销	连杆孔	配合间隙
第一组	$\phi22_{-0.0025}^{0}$	$\phi22_{+0.0045}^{+0.0070}$	0.0045 ~ 0.0095
第三组	$\phi22_{-0.0050}^{-0.0025}$	$\phi22_{+0.0020}^{+0.0045}$	0.0045 ~ 0.0095
第三组	$\phi22_{-0.0075}^{-0.0050}$	$\phi22_{-0.0005}^{+0.0020}$	0.0045 ~ 0.0095
第四组	$\phi22_{-0.0100}^{-0.0075}$	$\phi22_{-0.0030}^{-0.0005}$	0.0045 ~ 0.0095

用选择装配法提高装配精度并不是无限的，因为它的分组受到检验条件的限制。这种方法的缺点是要增加检验分组的设备，在尺寸分布不均匀时，会剩下多余的零件，造成浪费。因此，这种方法只用于大批量生产中。

（4）修配法 当尺寸链中环数较多，而封闭环的精度要求又很高时，用上述的三种方法来解尺寸链时都不一定恰当。这时，如果将各组成环的公差有意放大到易于制造的程度，如放大为 $T_{A1}', T_{A2}', \cdots, T_{A(n-1)}'$。这样装配后的封闭环公差按式(1-4) 为 $T_N' = \sum_{i=1}^{n-1} T_{Ai}'$，按式(1-7) 为 $T_N' = \sqrt{\sum_{i=1}^{n-1} T_{Ai}'^2}$，这个数值必定比允许的 T_N 大得多。设其差值为 ΔK，则 $\Delta K = T_N' - T_N$，ΔK 称为尺寸链的最大补偿量。在装配时，只要对某一预定零件（组成环）放有最大补偿量，通过修配方法，使其最后达到装配要求 T_N。这种方法称为修配法。

在汽轮机装配中，这种方法用得很普遍。例如叶片装入叶轮，要求组成 360° 的整圆，即 $T_N = 0$，这时就不得不采用钳工修配加厚叶片的方法来保证装配精度。加厚叶片就是补偿环。又如动静叶片之间的轴向间隙，常用修整隔板外端面的方法来保证。

（5）调整装配法 调整装配法解尺寸链与修配法基本相似。不同的是修配法是切除补偿件中的多余金属，而调整法只是用改变补偿环的位置或更换补偿环的方法来保证装配环的精度要求。补偿环可以是机构中有一定功能的零件，也可以是专为调整而增设的零件。

调整法的特点是利用补偿件的作用，使较低精度的工件达到较高的装配质量。对于容易磨损或因温度变化而改变尺寸的配合极为有利。但调整法会增加尺寸链中的零件数。因此，一般用于装配精度较高，或易于磨损的配合。

1.3.3 尺寸链的应用

以上的讨论，说明零件的加工和部件的装配都包含着尺寸链的问题。下面举几个尺寸链应用的简单例子。

在零件加工过程中，若定位基准与设计基准不重合，就需要进行尺寸换算。这种尺寸换算是尺寸链运用的一种。如图 1-13 所示的零件，以表面 1 为定位基准，加工表面 2，因为调整机床时需要工序尺寸 C，但图样上没有这个尺寸，故需要进行换算。为了便于计算，把尺寸链中各环尺寸的公差都化为双向对称的偏差。这样基本尺寸就是平均尺寸，尺寸链方程式为

$$40.1\text{mm} + C - 50.05\text{mm} = 0$$

故

$$C = (50.05 - 40.1)\text{mm} = 9.95\text{mm}$$

又因尺寸 40.1 ± 0.1mm 为封闭环，故 0.2mm = T_C + 0.1mm，所以 T_C = 0.1mm。所求的工序尺寸为 9.95 ± 0.05mm 或 $10_{-0.1}^{\ 0}$mm。当尺寸 50mm 的公差大于或等于尺寸 40mm 的公差时，用上述方法加工时就必须减小尺寸 50mm 的公差，或者当零件的技术要求许可时，可加大尺寸 40mm 的公差，否则加工后就达不到图样尺寸的要求。

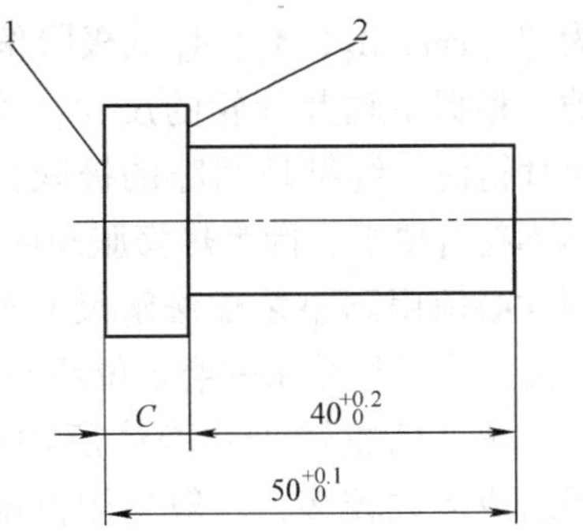

图 1-13　加工尺寸的换算

零件图样的尺寸，必须根据产品的要求，运用尺寸链原理进行标注。如图 1-14a 所示的轴，根据使用情况，它的轴向尺寸可以有三种不同的标注方法。

（1）链式标注法　如图 1-14b 所示，如果对轴的总长度要求不高，而对各个台阶的长度有要求时，根据尺寸链原理采用链式标注法最为合理。这时，每一个台阶的尺寸 A_1、A_2、A_3、A_4 的精度只与每一过程的工艺因素有关，而与其余的尺寸误差无直接关系。所以能够保证各台阶的长度尺寸精度。但这时轴的总长误差最大，总长误差为 $\delta_N = \delta_1 + \delta_2 + \delta_3 + \delta_4$。

（2）坐标式标注法　如图 1-14c 所示，如果轴在工作中，各台阶对某一轴端（设计基准）有很精确的要求时，则应采用坐标式标注法。这时，每一个台阶都各自成一组独立的尺寸链。

（3）混合式标注法　如图 1-14d 所示，在零件图样上，纯链式标注法和纯坐标式标注法用得较少，一般根据零件的工作要求，总是既有链式标注法，又有坐标式标注法，这就是混合式标注法。在透平机械中混合式标注法用得最普遍，如主轴、转子、汽缸等轴向尺寸的标注采用混合式标注法，叉形叶根的尺寸也采用混合式标注法。

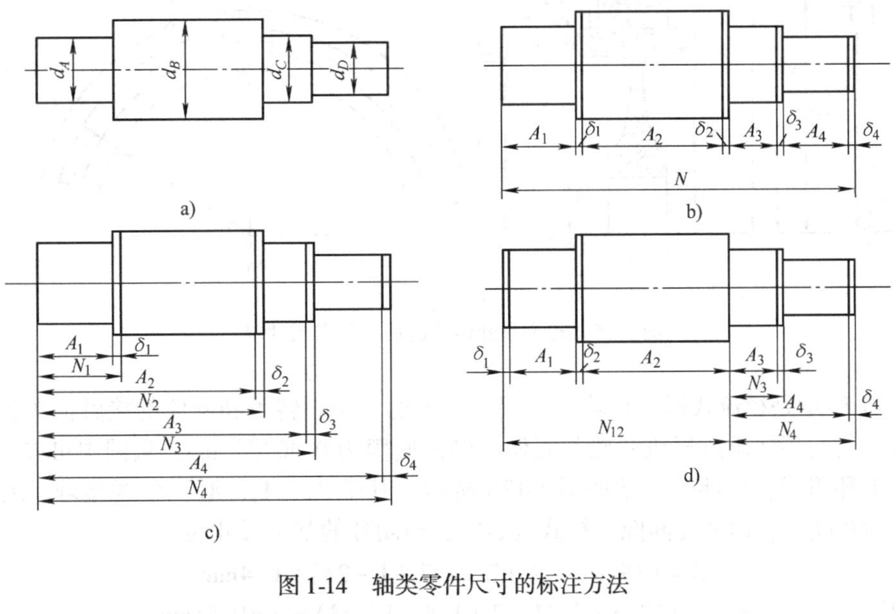

图 1-14　轴类零件尺寸的标注方法

透平机械装配中都有尺寸链的问题。如图 1-15 所示为汽轮机套装叶轮，A_1 的极限偏差

为 $_{-0.05}^{\ 0}$mm，A_2、A_3、A_4 的极限偏差均为 ±0.05mm。叶轮套装后要求有 0.2mm 的热膨胀间隙。根据主轴及叶轮的尺寸，若用完全互换法解尺寸链时，终结环间隙的极限偏差为 $_{-0.15}^{+0.20}$mm。显然不符合要求，因为热膨胀间隙只允许有 0.2mm，因此必须用调整装配法解尺寸链，即按照装配中实测出来的尺寸来配磨定位环的厚度尺寸。

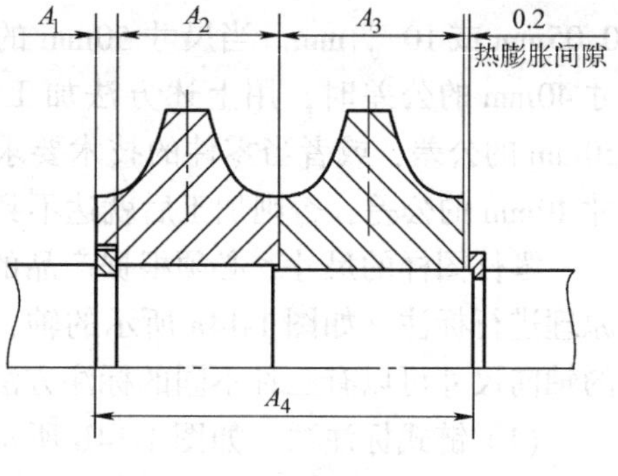

图 1-15　套装叶轮尺寸链

透平机械转子和静体所构成的轴向尺寸链，因组成环数较多，一般均用修配某一零件的方法来保证装配精度（即动静叶片间的轴向间隙）。

图 1-16 为转子和静体装配后构成径向尺寸链的一个例子，A_1 的极限偏差为 ±0.15mm，A_2、A_6、A_7 的为 ±0.05mm，A_3 的为 ±0.30mm，A_4、A_5 的为 ±0.02mm，A_8 的为 ±1.00mm。这里由于封闭环 A_8 的公差较大，汽轮机调节级第一列动叶片和喷嘴在高度上的极限偏差为 ±1.0mm，所以虽然一部分组成环的公差相当大，封闭环的公差用完全互换法解时仍然符合要求。图 1-16 中，尺寸链 A_4 环代表的是从汽轮机汽缸内孔中心到蒸汽室结合面的距离，这一环的极限偏差为 ±0.2mm。尺寸 A_3 是转子中心到汽缸中心的误差，其极限偏差为 ±0.3mm。封闭环的公差按完全互换法得 $T_N=1.0$mm，满足要求。

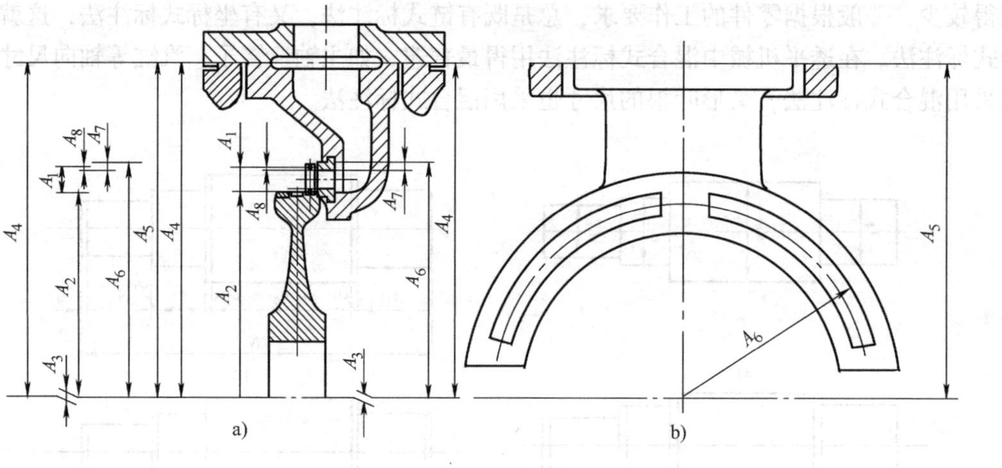

图 1-16　转子和静体装配后的径向尺寸链

图 1-17 所示是径流式压气机轴向装配尺寸链的例子。转子和静体的接触面为推力盘和推力轴瓦。装配后要求压气机叶轮与壳体的轴向间隙为 $0.40_{-0.20}^{+0.11}$mm，从图中可知，这个尺寸链共有七环组成，各环的尺寸如图 1-17b 所示，其中 A_2、A_3、A_4、A_6 为增环，A_1、A_5 为减环，N 为封闭环，即装配间隙。按式（1-1），封闭环的基本尺寸为

$$N=(18.3+2.4+2+1.7-1-23)\approx 0.4\text{mm}$$

按式(1-2)　$$N_{\max}=(18.3+2.41+2+1.8-1-23)\text{mm}=0.51\text{mm}$$

按式(1-3)　$$N_{\min}=(18.25+2.39+1.96+1.7-1.05-23.05)\text{mm}=0.20\text{mm}$$

间隙公差　$$T=(0.51-0.20)\text{mm}=0.31\text{mm}$$

按式(1-4)　$T_N = T_1 + T_2 + T_3 + T_4 + T_5 + T_6$

$= (0.05 + 0.05 + 0.02 + 0.04 + 0.05 + 0.10)\text{mm} = 0.31\text{mm}$

说明计算正确。

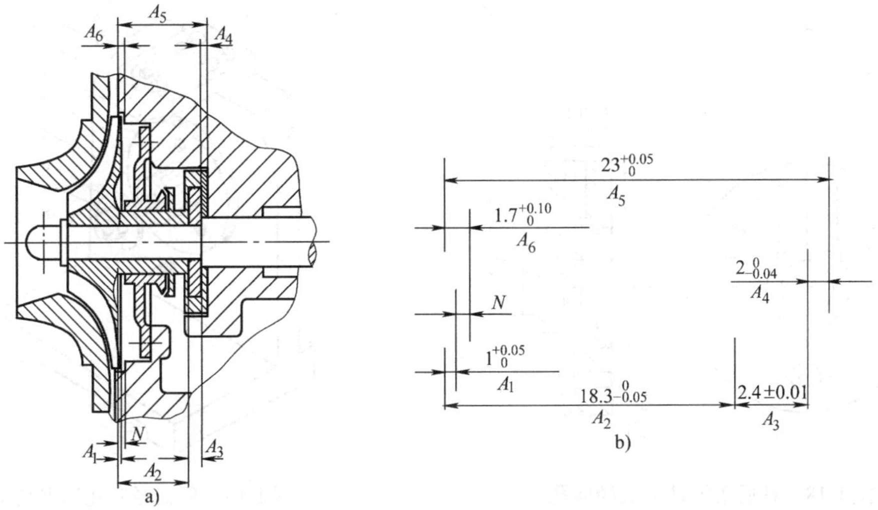

图 1-17　径流式压气机轴向装配尺寸链

1.4　夹具

1.4.1　机床夹具的作用和组成

在机床上对工件进行加工时，为了保证工件加工表面相对其他表面的尺寸和位置精度，在加工方法确定之后，需要解决的主要问题之一是使工件在机床上具有正确的加工位置，并在加工过程中能承受各种力的作用而始终保持这一正确位置不变。前者称为工件的定位，后者称为工件的夹紧，整个过程统称为工件的装夹（有时也称为安装）。在机床上装夹工件所使用的工艺装备称为机床夹具（以下简称夹具）。

机床一般都带有一些附件，例如三爪自定心卡盘、四爪单动卡盘、平口钳和分度头等，这些附件都属于通用夹具，可装夹一定范围内的不同工件，但是往往不能满足工件一些特定的要求。专用夹具是指为某工件的某道工序而专门设计制造的夹具，它直接针对工件的具体情况，采用最合适的形式和结构，使装夹迅速、方便，能较稳定地保证工件的加工精度。对于提高劳动生产率、降低生产成本和改善工人的劳动条件也有显著的效果。

夹具的种类和结构虽然繁多，但它们的组成均可概括为以下四个部分：

（1）定位装置　其作用是使工件在夹具中占据正确的位置。如图 1-18 所示，钻后盖零件上的径向孔（ϕ10mm），其钻夹具如图 1-19 所示，夹具上的圆柱销 5、菱形销 9 和支承板都是定位元件。

（2）夹紧装置　其作用是将工件压紧、夹牢，保证工件在加工过程中受到外力（切削力等）作用时不离开已经占据的正确位置。图 1-19 中的螺杆 8（与圆柱销合成一个零件）、螺母 7 和开口垫圈 6 组成了加紧装置。

（3）夹具体　是夹具的基础体，通过它将夹具的所有元件连接成一个整体。

（4）其他装置　除上述外，各种夹具还根据需要设置一些其他装置或元件，如分度装置、对刀元件等。图 1-19 中的钻套 1 即是为引导钻头而设置的导向元件。

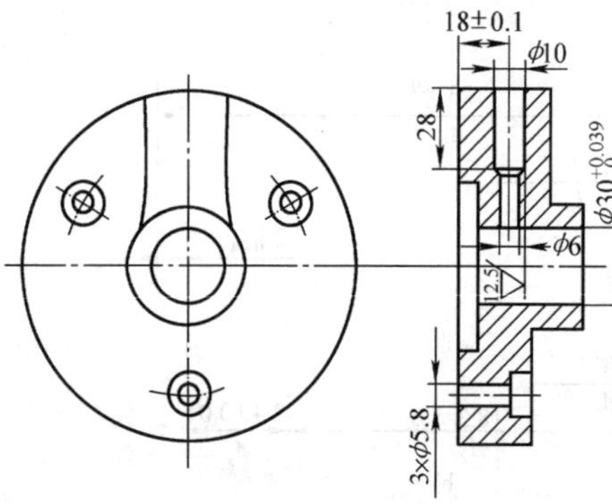

图 1-18　钻后盖零件上的径向孔

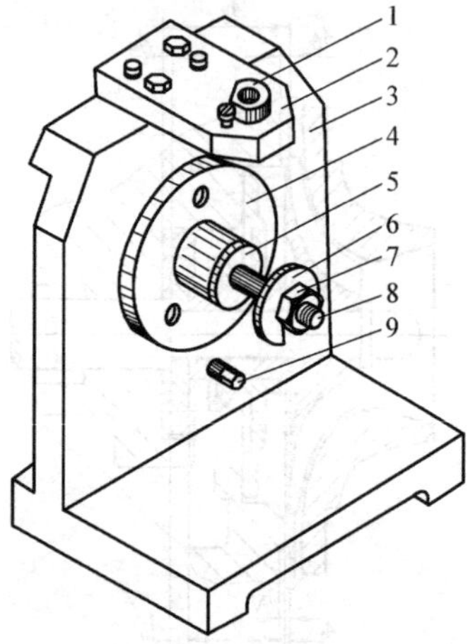

图 1-19　后盖径向孔钻夹具

1—钻套　2—钻模板　3—夹具体　4—支承板　5—圆柱销　6—开口垫圈　7—螺母　8—螺杆　9—菱形销

1.4.2　工件的定位与夹紧

1. 工件定位的基本原理

（1）六点定位原则　一个工件在夹具中未定位前，可以看做为在空间直角坐标系中的自由物体。图 1-20 所示的长方体工件，在空间的位置是任意的，可沿 x、y、z 轴有不同的位置，通常称为工件沿三个垂直坐标轴具有移动自由度，分别以 $\vec{x}$、$\vec{y}$、$\vec{z}$ 表示。此外工件也可以绕 x、y、z 轴旋转而且有不同的位置，通常称为工件绕三个垂直坐标轴具有转动自由度，分别以 $\widehat{x}$、$\widehat{y}$、$\widehat{z}$ 表示。

任何工件在直角坐标系中都有以上六个自由度，要使工件定位时有确定的位置，必须消除工件在某几个（或全部）方位上的任何影响加工精度的移动和转动自由度。

在分析工件定位时，可以将具体的定位元件抽象化，转化为相应的定位支撑点（简称支撑点），一个支撑点可以限制一个自由度。无论工件的结构形状怎样不同，都可以用六个支撑点限制它们的六个自由度，只是六个支撑点的分布有所不同。通常把适当分布的、与工件接触的六个支撑点来限制工件六个自由度的原则，称为六点定位原则。六点定位原则是工件定位的基本原则，用于实际生产时，起支撑点作用的是一定形状的各种各样的定位元件。

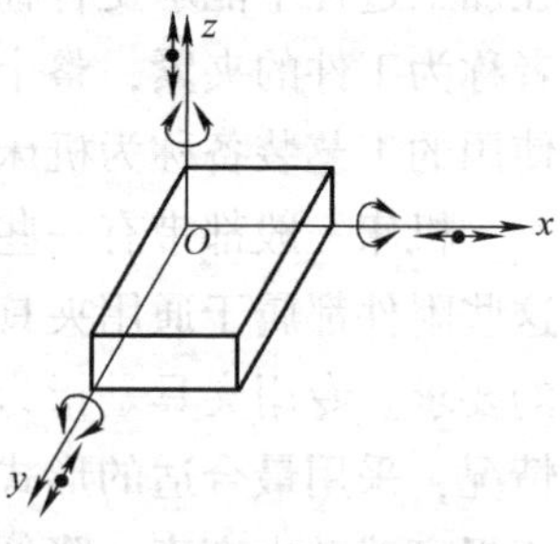

图 1-20　工件的六个自由度

如按图 1-21 所示设置六个支撑点，长方体的三个面分别与这些支撑点接触，则长方体的六个自由度都被限制了。其中长方体的底面紧贴在支撑点 1、2、3 上，限制了长方体的 $\vec{z}$、$\widehat{x}$、$\widehat{y}$ 三个自由度；长方体的侧面紧靠在支撑点 4、5 上，限制了 $\vec{x}$、$\widehat{z}$ 两个自由度；长方体的端面紧靠在支撑点 6 上，限制了 $\vec{y}$ 自由度。

（2）限制工件自由度与加工要求的关系

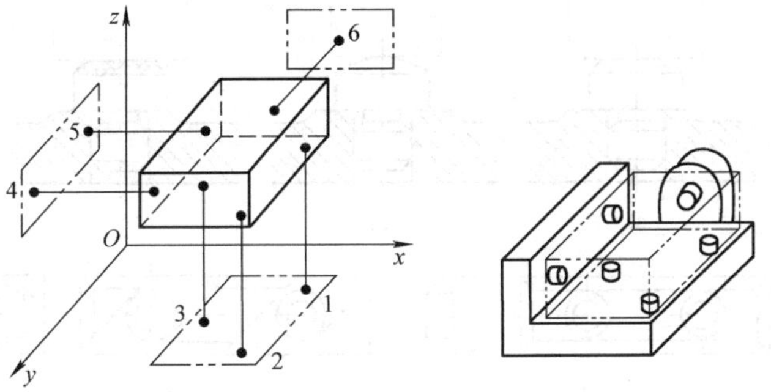

图 1-21 长方体定位时支撑点的分布示例

1）完全定位。工件的六个自由度全部被限制的定位称为完全定位。当工件在 x、y、z 三个坐标方向上均有尺寸要求或位置精度要求时，一般采用这种定位方式。

2）不完全定位。工件被限制的自由度少于六个，但能满足加工要求的定位称为不完全定位。

3）欠定位。按照加工要求必须限制的自由度而没有被限制的定位，称为欠定位。欠定位是不允许的，因为欠定位保证不了工件的加工要求。

4）过定位。同一个或几个自由度被夹具上的定位元件重复限制的定位称为过定位。一般情况下，过定位也是不允许的，它会引起工件或定位元件变形以及同批零件加工质量不稳定等问题。但如果定位基准和定位元件的精度较高且表面光整，则过定位不但对工件的加工精度影响不大，反而可以增加工艺系统刚度，这时过定位是允许的。

2. 常用的定位方式及定位元件

定位元件是与工件的定位基准面相接触，并使工件相对于机床、刀具有正确位置的夹具元件。定位元件的结构、形状必须与工件定位基准面形状相适应。根据定位基准面的不同，常用的定位方式与定位元件有以下几类。

（1）工件以平面定位　平面定位的主要形式是支承定位。夹具上常用的支承元件有以下几种：

1）固定支承。有支承钉和支承板两种，如图 1-22 所示，在使用过程中，它们都是固定不动的。平头支承钉（图 1-22a）主要用于精基准（已加工过的表面）定位；球头支承钉（图 1-22b）主要用于粗基准（未经加工过的表面）定位，以保证接触点的位置相对稳定；齿纹头支承钉（图 1-22c）多用于粗基准侧面和顶面定位。支承板多用于精基准定位。图 1-22d 所示的支承板由于不利于清除切屑，一般仅用于侧面和顶面定位；图 1-22e 所示的支承板在螺钉孔旁加工出斜槽，便于清除切屑，用于工件底面定位。

2）可调支承。可调支承是指在夹具上支撑点的位置可调节的定位元件。图 1-23 所示为几种常见的可调支承结构。图 1-23a 所示一般适用于质量轻的工件，图 1-23b、c 所示适用于较重的工件，图 1-23d 所示是供设置在工件侧面进行支撑点位置调节用的。

3）自位支承。自位支承是指在工件定位过程中能自动调整支承点位置的定位元件。图 1-24 为几种常见的自位支承结构。它仍相当于一个支承点，只限制一个自由度，可提高工件的支承刚性和定位稳定性，常用于毛坯表面、断续表面、阶梯表面的定位以及有角度误差的

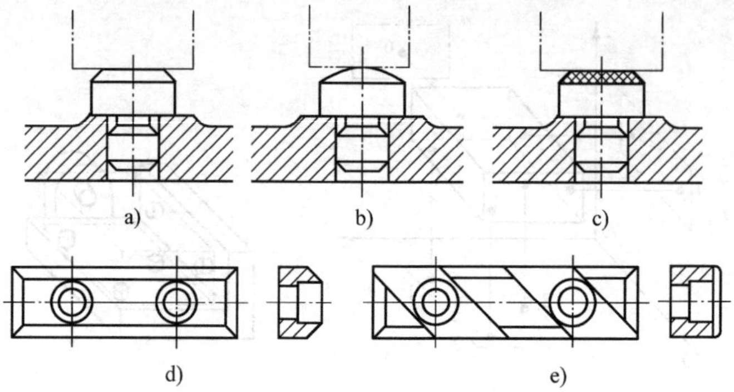

图1-22　支承钉和支承板

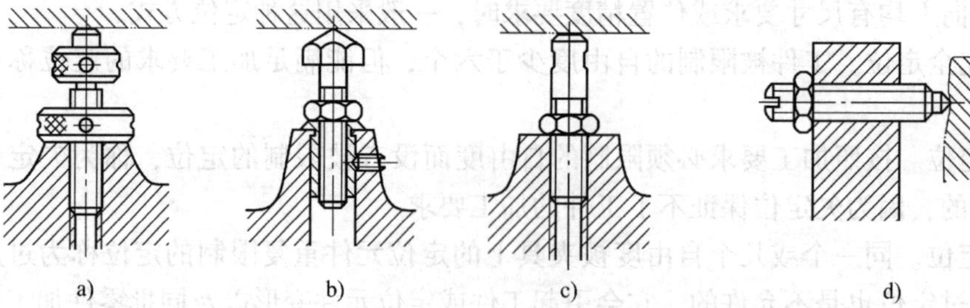

图1-23　可调支承

平面定位。

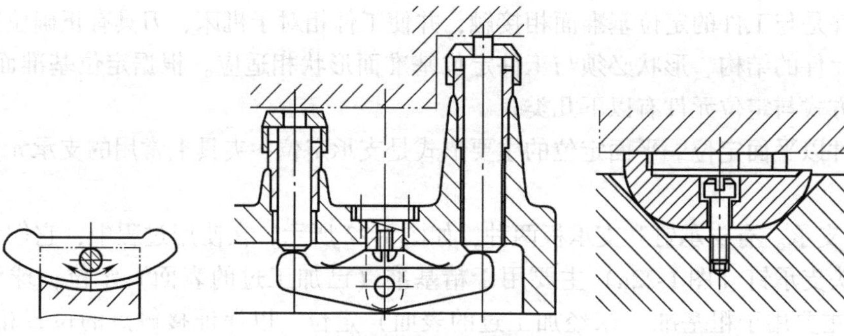

图1-24　自位支承

4）辅助支承。辅助支承用来提高工件的装夹刚度和稳定性，它不起定位作用，也不属于定位元件。图1-25所示为几种典型的辅助支承结构。在工件刚度较差的部位下面增加辅助支承，可以提高安装刚度，增加工件加工过程中的稳定性以及平衡切削力和夹紧力，减少工件的振动和变形。

（2）工件以圆柱孔定位　工件以圆柱孔定位大都属于定心定位（定位基准为孔的轴线），夹具上相应的定位元件为定位销和心轴。

1）定位销。图1-26所示为常用的定位销结构，其中，图1-26a～c三种为固定式，定位

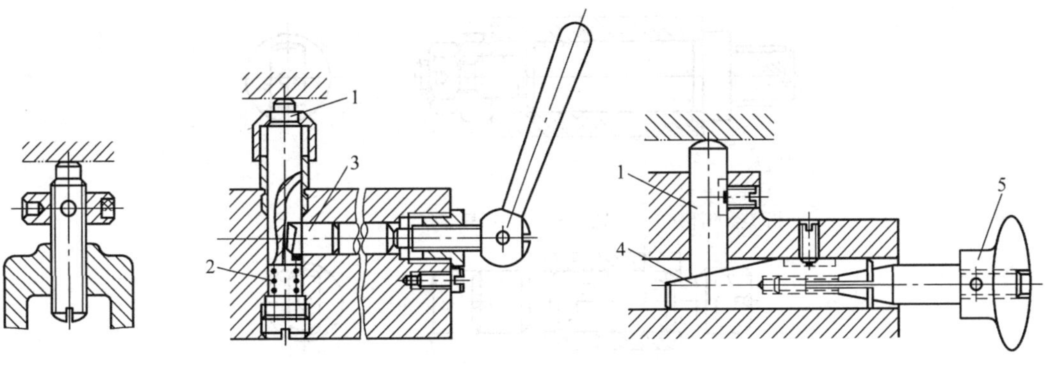

图 1-25　辅助支承结构

1—滑柱　2—弹簧　3—滑块　4—斜楔　5—手柄

销与夹具体采用过盈配合联接；图 1-26d 为可换式，定位销与夹具体采用间隙配合联接。

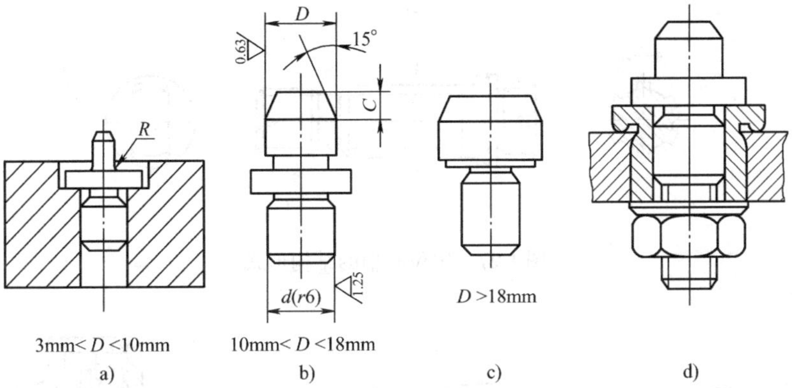

图 1-26　定位销

2）定位心轴。心轴主要用于车、铣、磨、齿轮加工等机床上加工套筒类和盘类零件。图 1-27 所示为常用的几种定位心轴的结构形式。图 1-27a 为间隙配合心轴，图 1-27b 为过盈配合心轴，图 1-27c 为小锥度心轴，图 1-27d 为花键心轴。

（3）工件以圆锥孔定位　工件以圆锥孔定位也属于定心定位，其定位元件有顶尖和圆锥销。

1）顶尖。在轴类加工中，常在两端钻有定位用的中心孔，采用前、后顶尖作为定位元件。图 1-28 给出几种常见形式。标准固定顶尖（图 1-28a）的前顶尖往往与工件一起转动，不易磨损；削边顶尖（图 1-28b）适用于工件轴端要加工的情况；后顶尖一般不与工件一起转动，摩擦较大，在工件转速较低时可采用标准固定顶尖，转速较高时则用活顶尖（图 1-28c）。

2）圆锥销。与圆柱销相比，增加了对沿轴线方向移动自由度的限制。当圆锥销的长径比较小时，称为短圆锥销，与其配合的定位基准可以是圆锥孔，也可以是圆柱孔，如图 1-29 所示。当圆锥销的长径比较大时，称为长圆锥销，如图 1-30 所示。长圆锥销定位时，限制了工件除绕自身轴线转动之外的五个自由度。

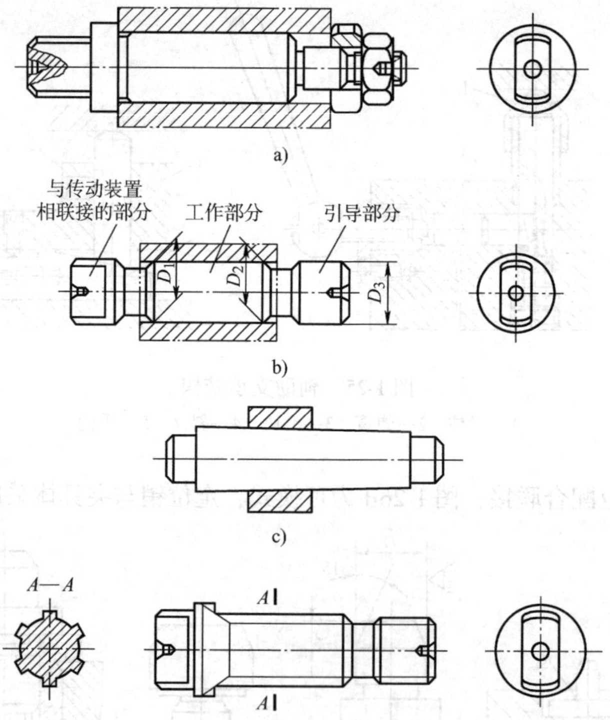

图 1-27　定位心轴的结构形式

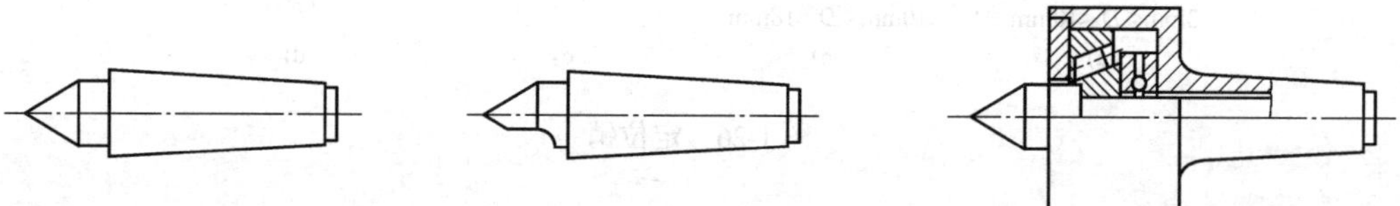

图 1-28　顶尖结构

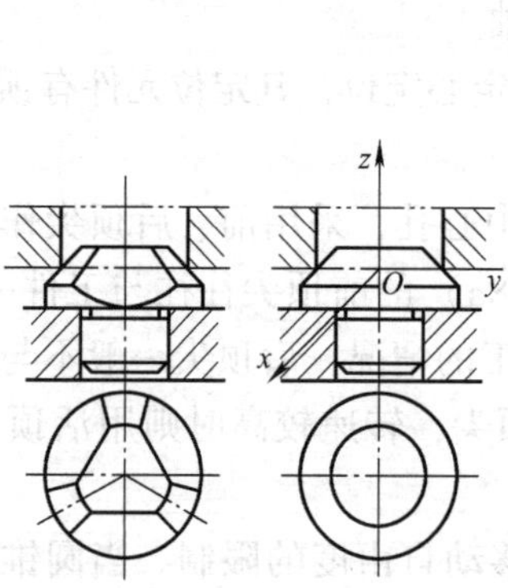

图 1-29　短圆锥销结构

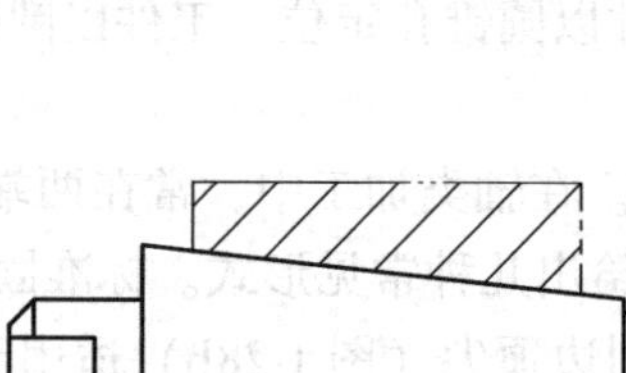

图 1-30　长圆锥销结构

(4) 工件以外圆表面定位

3) V 形块。V 形块是外圆柱面最常用的定位元件，无论定位基面是否经过加工，是完整的圆柱面还是局部圆弧面，都可采用 V 形块定位，其优点是对中性好，安装方便。V 形块的典型结构如图 1-31 所示，两斜面的夹角通常做成 90°，个别也有做成 60°或 120°的。

V 形块有固定式和活动式之分。根据工件与 V 形块的接触母线长度，固定式 V 形块可以限制工件两个或四个自由度，短的活动 V 形块限制工件一个自由度。

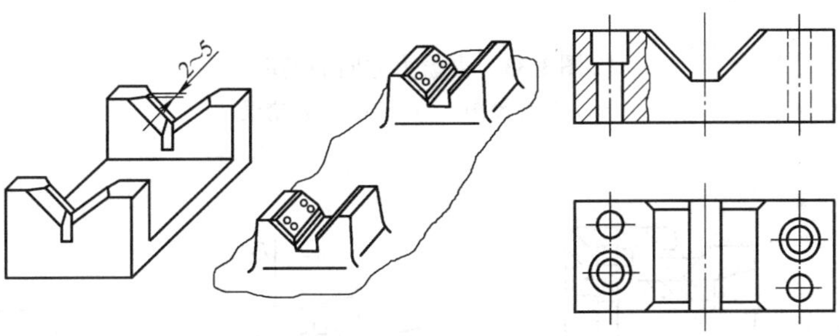

图 1-31　V 形块结构

4) 定位套。图 1-32 所示为常用的两个定位套。定位时，把工件的定位基面直接放入定位套的内孔中，即可实现定位。为了限制工件沿轴向的自由度，常与端面组合定位。定位套结构简单，制造容易，但定心精度不高，只适用于精基准。

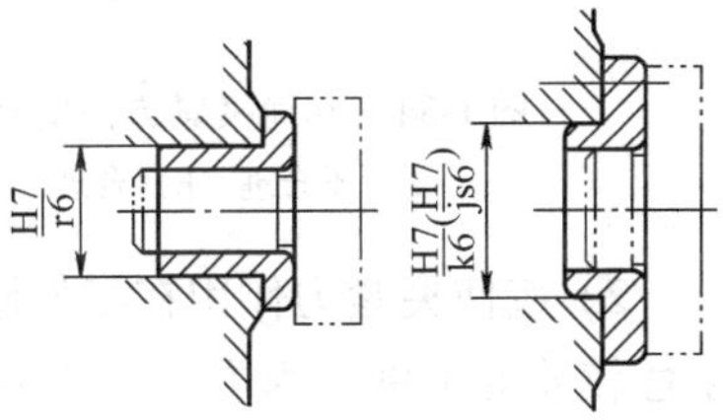

图 1-32　定位套

3. 夹紧力的确定

在进行夹紧机构设计时，首先要确定夹紧力的方向、作用点和大小。

(1) 夹紧力的方向

1) 夹紧力应垂直于主要定位基准面。主要定位基准面限制的自由度最多，支撑面积较大，夹紧力垂直于主要定位基准面，可使工件定位稳定，夹紧可靠。当有几个夹紧力时，应使主要夹紧力垂直于主要定位基准面。图 1-33a 所示，工件要求保证孔与基准面 A 的垂直度，则应以 A 面为第一定位基准面，此时夹紧力 F_J 应如图 1-33b 所示垂直于主要定位面。而图 1-33c 所示夹紧力方向造成主要基准面与定位面脱离，破坏了定位的正确性，将产生较大的定位误差。

2) 夹紧力方向应使工件变形尽可能小。为保证加工精度，希望工件夹紧时，变形尽可能小，同一工件在不同方向上的刚度是不等的，应取刚度较大的方向为夹紧力方向。图 1-34a 所示的套筒，因壁薄，若用三爪自定心卡盘夹紧外圆，将产生较大的径向变形。镗孔完松夹后，所镗圆孔必将因孔壁弹性恢复而产生变形，而采用夹具通过轴向夹紧则可使变形大大减小，能较好地保证所镗孔的圆度。

(2) 夹紧力的作用点

1) 应使夹紧力落在支承面内。夹紧力落在支承面内，才能保证工件定位稳定，不致引起工件的位移或偏移，如图 1-35 所示。

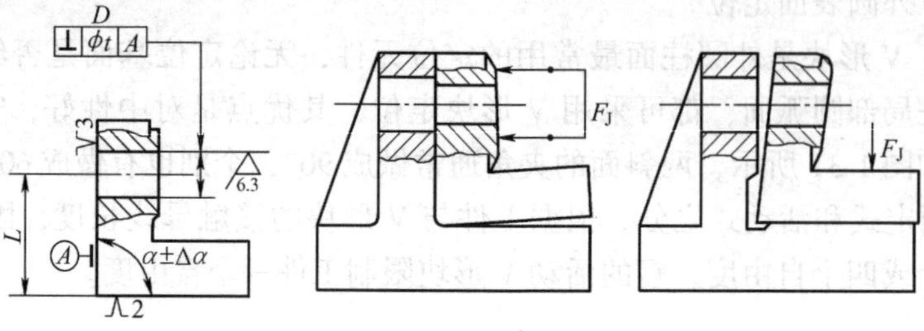

图 1-33　夹紧力方向的确定

a）工序简图　b）正确　c）错误

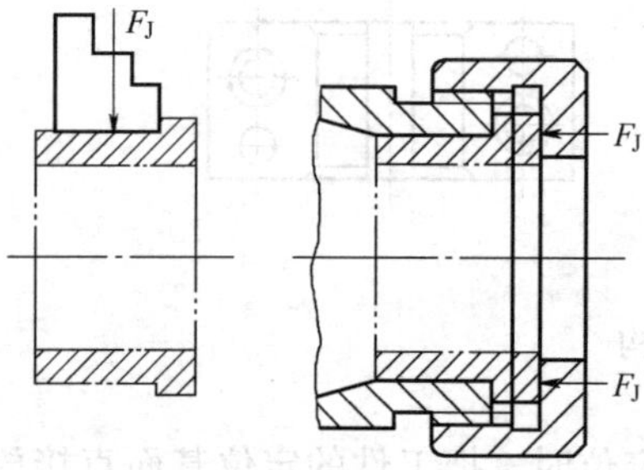

图 1-34　套筒夹紧方向的选择

a）不合理　b）合理

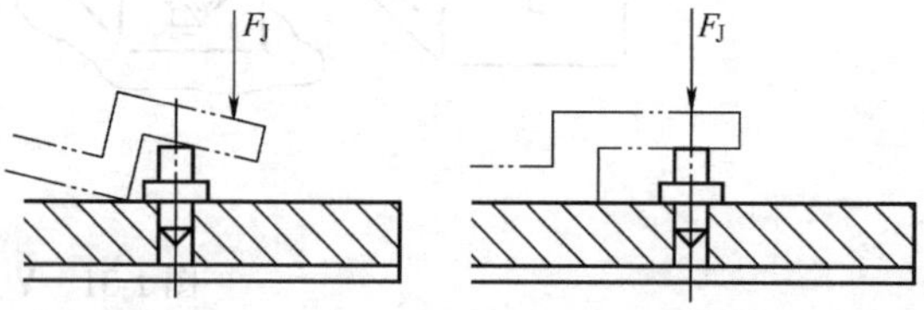

图 1-35　夹紧力作用点应落在支承面内

a）不合理　b）合理

2）应使夹紧力作用在工件刚性较好的部位上。这样可使工件夹紧变形尽可能小，这对刚性较差的工件尤为重要。图 1-36a 所示，箱体顶部刚性差，显然不宜布置夹紧力作用点，应将作用点布置在刚性较大的底边处，如图 1-36b 所示。

3）应使夹紧力尽量靠近加工部位。这可减小切削力对夹紧点的力矩，从而有效地减少工件的振动。图 1-37 中的工件形状特殊，加工面离夹紧力 F_{J1} 作用点较远，若不采取措施，工件悬臂处加工时会产生很大振动。需在靠近加工部位增加辅助支承，并附加夹紧力 F_{J2}，以提高工件的装夹刚度。

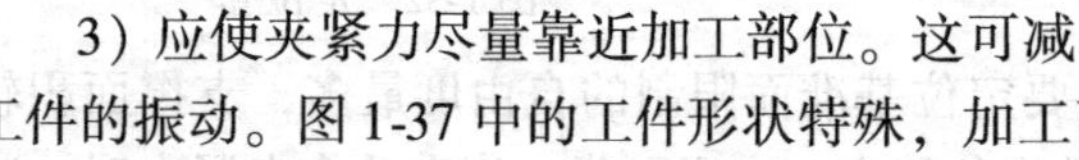

图 1-36　夹紧力作用点应在工件刚性较好部位

a）不合理　b）合理

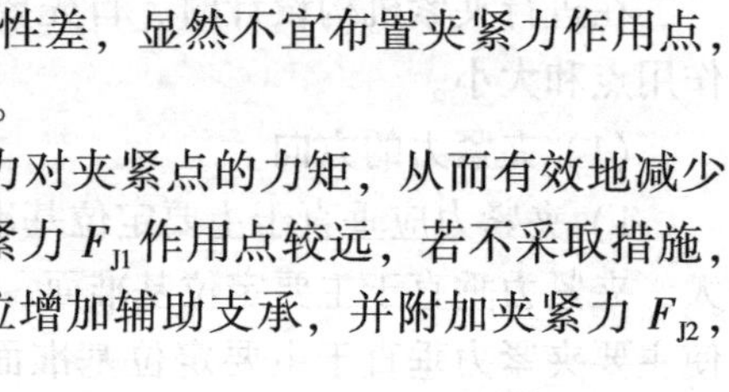

图 1-37　夹紧力应靠近加工部位

(3) 夹紧力的大小　夹紧力的大小必须适当。夹紧力过小，工件装夹不牢；夹紧力过大，会引起工件较大变形，影响加工精度，且造成人力、物力的浪费。

加工过程中，工件受到切削力、离心力、惯性力及重力的作用。理论上，夹紧力的作用应与上述力（矩）的作用平衡，而实际上，夹紧力的大小还与工艺系统的刚性、夹紧机构的传递效率等有关。而且，切削力的大小在加工过程中是变化的，因此，夹紧力的计算是个很复杂的问题，只能进行粗略的估算。

在估算夹紧力时，一般只考虑切削力（矩）对夹紧的影响，找出在加工过程中对夹紧最不利的瞬时状态，按静力平衡原理估算此状态下所需的夹紧力，再乘以安全系数 K（一般为 1.5 ~3），作为实际需要的夹紧力。

在实际设计工作中，大多根据同类夹具的使用情况，按类比法进行经验估算。

4. 基本夹紧机构

在夹紧机构当中，多数是以斜楔夹紧机构、螺旋夹紧机构及偏心夹紧机构为基础构成的。

(1) 斜楔夹紧机构　斜楔夹紧机构简单，有增力作用，一般增力比（夹紧力 F_J 与作用力 F_Q 之比）$i\approx3$，可见增力作用并不大，i 与斜楔角 α 的大小有关，α 越小增力作用越大，但夹紧行程也随之减小。单斜楔夹紧装置应保证足够的自锁性，为此 α 角不应太大，一般取 5° ~7°。

由于这种直接用斜楔夹紧工件的夹紧力较小，且操作不便，应用较少，常与其他机构联合起来使用。图 1-38a 所示为斜楔夹紧钻工具，图 1-38b 所示为斜楔与螺纹夹紧机构联合使

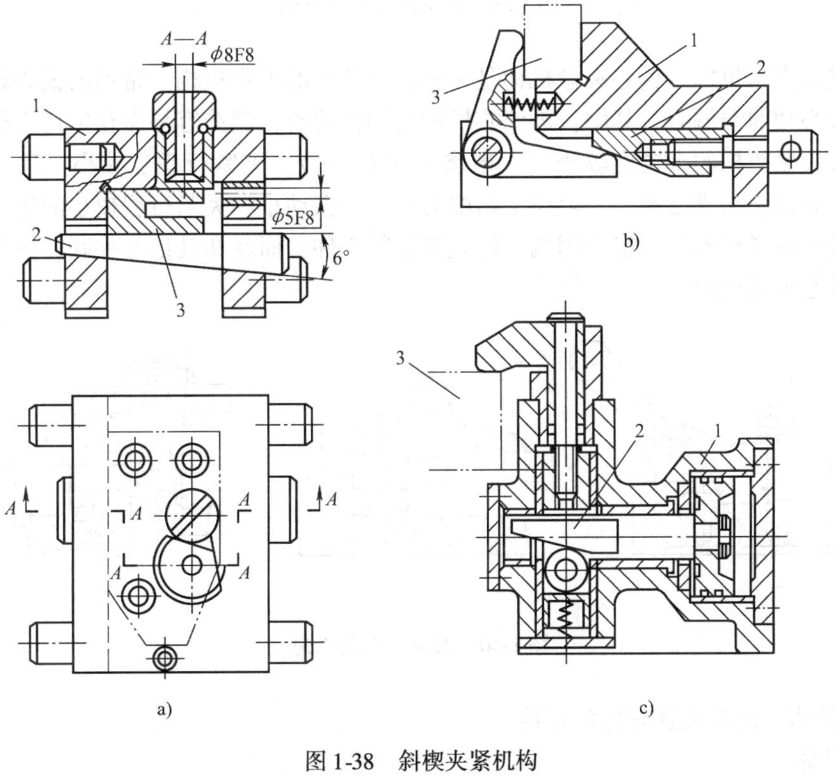

图 1-38　斜楔夹紧机构

1—夹具体　2—斜楔　3—工件

用的例子，图 1-38c 所示为斜楔与气动夹紧机构联合使用的例子。

（2）螺旋夹紧机构　螺旋夹紧机构具有结构简单、制造容易、自锁性好，夹紧可靠、增力比大（可达 100 以上）且夹具行程不受限制等特点，所以在手动夹紧装置中广泛使用，但其夹紧动作慢，所以在机动夹紧机构中应用较少。

螺旋夹紧机构中所用的螺纹实际上相当于把斜楔绕在圆柱体上，因此它的夹紧作用原理与斜楔是一样的，通过转动螺杆，使绕在圆柱体上的斜楔高度发生变化来夹紧工件。图 1-39 所示为螺旋直接夹紧机构，图 1-39a 中用螺钉头部直接压紧工件，容易压坏工件表面，且会带动工件一起转动；可在螺钉头部装上摆动压块，如图 1-39b 所示，这种压块只与螺钉一起轴向运动而不随之转动；图 1-39c 所示为旋转螺母（螺杆不动）直接压紧工件。

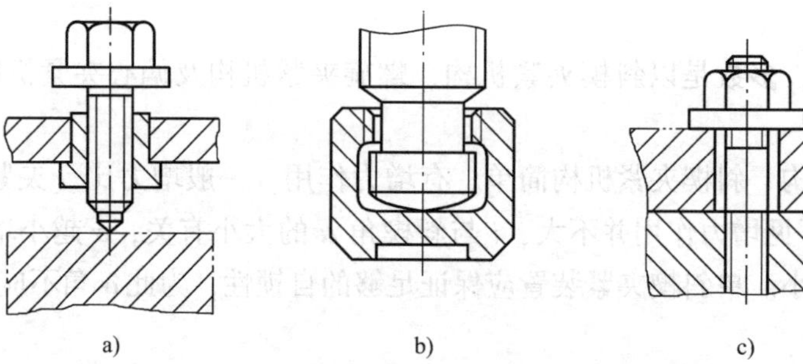

图 1-39　螺旋直接夹紧机构

（3）偏心夹紧机构　偏心夹紧机构是一种快速动作的夹紧机构。常用的偏心轮有两种形式，即圆偏心和曲线偏心，其中，圆偏心机构因构造简单、制造容易而在生产中得到广泛应用。圆偏心夹紧机构的夹紧力较小（一般增力比 $i \approx 10$），夹紧行程也较小，且自锁性能较差，但操作方便，夹紧迅速，一般用于切削力不大、振动小和夹紧行程较小的场合。

采用偏心夹紧机构时，很少用偏心轮直接夹紧工件，而常和其他元件联合使用。图 1-40 所示为圆偏心夹紧机构。

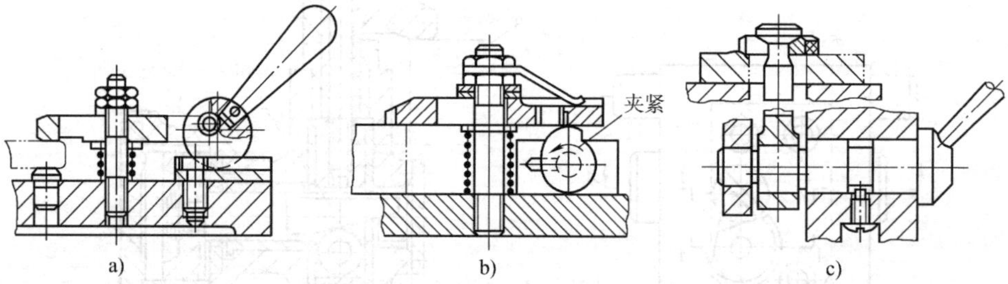

图 1-40　圆偏心夹紧机构

1.4.3　夹具体、对刀装置与导向元件

1. 夹具体

夹具体是将夹具的其他元件连接成一个整体，并通过它使整个夹具固定在机床上。因

此，对夹具体的要求是，要有足够的强度和刚度，使用中尺寸要稳定，为了装卸方便重量应尽可能轻。夹具的形状有各种各样，它与机床的联接方法也随夹具的类型而异。图 1-41 所示为加工轴承块的夹具体。

2. 对刀装置

对刀装置用来确定刀具与工件的相对位置，它主要用在铣床夹具上，如图 1-42 所示。图中塞规用来防止对刀时刀具损坏对刀块的工件表面，它常作成板状或圆柱状。在机床调整时，使刀具逐渐靠近对刀块工作表面，若塞规刚好通过其间隙，则相对位置已确定，不再改变。

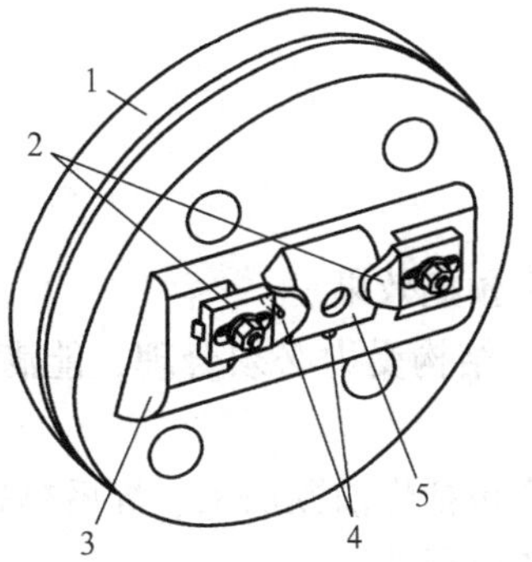

图 1-41　车床夹具

1—夹具体　2—压板　3—半圆体（定位元件）
4—定位销（定位元件）　5—轴承块（工件）

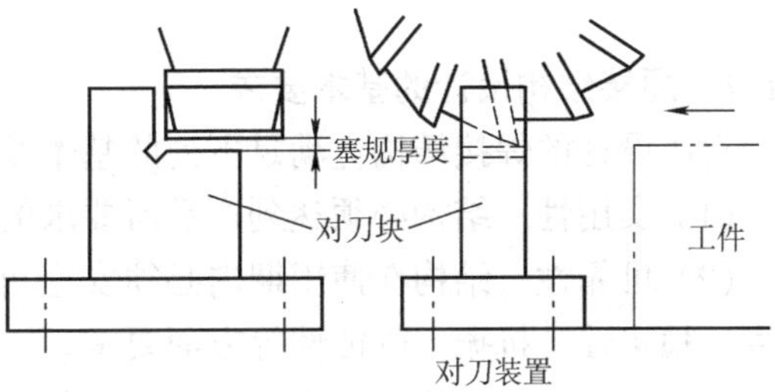

图 1-42　对刀装置

3. 导向元件

导向元件用来确定刀具运动的方向，减少刀具在加工过程中的偏斜。其中最常用的是钻套。钻套的结构形式很多，图 1-43 为几种典型结构。图 1-43a、b 为固定式钻套，这种结构简单，但钻套磨损后需打出，使夹具体上孔径扩大，故新钻套应特殊配制。图 1-43c 为可换钻套，它可以多次更换，但需要松开螺钉，才能取下钻套。图 1-43d 为速换钻套，用于同一工序中需要多次更换刀具的场合（如钻、扩、铰）。更换时只需将钻套转至有缺口处，即可取下。

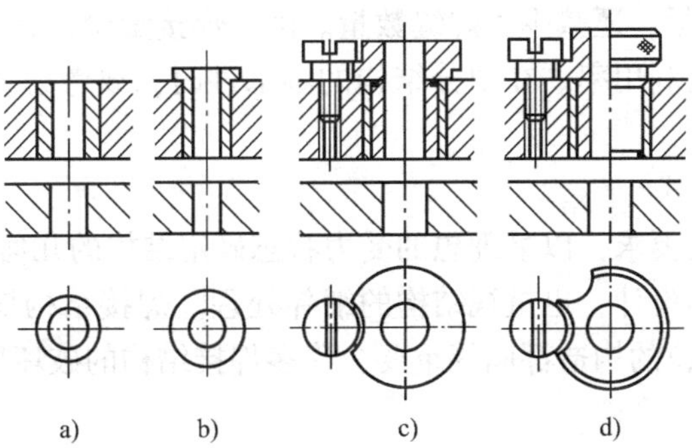

图 1-43　钻套结构

第 2 章　焊接和切割的工艺基础

焊接是指通过适当的手段，使两个分离的金属物体（同种金属或异种金属）产生原子（分子）间结合而连接成一体的连接方法。切割是指利用热能熔化金属使之分离的方法。在各种产品制造工业中，焊接与切割（热切割）是十分重要的加工工艺。

2.1　焊接结构的要求和原则

2.1.1　焊接结构设计的基本要求

对所设计的焊接结构应满足下列的基本要求：

（1）实用性　结构必须达到产品所要求的使用功能和预期效果。

（2）可靠性　结构在使用期内必须安全可靠。因此，结构受力必须合理，能满足强度、刚度、稳定性、抗振、耐蚀性等方面要求。

（3）工艺性　结构能够满足焊接施工的可行性，其中包括焊前预加工、焊后热处理、所选用的金属材料具有良好的焊接性、结构的焊接与检验的可行性。

（4）经济性　制造该结构时，所消耗的原材料、能源和工时应最少，其综合成本低。

2.1.2　焊接结构设计的基本原则

为了使所设计的焊接结构能达到上述基本要求，设计人员应遵循下列设计原则：

1. 合理选择和利用材料

1）所选用的金属材料必须能同时满足使用性能和加工性能的要求。使用性能包括强度、塑性、韧性、耐磨性、抗腐蚀、抗蠕变等。加工性能主要是保证材料的焊接性，其次是考虑其他冷、热加工的性能。

2）有特殊性能要求的部位，可采用特种金属，其余采用能满足一般要求的廉价金属。如有防腐要求的结构，可以采用以普通碳钢为基体、以不锈钢为工作面的复合钢板，或者在基体表面上堆焊抗蚀层。

3）尽可能选用扎制的标准型材和异型材。通常扎制型材表面光洁平整、质量可靠，不仅减少了许多备料工作量，还减少了焊缝数量。由于焊接量少，焊接变形易控制。

4）力求提高材料的利用率。在划分结构的零部件时，要考虑备料过程中合理排料的可能性，以减少余料。

2. 合理设计结构形式

1）根据强度或刚度要求，以最理想的受力状态确定结构的几何形状和尺寸。

2）重视结构的整体设计，也重视结构的细部处理。焊接结构属刚性连接的结构，结构的整体性意味着任何部位的构造都同等重要，许多焊接结构的破坏事故起源于局部构造不合理的薄弱环节处。

3）用简单、平直明快的构造形式。

3. 减少焊接量

对于角焊缝，在保证强度的前提下，尽可能用最小的焊脚尺寸，因为焊缝面积与焊脚高的平方成正比。对于对接焊缝，在保证焊透的前提下选用填充金属量最少的坡口形式。

4. 合理布置焊缝

有对称轴的焊接结构，焊缝宜对称地布置，或接近对称轴处，这有利于控制焊接变形。要避免焊缝汇交和密集。尽可能使焊缝避开高工作应力处、有应力集中部位、机械加工面和需变质处理的表面等。

5. 施工方便

必须使结构上每条焊缝都能方便地施焊和方便质量检查。焊缝周围要留有足够焊接和质量检查的操作空间。尽量使焊缝都能在工厂里焊接，减少工地焊接量。双面对接焊时，操作方便的一面用大坡口，施焊条件差的一面用小坡口。

6. 有利于生产组织与管理

大型焊接结构采用部件组装的生产方式有利于工厂的组织与管理。

2.1.3 焊接结构的选材

1. 母材的选择

选材是结构设计中重要的一环。作为焊接结构的材料，使用最多的是钢。焊接结构常用的钢材有：一般结构用轧制钢材，锅炉、压力容器用钢，包括不锈钢、耐热钢、低温钢等。焊接结构选用的材料（即母材）必须是能得到性能优良的焊接接头的材料，即焊接性能好的材料。所谓金属的焊接性能，就是金属材料对焊接加工的适应性，是指在一定的焊接条件下，获得优良焊接接头的难易程度，或材料在施工条件下，焊接成按规定要求设计的构件，并满足预先服役要求的能力。

具体来说，金属的焊接性不仅与材料本身的特性有关，而且与焊接材料、焊接方法与工艺、环境条件、焊接参数、可采用的工艺措施等有关。它包括工艺焊接性、使用焊接性和材料对各种焊接方法的适应性。工艺焊接性系指材料经焊接加工后形成诸如裂纹、气孔等焊接缺陷敏感性的大小，以及所采取的工艺措施的复杂程度来比较工艺焊接性的优劣。使用焊接性系指材料经焊接加工所形成的焊接接头，能满足产品制造技术条件及安全服役要求的程度，结构及其所用材料的不同，具体要求和指标也不相同。母材和焊接区如有足够的强度、塑性和缺口韧性，则表明焊接结构具有可靠的使用性能。

材料对各种焊接方法的适应性越好，其焊接性也越好。选材时，应充分考虑材料的焊接性和施工条件，并通过不同的焊接性试验方法，鉴别材料焊接性的优劣。在制冷机中常用的金属材料有：Q235—A、Q235—B、Q235—C、10、20、20R、16Mn（Q345）、16MnR 及 T2 等。

2. 焊接材料的选择

一般应根据焊接结构材料的化学成分、力学性能、焊接工艺性、服役环境（有无腐蚀介质，高温或低温等）、焊接结构形状的复杂程度及刚性大小、受力情况和现场焊接设备条件等情况综合考虑。具体原则如下：

（1）考虑母材的力学性能和化学成分

1）碳素结构钢和低合金高强度结构钢的焊接。根据设计部门的规定，大多数结构要求焊缝金属与母材等强度。即按结构钢抗拉强度等级来选择抗拉强度等级相同或稍高的焊接材料（等强或超强匹配）。焊缝金属抗拉强度不是越高越好，焊缝金属强度过高反而有害。对于刚性大、受力情况复杂的焊接结构，为了改善焊接工艺，降低预热温度，可选用比母材强度低一级的焊接材料（低强匹配）。

2）合金结构钢的焊接。如果需要保证焊接接头的高温性能或耐腐蚀性能，要求焊缝金属的主要合金成分与母材相近或相同。

3）母材中 C、S、P 等元素含量较高时，应选用抗裂性能好的低氢型焊条。

4）重要结构，要求采用低氢型焊接材料。

（2）考虑焊件的工作条件和使用性能　根据焊件的工作条件，包括所承受的载荷、接触介质和使用温度范围等，选择能满足使用要求的焊条。

1）在高温或低温条件下工作的焊件，应选用耐热钢焊条及低温用钢焊接材料。

2）接触腐蚀介质的焊件，应选用不锈钢或其他耐腐蚀的焊接材料。

3）承受振动载荷或冲击载荷的焊件，除保证抗拉强度外，还应选用塑性和韧性较高的低氢型焊接材料。

（3）考虑焊件几何形状的复杂程度、刚性大小、焊接坡口的制备情况及焊缝位置　对于焊接过程中易产生较大的焊接应力，而导致裂纹的产生，要求采用抗裂性好的低氢型焊接材料。接头坡口难以清理干净时，应采用氧化性强、对铁锈、油污等不敏感的酸性焊条或焊丝。焊接部位为空间任意位置时，必须选用能进行全位置焊接的焊条。

（4）考虑操作工艺性、设备及施工条件　在保证焊缝使用性能和抗裂性的前提下，用酸性焊条的操作工艺性能较好，可尽量采用酸性焊条。

（5）考虑劳动生产率和经济合理性　在酸性焊条和碱性焊条均可满足性能要求的情况下，为了改善焊工的劳动条件，应尽量采用酸性焊条。

发达国家和我国大型企业已广泛使用 CO_2 和 $Ar + CO_2$ 混合气体保护焊焊丝及药芯焊丝，它们具有含氢量低、自动化程度高、质量好、成本低、接头疲劳强度高，适于在现场施工条件下焊接等优点，应尽量考虑采用。

2.2 焊接方法及设备

2.2.1 焊接方法简介

1. 电弧焊

电弧焊是目前应用最广泛的焊接方法。它包括有焊条电弧焊、埋弧焊、钨极气体保护焊、等离子弧焊、熔化极气体保护焊等。绝大部分电弧焊是以电极与工件之间燃烧的电弧作为热源的。在形成接头时，可以采用也可以不采用填充金属。

2. 电阻焊

这是以电阻热为能源的一类焊接方法，包括以熔渣电阻热为能源的电渣焊和以固体电阻热为能源的电阻焊。

3. 高能束焊

这一类焊接方法包括电子束焊和激光焊。一般用于很厚构件或难熔金属的焊接，制冷机中很少采用。

4. 钎焊

钎焊的能源可以是化学反应热，也可以是间接热能。它是利用熔点比被焊材料的熔点低的金属作为钎料。经过加热使钎料熔化，靠毛细管作用将钎料吸入到接头接触面的间隙内，润湿被焊金属表面，使液相与固相之间相互扩散而形成钎焊接头。

制冷机的焊接工艺中常用的焊接方法有：焊条电弧焊、埋弧焊、钨极气体保护焊、熔化极气体保护焊和钎焊等。

2.2.2　焊接设备

1. 焊条电弧焊（SMAW）焊接设备

（1）基本电路　图 2-1 是焊条电弧焊的基本电路。它由交流或直流弧焊电源、焊钳、电缆、焊条、电弧、工件及地线等组成。

用直流电源焊接时，工件和焊条与电源输出端正、负极的接法，称为极性。工件接直流电源正极，焊条接负极时，称正接或正极性；工件接负极，焊条接正极时，称反接或反极性。用交流电源焊接时，极性在不断变化，所以不用考虑极性接法。

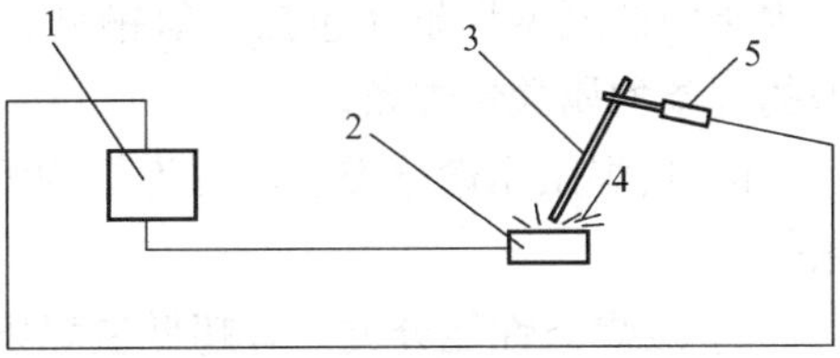

图 2-1　焊条电弧焊的基本电路
1—弧焊电源　2—工件　3—焊条
4—电弧　5—焊钳

（2）弧焊电源

1）电源种类与比较。焊条电弧焊采用的焊接电流既可以是交流也可以是直流，所以焊条电弧焊电源既有交流电源也有直流电源。目前，我国焊条电弧焊用的电源有三大类：交流弧焊变压器、直流弧焊发电机和弧焊整流器（包括逆变弧焊电源），前一种属于交流电源，后两种属于直流电源。交、直流弧焊电源的特点比较见表 2-1。

表 2-1　交、直流弧焊电源的特点比较

项　目	交　流	直　流
电弧稳定性	低	高
极性可换性	无	有
磁偏吹影响	很小	很大
空载电压	较高	较低
触电危险	较大	较小
构造和维修	较简	较繁
噪声	不大	发电机大，整流器小
成本	低	高
供电	一般单相	一般三相
质量	较轻	较重，逆变电源较轻

2）电源的选择。焊条电弧焊要求电源具有陡降的外特性、良好的动特性和合适的电流调节范围。低氢钠型焊条必须选用直流弧焊电源，以保证电弧稳定燃烧。酸性焊条虽然交、直流均可使用，但一般选用结构简单且价格较低的交流弧焊电源。

（3）焊条

1）焊条的组成及作用。焊条由焊芯和药皮（涂层）组成。通常焊条引弧端有倒角，药皮被去除一部分，露出焊芯端头，有的焊条引弧端涂有引弧剂，使引弧容易。焊条中被药皮包覆的金属芯称焊芯。焊芯既是电极，又是填充金属。用于焊芯的专用金属丝（称焊丝）分为碳素结构钢、低合金结构钢和不锈钢三类。

涂敷在焊芯表面的有效成分称为药皮，也称涂层。焊条药皮是矿石粉末、铁合金粉、有机物和化工制品等原料按一定比例配制后压涂在焊芯表面上的一层涂料。其可起到机械保护、冶金处理、改善焊接工艺性能和渗合金作用。

2）焊条的分类、型号和牌号

① 焊条分类　焊条的分类方法很多，这里只介绍比较常用的几种分类。

a）按熔渣性质分类。可将焊条分为酸性焊条和碱性焊条两大类。在碳钢焊条和低合金钢焊条中低氢型焊条（包括低氢钠型、低氢钾型和铁粉低氢型）是碱性焊条，其他涂料类型的焊条均属酸性焊条。

b）按焊条用途分类。可分为结构钢焊条、钼和铬钼耐热钢焊条、不锈钢焊条、低温焊条等。

c）按焊条性能分类。有超低氢焊条、打底焊条和铁粉高效焊条等。

② 焊条型号。焊条型号指的是国家规定的各类标准焊条。焊条型号是以焊条国家标准为依据，反映焊条主要特性的一种表示方法。不同类型的焊条，型号表示方法不同。具体的表示方法和表达的意义可见各类焊条相对应的国家标准的规定。

③ 焊条牌号。焊条的牌号是根据焊条的主要用途及性能特点对焊条产品的具体命名，并由焊条厂制定。每种焊条产品只有一个牌号，但多种牌号的焊条可以同时对应于一种型号。

3）常用钢材的焊条选用。制冷机中常用钢号推荐选用的焊条见表2-2，不同钢号的材料相焊推荐选用的焊条见表2-3。

表2-2　常用钢号推荐选用的焊条

钢　　号	焊条型号	对应牌号
Q235—A、10、20	E4303	J422
Q235—B、Q235—C、20R	E4316	J426
	E4315	J427
16Mn 16MnR	E5016	J506
	E5015	J507
16MnD 16MnDR	E5016-G	J506RH
	E5015-G	J507RH
0Cr18Ni9	E308-16	A102
	E308-15	A107
0Cr18Ni10Ti 1Cr18Ni9Ti	E347-16	A132
	E347-15	A137

2. 埋弧焊（SAW）焊接设备

（1）埋弧焊实施过程　它由四部分组成：

1）焊接电源接在导电嘴和工件之间用来产生电弧。

2）焊丝由焊丝盘经送丝机构和导电嘴送入焊接区。

3）颗粒状焊剂由焊剂漏斗经软管均匀地堆敷到焊缝接口区。

表 2-3　不同钢号的材料相焊推荐选用的焊条

类　别	接头钢号	焊条型号	对应牌号
碳素钢与低合金钢相焊	Q235—A、10、20 + 16Mn	E4303	J422
	Q235—B、Q235—C、20R	E4315	J427
		E5015	J507
珠光体钢与奥氏体不锈钢相焊	Q235—B、Q235—C、20R	E309—16	A302
		E309Mo—16	A312
	16Mn、16MnR + 0Cr18Ni9	E309—16	A302
		E309Mo—16	A312

4）焊丝及送丝机构、焊剂漏斗和焊接控制盘等通常装在一台小车上，以实现焊接电弧的移动。

（2）埋弧焊电源　埋弧焊电源有交流电源和直流电源，可提供平特性、缓降特性、陡降特性、垂降特性的输出。交流电源一般提供陡降特性的输出。

1）直流平特性与缓降特性电源。直流平特性电源又称恒压电源。埋弧焊采用恒压或缓降特性电源时必须配等速送丝系统，利用电弧自身调节作用实现电弧稳定燃烧。缓降特性电源在埋弧焊中应用很广，电流在小于 1000A 以下的场合很适用。

2）直流垂降特性与陡降特性电源。垂降特性电源也叫恒流特性电源。由于恒流电源不具备电弧自身调节作用，为了提高调节灵敏度，埋弧焊更多的是采用陡降特性电源，在使用时必须配备具有弧压反馈的变速送丝系统。

3）交流电源。埋弧焊交流电源输出电流有 800A、1000A 两种。一般交流电源输出为陡降特性，其输出电压和电流为近似方波，在极性换向时，输出电流下降到零，反向再引弧要求空载电压较高。为了有利于引弧，埋弧焊的交流电源空载电压一般都高于 80V。

（3）埋弧焊材料　焊丝和焊剂是埋弧焊的消耗材料，从普通碳素钢到高级镍合金多种金属材料的焊接都可以选用焊丝和焊剂配合进行埋弧焊接。焊丝和焊剂直接参与焊接过程中的冶金反应，因而它们的化学成分和物理性能不仅影响埋弧焊过程中的稳定性、焊接接头性能和质量，同时还影响着焊接生产率。因此，应根据焊缝金属要求，正确选配焊丝和焊剂。

1）焊丝。埋弧焊使用的焊丝有实心焊丝和药芯焊丝两类。生产中普遍使用的是实心焊丝，药芯焊丝只在某些特殊场合应用。焊丝品种随所焊金属的不同而不同，目前已有碳素结构钢、低合金钢、不锈钢等焊丝。国家标准 GB/T 14957—1994 和 GB/T 4241—1984 对上述焊接用焊丝的化学成分有所规定。埋弧自动焊的焊丝一般为 $\phi 3 \sim 6mm$。焊丝表面应当干净光滑，除不锈钢、有色金属焊丝外，各种低碳钢和低合金钢焊丝表面最好镀铜。镀铜层既可起防锈作用，又可改善焊丝与导电嘴的接触状况。

2）焊剂。埋弧焊焊剂在焊接过程中起隔离空气、保护焊缝金属不受空气侵害和参与熔池金属冶金反应的作用。焊剂通常按制造方法、化学成分、化学性质、颗粒结构等分类。焊剂型号是按照国家标准划分的，我国的现行标准 GB/T 5293—1999《埋弧焊用碳钢焊丝和焊剂》中规定：焊剂型号划分原则是依据埋弧焊焊缝金属的力学性能。

3）常用钢号推荐选用的埋弧焊焊丝和焊剂见表 2-4。

表 2-4 常用钢号推荐选用的埋弧焊焊丝和焊剂

钢 号	焊丝钢号	焊剂	
		型 号	牌号示例
Q235—A、10、20 Q235—B、Q235—C、20R	H08A H08MnA	HJ401—H08A	HJ431
16Mn 16MnR	H10MnSi H10Mn2	HJ401—H08A HJ402—H10Mn2 HJ404—H08MnA	HJ431 HJ350 SJ101
0Cr18Ni9	H0Cr21Ni10		HJ260
0Cr18Ni10Ti 1Cr18Ni9Ti	H0Cr21Ni10Ti		HJ260

3. 钨极氩弧焊（GTAW）焊接设备

钨极氩弧焊是用钨棒作为电极加上氩气进行保护的焊接方法。焊接时氩气从焊枪的喷嘴中连续喷出，在电弧周围形成气体保护层隔绝空气，以防止其对钨极、熔池及邻近热影响区的有害影响，从而获得优质的焊缝。

（1）钨极氩弧焊设备。通常由焊接电源、引弧及稳弧装置、焊枪、供气系统、水冷系统和焊接程序控制装置等部分组成。图 2-2 是手工钨极氩弧焊设备系统示意图，其中控制箱内已包括引弧及稳弧装置、焊接程序控制装置等。

1）焊接电源。钨极氩弧焊要求采用陡降外特性的电源。电源的种类有直流电源、交流电源、交直流两用电源及脉冲电源。

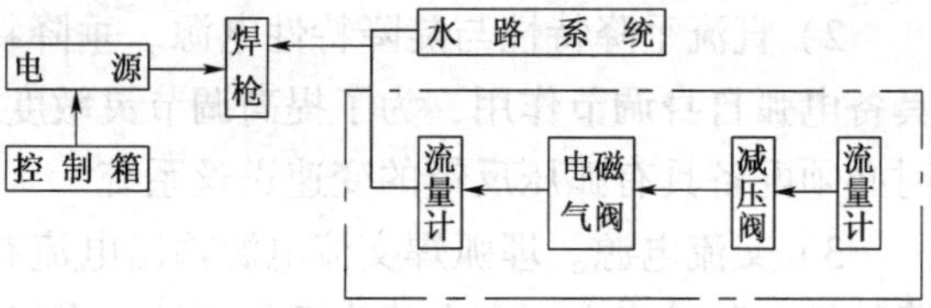

图 2-2 氩弧焊设备系统示意图

2）引弧及稳弧装置。常用引弧方法有高频引弧、高压脉冲引弧。交流氩弧的稳定性很差，在正接性转换成反接性瞬间必须采取稳弧措施，其方法有高频稳弧、高压脉冲稳弧和交流矩形波稳弧。

3）焊枪。焊枪的作用是夹持钨极传导焊接电流和输送保护气。焊枪分气冷式和水冷式两种，最常用的是水冷式。

4）供气系统和水冷系统。供气系统由高压气瓶、减压阀、浮子流量计和电磁阀组成。许用电流大于 100A 的焊枪一般为水冷式，用水冷却焊枪和钨极。

5）焊接程序控制装置。焊接程序控制装置应满足以下要求：

① 焊前提前 1.5 ~ 4s 输送保护气以驱赶管内及焊接区域的空气。

② 焊后延迟 5 ~ 15s 停气，以保护尚未冷却的钨极和熔池。

③ 自动接通和切断引弧和稳弧电路。

④ 控制电源的通断。

⑤ 焊接结束前电流自动衰减，以消除火口和防止弧开裂，对于环缝焊接及热裂纹敏感材料，尤其重要。

（2）钨电极和保护气体

1）钨极。钨极作为氩弧焊的电极，对它的基本要求是：发射电子能力要强，耐高温，不易熔化烧损，有较大许用电流。目前国内所用的钨极有纯钨、钍钨和铈钨三种。

2）保护气体。焊接时，保护气体不仅仅是焊接区域的保护介质，也是产生电弧的气体介质。因此，保护气体的特性（如物理特性、化学特性等）不仅影响保护效果也影响到电弧的引燃、焊接过程的稳定以及焊缝的成形与质量。用于 TIG 焊的保护气体大致有氩气、氦气和混合气，使用最广泛的是氩气。

4. 熔化极气体保护电弧焊焊接设备

熔化极气体保护电弧焊（GMAW）是采用连续等速送进可熔化的焊丝与被焊工件之间的电弧作为热源来熔化焊丝和母材金属，形成熔池和焊缝的焊接方法。为了得到良好的焊缝，应利用外加气体作为电弧介质，并保护熔滴、熔池金属及焊接区高温金属免受周围空气的有害作用。熔化极气体保护焊主要是按保护气体进行分类，以氩、氦或其混合气体等惰性气体为保护气体的焊接方法称为熔化极惰性气体保护电弧焊（MIG）；在氩中加入少量氧化性气体（O_2、CO_2 或其混合气体）混合而成的气体作为保护气体的焊接方法称为熔化极活性气体保护电弧焊（MAG）；采用纯 CO_2 气体作为保护气体的焊接方法称为 CO_2 气体保护电弧焊（CO_2 焊）。

（1）熔化极气体保护电弧焊设备　GMAW 焊接设备主要由焊接电源、送丝系统、焊枪和行走系统（自动焊），供气系统和冷却水系统、控制系统组成。

1）焊接电源。熔化极气体保护电弧焊通常采用直流焊接电源，其外特性分为平特性（恒压）、陡降特性（恒流）和缓降特性。当保护气体为惰性气体、富氩和氧化性气体，焊丝直径小于 1.6mm 时，在生产中广泛采用平特性电源。当焊丝直径较粗（大于 2mm）时，生产中一般采用下降外特性电源，配用变速送丝系统。

2）送丝系统。送丝系统通常是由送丝机、送丝软管及焊丝盘等组成。根据送丝方式不同，送丝系统可分为推丝式、拉丝式、拉推丝式和行星式四种类型，其中推丝式是半自动熔化极气体保护焊应用最广泛的送丝方式之一。

3）焊枪及软管。GMAW 用焊枪的基本组成如下：导电嘴、气体保护喷嘴、焊接软管和导丝管、气管、水管、焊接电缆和控制开关。

4）供气系统与冷却系统。供气系统通常与钨极氩弧焊类似。对于 CO_2 气体，通常还需要安装预热器、减压阀、流量计和气阀。如果气体纯度不够，还需要串接高压干燥器和低压干燥器，以吸收气体中的水分，防止焊缝中生成气孔。水冷式焊枪的冷却系统由水箱、水泵和冷却水管，以及水压开关组成。

5）控制系统。控制系统由基本控制系统和程序控制系统组成。基本控制系统主要包括焊接电源输出调节系统、送丝速度调节系统、小车或（工作台）行走速度调节系统和气体流量调节系统组成。焊接设备的程序控制系统的主要作用是：

① 控制焊接设备的起动和停止。

② 控制电磁气阀动作，实现提前送气和滞后停气，使焊接区受到良好的保护。

③ 控制水压开关动作，保证焊枪受到良好的冷却。

④ 控制引弧和熄弧。

⑤ 控制送丝和小车或（工作台）移动。

（2）消耗材料　GMAW 中采用的消耗材料是焊丝和保护气体。焊丝、母材和保护气体的化学成分决定了焊缝金属的化学成分。

1）焊丝。GMAW 用焊丝的化学成分一般与母材的化学成分相近，并且具有良好的焊接工艺性能和焊缝性能。焊丝金属的化学成分可以稍微与母材不同，以补偿焊接电弧中发生的损失，或者为向焊接熔池提供脱氧剂。

2）保护气体。保护气体的主要作用是防止空气的有害作用，实现对焊缝和近缝区的保护。GMAW 使用的主要气体有纯惰性气体、惰性气体的混合气体和惰性气体与氧化性气体的混合气体。对于低碳钢、低合金钢，常用的保护气体有 Ar + 25% CO_2、Ar + 20% CO_2、CO_2 和 80% CO_2 +20% O_2 等。

5. 钎焊

钎焊根据使用钎料的不同，一般分为：软钎焊—钎料液相线温度低于450℃，主要用于对钎焊接头强度要求不高和工作温度要求不高的仪表、通信仪器等电子元件上；硬钎焊—钎料液相线温度高于450℃，用于受力较大、工作温度较高的焊接件连接。钎焊方法分类如图 2-3 所示。

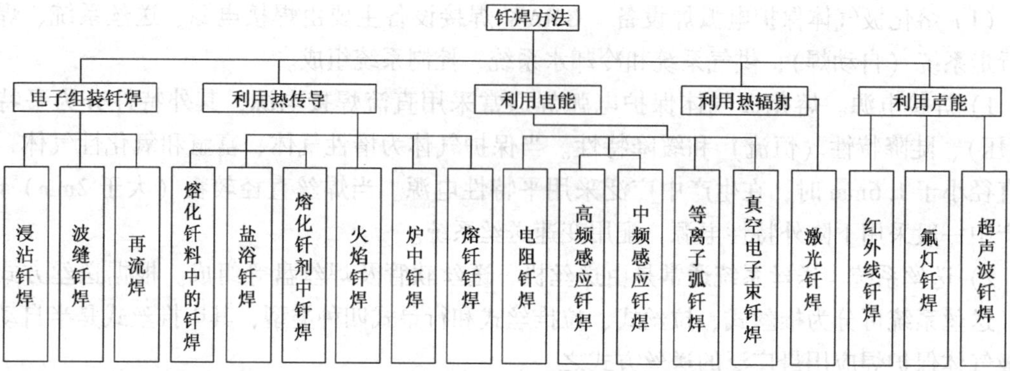

图 2-3　钎焊方法分类

在制冷机中最常用的钎焊方法是火焰钎焊。

（1）火焰钎焊的设备及工作过程　火焰钎焊是利用可燃气体吹以空气或纯氧点燃后的火焰进行加热。火焰钎焊由于设备简单、燃气来源广、灵活性大，因而应用很广。火焰钎焊所用的焊炬可以是通用的气焊炬，也可以是专用的钎焊炬。专用钎焊炬的特点是火焰比较分散，加热集中程度较低，因而加热比较均匀。火焰钎焊所用的可燃气体可以是乙炔、丙烷、石油气、雾化汽油、煤气等。氧乙炔焰是最常用的火焰，由于火焰温度高，而钎焊温度却低得多，因此常用火焰的外焰来加热，因为该区火焰的温度低而体积大，加热比较均匀。一般使用中性火焰或轻微过乙炔焰。火焰钎焊时，将钎剂溶液预先涂在接头表面上，或者先将钎料棒加热，沾以钎剂，再带到加热了的接头表面。钎焊时应先将工件均匀地加热到钎焊温度，然后再加钎料，否则钎料不能均匀地填充间隙。以软钎料进行钎焊时，还可以用喷灯来加热。

（2）钎焊材料　钎焊材料根据所起作用的不同分为钎料和钎剂。在钎焊过程中，钎料在低于母材熔点的温度下，熔化并填充钎焊接头，钎剂起去除或破坏母材被钎部位氧化膜作用。

1）钎料。按钎料熔点划分，通常将熔点在450℃以下的钎料称为软钎料，而高于450℃的称为硬钎料，高于950℃的称为高温钎料。按钎料化学成分将软钎料、硬钎料分成各种基的钎料。软钎料分为Bi基、Sn基、Pb基、Zn基等，硬钎料分为Al基、Ag基、Cu基、Ni基等。在制冷机中铜管的钎焊经常用银基钎料、铜锌钎料和铜磷银钎料。

2）钎剂。钎剂的作用是去除母材和液态钎料表面上的氧化物，保护母材和钎料在加热过程中不被进一步氧化，以及改善钎料在母材表面的润湿性能。因此，钎剂必须具有足够的去除母材及钎料表面氧化物的能力，熔化温度及最低活性温度应稍低于钎料的熔化温度，在钎焊温度下具有足够润湿能力。钎剂分为软钎剂与硬钎剂两大类。在制冷机中钎焊碳钢、铜及铜合金时常用硬钎剂FB101、FB102等。

2.3　焊接接头及其设计

2.3.1　焊接接头的基本类型

焊接接头就是用焊接方法连接的不可拆卸接头。它由焊缝、熔合区、热影响区及其邻近的母材组成。焊接接头的种类和形式很多，根据所采用的焊接方法不同，焊接接头可以分为熔焊接头、压焊接头和钎焊接头三大类；根据接头的构造形式不同，焊接接头可以分为对接接头、T形（十字）接头、搭接接头、角接接头和端接接头。在制冷机中一般采用熔焊接头和钎焊接头。下面分别介绍适用于熔焊和钎焊的接头基本类型。

1. 熔焊接头的基本类型

熔焊是应用最广、最普通的焊接方法，上述构造形式不同的五大类接头基本都适用于熔焊。

1）对接接头是把同一平面上的两被焊工件相对焊接起来而形成的接头。从受力的角度看，对接接头是比较理想的接头形式，与其他类型的接头相比，它的受力状况较好，应力集中程度较小。

2）T形接头及十字接头是把互相垂直的或成一定角度的被焊工件用角焊缝连接起来的接头，是一种典型的电弧焊接头，能承受各种方向的力和力矩。

3）搭接接头是把两被焊工件部分地重叠在一起或加上专门的搭接件用角焊缝或塞焊缝、槽焊缝连接起来的接头。搭接接头的应力分布不均匀，疲劳强度较低，不是理想的接头类型。

4）角接接头是两被焊工件端面间构成大于30°、小于135°夹角的接头。

5）端接接头是两被焊工件重叠放置或两被焊工件之间的夹角不大于30°，在端部进行连接的接头。

2. 钎焊接头的基本类型

在钎焊结构中，接头基本类型只有搭接接头和对接接头两种。

1）由于钎料的强度往往比被钎焊金属的强度要低，所以采用搭接接头，依靠增大搭接面积，可以在钎料的强度低于被钎焊金属强度的条件下，达到接头与被钎焊金属具有相等的承载能力。此外，搭接接头的装配相对比较简单。因此，搭接接头是钎焊连接的最基本的接头形式。

2）对接接头虽然具有受力均匀、节省材料、减轻结构重量等优点，但是由于它的接头强度大多低于被钎焊金属强度，因而接头的承载能力一般达不到被钎焊金属的承载能力水平。同时，这种接头形式在装配时，由于保持对中和间隙大小较为困难，一般较少采用。

在实际结构中，需要采用钎焊连接的零部件，其形状和相互位置是各种各样的，不可能全部都设计成典型的搭接接头。为了提高钎焊接头的承载能力，设计的基本原则应该是尽可能地使接头搭接化。图 2-4 是各种钎焊接头搭接化设计的例子。

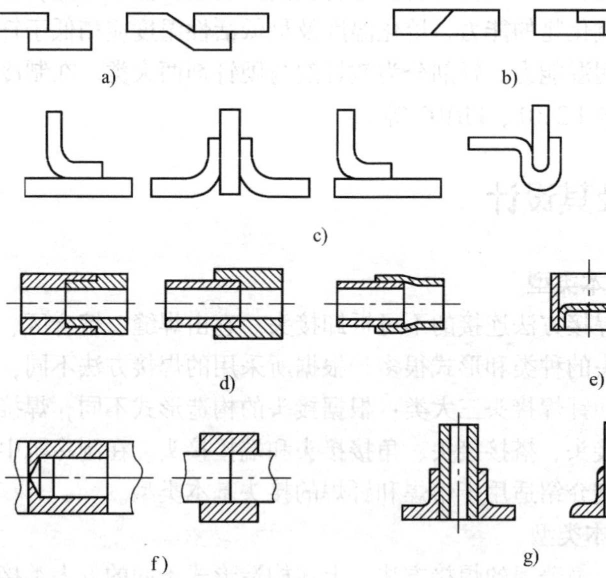

图 2-4　钎焊接头搭接化设计举例

a）普通搭接接头　b）对接接头局部搭接化　c）T 形接头和角接接头的局部搭接化

d）管件的套接接头　e）管与底版的接头形式　f）杆件连接的接头形式

g）管或杆与凸缘的接头形式

2.3.2　熔焊接头的坡口形状和尺寸

1. 坡口和坡口类型

根据设计或工艺需要，将被焊工件的待焊部位加工并装配成一定几何形状的沟槽，称之为坡口。熔焊接头焊前加工坡口的目的在于使焊接易于进行，从而保证焊接质量。坡口加工就是对被焊工件的板端或板边表面进行切削或热加工。坡口的形状和尺寸的正确选择是极为重要的。

熔焊接头的坡口根据其形状的不同，可分为基本型、组合型和特殊型三类。基本型坡口是一种形状简单、加工容易、应用普遍的坡口，主要有 I 形坡口、V 形坡口、单边 V 形坡口，U 形坡口，J 形坡口等。组合型坡口由两种或两种以上的基本型坡口组合而成。特殊型坡口是不属于上述基本型又不同于上述组合型的坡口。

2. 坡口尺寸

坡口的尺寸名称及其代号字母主要有：坡口角度 α、根部间隙 b、钝边高度 p、坡口面角度 β、坡口深度 H、根部半径 R 等。坡口角度或坡口面角度、钝边高度与根部间隙之间存在着某种相关关系。坡口角度或坡口面角度减小时，根部间隙必须加大。同样，当根部间隙较小时，钝边高度不能过大，坡口角度或坡口面角度不能太小。这是为了使焊条能到达根部附近，运条方便，不致造成熔合不好等焊接缺陷。

3. 焊条电弧焊及气体保护焊接头坡口的基本形式与尺寸

国家标准 GB/T 985—1988《气焊、手工电弧焊及气体保护焊焊缝坡口的基本形式与尺寸》规定了上述两种焊接方法焊接碳钢、低合金钢各种焊接接头的基本坡口形式与尺寸。设计人员可根据所焊钢板的板厚和接头类型选择适当的坡口形式和尺寸。

4. 埋弧焊接头坡口的基本形式和尺寸

国家标准 GB/T 986—1988《埋弧焊焊缝坡口的基本形式和尺寸》规定了碳钢、低合金钢埋弧焊接头的坡口形式与尺寸。同样，设计人员可根据所焊钢板的板厚和接头类型选择适当的坡口形式和尺寸。

5. 坡口的选择设计原则

坡口的形式和尺寸主要根据焊接方法和板材的厚度来选择和设计，同时应考虑以下原则：

(1) 保证焊接质量　满足焊接质量要求是选择和设计坡口形式和尺寸首先需要考虑的原则，也是选择设计坡口的基本要求。

(2) 便于焊接施工　对于不能翻转或内径较小的容器，为避免大量的仰焊工作和便于采用单面焊双面成形的工艺方法，宜采用 V 形或 U 形坡口。

(3) 坡口加工简单　由于 V 形坡口是加工最简单的一种，因此，能采用 V 形坡口或 X 形（双 V 形）坡口就不宜采用 U 形或双 U 形坡口等加工工艺较复杂的坡口类型。

(4) 坡口的断面尽可能小　这样可以降低焊接材料的消耗，减少焊接工作量并节省电能。

(5) 便于控制焊接变形　不适当的坡口形式容易产生较大的焊接变形。

2.4　切割

工业生产中比较广泛采用的切割方法有三类：机械切割、气割和等离子弧切割。

机械切割主要是利用机械装置对金属材料施加剪切力，使之分离。在机器制造业中，常用各种切剪机械，如龙门式剪床、圆盘式剪床、各种冲剪机等均属于这一类。此外，各种锯床和手工切管机也属于机械切割。

气割通常称为火焰切割，是依靠金属在氧气中燃烧形成氧化物，再利用高速气流将氧化物吹除，以达到切割金属的目的。气割具有成本低、切割速度快、设备简单等优点，在制冷机制造中得到广泛的应用。

等离子弧切割是依靠特制的割炬，产生温度极高的高速等离子焰流，使金属材料局部熔化而形成割缝。等离子弧切割在不锈钢及有色金属的切割中得到普遍的应用。

2.5　气割

气割是利用可燃气体与氧混合燃烧产生的热量（即预热火焰的热量）预热金属表面，使预热处金属达到燃烧温度，并使其呈活化状态，然后送进高纯度、高速度的切割氧流，使金属在氧中剧烈燃烧，生成氧化熔渣同时放出大量热量，借助这些燃烧热和熔渣不断加热切口处金属，并使热量迅速传递，直到工件底部，同时借助高速氧流的动量把燃烧生成的氧化熔渣吹除，被切工件与割炬相对移动形成割缝，达到切割金属的目的。

1. 金属气割所需要的条件

不是所有金属都可以进行气割，金属气割要满足以下一些条件：

1）金属的熔点应该高于它的燃点。低碳钢的燃点为1050℃，对于 $w_C=0.25\%$ 的钢为1250℃，熔点接近1500℃，可以满足上述条件。

2）金属氧化物的熔点应该低于金属本身的熔点。高铬钢、镍铬钢等金属其本身熔点低于氧化物熔点，不能用一般的火焰切割方法切割。

3）在氧流中燃烧时，所放出的热量应该足以维持切割过程继续进行而不中断。

4）金属的导热性不应过高，否则，预热火焰的热量和在切割过程中产生的热量将被金属由切割处剧烈地散失，使切割过程中断。

5）金属的氧化物应富有流动性，否则切割时形成的氧化物不能很好地被氧射流吹掉，妨碍切割过程。

从上面的几个条件可以看到，适于气割的材料有普通低碳钢、低合金钢、高合金钢、不锈钢、灰铸铁等。

2. 用于气割的气体

气割用燃气最早使用的是乙炔。随着工业的发展，人们在探索各种各样的乙炔代用气体。目前作为乙炔的代用气体中丙烷的用量最大，其使用效果、成本和气源情况都比较理想。

3. 影响气割质量及切割过程的因素

气割受诸多因素的影响，但影响切割质量及切割过程的主要因素有以下几个方面：

（1）氧气纯度的影响　在气割过程中氧气纯度对切割速度、氧气耗量及切割质量的影响是比较大的。氧气纯度降低，切割速度变慢，金属在氧气中燃烧效果变差，必将影响切割质量。

（2）金属中杂质和缺陷的影响　金属中含有杂质对火焰切割有很大影响，有的杂质甚至使金属不能实施火焰切割。

（3）燃气纯度对切割质量的影响　燃气的纯度对切割质量和切割过程的影响不大，但燃气中的杂质会产生一定影响。

（4）切割速度对切割质量的影响　火焰切割速度要合适，不能过快也不能过慢。切割速度过快将产生后拖和切不透，甚至翻浆烧坏割嘴，中断切割；切割速度过慢，上缘烧塌，下缘挂渣严重，割缝变宽，切割面质量也很不理想。

4. 气割用工具

割炬是进行火焰切割的主要工具。割炬分手工割炬和机用割炬。机用割炬主要用于各种切割机。无论是手工割炬还是机用割炬，均有射吸式割炬和等压式割炬之分。射吸式割炬对燃气压力要求不高，可采用低压燃气，也可用中压燃气。射吸式割炬是应用量最大、应用最普遍的通用型手工割炬。等压式割炬的燃气、预热氧气分别由单独的管路进入割嘴内混合。由于燃气是靠自身的压力进入割炬，所以它不适用于低压燃气，而须采用中压燃气。等压式割炬具有气体调节方便、火焰燃烧稳定、不易回火等优点，其应用越来越多。

2.6　等离子弧切割

等离子弧切割是利用等离子弧热能实现金属熔化的切割方法。根据切割气流的不同，分为氮等离子弧切割、空气等离子弧切割和氧等离子弧切割等。

1. 工作原理

等离子弧切割是采用高速的离子流熔化母材并吹掉熔融金属而形成切口。等离子弧切割时采用正极性电流，即电极接电源负极。切割金属时采用转移弧，引燃转移弧的方法与割枪有关。

2. 切割方法

等离子弧切割方法除一般形式外，派生出的形式还有水压缩等离子弧切割、空气等离子弧切割等。最常用的方法是一般等离子弧切割和空气等离子弧切割。

(1) 一般等离子弧切割　一般的等离子弧切割不用保护气，工作气体和切割气体从同一喷嘴内喷出。引弧时，喷出小气流离子气体作为电离介质；切割时，则同时喷出大气流气体以排除熔化金属。

(2) 空气等离子弧切割　空气等离子弧切割一般使用压缩空气作为离子气，这种方法切割成本低，气源来源方便。压缩空气在电弧中加热后分解和电离，生成的氧与切割金属产生化学放热反应，加快了切割速度。充分电离了的空气等离子体的热焓值高，因而电弧的能量大，切割速度快。

3. 切割设备

等离子弧切割系统主要由供气装置、电源以及割枪几部分组成。水冷枪还需有冷却循环水装置。

(1) 供气装置　空气等离子弧切割的供气装置的主要设备是一台大于 1.5kW 的空气压缩机，切割时所需气体压力为 0.3～0.6MPa。如选用其他气体，可采用瓶装气体经减压后供切割时使用。

(2) 电源　等离子弧切割采用具有陡降或恒流外特性的直流电源。为获得满意的引弧及稳弧效果，电源空载电压一般为电弧电压的两倍。常用切割电源空载电压为 150～400V。

(3) 割枪　割枪的具体形式取决于割枪的电流等级，一般 60A 以下割枪多采用风冷结构；而 60A 以上割枪多采用水冷结构。割枪中的电极可采用纯钨、钍钨、铈钨棒，也可采用镶嵌式电极。电极材料优先选用铈钨。

等离子弧切割具有切割厚度大、切割灵活、装夹工件简单及可以切割曲线等优点，可以广泛应用于所有的金属材料和非金属材料的切割。

2.7　典型焊接工艺示例

下面介绍制冷机中常用的焊接工艺示例。图 2-5 是制冷机中典型焊接接头的布置图；焊接接头形式及焊接工艺见表 2-5。

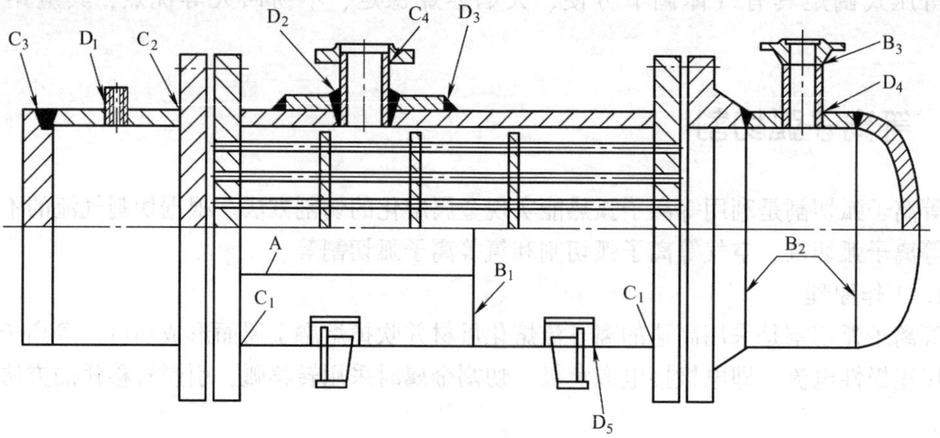

图 2-5　制冷机中典型焊接接头的布置图

表 2-5　焊接接头形式及焊接工艺

接头编号	接头形式结构示意图	焊接方法	焊接工艺要点
A、B_1	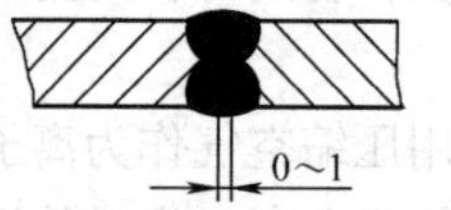	SAW	内缝埋弧焊 外缝碳弧气刨清根后，埋弧焊
B_2	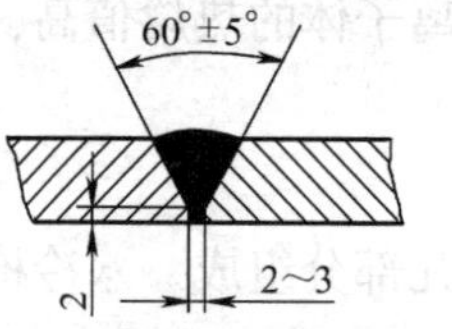	GTAW + SMAW （GMAW） + SAW	手工钨极氩弧焊打底 焊条电弧焊或熔化极气体保护焊填充 埋弧焊盖面
B_3	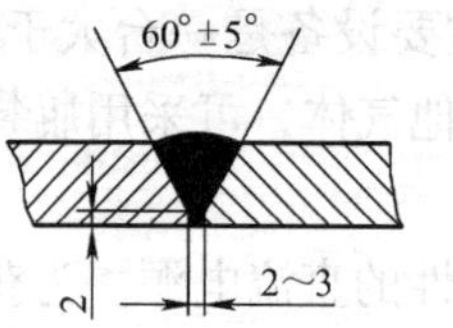	GTAW	手工钨极氩弧焊打底 手工钨极氩弧焊盖面
C_1	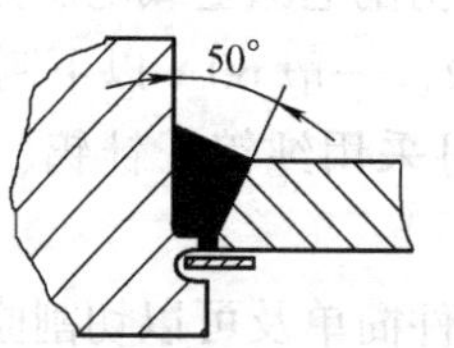	GMAW + SAW	熔化极气体保护焊打底 埋弧焊盖面
C_2	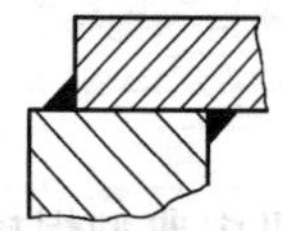	GMAW	熔化极气体保护焊焊接内外缝

（续）

接头编号	接头形式结构示意图	焊接方法	焊接工艺要点
C_3	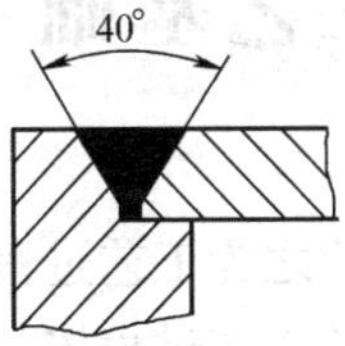	GMAW	熔化极气体保护焊焊接
C_4	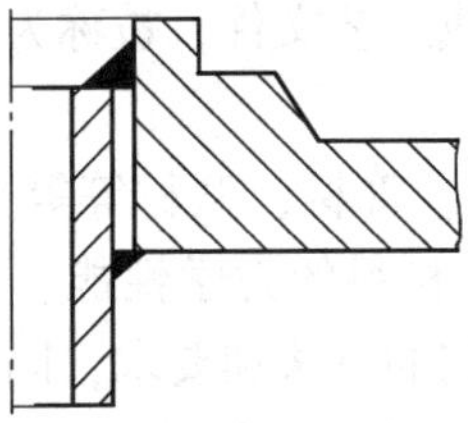	SMAW	焊条电弧焊焊接
D_1	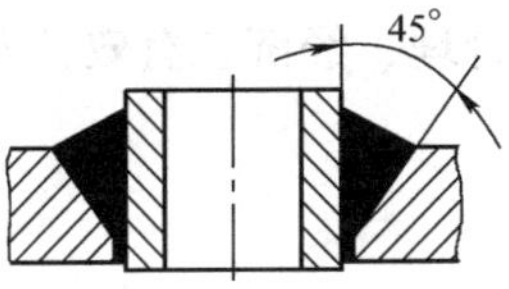	GTAW + SMAW	手工钨极氩弧焊打底 焊条电弧焊填充盖面
D_2	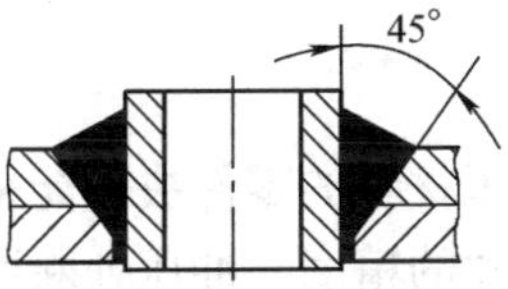	GTAW + SMAW	手工钨极氩弧焊打底 焊条电弧焊填充盖面
D_3 D_5	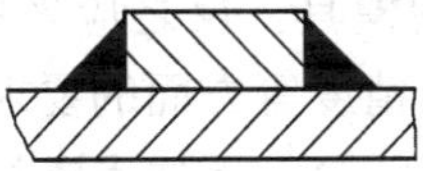	GMAW	熔化极气体保护焊焊接
D_4	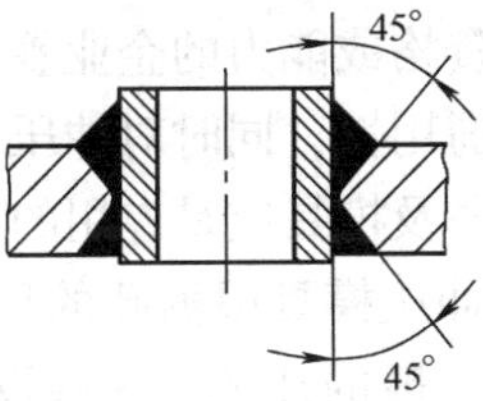	SMAW	焊条电弧焊焊接内缝，外侧碳弧气刨清根后，焊条电弧焊焊接外缝

第3章　板料的冲压工艺基础

机器生产过程就是将原材料转变为成品的全过程，也称之为工艺过程。制造中遵守的工艺过程是长期生产实践经验与理论相结合的总结。把全部的工艺过程按一定的工艺路线确定其产品或零部件制造过程的操作方法和要求，就可以形成工艺文件，被称为工艺规程，制造中的每道工序都必须严格遵守、执行这些工艺规程。

产品或零部件的冲压加工工艺就是将原材料（板材、管材、型材等等）经过冲裁（剪裁）、弯曲、拉深成形的加工过程。而这些加工工艺与原材料的力学性能、化学成分等因素是密不可分的，也就是说材料的可加工性决定了加工工艺的方法和要求，同时加工工艺的诸多方法也可改变材料的力学性能等。需要强调的是一种产品或零件的加工工艺方法有多种，在制定工艺规程中应本着企业的实际情况，确定一种最合理、经济、有效，安全可靠，符合标准、法规，满足产品或零件性能的基本原则。

3.1　冲压零件的要求及常用材料

3.1.1　冲压零件的要求

冲压零件必须具备工艺上的可加工性，对不具备冲压材料的零件决不能采用冲压的方法来加工。在对零件的冲压工艺中应考虑零件的批量、尺寸的精度、冲压处断面的表面粗糙度等因素，最终确定其冲压模具。对批量小、尺寸要求及冲压处断面的表面粗糙度要求不高的零件要考虑制造成本，操作强度等因素，一般采用简易的模具，反之应采用较复杂的模具，虽然制造成本增大，但其使用寿命较长，又能保证零件的精度等方面的要求。

零件采用冲压加工工艺的同时应具备本企业冲压设备的第一手技术资料，这一点是设计者选用冲压设备的依据，因为冲压设备与模具设计的诸多技术是密不可分的。如果企业的冲压设备及能力达不到零件冲压要求时，也可与具备相应资格或能力的企业签订分包协议。

另外冲压零件的材料厚度决定冲压设备的专用性或通用性，同时对冲压模具的繁简程度要求也各不相同，如散热器的铝或钢制薄翅片的冲压设备及模具应是专用的。换热器材料板的轮廓及各换热器管管孔所用的设备为通用数控冲床，冲压模具根据孔的尺寸不同而不同。对那些只冲压直线、圆弧线段和对称形的零件，则采用一般的冲床。这些设备经济、实用，目前很多企业仍在使用，但是随着企业对设备的更新改造及提升，这些设备会逐渐淘汰。

3.1.2　冲压零件的常用材料

被冲压零件质量的好与坏，除了与设备和冲模有关外，更主要与被冲压零件材料的力学性能有着更重要的因素。对那些极脆、硬的材料，如低合金工具钢、高碳高铬工具钢、高碳中铬工具钢、高速钢、硬质合金等材料不宜采用冲压加工工艺，表3-1、表3-2列出了冲压零件的常用材料，可供参考。

表3-1、表3-2中没列材料的力学性能，但材料的力学性能也是决定冲压件工艺性的重要因素。力学性能大致包括强度极限、伸长率、硬度。制冷行业中大部分材料的冲压精度要

求不是很严格的，而对精冲板料的厚度要求是比较严格的，如换热器中的折流板，厚度一般不大于5mm，材料一般为优质碳素结构钢；散热器中翅片厚度大致为0.5mm，材料一般为优质碳素结构钢及纯铝等。另外，适用于精冲的材料还有有色金属，如黄铜（锡黄铜、铝黄铜、镍黄铜等）、青铜（锡青铜、铝青铜等）、铜（T1、T2、T3、T4 等）、无氧铜（TU1、TU2、TU3 等）、纯铝、防锈铝（此材料经淬火时效处理）等。对不锈钢及经退火的合金工具钢也可进行精冲。对起密封作用的非金属材料垫片，如石棉板、橡胶等也可选用冲压工艺。冲压件的材料，对产品的加工工艺性有很大影响，它直接关系到产品质量的安全性、可靠性及使用寿命。所以在设计、制造时应考虑以下几个因素：

表 3-1　冲压零件常用的材料

钢　号	钢板标准	使用状态	厚度/mm
Q235—AF	GB/T 912—1989　碳素结构钢和低合金结构钢热轧薄钢板及钢带 GB/T 3274—1988　碳素结构钢和低合金结构钢热轧厚钢板和钢带	热轧	2~4
Q235—A			3~20
Q235—B			
Q235—C			
20R	GB 6654—1996　压力容器用钢板	热轧正火	6~20
16MnR			
20g	GB 713—1997　锅炉用钢板	热轧等	6~20
Q195	GB/T 700—1988　碳素结构钢	热轧	3~16
08F	GB/T 710—1991　优质碳素结构钢热轧薄钢板和钢带	退火、正火 正火后退火	1.1~2

表 3-2　冲压零件常用的不锈钢材料

牌　号	钢板标准	使用状态	厚度/mm
1Cr18Ni9Ti	GB/T 3280—1992　不锈钢冷轧钢板	冷机	2~18
0Cr18Ni9			

1）拉深和复杂弯曲时应选用塑性好的原材料。

2）弯曲件应该考虑原材料的轧制（纤维）方向。

3）考虑下道工序的要求，如冲压后需要焊接、喷涂，应选用经过除锈的原材料；当冲压件冲压完成后，由于各种因素需重新进行除锈处理时，则不需考虑。

4）冲压件应在保证质量的前提下，充分注意其经济性，用价格低廉的材料代替较贵重的材料，用薄料代替厚料，用黑色金属代替有色金属。设计、制造时尽量利用有材料标识的边角余料，降低产品成本。

3.2　冲压工艺

板料冲压是利用模具（冲模）使板料、棒料产生分离或塑性变形的工艺加工过程，用以制造薄壁零件的加工方法称为冷冲压，如不锈钢封头的旋压、折流板的冲孔等。当板厚大于8mm时，对所加工的原材料进行加热，达到一定的温度后再冲压的加工方法称为热冲压，如封头的热压、锻头的热冲等。

冲压件大致的工序可分为两类：

(1) 分离工序　分离工序是使原材料一部分与另一部分分离的工序，如剪切、落料、冲孔等。将原材料进行分离时，分离出来的部分又分有用材料及无用材料，有用部分的材料称为成品零件或半成品零件，无用部分的材料则为废料（即无利用价值的材料）。

(2) 变形工序　变形工序是改变原材料的形状而产生小破裂的工序，如弯曲、拉深、成形和翻边等。说明一点，管材弯曲、扩口等及各型材的弯曲也属变形工序的一种。

冲压件是通过一个或数个冲压基本工序将板料冲制而成的，它包括冲裁件、弯曲件、拉深件和成形件。在冲击压力一定时，冲压速度尤其关键。分离工序对原材料的冲裁要求速度为瞬间完成。变形工序要求原材料的变形过程缓慢完成。

3.2.1　冲裁件的工艺性

通过分离工序的剪切、落料、冲孔等工艺加工所获得的成品零件或半成品零件称为冲裁件。其中剪切是使原材料按不封闭的轮廓分开，剪切为备料工序，把原材料通过剪切设备剪切成条料或按图样及工艺要求将原材料剪切成不同形状。对于板厚大于6mm 的板料，剪切处的表面粗糙度均不理想，且毛边、飞刺突出，对于这一缺陷将视原材料的力学性能、厚度规格等因素，调整剪切设备上、下剪刃的间隙量来解决。对于板厚大于14mm 的材料，通过剪切产生的毛边、飞刺，目前还没有行之有效的办法，只能通过其他工序（如刨边、打磨）来解决。落料是将原材料按封闭轮廓分离，其分离部分为零件成品或半成品时，周边剩余部分则为废料。冲孔也是将原材料按封闭形轮廓分离，与落料的区别是分离部分为废料，周边为成品。在制冷行业中落料工序基本不采用冲裁实现，如散热器的翅片加工工序为：冲孔（落料）、翻边等，都是采用专用设备及工装一次或同步完成。

1. 冲裁件的形状和尺寸要求

1) 在冲裁件的成本中，材料费所占的比重较大，所以冲裁件的几何形状要力求简单、对称。相邻件的间隙和配置要适当，保证从一定尺寸的板料中冲裁出尽量多的零件。在设计过程中尽量采用圆形、矩形、梯形、三角形等规则形状的零件，这样便于实现无废料与少废料排布。图3-1 为较经济的板料排布实例。

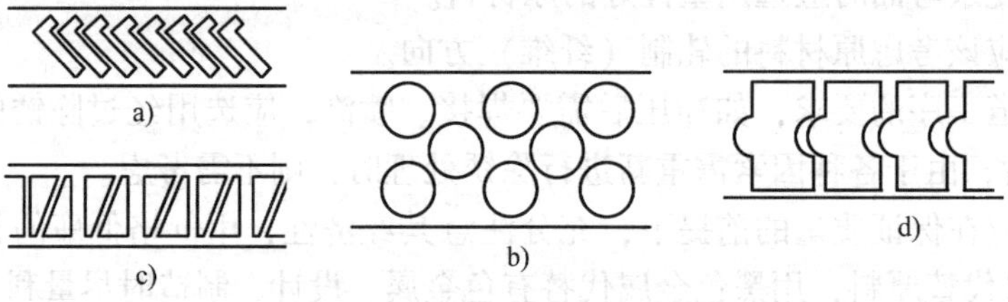

图3-1　板料排布实例

a) 直角形零件　b) 圆形零件　c) 三角形零件　d) 梯形零件

2) 冲裁件的凸出或凹入部分的宽度和深度的关系（图3-2）是：

一般　$B \geqslant 1.5t$

黑色金属　$B = (1.3 \sim 1.5) \times 1.5t$

有色金属　$B = (0.75 \sim 0.8) \times 1.5t$

当材料的厚度，$t < 1\text{mm}$ 时，均按 $t = 1$ 计算。

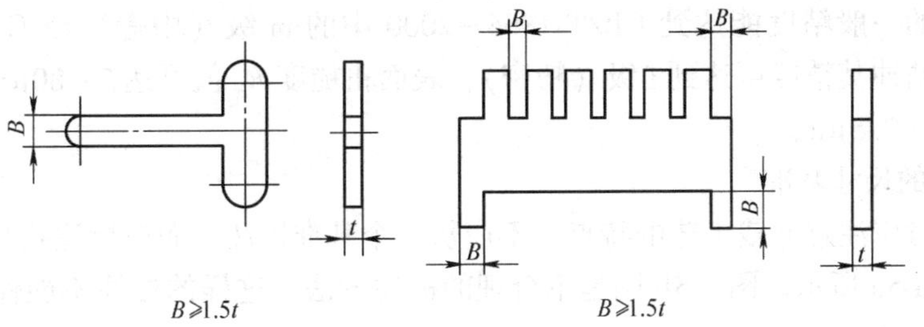

图 3-2　工件外形尺寸最小值

冲孔时，孔径不宜过小，孔的直径与材料厚度的关系是：

黑色金属　$d \geqslant (0.9 \sim 1.35)\ t$

有色金属　$d \geqslant (0.5 \sim 0.8)\ t$

非金属　$d \geqslant (0.3 \sim 0.6)\ t$

d 为自由凸模冲孔的直径。

黑色金属　$d_1 \geqslant (0.3 \sim 0.5)\ t$

有色金属　$d_1 \geqslant (0.28 \sim 0.35)\ t$

非金属　$d_1 \geqslant (0.25 \sim 0.28)\ t$

d_1 为凸模护套冲孔的直径。

冲裁体孔之间与孔同边缘之间的距离（图 3-3）为

$L_1 \geqslant (0.7 \sim 1)\ t$，$L_2 \geqslant (1 \sim 1.3)\ t$

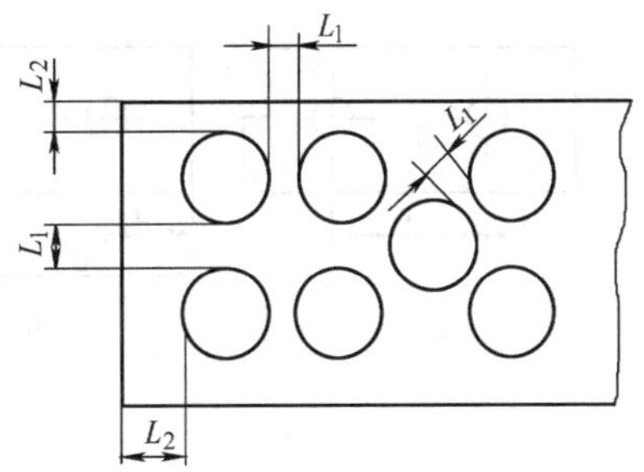

图 3-3　孔之间与孔同边缘之间的距离

在弯曲件或拉深件上冲孔时，圆角半径与孔的相对位置应符合图 3-4 的要求。

精冲件应注意避免凸出尖角。因为过小的圆角半径会使工件剪面上产生撕裂和模具相应部分应力集中及严重磨损等缺陷。

2. 冲裁件的精度和表面粗糙度

普通冲裁件的断面均由光亮带与剪（撕）裂带两部分组成。这是因为在冲裁或剪切过程中，其工序是在瞬间完成的。工件在一定力的作用下，进行冲裁或剪切，在此过程中，工件首先是在主动力（上胎膜、上剪刃）的作用下进行冲裁或剪切，获得的断面为光亮断面，之后在主动力的作用下继续对工件产生剪（撕）裂，此时的断面称剪（撕）裂断面。在这个过程中所获得的断面精度和表面粗糙度是有很大区别的，光亮带断面的精度和表面粗糙度远远好于剪（撕）裂断面，而对于精密冲裁（或剪切）且板厚不大于 4mm 时，所获得的断面基本为光亮面带。图样设计和工件实际测量时的尺寸，均指光亮带部分的尺寸。

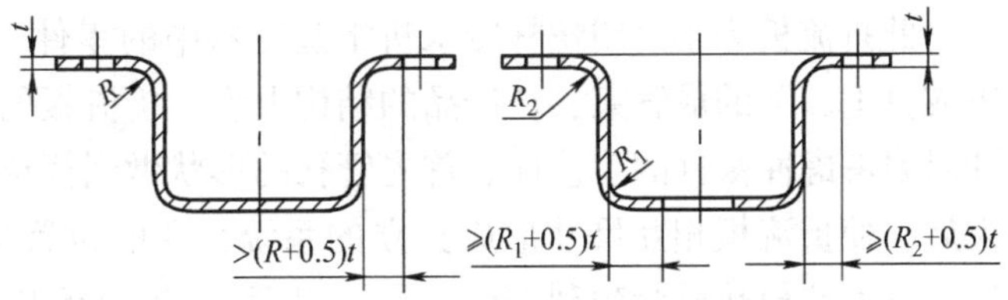

图 3-4　弯曲或拉深件上冲孔的合理要求

如果要求冲裁工件断面光洁平直，一般可采用整修或精冲及其他工艺方法。此时应在设计图样和工艺要求中注明。

冲裁工艺的一般精度能达到 GB/T 1804—2000 中的 m 级（中等）或 C 级（粗糙）要求，如果采用精冲其精度可达到 f 级（精密），表面粗糙度 R_a 值可达 5 ~ 80μm，对于精密冲裁可达到 0.63 ~ 2.5μm。

3. 冲裁件的尺寸基准

标注尺寸时应注意冲裁工艺的特点，不应从一个基准标注，而应标注孔与孔、孔与边缘的尺寸，如图 3-5a 所示。图 3-5b 则是不合理的标注方法，这样的标注不能保证孔与孔之间的公差要求。

冲孔件的孔径尺寸基准应尽量选择在冲压过程中不变形的面上，当孔系尺寸为装配尺寸时，一定要保证孔系尺寸的公差要求及基准，而不能将非主要装配尺寸作为基准进行标注。如果对板料先冲孔再折弯时，可按图 3-6 进行标注，选择对称性中心线作为基准线，切断孔系与弯曲边缘的联系，使相互间的尺寸各成系统，孔的位置尺寸保证稳定。

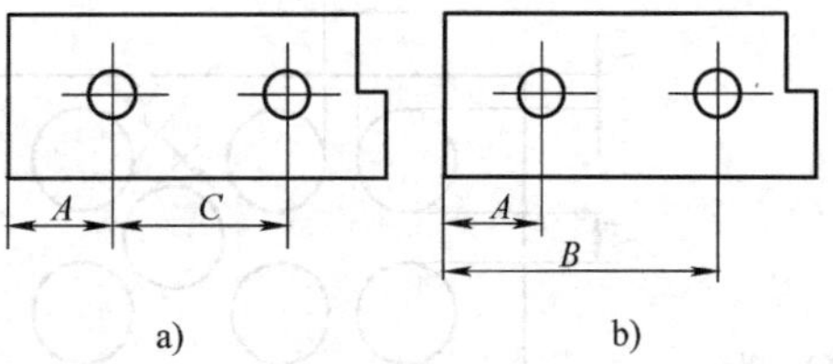

图 3-5　冲裁件尺寸的标注

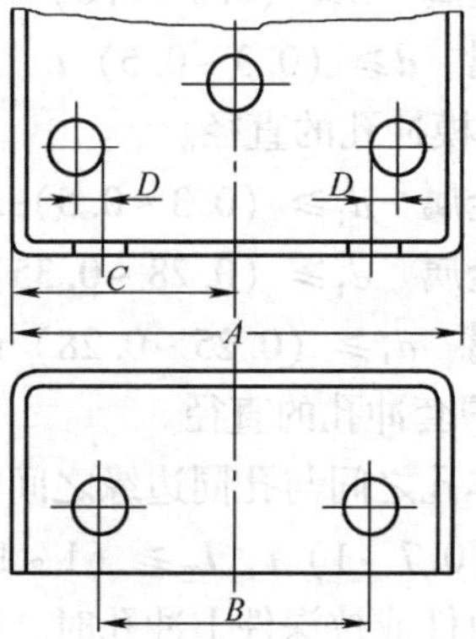

图 3-6　工件孔位置尺寸基准要求

冲裁示例：

以精冲折流板（图 3-7）的设计及工艺要求对冲裁件具体进行分析。

此折流板为半封闭螺杆冷水机组蒸发器中的零件。由拉杆、定距管等件将 20 块折流板组成分上、下的成管束，从产品的结构上看，折流板的管孔为独立的管束系统，这就要求设计时要考虑冲裁件的工艺性。首先管孔的形状做到简单、对称、间隙和配合合理，待组装管束后，使折流板相互尺寸形成独立的系统，孔的位置尺寸稳定，系统中孔的同轴度得以保证。从而使换热器管顺利进行装配（串管），折流板凸出或凹入部分也要符合要求，即 $B \geqslant 1.5t$。折流板的材质为碳素钢 Q235—A，要求 $B=(1.3 \sim 1.5)t$。图 3-7 中凸出部分为半圆孔与孔的尺寸，为 4.65mm，凹入部分为 5mm，均符合 $B \geqslant 1.5t$ 的要求。孔与孔边缘（即管桥）为 4.65 ~ 4.85mm，符合 $L_1 \geqslant (0.7 \sim 1)t$ 的要求，孔边缘至边缘符合 $L_2 \geqslant (1 \sim 1.3)t$ 的要求。另外，孔系的标注，如 30mm、157mm 是按对称性并以各孔系为基准进行标注的。至于折流板外径 ϕ367mm 和截取部分 124.08mm 的尺寸基本不与孔系发生关系，这样，折流线相互的尺寸各成系统，确保了各折流板在组装管束过程中孔的位置尺寸稳定。

锻造中把坯料加热到一定温度时，用模具将坯料锻造成各种各样的零件。这些零件大都需二次加工，形成最终零件。锻造主要分模锻和自由锻两大类，它的工艺属冲裁工艺的范畴。

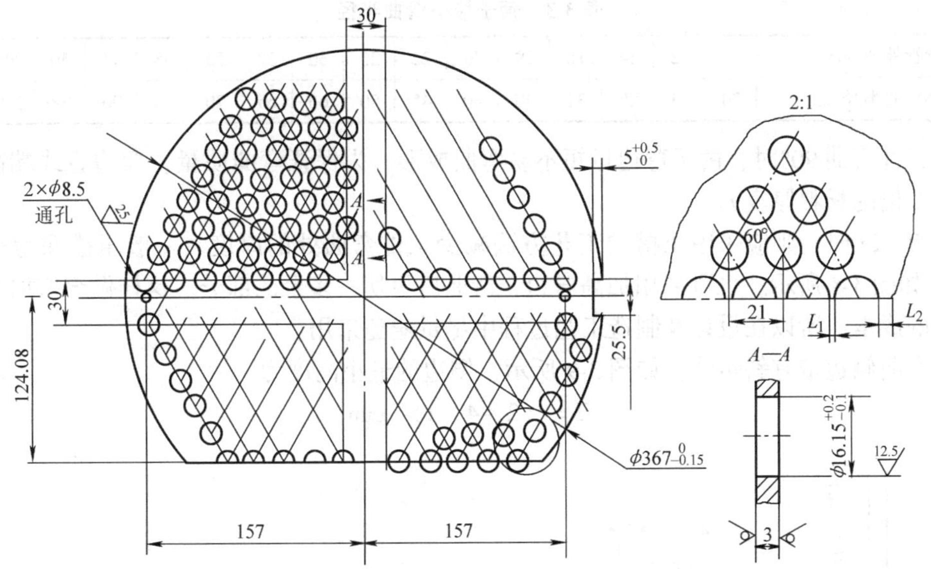

图 3-7　折流板管孔排布图

3.2.2　弯曲件的工艺性

弯曲是将原材料弯曲成一定角度形状的工序。工件的弯曲角度和形状各不相同，但最终都将在弯曲件的模具下完成工序的全过程，设计时应遵守如下的工艺性。

1. 最小弯曲半径

弯曲工序分冷弯和热弯两种。冷弯时要考虑工件的回弹量，热弯时要考虑工作的收缩量。弯曲件的圆角半径要适当。当弯曲半径过大时受到回弹的影响，弯曲件的尺寸精度不易保证，过小时原材料弯曲半径外侧拉应力超过材料的抗拉强度，极易造成金属的破裂。被弯曲工件的材料越厚，弯曲半径越小，则原材料内侧压缩与外侧拉应力越大。为防止金属的破裂，应根据不同的材料、材料厚度、塑性、弯曲与纤维方向材料的供货状态（退火或正火冷轧等），确定最小弯曲半径。一般情况下最小弯曲半径为：

黑色金属　　$r=(2\sim2.5)\,t$

有色金属　　$r=(1\sim2.5)\,t$

式中　r——最小弯曲半径（mm）；

t——材料厚度（mm）。

若要得到更小的弯曲半径可以通过加热进行热压弯曲。当板厚小于 3mm 时，因为直线弯曲目前很少采用模具，基本上采用折弯机对工件进行弯曲。

当弯曲管材时，经常出现弯曲截面变为椭圆形截面的情况，造成弯曲困难。解决的办法有多种多样，最简单的方法之一是在管子中装入砂子等填充物进行弯曲，另一种方法是在管子弯曲时加入弯曲芯进行弯曲。管子弯曲时分冷弯和热弯，表 3-3 为管子冷弯时的最小弯曲半径。如管子内装入填充物或加入弯曲芯或加热时，则最小弯曲半径不受表 3-3 的限制。目前各种规格的冲压弯头是管材弯曲的一种特例，采用这种工艺方法能获得更小的弯曲半径，可保证管材弯曲时所需管子直端部的最小长度，大大节省了制造用原材料的成本。

2. 弯曲件弯边最小高度

表3-3 管子最小弯曲半径

弯管外径/mm	10	12	14	16	19	20	22	25	30	32	35	38	45	50	55	57
最小弯曲半径/mm	20	24	28	32	40	40	45	50	60	65	70	76	90	100	110	115

当工件弯曲90°时，由于弯边过短不易弯曲成形，为保证弯曲质量，弯边直线端高度 H 应大于2倍的材料厚度 t。

当 $H<2t$ 时，则应采用压槽的工艺方法减少工件弯曲处的厚度。一般压槽深为 $0.2t \sim 0.25t$，如图3-8所示。也可采用加高弯边，弯曲后再切去多余的部分。这样做会增加制造用原材料的成本，所以在设计及制造工艺过程中尽量避免采用。

当弯曲侧边带有斜角时，如图3-9所示，侧边的最小高度为

$$H=(2\sim4)\ t>3\text{mm}$$

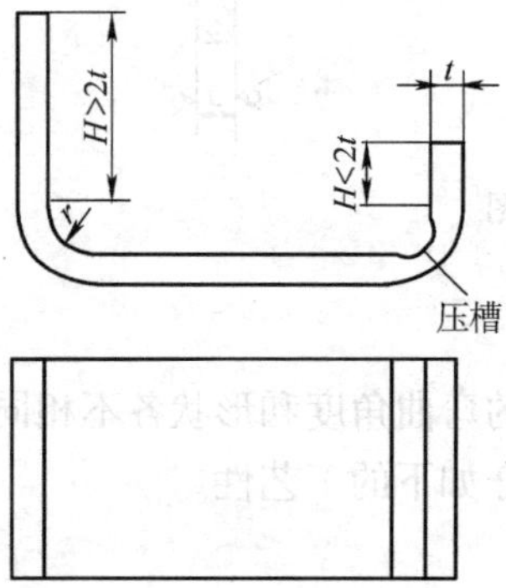

图3-8 弯曲件直边高度

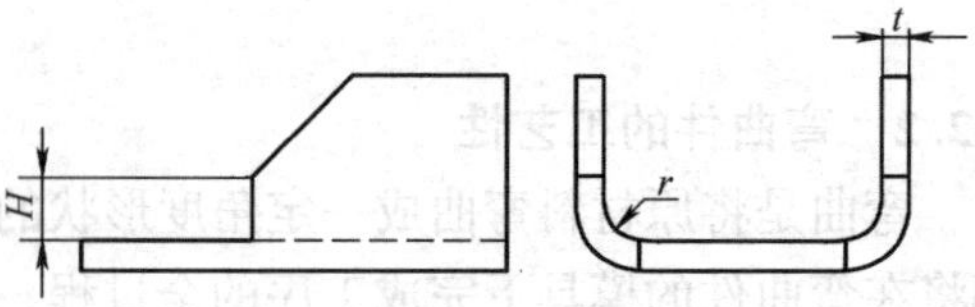

图3-9 弯曲侧边的高度

3. 弯曲件孔边距离

当弯曲带孔的原材料时，如果孔的位置在弯曲处附近，会产生弯曲过程中使孔的形状发生变形。为了避免这种缺陷，必须使孔处于变形区之外，如图3-10a所示，从孔边到弯曲半径 r 中心的距离一般为：当 $t<2\text{mm}$ 时，$L\geqslant t$；当 $t\geqslant 2\text{mm}$ 时，$L\geqslant 2t$。如果孔边至弯曲半径 r 中心的距离满足不了上述要求，可在弯曲处加工艺孔，其孔径大小视情况选定，这样可以使孔的变形转移至工艺孔上，如图3-10b所示。

另外，设计时还必须考虑形状的对称性，为了防止尖角处由于应力集中而产生撕裂，可增加工艺孔、工艺槽等转移弯曲线。

上述方法应尽量避免，最好是在工件弯曲后再进行孔的加工。

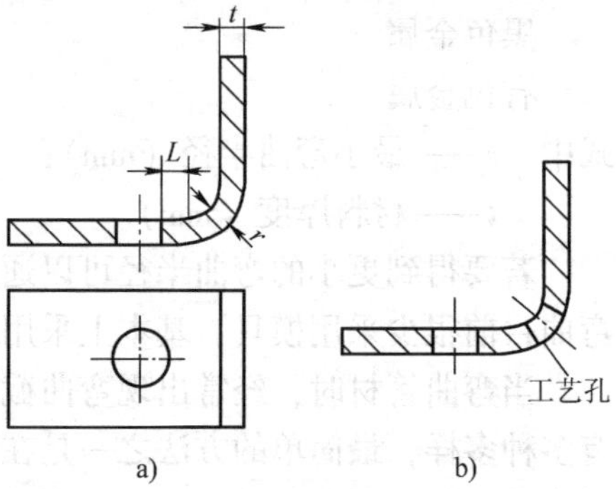

图3-10 弯曲件孔边距离

4. 弯曲件的弯曲方向

弯曲件的质量好坏同时取决于原材料的轧制方向，这一点很重要。对原材料下料时应尽量保证弯曲线与材料的轧制方向垂直，如不能保证，应增大弯曲半径。

示例：管子的弯曲

以 $\phi19\times2$mmU 形管弯曲的设计及工艺要求为例，对弯曲件进行分析，如图 3-11 所示。此管采用 GB/T 8163—1999《输送流体用无缝钢管》中的高级管，材质为 10 钢，供货状态为轧制、退火。U 形管弯曲段的椭圆度不大于管外径的 80%。U 形管的弯曲半径及直径见表 3-4。在设计胎具时必须考虑最小弯曲半径、U 形管弯曲后的回弹量、椭圆度、弯曲件直管端的最小长度等。此 U 形管的弯曲关键为回弹量的控制。从表 3-4 不难看出，其回弹量与弯曲半径有很大关系，弯曲半径越大，回弹量也越大，弯曲的最小半径要符合表 3-3 的要求。当最小弯曲半径小于表 3-3 的要求时，可以采用填充砂子或加内芯的工艺方法进行热弯等。热弯管时常出现弯曲部分的椭圆度超差缺陷，回弹量虽然存在，但不是一个定量，它与原材料的材质、厚度、供货状态、工艺方法有着密不可分的关系。因此，在设计时要考虑诸多的因素，并抓住主要因素进行分析。

表 3-4　ϕ19mm×2mmU 形管弯曲

（单位：mm）

工件 U 形管直径	弯曲半径 r	弯管模具中径 ϕ	回弹量
80	40	78	2
130	65	127	3
180	90	176	4
230	115	224	6
280	140	272	8
330	165	289	11
380	190	365	15
430	215	411	19
480	240	456	24

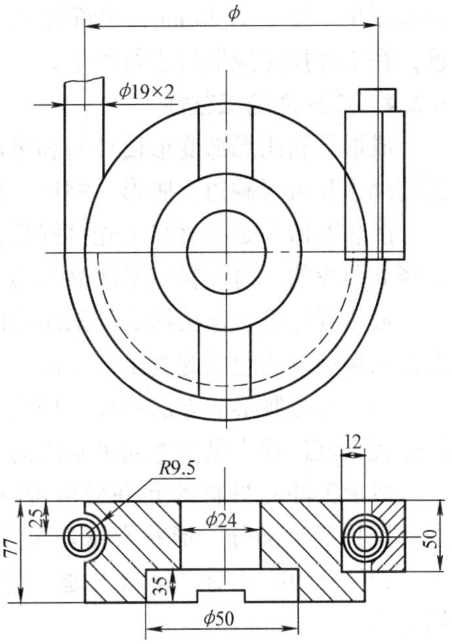

图 3-11　U 形管弯曲

3.2.3　拉深件的工艺性

将平板形材料变成各种空心零件的冲压工艺称拉深，在拉深过程中，材料要发生塑性流动，其流动的难易程度，决定于零件拉深的可能性和拉深次数。设计拉深件时应注意以下几个方面：

1. 形状应简单、对称

用拉深工艺方法制造工件时，材料本身会产生复杂变形和应力。所以，要求工件的形状应简单、对称，不宜复杂。由于轴对称拉深在圆周方向的变形是均匀的，模具加工也容易，这种形状的工艺性最好。如果工件形状复杂，不仅拉深时工序数要增加，导致模具寿命降低，还会造成大量的废品产生。

2. 圆角半径要合适

拉深的圆角半径应尽量大些，这样以利于成形。

3. 各部分尺寸比例要恰当

拉深的直径与毛坯料直径之比不能过小，如果过小，则会造成在拉深过程中拉深部分底部断裂。

4. 拉深件孔位置的合理性

拉深件成形后再排布孔的位置比较合理，如果在毛坯上事先把孔加工好，在拉深过程中孔的形状会发生变化，因此，孔的位置也难以保证。

5. 拉深件尺寸精度的要求

对拉深件尺寸精度要求不宜过高，采用拉深加工的工件不宜与其他零件进行精密性的装配。

示例：

图 3-12 为采用拉深件制作的端盖零件，下料毛坯尺寸为 670mm。从图中可知，该零件比较简单，对称性很好，拉深件的直径与毛坯的比例 $m = d/D = 325/670 = 0.49$，此拉深系数比较合理。如果 m 过小，则造成拉深困难，也会出现底部被拉断现象。拉深圆角半径 R 为 25mm，也符合 $R \geqslant 2$ 。对于工件边缘的螺柱孔及凸出面上孔的大小及位置，在工件拉深成形后进行加工。

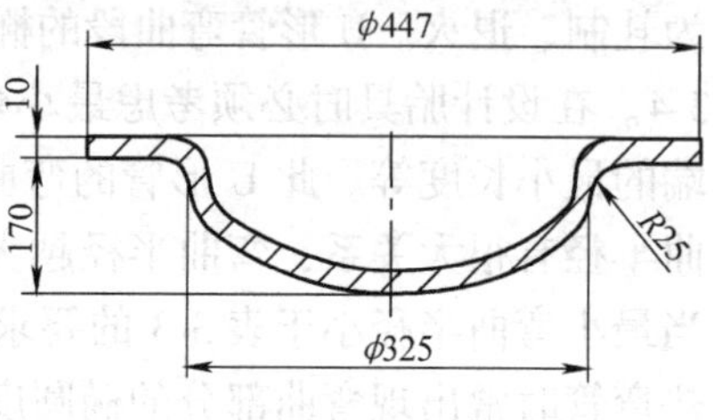

图 3-12　拉深件

3.2.4　成形件的工艺性

成形是利用局部变形使坯料和半成品改变形状的工序。它主要的变形方法有起伏成形，孔的翻边和边缘翻边、胀形、缩口、整形等。成形工艺用途很广泛，如：

散热器翅片是在材料上先打好孔，依靠冲压方法将材料拉深，沿一定曲线进行内孔翻边成竖立凸缘的。对坯料或半成品的边缘用同样的方法也可进行边缘翻边。

换热管与管板连接接头处采用强度胀接方法则属于一种典型的胀形工艺方法。采用抽芯铆钉的铆接方法也属此类工艺方法。

缩口是与胀形的方法相反，如变径接管、弯头等是利用缩口的工艺方法将口径由大变小的过程，该过程力是由外向里施压的。

成形工件时材料的允许变形程度与其力学性能、厚度及模具工作部分的形状有密切关系。翻边高度不能过大，否则翻边很困难，需要几道工序，并在中间进行加热处理。

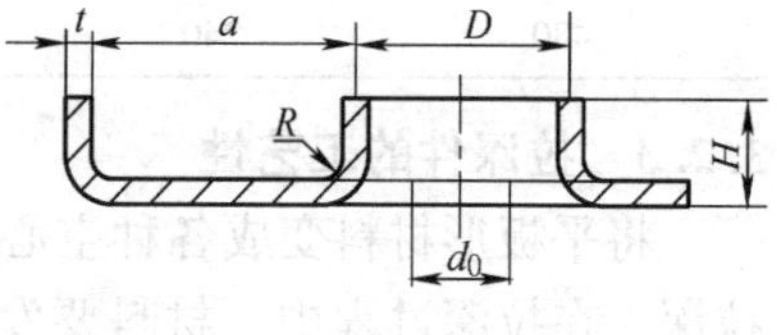

图 3-13　内孔翻边结构

示例：

为节省制造材料的成本，对部分折流板采用较薄的 08F 材料，其板厚在 0.5 ~ 1.0mm 之间。对板孔进行内翻边以代替板厚为 3mm 的折流板，如图 3-13 所示。在设计时对翻边高度 H 按下列经验公式进行估算。

$$H = \frac{D}{2}(1 - k) + 0.43r + 0.72t$$

式中　H——翻边高度（mm）；

D——翻边凸缘中线直径（mm）；

t——材料厚度（mm）；

r——翻边系数，$r = d_0/D$，d_0 为翻边前孔的直径，当 $t = 0.5 \sim 1$mm 时，$r = 0.70 \sim 0.78$；

a——孔壁与外缘的距离（mm），一般 $a > (7-8)t$，a 也可根据标准选取。

3.3　制定冲压工艺方案的原则

1）单件及不能成批生产的零件不采用冲压的工艺方法（除板料的剪切落料）。

2）成批生产的零件采用冲压工艺方法优于其他加工工艺方法。

3）只能采用冲压工艺方法获得的零件。

4）企业冲压设备能力不足或缺少时，用其他加工工艺方法能获取工件时，可不采用冲压工艺，以减轻企业购置设备的资金。

5）设计模具时要考虑冲压设备的能力，如本企业设备能力不足时，则考虑外承包。

6）考虑模具制造成本，力求模具简单化，易操作，易安装、调整及维修。

7）选用模具的材料要合理，以降低材料的成本。

8）设计模具要合理，以降低制造成本。

3.4　冲压设备和模具

3.4.1　冲压设备

1. 剪板机

剪板机是冲压备料用的主要设备，用于把板料剪切成所需要的各种形状尺寸的零件。剪切所获得的部分为直线段。剪板机分液压剪板机和机械传动式剪板机。随着数控技术的快速发展，目前均为数控剪板机。

2. 折弯机

板料厚度不大于3mm时的工件折弯工序均可采用折弯机进行，尤其对工件外轮廓封闭式的折弯，以及折弯直线段长度较长时有其优势。如上海产的WC67K—160/6000数控板料折弯机的折弯长度能达到6m。

3. 冲床

冲床是对板料按设计图样冲裁成各种形状不同、尺寸各异零件的重要设备。按其对所冲裁的零件不同，大致可分为：专用冲裁设备，如散热器翅片的专用冲床；通用型的数控冲床，如上海产ARIES255型数控转塔冲床；普通型的冲床，如开式双柱可倾压力机、单柱固定台压力机；摩擦压力机等。普通型的冲式压力机也可用于校直平板工件。

4. 弯管设备

对管材及型材的弯曲一般采用弯管机等设备完成。

5. 拉深、成形设备

对工件的拉深、成形所需设备的压力应是缓慢的。不同工件所需设备的吨位各不相同，目前广泛使用的设备为油压机、水压机等。对冷成形的封头采用旋压设备，对板料的卷筒可采用三辊卷板机，或带有预弯装置的四辊卷板机。

3.4.2　模具

模具的种类多种多样，所用模具的材料也各不相同，常见模具有冲模（包括：单工序冲模、连续冲模和复合冲模三种）、弯曲模、拉深模等。下面就常见的模具作简单介绍。

1. 冲模

（1）单工序冲模　是由工作部分和一些辅助件组成，对工件一次完成落料工序。

（2）连续冲模　就是多工步对工件可连续进行冲裁的落料工序，以达到提高生产效率的目的。这种冲模适用于较大批量的同种工件。

（3）复合冲模　是坯料在冲模中不需要移位，在同一个工位上，在冲床滑块的一个行程内进行几个工步的冲模。

图 3-14 为固定导板式落料冲模。上模由带模柄的上模座 7 和垫板 10、凸模 5、凸模固定板 11 组成，并由两个销钉 9 和四个螺钉 6 固定联接在一起，通过模柄安装在压力机滑块 8 上，构成模具的活动部分。

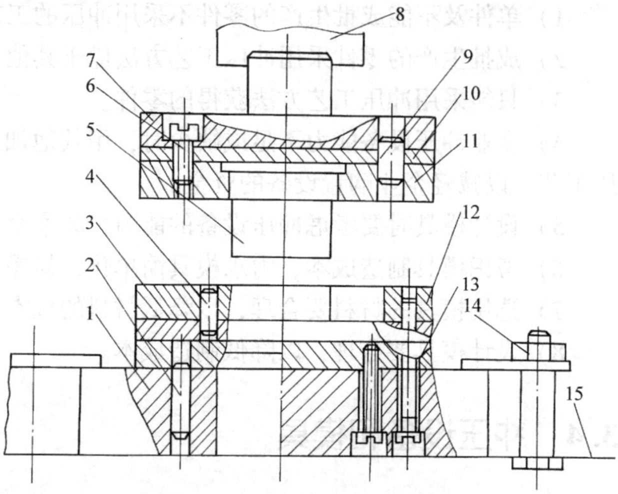

图 3-14　固定导板式落料冲模

1—下模座　2、4、9—销　3—固定导板　5—凸模　6—螺钉　7—上模座　8—压力机滑块　10—垫板　11—凸模固定板　12—导料板　13—凹模　14—下模体固定装置　15—工作平台

下模由下模座 1、凹模 13 和导料板 12 组成。导料板之间的 4 个短销、凹模与下模座之间的两个销、导料板与凹模之间的两个销将各块板连为一体。

该模具的特点是上下两部分靠凸模与导料板的间隙配合导向。为不影响导料板的导向质量和使用寿命，工作时不允许凸模离开导料板，因此要求将压力机的行程调得很小。由于卸料是由固定导板 3 完成的，所以这种结构只适用于材料厚度大于 0.5mm（但不宜超过 8mm 的落料工序）。在模具的设计中，在这种模具相应标准中都可以查出相应的零件，所以只要按标准设计即可。

该模具属于典型的单工序简单冲裁模。

图 3-15 为带导柱的落料冲孔复合模，这种模具在压力机的一个行程中，可同时实现落料凹模（件号 3，兼起卸料装置）、销钉等固定联接，通过下模座安装在压力机工作平台上，成为模具的固定部分。

为了便于模具在修磨刃口时拆装，调整间隙，下模装有八个销钉。其结构上的特点是有一个既起到落料凸模，又起到冲孔凹模作用的凸凹模。

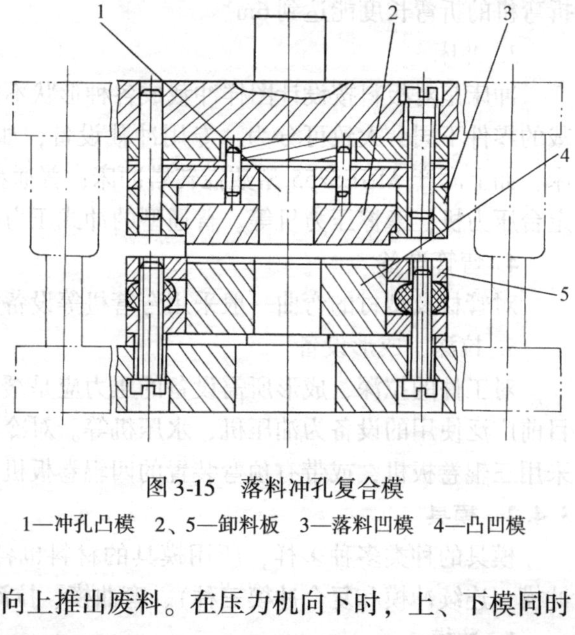

图 3-15　落料冲孔复合模

1—冲孔凸模　2、5—卸料板　3—落料凹模　4—凸凹模

冲孔凸模 1 和落料凹模 3 固定在上模板，与卸料板 2 组成上模体，凸凹模 4 和卸料板 5 组成下模体。卸料板 5 由橡胶支撑向上推出废料。在压力机向下时，上、下模同时完成冲孔、落料两道工序。

此模具的优点是结构紧凑，生产效率高，工件精度高，工件的孔与工件的外缘同心度易保证。缺点是结构复杂，制造成本较高。这种模具适用于批量冲压件的生产。

2. 弯曲模

在加工工艺过程中对工件的弯曲应用很广，通过弯曲模，工件可以获得各种形状不同、角度不同的零件。

弯曲模就其工作原理和结构来讲，是一种比较简单的模具。它的工作部分设计，主要是设计凸模圆角半径 r_1、凹模圆角半径 r_2，以及在 U 形件弯曲时的凸、凹模间隙值 $Z/2$ 等，在设计其间隙时要考虑工件厚度的正、负偏差值和冷弯、热弯状态。如热弯要注意热膨胀系数和热收缩量，冷弯要注意回弹量及弯曲处圆角的合理弯曲半径。

图 3-16 为 U 形工件弯曲模在设计时，对凸、凹模圆角半径及间隙的要求。

1）凸模圆角半径 r_1。若弯曲件的相对弯曲半径 r/t 大于材料允许的极限相对弯曲半径 r_{min}/t 时，则凸模圆角半径 r_1 一般取工件的圆角半径 r_0；若弯曲后的回弹量较大时（r/t 较大或弹性材料弯曲），则凸模圆角半径 r_1 应进行计算，并在调试中修整。一般情况下，r_1 的取值都比工件的圆角半径 r 略小一些，这是因为在压弯过程中，一般工件都存在回弹的缘故。

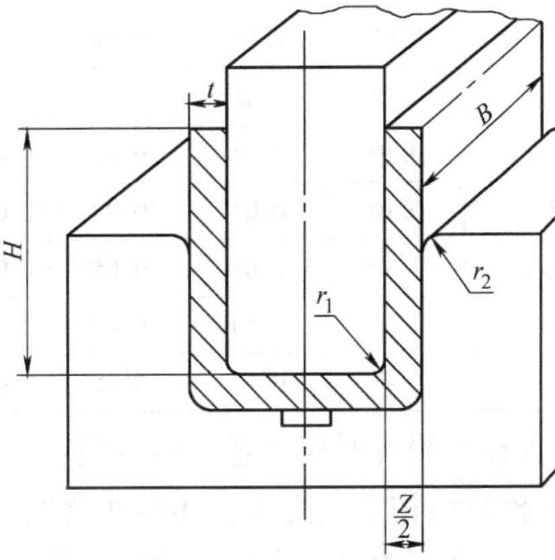

图 3-16 凸、凹模圆角半径及间隙

2）凹模圆角半径 r_2。凹模圆角半径 r_2 的大小直接影响坯料的弯曲成形。r_2 过小，坯料压入凹模的摩擦阻力相应增大，会产生毛坯表面严重擦伤或拉薄；r_2 过大，会影响定位的准确性。在对称性弯曲时，如两面的圆角半径 r_2 不一致，还会导致毛坯产生偏移现象。凹模的圆角半径 r_2 一般只与材料的厚度有关，其取值参照表 3-5。

表 3-5 凹模圆角半径 r_2 的取值 （单位：mm）

材料厚度	小于 1	1 ~ 2	2 ~ 3	3 ~ 4	4 ~ 5	5 ~ 6	6 ~ 8	8 ~ 10	10 ~ 12	12 ~ 16	16 ~ 20
圆角半径 r_2	3	5	7	10	12	14	16	20	24	32	40

3）U 形工件弯曲时的凸、凹模间隙。弯曲 U 形工件时，凸、凹的间隙是靠调整压力机的闭合高度来控制的。在一些大型弯曲工件的压弯时，如卷制圆筒前，对钢板预弯直头的预弯（也称压头）模、通用 90°钢板压弯模等，凸、凹模的间隙可不作考虑。但是，对于 U 形弯曲件来说，则存在一个凸、凹模的间隙问题。间隙小，则弯曲力大，工件壁厚容易变薄，弯曲件与凹模的摩擦阻力增大，凹模磨损加大，使弯曲模寿命降低。间隙过大，则回弹量增大，使工件的误差增大。

4）U 形件弯曲时，凸、凹模之间的间隙与材料的厚度、材料的材质以及弯曲件的高度 H 和宽度 B 有关。

弯曲黑色金属时

$$Z/2 = t + nt$$

弯曲有色金属时

$$Z/2 = t_{min} + nt$$

式中　$Z/2$——弯曲凸、凹模之间的单面间隙（mm）；

t——材料的名义厚度（mm）；

t_{min}——材料最小厚度（mm）；

n——由弯曲件高度 H 和宽度 B 决定的间隙系数（表 3-6）。

表 3-6　间隙系数 n 值

弯曲件高度 H /mm	材料厚度/mm								
	小于 0.5	0.6～2	2.1～4	4.1～5	小于 0.5	0.5～2	2.1～4	4.1～7.5	7.6～12
	弯曲件宽度 $B≤2H$				$B≥2H$				
10	0.05	0.05	0.04	—	0.10	0.10	0.08	—	—
20	0.05	0.05	0.04	0.03	0.10	0.10	0.08	0.06	0.06
35	0.07	0.05	0.04	0.03	0.15	0.10	0.08	0.06	0.06
50	0.10	0.07	0.05	0.04	0.20	0.15	0.10	0.06	0.06
75	0.10	0.07	0.05	0.05	0.20	0.15	0.10	0.10	0.08
100	—	0.07	0.05	0.05	—	0.15	0.10	0.10	0.08
150	—	0.10	0.07	0.05	—	0.20	0.15	0.10	0.10
200	—	0.10	0.07	0.07	—	0.20	0.15	0.15	0.10

弯曲模在设计时应注意下述事项：

1）模具结构上应能防止坯料在弯曲时产生的移位现象。对此，除在模具上设有适宜的定位件，或在凹模设有定位台阶外，还应注意保证凹模的圆角半径一致，防止弯曲时材料的流动阻力不一致而产生工件偏移。

2）要配置卸料口及脱料装置，保证弯曲件弯曲后顺利脱离模具。

3）弯曲时的毛坯变形，应尽可能为简单的弯曲变形，避免出现对材料拉薄或挤压现象。在 U 形件弯曲时，特别要注意凸、凹模的间隙取值。必要时可以通过实验确定间隙值。

4）在冲床滑块到达下死点时，应使工件弯曲部分在模具中得到校正。这是为使工件减小甚至消除回弹而要求的。为了做到这点，除了控制压力机行程外，还可在模具上加以适当的改进。

5）在设计弯曲回弹量较大的弯曲模时，模具的工作部分可以设计成可调的，以便在调试和修理中，可以对弯曲成形部分进行修正，弥补回弹。

6）弯曲工件所选用的设备在施工方向的速度应是缓慢的。

3. 拉深模

工件在拉深过程中，影响其质量的因素为拉深凸、凹模的间隙、圆角半径等。在弯曲模中已讲述过间隙、圆角半径，下面重点介绍拉深凸、凹模尺寸精度，公差等有关知识。

（1）拉深凸、凹模的尺寸精度要求　拉深凸、凹模的尺寸是根据拉深件的要求而确定的。在确定时，必须要考虑模具的磨损和拉深件的回弹。若多次拉深，其尺寸公差只在最后一道工序考虑。

（2）凸、凹模尺寸公差要求　凸、凹模制造时，尺寸要有公差要求，对圆形件拉深时，凸模和凹模的制造公差按表 3-7 的经验公差参数选取。对于非圆形工件的凸、凹模的制造公差，可根据工件的尺寸精度要求按 GB/T 1804—2000 来考虑。当工件精度在精密 f 级时，可用中等 m 级进行制造；若工件精度在中等 m 级时，则可用粗糙 c 级的制造公差。

表 3-7　圆形件拉深凸、凹模的制造公差　　(单位：mm)

材料厚度	工件公称直径							
	≤10		>10～50		>50～200		>200～500	
	σ_{am}	σ_{tm}	σ_{am}	σ_{tm}	σ_{am}	σ_{tm}	σ_{am}	σ_{tm}
0.25	0.015	0.010	0.020	0.010	0.030	0.015	0.030	0.015
0.35	0.020	0.010	0.030	0.020	0.040	0.020	0.040	0.025
0.50	0.030	0.015	0.040	0.030	0.050	0.030	0.050	0.035
0.80	0.040	0.025	0.060	0.035	0.060	0.040	0.060	0.040
1.00	0.045	0.030	0.070	0.040	0.080	0.050	0.080	0.060
1.20	0.055	0.040	0.080	0.050	0.090	0.060	0.100	0.070
1.50	0.065	0.050	0.090	0.060	0.100	0.070	0.120	0.080
2.00	0.080	0.055	0.110	0.070	0.120	0.080	0.140	0.090
2.50	0.095	0.060	0.130	0.085	0.150	0.100	0.170	0.220
3.50	—	—	0.150	0.100	0.180	0.120	0.200	0.140

取公差的方法是：对外形尺寸有要求的工件，公差一般取在凹模上，凸模按凹模配作，并保证间隙；工件要求内形尺寸时，公差应取在凸模上，并按凸模配作凹模，保证间隙。

对于一般工件，拉深模可不采用导柱导套导向的结构。但在工件精度要求较高时，应设有导向装置。

(3) 凸、凹模的表面粗糙度　凸、凹模表面粗糙度一般要求是很高的，其凹模圆角和孔壁要求在 R_a0.8～0.4μm 之间。凸、凹模的表面粗糙度值越低，则越有利于工件在拉深过程中的滑动和变形，并能提高工件的表面质量和模具的使用寿命。因此，在制造拉深凸、凹模时，其表面多进行研磨或抛光处理，且研磨和抛光的方向和拉深方向相同。

拉深模的制造特点：拉深凸、凹模的淬火，有时可以在试模后进行。拉深凸、凹模的圆角特别重要，尤其是凹模圆角，应综合考虑压边圈的作用，尽量大些。拉深凸、凹模的表面粗糙度要求很高，在淬火后都要进行研磨、抛光，拉深凸、凹模的间隙应均匀，由于其无导向装置，故安装、调试时应仔细。拉深件的毛坯尺寸对拉深模的使用非常重要，毛坯在拉深模上的定位要准确，可在多次试模后再确定定位零件。

拉深模有普通结构也有较复杂的复合模，这里不多介绍。

4. 成形

成形是冲压工艺中的一个特殊工序，在制造加工工艺过程中，成形是最为普通和常见的，而且是很必要的工序之一。成形所需要的设备、胎模具各式各样。如钢板卷制圆筒需要压头机（或压头模具）等。下面以热压封头所用的模具（图 3-17）为例说明椭圆形封头模具设计时的几个要点：

(1) 封头基准的确定　当封头与无缝钢管对接时，采用以外径为基准。当封头与钢板卷制的圆筒对接或与其他形式的零件联接时，均采用以内径为基准。

(2) 封头上、下胎间隙的确定　在确定上、下胎模具时，首先要确定原材料的偏差，表

3-8 为常见的钢板极限偏差。

表 3-8 钢板极限偏差 （单位：mm）

钢板厚度	钢板宽度范围		
	1500～1700	1700～1800	1800～2000
8～10	+0.4 −0.8	+0.4 −0.8	±0.8
12～25	+0.4 −0.8	+0.6 −0.8	±0.8

根据钢板厚度、宽度的偏差值确定封头上、下胎间隙量，此时的间隙量为理论上的间隙，一般情况下取钢板的上偏差。然后再根据，钢板热加工膨胀量对间隙量进行修正，修正值根据封头材料钢板厚度和直径相应增加 0.2～0.5mm，必要时还可以增大，但增大量不能超过 2mm（直径方向）。间隙量确定后，其间隙量的尺寸按下列原则对封头胎模具进行标注。以外径为基准时，标注在上胎（凸模）模；以内径为基准时，标注在下胎（凹模）模。这样可以确保封头的基准。间隙量过大，会造成封头直边处起皱折而影响工件的质量甚至产生废品；间隙量过小，虽然能保证直边不起皱，但会使工件厚度减薄而造成废品，同时对下胎模磨损极为严重，常造成下胎模撑破，使下胎模报废，增加膜具的制造成本。

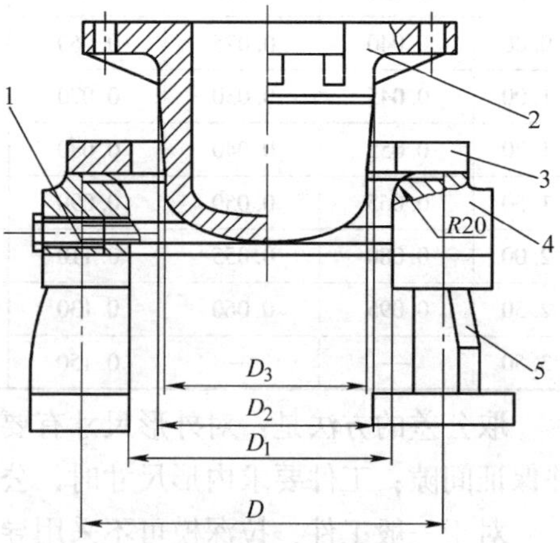

图 3-17 封头压形胎模

1—脱胎装置（2 件） 2—上胎膜 3—压料圈 4—下胎膜 5—下联接体（3 件）

（3）封头上、下胎模基本尺寸的确定 当以内径为基准时，确定封头上胎模的基本尺寸；当以外径为基准时，确定封头下胎模的基本尺寸。热压封头的热收缩量按 6/1000 计算。但根据对封头的计算，冬季、夏季的热收缩量随室外气温变化也不一样。对这一点采用对封头脱胎时的温度进行控制即可解决，对封头的收缩量影响不是很大，也可忽略。当以内径为基准时，图 3-17 所示 D_3 应比 D_2 小 1～2mm，且按此斜度过渡到封头的总高。下胎模尺寸一定要保证成形过渡区域的圆角半径 R 值不小于 20mm。

（4）封头毛坯尺寸的确定 封头毛坯尺寸决定其封头下胎膜的外径轮廓尺寸，其尺寸应依据封头的标准进行计算。计算方法有等面积法、固卡法及经验公式法。无论哪种计算法所得的结果均应圆整到整数位，如封头需对端面扣加工时应预留加工余量 3～5mm。

目前对封头的毛坯下料尺寸采用经验公式法，即

$$D = 1.2(D_g + t) + 2h$$

式中 D——封头毛坯直径（mm）；

D_g——封头公称直径（mm）；

t——封头材料厚度（mm）；

h——封头直边高度（mm）。

当封头毛坯直径确定后，封头下胎膜 D_1 尺寸便确定（D_1 应比 D 大 2mm），同时外轮廓尺寸便确定。

(5) 压料圈　为防止封头在拉深成形过程中直边起皱折，对公称直径大于 700mm 的封头应设有压料圈。

(6) 工件脱胎装置　为使封头成形后使工件顺利脱离上胎模，应在下胎模设置脱胎装置，以避免封头的热收缩将上胎模包住。

(7) 设计下连接体高度的原则　下连体不宜过高，原则上比封头总高多 70～100mm 即可，如果过高时，封头脱胎后由于自身的质量，加上当热封头与工作台接触时常出现碰撞变形，如果过低，封头从下连接体往外拉出时不方便。

3.5　模具材料的选用与热处理

1. 模具材料的使用

模具设计时材料的选用关系到模具的使用寿命和制造成本。其原则为：

1）从生产批量考虑模具的使用寿命。当批量大时，选用质量高、耐磨性好的材料；当批量小时，则可选用成本低的材料。

2）从模具的工作条件和工件性能来考虑。

3）从模具的生产及冷、热加工性能和本单位的具体条件来考虑。

目前常用的模具钢如下：

(1) 碳素工具钢　应用较广，价格便宜，但淬透性和淬硬性较差，热处理变形大。适用于制造工作负荷大、形状简单的零件和要求耐磨的辅助零件。

(2) 低合金工具钢　有较高的淬透性，热处理变形小，有较高的硬度和耐磨性。常用做形状复杂的中小型冲裁模和弯曲模的零件。

(3) 高碳高铬工具钢　有较好的淬硬性、淬透性、耐磨性、抗回火稳定性及热处理变形小等优点。常用于制造负荷大或要求耐磨性高、形状复杂的精密模具的凸、凹模和冷挤压模的凹模。

(4) 高速钢　具有高强度、高硬度、高耐磨性、高韧性和抗回火稳定性等优点。常用做反挤压模，寿命较高。

(5) 硬质合金　其材料与其他模具钢相比具有更高的硬度和耐磨性，但抗弯强度和韧性较差。加工也比较困难。

2. 模具材料的热处理

根据材料的用途不同模具所用材料的热处理要求是不一样的。一般热处理要求为淬火、渗碳淬火等，其目的是改善材料的硬度。在设计时可根据具体情况提出热处理要求。

第 4 章　数控加工基础

4.1　数控技术概述

4.1.1　数控技术的基本概念

在现代机械制造技术中，数控技术是实现柔性制造、计算机集成制造、工厂自动化的重要基础技术之一。数控技术较早地应用于机床装备中。

国家标准（GB/T 8129—1997）把机床数控技术定义为“用数字化信息对机床运动及其加工过程进行控制的一种方法”，简称数控（numerical control，NC）。数控机床就是采用了数控技术的机床。数控机床是一个装有程序控制系统的机床，该系统能够逻辑地处理具有使用代码或其他符号编码指令规定的程序。数控机床是一种采用计算机，利用数字信息进行控制的高效、能自动化加工的机床，它能够按照机床规定的数字化代码，把各种机械位移量、工艺参数、辅助性能（如刀具交换、切削液开与关等）表示出来，经过数控系统的逻辑处理与运算，发出各种控制指令，实现要求的机械动作，自动完成零件加工任务。

4.1.2　机床数控技术的组成

机床数控技术由机床本体、数控系统和外围技术组成，如图 4-1 所示。

数控加工是自动控制，不能像普通机床那样由人工进行调整、补偿。数控机床的主要运动、进给运动都由单独的伺服电动机驱动，所以，传动链短，结构较简单。为保证数控机床的高精度、高效率和高自动化加工，机械结构应具有较高的动态特性、动态刚度、抗变形能力、耐磨性。数控机床还配备有冷却、自动排屑、对刀、测量等配套装置，以利于更大地发挥数控机床的功能。

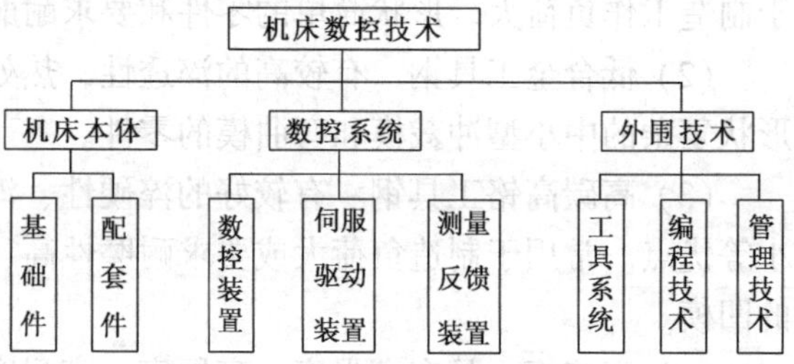

图 4-1　数控技术的组成

1. 数控系统

数控系统是一种程序控制系统，它能逻辑地处理输入到系统中的数控加工程序，控制数控机床运动并加工出零件。

图 4-2 所示为数控系统的基本组成。它由输入输出装置、计算机数控（computer numerical control，CNC）装置、可编程序控制器（programmable logic control，PLC）、主轴伺服驱动装置、进给伺服驱动装置以及检测装置等组成。

（1）CNC 装置　CNC 装置是数控系统的核心。在一般的数控加工过程中，首先启动 CNC 装置，在 CNC 内部控制软件的作用下，通过输入或输入接口读入零件的数控加工程序，并存放到 CNC 装置的程序存储器内。开始加工时，在控制软件的作用下，将数控加工程序从存储器中读出，按程序段进行处理，先进行译码处理，将零件数控加工程序转换成计算机能

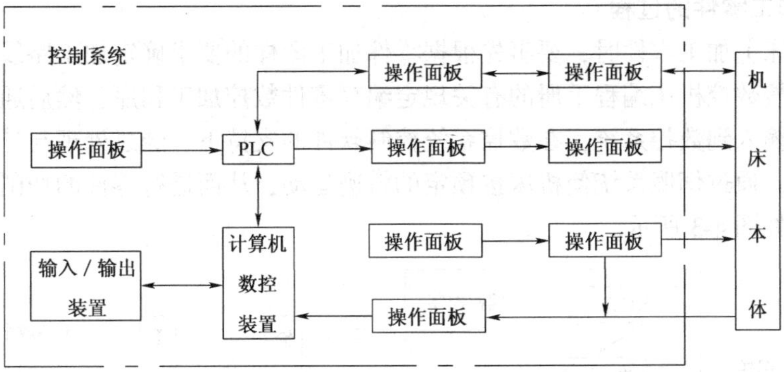

图 4-2　数控系统的基本组成

处理的内部形式，将程序段的内容分成位置数据和控制指令，并存放到相应的存储区域，最后根据数据和指令的性质进行各种流程处理，完成数控加工的各项功能。

输入装置可以通过多种方式获得数控加工程序。可以通过 MDI（manual data input）方式直接从键盘输入和编辑数控加工程序，更多的是通过软驱、USB 接口、RS232 接口等获得数控加工程序。有些高档的数控装置本身就包含一套自动编程系统或 CAD/CAM 系统，只需键盘输入相应的零件几何信息和加工信息，就能生成数控加工程序。

CNC 装置通过编译和执行内存中的数控加工程序来实现多种功能。CNC 系统制造厂商或供应商会向用户提供详细的 CNC 功能和各功能的具体说明书。

（2）伺服驱动装置　伺服驱动装置又称伺服系统，它是 CNC 装置和机床本体的联系环节，它把来自 CNC 装置的微弱指令信号通过调解、转换、放大后驱动伺服电动机，通过执行部件驱动机床运动，使工作台精确定位或使刀具与工件按规定的轨迹作相对运动，最后加工出符合图样要求的零件。20 世纪 80 年代后，由于交流伺服电动机的材料、结构、控制理论和方法均有突破性的进展，电力电子器件的发展又为控制方法的实现创造了条件，使得交流伺服电动机驱动装置发展很快，目前正在取代直流伺服系统。该系统的最大优点是电动机结构简单，不需要维护，适合于在恶劣环境下工作。此外，交流伺服电动机还具有动态响应好、转速高和容量大等优点。

（3）测量反馈装置　测量反馈装置主要用于闭环或半闭环系统。测量反馈装置检测出实际的位移量，反馈给 CNC 装置中的比较器，与 CNC 装置发出的指令信号比较，如果有差值，就发出运动控制信号，控制数控机床移动部件向消除该差值的方向移动。不断比较指令信号与反馈信号，然后进行控制，直到差值为 0，运动停止。

常用的测量反馈装置有旋转变压器、编码器、感应同步器、光栅、霍尔检测元件等。

（4）可编程序控制器　在数控系统中除了进行轮廓轨迹控制和点位控制外，还应控制一些开关量，如主轴的起动与停止、切削液的开与关、刀具的更换、工作台的夹紧与松开等，主要由可编程序控制器来完成。

2. 外围技术

外围技术主要包括工具系统（主要指刀具系统）、编程技术和管理技术。

4.1.3 数控加工零件的过程

在数控机床上加工零件时，要事先根据零件加工图样的要求确定加工路线、工艺参数和刀具数据，再按数控机床编程手册的有关规定编写零件数控加工程序，然后通过输入装置将数控加工程序输入到数控系统，在数控系统控制软件的支持下，经过处理与计算后，发出相应的控制指令，通过伺服系统使机床按预定的轨迹运动，从而进行零件的切削加工。数控机床的工作过程如图4-3所示。

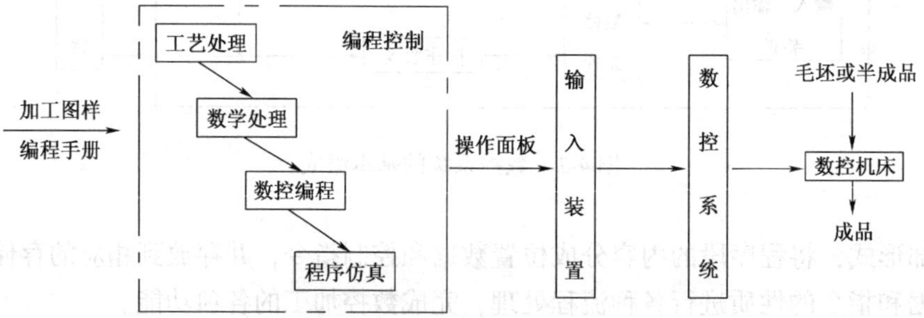

图4-3 数控机床的工作过程

在数控机床上加工零件的整个过程如下：

1. 零件图工艺处理

拿到零件加工图样后，应根据图样，对工件的形状、尺寸、位置关系、技术要求进行分析，然后确定合理的加工方案、加工路线、装夹方式、刀具及切削参数、对刀点、换刀点，同时还要考虑所有数控机床的指令功能。

2. 数学处理

根据加工路线、图样上的几何尺寸，计算刀具中心运动轨迹，获得刀位数据。

3. 数控编程

根据加工路线、工艺参数、刀位数据及数控系统规定的功能指令代码及程序段格式，编写数控加工程序。程序编完后，可存放在控制介质（如软盘、磁带）上。

4. 程序输入

数控加工程序通过输入装置输入到数控系统。目前采用的输入方法主要有软驱、USB接口、RS232接口、MDI手动输入等。一般有两种不同的输入工作方式：一种是边输入边加工，DNC即属于此类工作方式；另一种是一次将零件数控加工程序输入到计算机内部的存储器，加工时再由存储器一段一段地往外读出，软驱、USB接口即属于此类工作方式。

5. 译码

输入的程序中含有零件的轮廓信息、切削用量、辅助信息。数控系统以一个程序段为单位，按照一定的语法规则把数控程序解释、翻译成计算机内部能识别的数据格式，并以一定的数据格式存放在指定的内存库区内。在译码的同时还完成对程序段的语法检查，一旦有错，立即给出报警信息。

6. 数据处理

数据处理程序一般包括刀具补偿、速度计算以及辅助功能的处理程序。刀具补偿有刀具半径补偿和刀具长度补偿。速度计算是根据程序中所给的合成进给速度计算出各坐标轴运动方向的分速度。辅助功能的处理主要完成指令的识别、存储、设标志，这些指令大都是开关量信号，现代数控机床可由 PLC 控制。

7. 插补

数控加工程序提供了刀具运动的起点、终点和运动轨迹，而刀具从起点沿直线或圆弧运动轨迹走向终点的过程则要通过数据系统的插补软件来控制。插补的任务就是通过插补计算程序，根据程序规定的进给速度要求，完成在轮廓起点和终点之间的中间点的坐标值计算，也即数据点的密化工作。

8. 伺服控制与加工

伺服系统接受插补运算后的脉冲指令信号或插补周期内的位置增量信号，经放大后驱动伺服电动机，带动机床的执行部件运动，从而加工出零件。

4.1.4　数控机床的分类

根据数控机床的功能、结构、组成不同，可从控制方式、伺服系统类型、功能水平、工艺方法几个方面进行分类，见表 4-1。

表 4-1　数控机床的分类

分类方法	数控机床类型		
按运动控制方式分类	点位控制数控机床	直线控制数控机床	轮廓控制数控机床
按伺服系统类型分类	开环数控系统	半闭环数控系统	闭环数控系统
按功能水平分类	经济型数控机床	中档型数控机床	高档型数控机床
按工艺方法分类	金属切削数控机床	金属成形数控机床	特种加工数控机床

4.1.5　数控技术的发展趋势

数控机床最早诞生于美国。1948 年，美国帕森斯公司在研制加工直升机叶片轮廓检查用样板的机床时，提出了数控机床的设想，后受美国空军委托与麻省理工学院合作，于 1952 年试制了世界上第一台三坐标数控立式铣床，其数控系统采用电子管。1960 年开始，德国、日本、中国等都陆续地开发、生产及使用数控机床。中国于 1968 年由北京第一机床厂研制出第一台数控机床。1974 年微处理器直接用于数控机床，进一步促进了数控机床的普及应用和飞速发展。

到目前为止数控技术已经经历了以下几代变化：

第一代数控（1952～1959 年）：采用电子管构成的硬件数控系统。

第二代数控（1959～1965 年）：采用晶体管电路为主的硬件数控系统。

第三代数控（1965 年开始）：采用小、中规模集成的硬件数控系统。

第四代数控（1970 年开始）：采用大规模集成的小型通用电子计算机数控系统。

第五代数控（1974 年开始）：采用微型计算机控制的系统。

第六代数控（1990 年开始）：采用工控 PC 机的通用 CNC 系统。

20 世纪 80 年代开始，随着科学技术的发展，先进制造技术的兴起和不断成熟，对数控技术提出了更高的要求，目前数控技术正朝着以下方向发展。

1. 高速度、高精度

速度和精度是数控机床的两个重要指标，直接关系到产品的质量和档次、产品的生产周期和在市场上的竞争力。在加工精度方面，普通级数控机床的加工精度已由 10μm 提高到 5μm，精密级加工中心则从 3～5μm 提高到 1～1.5μm，并且超精密加工精度已开始进入纳米级（1nm）。在加工速度方面，高速数控进给速度达60m/min以上，进给加速度和减速度达到1~2g，主轴转速达100000r/min以上。

2. 柔性化、功能集成化

数控机床在提高单机柔性化的同时，也朝着单元柔性化和系统化方向发展，如出现了数控多轴加工中心、换刀换箱式加工中心等具有柔性的高效加工设备；出现了由多台数控机床组成底层加工设备的柔性制造单元（flexible manufacturing cell，FMC）、柔性制造系统（flexible manufacturing system，FMS）、介于传统自动线与FMS之间的柔性加工线（flexible manufacturing line，FML）。

在现代数控机床上，自动换刀装置、自动工作台交换装置等已成为基本装置。随着数控机床向柔性化、无人化方向的发展，功能集成化更多地体现在：工件自动装卸，工件自动定位，刀具自动对刀，工件自动测量与补偿，集钻、车、镗、铣、磨削为一体的“万能加工机床”等。

3. 智能化

随着人工智能在计算机领域不断地渗透和发展，数控系统向智能化发展。

4. 高可靠性

数控机床的可靠性一直是用户关心的重要指标，它取决于数控系统各伺服驱动单元的可靠性。

5. 网络化

数控机床的网络化将极大地满足柔性生产线、柔性制造系统、制造企业对信息集成的需求，也是实现新的制造模式，如敏捷制造（agile manufacturing，AM）、虚拟企业（virtual enterprise，VE）、全球制造（global manufacturing，GM）的基础单元。目前先进的数控系统为用户提供了强大的联网功能，除有RS232C串行接口、RS422等接口外，还带有远程缓冲功能DNC接口，可以实现几台数控机床之间的数据通信和直接对几台数控机床进行控制。有的已配备与工业局域网（LAN）通信的功能以及MAP接口，促进系统集成化和信息综合化，使远程操作和监控、遥控以及远程故障诊断成为可能。

4.2 数控编程技术

概括地说，数控编程的主要内容包括：分析加工要求并进行工艺设计，以确定加工方案，选择合适的机床、刀具、夹具，确定合理的走刀路线及切削用量等；建立工件的几何模型，计算加工过程中刀具相对工件或机床的运动轨迹；按照数控系统可接受的程序格式，生成零件加工程序，然后对其进行验证和修改，直到得到合格的加工程序。

数控加工程序可通过手工编程或计算机自动编程来获得。手工编程是指编制零件数控加工程序的上述各步骤均由人工来完成，只能解决点位加工或几何形状不太复杂的零件编程问题。计算机自动编程即计算机辅助编程，它是借助数控自动编程系统提供的各种功能对加工对象、工艺参数及加工过程进行较简便的描述后，即可由编程系统自动完成数控加工程序编制的其余内容。

4.2.1 发展历程

20世纪50年代，麻省理工学院（MIT）设计了一种专门用于机械零件数控加工程序编制的语言 APT。其后 MIT 组织美国各大飞机公司共同开发了 APTⅡ。到 20 世纪 60 年代，在 APTⅡ基础上研制的 APTⅢ已经达到应用阶段。以后又几经修改和充实，发展成为 APT - Ⅳ、APT - AC、APT - Ⅳ/SS。

APT 能处理二维、三维铣削加工，但较难掌握。为此，在 APT 的基础上，世界各国发展了带有一定特色和专用性更强的 APT 衍生语言。

APT 使数控加工编程任务从面向“汇编语言”级的数控系统指令代码描述，上升到面向零件几何元素和加工方式的高级语言级直接描述，具有程序简练、走刀控制灵活等优点，但 APT 也存在数控语言编程方法难以克服的缺点和不足。

1972 年，美国洛克西德加里福尼亚飞机公司首先研制成功采用图像仪辅助设计、绘图和编制数控加工程序的 CADAM 系统，从此揭开了 CAD/CAM 一体化的序幕。1975 年，法国达索飞机公司引进 CAMAM 系统，为已有的二维加工系统 CALIBRB 增加二维设计和绘图功能。1978 年进一步扩充，开发了 CATIA 系统。随着计算机处理速度的发展和图形设备日益普及，数控编程系统进入了 CAD/CAM 一体化时代。

目前，应用较为广泛的数控编程系统有 APT-Ⅳ/SS、CADAM、CATIA、EUKLID、UGⅡ、INTERGRAPH、Pro/Engineering、MasterCAM 等，这些系统的数控编程功能都比较强，且各有特色。国内西北工业大学、华中科技大学等开发的图形编程系统，如 NPU/GNCP 和 InteCAM 也具有 2. 5D 零件加工和雕塑曲面多轴加工等功能，达到了实用化程度。

4. 2. 2 数控编程的内容和步骤

数控编程的主要内容包括：零件图样分析、工艺处理、程序编制、控制介质制备、程序校验和试切削。具体步骤与要求如下：

1. 零件图样分析

拿到零件图样后首先要进行数控加工工艺性分析，根据零件的材料、毛坯种类、形状、尺寸、精度、表面质量和热处理要求确定合理的加工方案，并选择合适的数控机床。

2. 工艺处理

工艺处理涉及内容较多，主要有以下几点：

1）加工方法和工艺路线的确定。

2）刀具、夹具的设计和选择。数控加工刀具确定时要综合考虑加工方法、切削用量、工件材料等因素，满足调整方便、刚性好、精度高、寿命长等要求。数控加工夹具设计和选用时，应能迅速完成工件的定位和夹紧过程，以减少辅助时间。

3）对刀点的选择。对刀点是程序执行的起点，选择时应以简化程序编制、容易找正、在加工过程中便于检查、减小加工误差为原则。

对刀点可以设置在被加工工件上，也可以设置在夹具或机床上。为了提高零件的加工精度，对刀点应尽量设置在零件的设计基准或工艺基准上。

4）加工路线的确定。加工路线确定时要保证被加工零件的精度和表面粗糙度的要求；尽量缩短走刀路线，减少空走刀行程；有利于简化数值计算，减少程序段的数目和编程工作量。

5）切削用量的确定。切削用量包括背吃刀量、主轴转速及进给速度。

3. 数学处理

数学处理就是根据零件的几何尺寸和确定的加工路线，计算数控加工所需的输入数据。

4. 程序编制

在完成工艺处理和数学处理工作后，应根据所使用机床的数控系统的指令、程序段格式，逐段编写零件加工程序。编写程序前，编程人员要了解数控机床的性能、功能以及程序指令，才能编写出正确的数控加工程序。

5. 控制介质制备

程序编写完后，需制作控制介质，作为数控系统输入信息的载体。目前主要有磁盘、U盘、移动硬盘等。数控加工程序还可以直接通过数控系统操作键盘手动输入到存储器，或通过RS232、DNC接口输入。

6. 程序校验和试切削

数控加工程序一般应经过校验和试切削才能用于正式加工。

4.2.3 数控编程的方法

数控编程的方法主要分为两大类：手工编程和自动编程。

1. 手工编程

手工编程是指由人工完成数控编程的全部工作，包括零件图样分析、工艺处理、数学处理、程序编制等。

对于集合形状或加工内容比较简单的零件，数值计算也较简单，程序段不多，采用手工编程较容易完成。因此，在点位加工或由直线与圆弧组成的二维轮廓加工中，手工编程仍广泛使用。但对于形状复杂的零件，特别是具有非圆曲线、列表曲线或列表曲面的零件，用手工编程困难较大，出错的可能增大，效率低，有时甚至无法编出程序。因此，必须采用自动编程法编制数控加工程序。

2. 自动编程

自动编程是指由计算机来完成数控编程的大部分或全部工作，如数学处理、加工仿真、数控加工程序生成等。

自动编程的方法种类很多，发展也很迅速。根据信息输入方式及处理方式的不同，主要分为语言编程、图形交互式编程等方法。语言编程以数控语言为基础，需要编写包含集合定义语句、刀具运动语句、后置处理语句的“零件源程序”，经编译处理后生成数控加工程序。图形交互式编程是基于某一CAD/CAM软件或CAM软件，人机交互完成加工图形定义、工艺参数设定，后经软件自动处理生成刀具轨迹和数控加工程序。图形交互式编程是目前最常用的方法。

语音编程是通过语音把零件加工过程输入计算机，经软件处理后生成数控加工程序。由于技术难度大，尚不通用。

4.2.4 数控机床的坐标系

1. 坐标轴的命名及方向

目前国际上数控机床的坐标轴和运动方向均已标准化。我国也于1982年颁布了JB3051—1982《数控机床的坐标和运动方向的命名》标准。标准规定，在加工过程中无论是刀具移动、工件静止，还是工件移动、刀具静止，一般都假定工件相对静止不动，而刀具在移动，并同时规定刀具远离工件的方向作为坐标轴的正方向。

直线运动的坐标轴采用右手直角笛卡儿坐标系统，如图4-4所示。大拇指指向X轴的正方向，食指指向为Y轴的正方向，中指指向为Z轴的正方向。三个坐标轴互相垂直。此外，当数控机床直线运动多于三个坐标轴时，则用 *U*、*V*、*W* 轴分别表示平行于 *X*、*Y*、*Z* 轴的第二组直线运动坐标轴，用 *P*、*Q*、*R* 分别表示平行于 *X*、*Y*、*Z* 轴的第三组直线运动坐标轴。旋转运动的坐标轴用右手螺旋定则确定，用 *A*、*B*、*C* 分别表示绕 *X*、*Y*、*Z* 轴的旋转运动，转动的正方向为四指的方向，*A*、*B*、*C* 以外的转动轴用 *D*、*E* 表示。

2. 数控机床坐标轴的表示方法

（1）*Z* 轴的确定　在确定数控机床坐标轴时，一般先确定 *Z* 轴，后确定其他轴。通常将传递切削力的主轴轴线方向定为 *Z* 坐标轴。当机床有几个主轴时，则选一个垂直于工件装夹面的主轴为 *Z* 轴；如果机床没有主轴，则 *Z* 轴垂直于工件装夹面。同时规定刀具远离工件的方向作为 *Z* 轴的正方向。

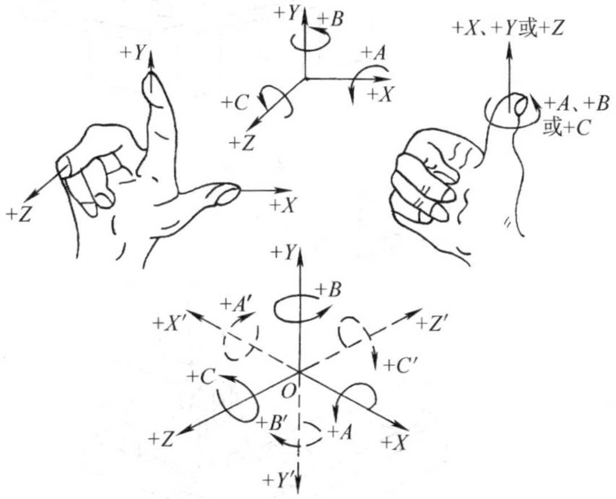

图 4-4　右手直角笛卡儿坐标系

（2）*X* 轴的确定　*X* 轴平行于工件装夹面且与 *Z* 轴垂直，通常成水平方向。对于工件类的机床（如数控车床、外圆磨床等），*X* 轴方向是在工件的径向上，且平行于横滑座。*X* 轴的正方向取刀具远离工件的方向。对于刀具旋转类机床，如果 *Z* 轴是垂直的，则面对刀具主轴向立柱方向看，*X* 轴的正方向为向右方向。如果 *Z* 轴是水平的，则从刀具主轴后端向工件方向看，*X* 轴的正方向为向右方向。

（3）*Y* 轴的确定　*X*、*Z* 轴的正方向确定后，*Y* 轴可按图 4-4 所示的右手直角笛卡儿坐标系来判定。

（4）旋转或摆动轴确定　旋转或摆动运动中，*A*、*B*、*C* 的正方向分别为沿 *X*、*Y*、*Z* 轴的右螺旋前进的方向。图 4-5 所示为各种数控机床的坐标系示例。

3. 机床坐标系与工件坐标系

（1）机床坐标系与机床原点　机床坐标系是机床上固有的坐标系，用于确定被加工零件在机床中的坐标、机床运动部件的位置（如换刀点、参考点）以及运动范围（如行程范围、保护区）等。机床坐标系的原点称为机床原点或机床零点，它是机床上的一个固定点，也是工件坐标系、机床参考点的基准点，由机床制造厂确定。

（2）工件坐标系与工件原点　工件坐标系是编程人员在编制零件加工程序时使用的坐标系，可根据零件图样自行确定，用于确定工件几何图形上点、直线、圆弧等各集合要素的位置。工件坐标系的原点称为工件原点或工件零点，可用程序指令来设置和改变。根据编程需要，在一个零件的车削程序中可一次或多次设定或改变工件原点。

4.2.5　常用的编程指令

在数控编程中，使用 G 指令、M 指令及 F、S、T 指令代码描述数控机床的运行方式，加工种类，主轴的起、停和切削液开、关等辅助功能以及规定进给速度，主轴转速，选择刀具等。各指令功能字见表 4-2。下面介绍常用指令。

1. 准备功能字

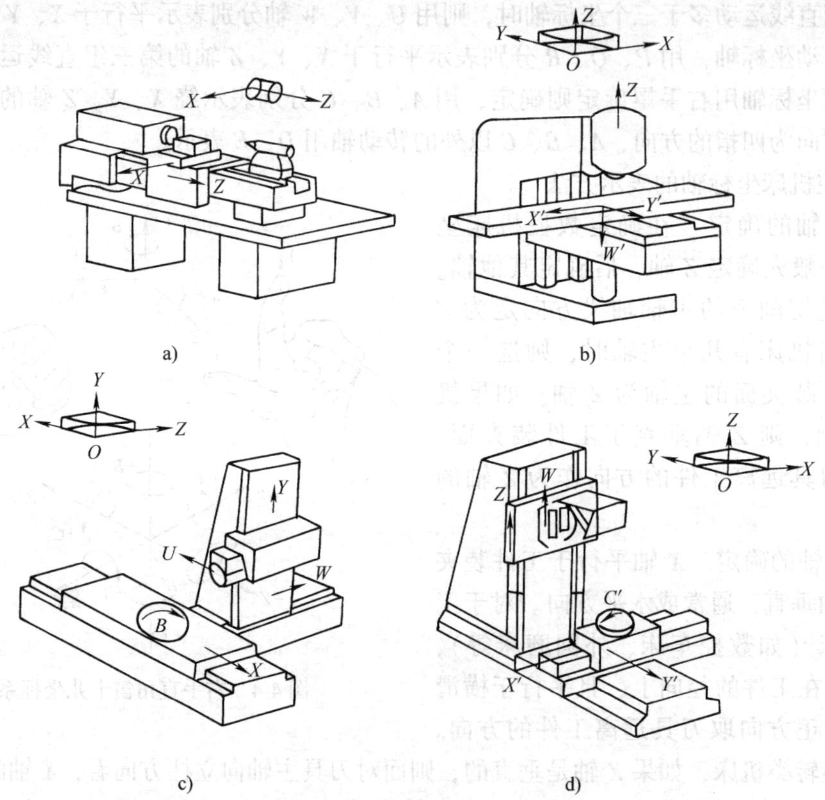

图 4-5　数控机床坐标系示例

a）数控车床　b）立式铣床　c）卧式铣床　d）五坐标铣床

准备功能字，也称“G”指令。准备功能指令由字母“G”和其后的 2 位数字组成。从 G00 至 G99 可有 100 种。该指令主要是指数控机床运动方式，为数控系统的插补运算做好准备。

表 4-2　数控编程指令功能字

N	G	X, Y, Z, U, V, W, P, Q, R	F	S	T	M	LF
语句号字	准备功能字	I, J, K, A, B, C, D 位置功能字	进给功能字	主轴转速功能字	刀具功能字	辅助功能字	程序段结束功能字

2. 辅助功能指令

辅助功能指令也称“M”指令。它是由字母 M 和其后的两位数字组成，从 M00 至 M99 共 100 种。这类指令主要用于机床操作时的工艺性指令。

4.3　加工中心

4.3.1　概述

1. 加工中心的特点

1958 年世界上第一台加工中心在美国由卡尼·特雷克（Kearney&Trecker）公司制造出来。

加工中心与普通数控机床的区别主要在于它能在一台机床上完成由多台机床才能完成的工作。现代加工中心包括以下内容：

第一，加工中心是在数控镗床的基础上增加自动换刀装置，使工件在一次装夹后，可以连续完成对工件表面自动钻孔、扩孔、铰孔、镗孔、攻螺纹、铣削等多工步加工，工序高度集中。

第二，加工中心一般带有自动分度回转工作台或主轴箱，可自动旋转角度，从而使工件一次装夹后，自动完成多个平面或多个角度位置的多工序加工。

第三，加工中心能自动改变机床主轴转速、进给量和刀具相对工件的运动轨迹及其它辅助机能。

第四，加工中心如果带有交换工作台，工件在工作位置的工作台进行加工时，另外的工件在装卸位置的工作台上进行装卸，不影响正常的加工工件。

由于加工中心具有上述机能，因而可以大大减少工件装夹、测量和机床的调整时间，减少工件的周转、搬运和存放时间，使机床的切削时间利用率高于普通机床 3 ~ 4 倍，大大提高了生产率，尤其是在加工形状比较复杂、精度要求较高、品种更换频繁的工件时，具有更好的经济性。

加工中心是一种备有刀库并能自动更换刀具对工件进行多工序加工的数控机床。箱体类零件的加工中心，一般是在镗、铣床的基础上发展起来的，可称为镗铣加工中心，习惯上简称为加工中心。

2. 加工中心的组成结构

加工中心自问世至今已有 30 多年，世界各国出现了各种类型的加工中心，虽然外形结构各异，但从总体来看，主要由以下几大部分组成。

（1）基础部件　它是加工中心的基础结构，由床身、立柱和工作台等组成，它们主要承受加工中心的静载荷以及在加工时产生的切削负载，因此必须要有足够的刚度。

（2）主轴部件　由主轴箱、主轴电动机、主轴和主轴轴承等零件组成。主轴的起、停和变转速等动作均由数控系统控制，并通过装在主轴上的刀具参与切削运动，是切削加工的功率输出部件。

（3）数控系统　加工中心的数控部分是由 CNC 装置，可编程序控制器、伺服驱动装置以及操作面板等组成。它是执行顺序控制动作和完成加工过程的控制中心。

（4）自动换刀系统　由刀库、机械手等部件组成。当需要换刀时，数控系统发出指令，由机械手（或通过其他方式）将刀具从刀库取出装入主轴孔中。

（5）辅助装置　包括润滑、冷却、排屑、防护、液压、气动和检测系统等部分。

3. 加工中心的分类

（1）按照机床形态分类　加工中心分为卧式、立式、龙门式和万能加工中心。

1）卧式加工中心。指主轴轴线为水平状态设置的加工中心。通常都带有可进行分度回转运动的正方形分度工作台。卧式加工中心一般具有 3 ~ 5 个运动坐标，常见的是三个直线运动坐标（沿 X、Y、Z 轴方向）加一个回转运动坐标（回转工作台），它能够使工件在一次装夹后完成除安装面和顶面以外的其余四个面的加工，最适合箱体类工件的加工。

2）立式加工中心。指主轴轴心线为垂直状态设置的加工中心。其结构形式多为固定立柱式，工作台为长方形无分度回转功能，适合加工盘类零件。具有三个直线运动坐标，并可在工作台上安装一个水平轴的数控转台用以加工螺旋线类零件。

3）龙门式加工中心。龙门式加工中心与龙门铣床相似，主轴多为垂直设置，带有自动换刀装置和可更换的主轴头附件。数控装置的软件功能也较齐全，能够一机多用，尤其适用于大型或形状复杂的工件，如航天工业及大型汽轮机上的某些零件的加工。

4）万能加工中心。某些加工中心具有立式和卧式加工中心的功能，工件一次装夹后能完成除安装面外的所有侧面和顶面的加工，也叫五面加工中心。

（2）按换刀形式分类

1）带刀库、机械手的加工中心。加工中心的换刀装置（Automatic Tool Changer，ATC）是由刀库和机械手组成，换刀机械手完成换刀工作。这是加工中心最普遍采用的形式，JCS—018A 型立式加工中心就属此类。

2）无机械手的加工中心。这种加工中心的换刀是通过刀库和主轴箱的配合动作来完成。一般是采用把刀库放在主轴箱可以运动到的位置，或整个刀库或某一刀位能移动到主轴箱可以达到的位置。

3）转塔刀库式加工中心。一般在小型立式加工中心上采用转塔刀库式，主要以孔加工为主。ZH5120 型立式钻削加工中心就是转塔刀库式加工中心。

现今，加工中心正向着高速度、高精度和更加完善的机能方向发展。

4.3.2 JCS—018A 立式加工中心

1. 机床的用途、布局及技术参数

JCS—018A 立式加工中心是一台具有自动换刀装置的小型数控立式铣床。该加工中心采用软件固定型计算机控制的 FANUC-BESK 6ME 数控系统（以下简称 FANUC—6M 系统）。

（1）机床的用途及特点

1）机床的用途。在 JCS—018A 型加工中心上，工件一次装夹后，可以连续自动地完成铣、钻、铰扩、锪、攻螺纹等多种工序的加工。故适合于小型板类、盘类、壳体类、模具等零件的多品种小批量生产。

2）机床的特点

① 强力切削。采用 FANUC AC 主轴电动机。电动机的运动经一对齿形带轮传到主轴。主轴转速的恒功率范围宽，低转速的转矩大，机床的主要构件刚度高，故可以进行强力切削。

② 高速定位。进给直流伺服电动机的运动经联轴器和滚珠丝杠副，使 X 轴和 Y 轴获得 14m/min、Z 轴获得 10m/min 的快速移动。

随机切换：驱动刀库的直流伺服电动机经蜗杆副使刀库回转。机械手的回转、取刀、装刀机构均由液压系统驱动。

③ 机电一体化。机床的总体结构，将控制柜、数控柜、润滑装置都安装在立柱和床身上，减少了占地面积，同时也简化了搬运和安装。机床的操作面板集中安置在机床的右前方，操作方便，体现出机电一体化的设计特点。

④ 计算机控制。机床采用了软件固定型计算机控制的数控系统。控制系统的体积小，故障率低，可靠性高，操作简便。

（2）机床的布局　图 4-6 为 JCS—018A 型立式加工中心的外观图。图中 10 是床身，其顶面的横向导轨支承着滑座 9，滑座沿床身导轨的运动方向为 Y 轴。工作台 8 沿滑座导轨的纵

向运动方向为 *X* 轴。5 是主轴箱，主轴箱沿立柱导轨的上下移动方向为 *Z* 轴。1 为 X 轴的直流伺服电动机。2 是换刀机械手，它位于主轴和刀库之间。4 是盘式刀库，能存储 16 把刀具。3 是数控柜，7 是驱动电源柜，它们分别位于机床立柱的左右两侧，6 是机床的操作面板。

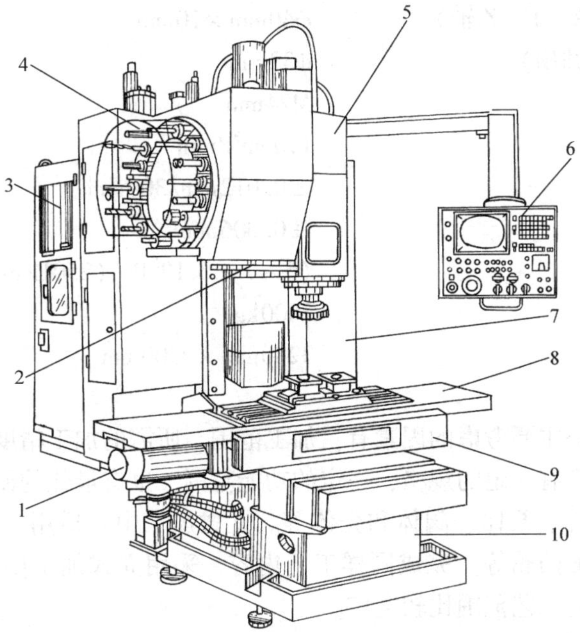

图 4-6 JCS—018A 型立式加工中心的外观图

1—直流伺服电动机 2—换刀机械手 3—数控柜 4—盘式刀库 5—主轴箱
6—操作面板 7—驱动电源柜 8—工作台 9—滑座 10—床身

（3）机床的主要技术参数

工作台外形尺寸（工作面）	1200（1000）mm×450（320）mm
工作台 T 形槽宽×槽数	18mm×3
工作台左右行程（*X* 轴）	750mm
工作台前后行程（*Y* 轴）	400mm
工作台上下行程（*Z* 轴）	470mm
主轴端面到工作台面距离	180～650mm
主轴转速	22.5～2250r/min
主轴电动机	5.5kW/7.5kW（额定/30min）FANUC AC12 型
快速移动速度	
X、*Y* 轴	14m/min
Z 轴	10m/min
进给速度（*X*、*Y*、*Z* 轴）	1～400mm/min
进给驱动电动机（*X*、*Y*、*Z* 轴）	1.4kW FANUC—BESK 直流伺服电动机 15 型
刀库容量	16
选刀方式	任选

最大刀具尺寸	ϕ100～300mm
最大刀具质量	8kg
刀库电动机	1.4kW FANUC—BESK 直流伺服电动机 15 型
工作台允许负载	500kg
滚珠丝杆尺寸（X、Y、Z 轴）	ϕ40mm×10mm
钻孔能力（一次钻出）	ϕ32mm
攻螺纹能力	M24mm
铣削能力	110cm^3/min
定位精度	±0.012mm/300mm
重复定位精度	±0.006mm
气源	（5～7）×10^{5}Pa（250L/min）
机床质量	5000kg
占地面积	3280mm×2300mm

2. 加工中心选择

选用一台加工中心主要考虑的因素有：加工范围、所需的加工精度、加工效率及经济效益等。每台加工中心都有一定的规格，一定的功能范围，也有最佳的使用范围。卧式加工中心适用于加工箱体零件、泵体、阀体和壳体等。立式加工中心适用于加工板类零件，如箱盖、盖板、壳体、平面凸轮等。完成同样工艺内容，采用立式加工中心比卧式加工中心经济。但卧式加工中心的工艺范围比较宽广。

加工中心的选择可从以下几个方面进行：

1）机床规格的选择。

2）机床精度的选择。

3）工时的估算。

4）自动换刀装置的选择。

5）刀具预调仪的选择。

6）数控系统功能选择及附件选择。

7）刀具和夹具的选择。

选择设备的基本原则是满足生产上实用、技术上先进、经济上合理以及符合安全节能的要求。

第2篇　汽轮机制造工艺

汽轮机是将蒸汽的能量转换为机械功的旋转式动力机械，是蒸汽动力装置的主要设备之一。汽轮机在社会经济的各部门中都有广泛的应用。汽轮机种类很多，并有不同的分类方法。

1）按进汽参数分类有：低压、中压、次高压、高压、超高压、亚临界、超临界和超超临界汽轮机。

2）按工作原理分类有：冲动式和反动式汽轮机。

3）按热力特性分类有：凝汽式（冷凝式）、中间再热式、抽汽凝汽式、供热式、背压式、抽汽背压式和饱和蒸汽汽轮机等。

4）按汽缸的数目分类有：单缸和多缸汽轮机。

5）按用途分类有：陆用发电、工业抽汽、拖动动力机械、船用发电和船用动力汽轮机。

6）按轴系数目分类有：单轴和双轴汽轮机。

7）按汽流流向分类有：轴流式和辐流式汽轮机。

8）按转速分类有：全速和半速汽轮机。

9）按电网周波频率分类有：50Hz 和 60Hz 汽轮机。

10）按运行方式分类有：基本负荷、两班制和调峰汽轮机。

在汽轮机的设计、制造和运行过程中，采用新的理论和技术，改善汽轮机的性能，是未来汽轮机研究的一个重要内容。例如：气体动力学方面的三维流动理论，湿蒸汽双相流动理论；强度方面的有限元法和断裂力学分析；振动方面的快速傅里叶转换、模态分析和激光技术；设计、制造工艺、试验测量和运行监测等方面的电子计算机技术、新结构、新工艺和新材料等；寿命监控方面的超声检查和耗损计算。

1. 汽轮机制造工艺的特点

汽轮机是一种高温、高压、高速旋转的机械，又是大功率输出的原动力机械，所以设计要求汽轮机具有高效率、高安全可靠性，而且可调性要好，能适应调峰需要。汽轮机的本体结构主要由转子、叶片、汽缸、隔板、阀门等组成。汽轮机的工艺复杂、加工要求高、公差要求严。例如汽轮机的转子是高速运动部件（3000r/min），需要进行高速动平衡试验，要求两端联轴器的端面凸肩与轴承挡的最大径向圆跳动为 0.013mm，轴承挡的表面粗糙度为 R_a0.4μm。300MW 汽轮机的低压转子，毛坯质量达 60 多吨，最大的加工外径为 1.8m，转子长度为 8m。要达到这样高的加工要求，对数控卧式车床的要求是极高的（包括两个静压拖架）。首先机床精度要达到 3 个 0.01mm（即主轴的径向圆跳动 $<$0.01mm，轴向窜动 $<$ 0.01mm，尾架径向圆跳动 $<$0.01mm）；要求机床高刚性、高动态精度、高可靠性，通过数控系统实现最佳补偿和控制，保障加工转子的质量。对于汽缸、叶片、隔板、阀门等其他汽轮机部件的加工要求也很高。总而言之，汽轮机加工要求数控机床要达到三个高，即高刚性、高动态精度、高可靠性，能保证长期使用。为了满足这些设计要求，汽轮机制造中有以下特点：

(1) 属单件生产（除叶片为小批量生产外） 汽轮机中的汽缸、转子、静叶持环、轴承座、蒸汽室、喷嘴组、主汽门、调节汽阀、隔板、轴承等主要零部件都属单件生产。为此，加工工艺及加工设备都按单件生产的特点而编制及配备。

(2) 生产周期长 汽轮机制造中有很多的大型铸锻件（如汽缸、转子等毛坯）投料周期长，加工工艺工序复杂，涉及冷热工艺，所以总的生产周期很长。另外，有的零件有特殊的热处理要求，并且热处理对冷加工又提出特别的要求，使加工工序很多、很复杂。如：主汽门、调节汽阀中的氮化零件，高温部分的密封环等零件都属此类型。

(3) 材料品种多，材料性能要求高 由于高温、高压、高转速的工作条件，汽轮机中各部件所涉及的材料品种繁多，又因为汽轮机工质为蒸汽，要求通流部分的零部件具有良好的耐腐蚀性，所以在汽轮机各零部件中，不锈钢、高强度合金钢、耐热钢、镍基合金钢等切削性能差的材料大量采用，加工难度极大。

(4) 零件种类多 汽轮机是一种大型、复杂的机械，零件结构种类很多。有像汽缸、转子这样的大零件，也有动叶片围带、汽封片、螺钉、销子等小零件；有转子、叶片这样的复杂零件，也有垫片等结构简单的零件。

(5) 加工精度高 汽轮机中转子、汽缸、静叶持环、主汽门、调节汽阀等零部件加工精度高，像转子这样的大型零件其同轴度不得大于0.013mm，在加工校正工件时应在0.01mm以内。

(6) 设备要求高，操作技能要求高 由于加工精度高，这就决定了设备精度要求高。对于有些主要零部件的加工，用传统、普通的加工设备已经不能满足加工精度的要求，而要求配备高精度机床和数控加工机床。

对于像转子、汽缸、主汽门、调节汽阀这样的零部件，仅有高精度设备或数控设备还不够，还必须有很高的操作技能的操作工人才能保证加工质量。

(7) 机械加工工种齐全 汽轮机制造中的冷加工，几乎涉及所有的机械加工工种，包括许多特殊工种，如电脉冲加工、线切割加工等。

(8) 涉及冷、热工艺且面广 汽轮机大型零件都涉及到冷、热工艺。在一个零件生产的全过程中，由于冷、热工艺经常要交替进行，因此，要求冷、热工艺要很好的衔接，相互满足对方的要求。如锻件的尺寸既要满足热工艺的特点，又要考虑冷加工的要求、热处理工序的合理安排等。

(9) 检测手段齐备，要求高 汽轮机制造从原材料到商品的出厂，每一步都必须严格把关，所以要求检测手段齐全，从理化的检测，到各种探伤手段都要配齐。

(10) 计量设备、测量工具齐全而且要求高 要高精度的测量零部件，需要配备高精度的测量工具。根据汽轮机零件的不同尺寸，要备齐相应的测量工具。

(11) 采用专用工装多 汽轮机零件因为加工精度高，结构复杂，必须配备大量的专用工、夹、量具，才能顺利完成加工。有的专用工装复杂的就像一台设备，精度高的要控制到μm级精度。工装的种类与数量之多是其他机械加工类企业很难相比的。

2. 汽轮机制造工艺的发展方向

1) 进一步开发利用计算机技术，充分发挥计算机在制造工艺工作中的作用。计算机技术的快速发展及广泛应用为企业提高工作效率及质量、缩短整个生产周期提供了可靠的保证。目前已开发出工艺技术准备计划系统、工装技术准备计划系统、工装查询系统等。专用工装的快速查询功能大大提高了工装的通用性，降低了制造成本。工艺编制等技术准备进展情况在计算机上一览无遗并得到有效的控制。工艺文件编制的计算机化在提高工艺工作效率的同时，更兼顾了文件的标准化、规范化。

随着 ERP（企业资源管理系统）项目的深入开展，正确的数据及数据处理、信息共享、能否提供可靠的决策依据将是未来的 ERP 项目成功与否的关键。作为提供大量源头数据信息的技术部门，除了要保证源头数据信息的绝对正确外，还必须实现信息的企业内部共享。技术准备工作将立足于 PDM（产品数据管理），在 CAPP 的基础上，进一步开发 CAD、CAM 技术，并将工艺工作流程融入整个 PDM 系统，实现工艺文件、工艺数据等的信息共享。为 ERP 后续项目的顺利实施提供可靠保证。

2）完善工艺文件标准化、规范化工作。众所周知，工艺工作是一项需要长期工作经验积累的工作。如果将工艺经验转化成书面文件，一方面可以提高工艺技术准备的规范化、标准化，另一方面也可大大提高工作效率、工作质量。

3）开拓创新，持续改进，提升水平，降本增效。降本增效是制造型企业能否生存及兴旺发达的关键之一，从设计、工艺等技术源头降本始终是对技术部门的迫切要求。在消化吸收国内外先进技术的基础上，结合我国的实际开发出了一系列新产品、新工艺和新装备。随着市场竞争的日益激烈，制造工艺将在以下两个方面不断寻求创新、发展。首先，跟踪国内外先进的工艺技术，进行原有工艺的持续改进。加工条件发生了改变，工艺方法必须与时俱进，有利于提高生产效率，保证加工质量，降低制造成本。其次，紧跟新产品开发，为新产品的开发制造提供新工艺、新装备。任何新产品的设计开发都将带来许多加工难题，特别是未来占主导地位的超临界、超超临界汽轮机等新产品的设计开发。因此，必须积极开发新工艺、新技术、新装备。

制造工艺学的主要内容是介绍工艺方法。对设计人员来讲，汽轮机制造工艺学的目的是培养从工艺观点考虑设计问题的能力，理解汽轮机的制造如何影响到它的设计，而不是单纯地了解工艺方法。

汽轮机制造工艺学是研究汽轮机零件制造、装配、安装和试车等方面的工艺问题。

第5章 汽轮机叶片制造工艺

5.1 叶片的结构和分类

叶片是汽轮机中将汽流的动能转换为有用功的极其重要的零件。叶片是汽轮机中数量和种类最多的关键零件，也是汽轮机中加工难度最大的零件之一。其种类繁多，形状复杂，加工质量直接影响汽轮机的输出功和效率。因此，叶片的加工精度要求高，它的加工量约为整个汽轮机加工量的25%~35%，可批量生产。

5.1.1 叶片的分类

叶片按用途可分为动叶片（又称工作叶片，简称动叶）和静叶片（又称喷嘴叶片、导向叶片，简称静叶或导叶）两种，如图5-1~图5-4所示。

动叶片安装在转子叶轮（冲动式汽轮机）或转鼓（反动式汽轮机）上，接受喷嘴叶栅射出的高速汽流，把蒸汽的动能转换成机械能，使转子旋转对外输出机械功。

静叶片安装在隔板或汽缸上，在反动式汽轮机中，起喷嘴作用；在速度级中，起导向作用，使汽流改变方向，引导蒸汽进入动叶流道。

5.1.2 叶片的结构

动叶片一般由叶根、叶型部分（或称叶身、工作部分）、叶顶三部分组成，如图5-3所示。

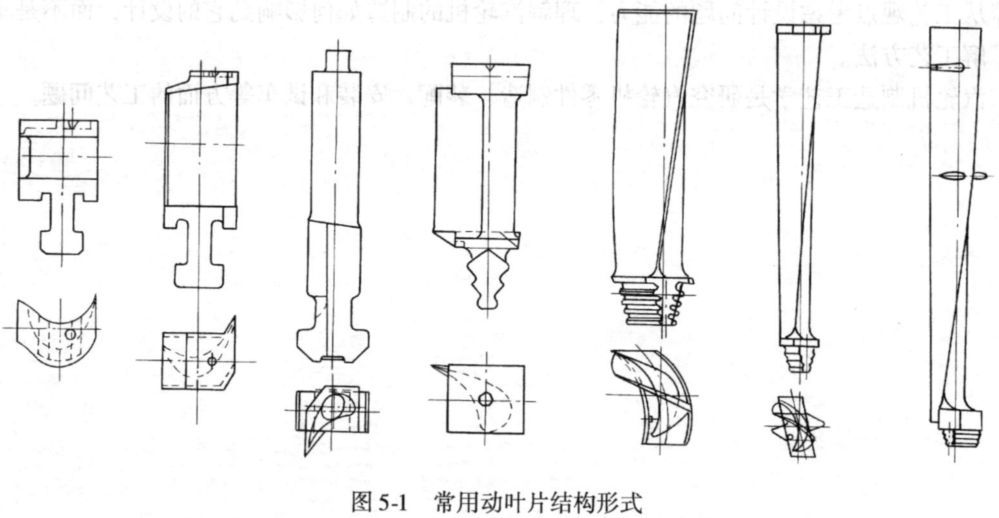

图5-1 常用动叶片结构形式

静叶片一般由工作部分和安装部分组成，如图5-2所示。

1. 叶根

动叶片通过叶根安装在叶轮或转鼓上。叶根的作用是固定动叶片，使其在经受汽流的推

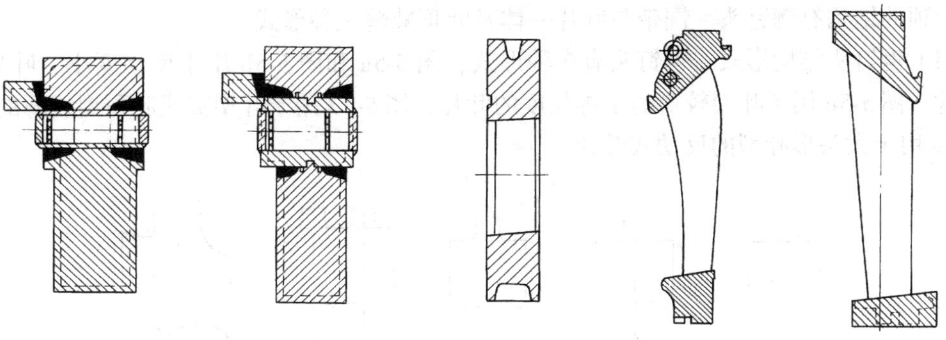

图 5-2　常用静叶片（隔板）结构形式

a）内外围带环焊接　b）自带冠焊接　c）铣制静叶焊为整圈

d）浇铸隔板　e）铸造静叶焊接内外环

力和旋转离心力作用下，不致于从轮槽里拔出来。因此，要求叶根与轮缘配合部分要有足够的强度且应力集中要小。其次，要求它尺寸紧凑，便于加工、装配。叶根的结构形式取决于转子的结构形式、叶片的强度、制造和安装工艺要求等，如图 5-4 所示。

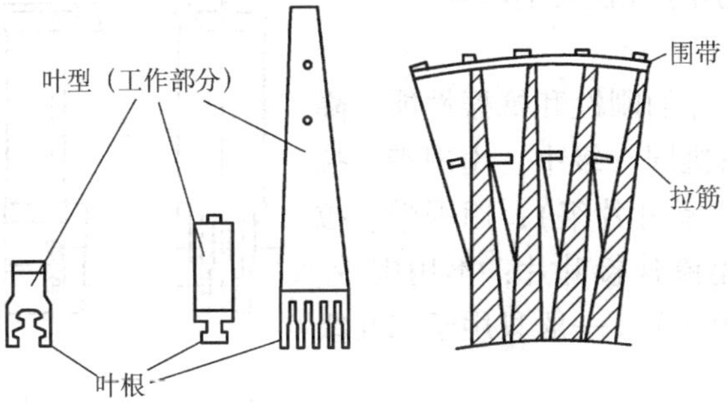

图 5-3　叶片的组成

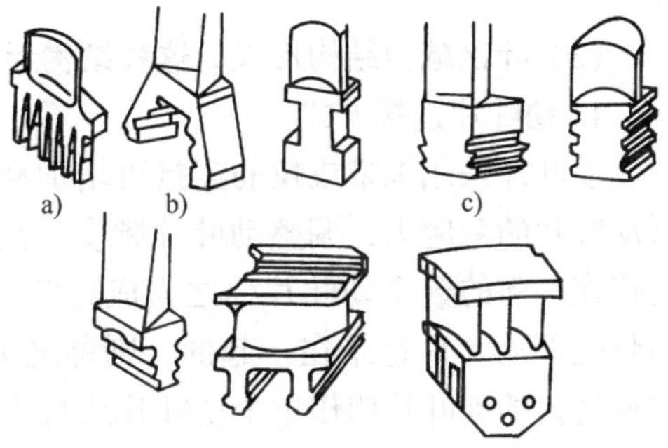

图 5-4　叶根形式

a）六叉形　b）菌形　c）T 形

d）枞树形　e）两排 T 形　f）三叉形

2. 叶型部分

叶型部分是叶片的基本部分，它构成汽流通道。叶型部分的横截面形状称为叶型，其周线称为型线。为了提高能量转换效率，叶型部分应符合气体动力学要求，同时还要满足结构强度和加工工艺的要求。按叶型横截面积沿叶片高度的变化规律，将叶片分为等截面叶片（直叶片）和变截面叶片（扭曲叶片）。

（1）等截面叶片　等截面叶片的截面积沿叶片高度是相同的，各截面和型线通常是一样的，这种叶片虽然使效率稍受影响，但加工方便，制造成本低，强度易于保证，一般用于短叶片。

（2）变截面叶片　变截面叶片的截面沿叶片高度按一定规律变化，叶型也逐渐变化，即叶片绕各截面形心的连线发生扭转，故也称为扭曲叶片，它主要用于长叶片。

3. 叶顶

叶顶的结构有铆钉头、围带与叶片一体及叶顶减薄三种形式。

(1) 铆钉头结构形式　铆钉头有多种形式，图5-5a和图5-5b用于反动度小、叶型厚的短叶片，图5-5c用于叶型较薄的中等长度的叶片，图5-5d用于叶型宽或叶顶型线薄的叶片、图5-5e用于大头形叶型的反动式叶片。

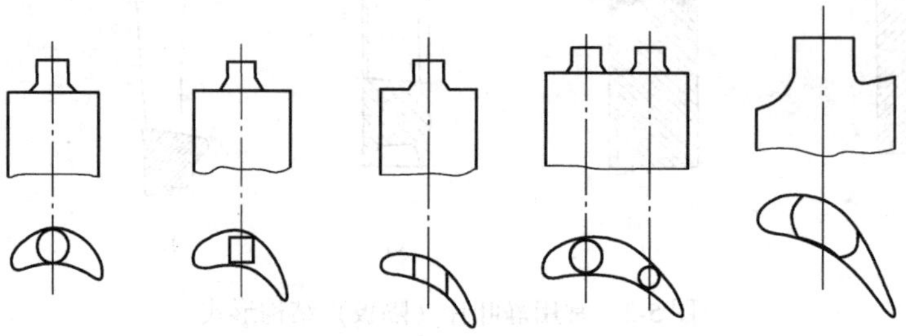

图5-5　铆钉头结构形式

a) 圆形　b) 方形　c) 型线形　d) 双圆形　e) 椭圆型线形

(2) 围带与叶片一体结构形式　如图5-6所示，这种结构形式适用于末级叶片或较长叶片。

(3) 叶顶减薄结构形式。这种结构形式用于无围带的叶片。

4. 动叶片连接方式

动叶片采用围带或拉筋连接可增加动叶片的刚性和抗振性能，降低动叶片的弯应力，调整动叶片频率。汽轮机同一级中，用围带、拉筋连在一起的数个动叶片称之为成组叶片（动叶片组）；用围带、拉筋将全部动叶片连结在一起的，则称之为整圈连接叶片；不用围带、拉筋连接的动叶片叫作单个动叶片或自由动叶片（一般只用于末几级长动叶片）。

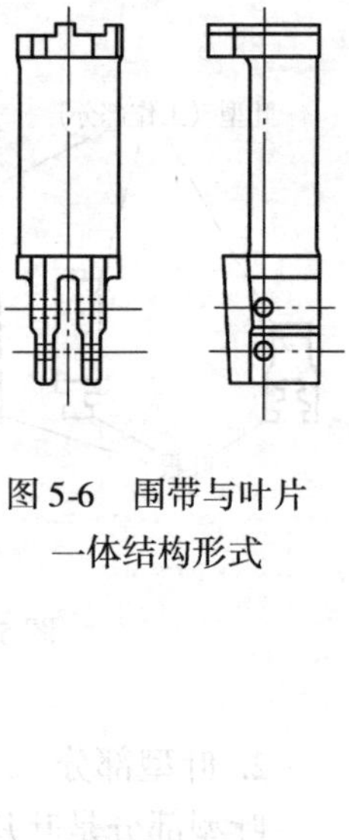

图5-6　围带与叶片一体结构形式

采用围带或拉筋可增加动叶片刚性，降低动叶片蒸汽力引起的弯应力，调整动叶片频率。围带还构成封闭的汽流通道，防止蒸汽从叶顶逸出，有的围带还做出径向汽封和轴向汽封，以减少级间漏汽。

5.2　叶片的工作条件及材料要求

5.2.1　叶片的工作条件

不同功率的汽轮机中，处于不同级的叶片因工作条件不同，动叶片与静叶片具有各种不同的结构、尺寸及固定的方法。第一级的动叶片与静叶片所处的温度最高，接近于进口的蒸汽温度；随后逐级降低，至末级则接近100℃或更低一些。叶片是在运动着的蒸汽介质中工作的，而各级的蒸汽状态是不一样的。在大多数级中，叶片是在过热蒸汽中工作，而末级叶片是在湿蒸汽中工作。因此，叶片的工作条件很复杂，除因高速旋转和汽流作用而承受较高的静应力和动应力外，还因其分别处在过热蒸汽区、两相过渡区（指从过热蒸汽区过渡到湿蒸汽区）和湿蒸汽区段内工作而承受高温、高压、腐蚀和冲蚀作用。因此，叶片的结构、材料和加工、装配质量对汽轮机的安全经济运行有极大的影响。所以在设计、制造叶片时，要考虑到叶片既要有足够的强度，又要有良好的型线，以提高汽轮机的效率。

动叶片的振动是引起叶片断裂事故的重要原因，它与动叶片及隔板的结构形式、加工质量、工作条件等许多因素有关。导致动叶片振动的总的原因，是汽轮机转子转动时，作用于动叶片上的周期性激振力，又称为扰动力。产生周期性激振力的原因很多。因出汽道汽流压力沿节距的不均匀分布所引起的周期性激振力，其频率是转子的转速与静叶片片数的乘积，称为高频激振力。由于隔板通流面积不均匀所引起汽流力的不均匀而产生的周期性激振力，其频率等于转速或转速的简单倍数，称为低频激振力。如果激振力的频率达到与叶片自振频率相同的共振频率时，则振幅就要突然增大至不能允许的程度，从而使动叶片产生过大应力。视应力超过允许值的程度不同，在经过一定的时间之后，即会发生叶片的断裂。

对于在高温区工作的叶片，应考虑材料的蠕变问题；对于在湿蒸汽区工作的叶片，应考虑材料受湿蒸汽冲蚀的问题；任何一只叶片的断裂都有可能造成严重事故。实践表明，汽轮机发生的事故以叶片部分的为最多，所以必须给予足够的重视。

5.2.2　叶片材料的要求

按以上所述的叶片工作特点，对制造叶片的金属材料，在性能上应满足以下要求：

1. 良好的常温和高温机械性能

对于大功率汽轮机，其前几级的叶片工作温度在500℃以上，主要是要求具有良好的高温力学性能，即应具有较高的蠕变极限及持久强度。另外，也应有较高的高温疲劳极限。

2. 良好的抗蚀性

汽轮机的后几级叶片在湿蒸汽中工作。由于湿度大及蒸汽中可能含有盐类及氧，后几级叶片就在一层电解质包围下，因而会产生电化学腐蚀。前几级叶片在高温的长时间作用下，会受到氧化作用。在停机期间，也会受到电化学的腐蚀。因此，制造叶片的材料必须具有良好的耐蚀性。

3. 良好的减振性

防止共振是保证汽轮机安全运行最重要的措施。所谓减振性，是指振动的固体由于其内摩擦使机械能转变为热能从而使振动衰减的能力。如果叶片材料的减振性好，消除振动的能力大，就可以大大降低共振时应力的幅度，间接地降低循环应力，从而可以使疲劳裂纹的形成及扩展过程减缓进行，减小疲劳损伤的积累，而利于延长叶片的工作寿命。因此，叶片材料具有较高的减振性，具有重要的意义。

4. 一定的耐磨性

汽轮机的最后几级叶片，由于蒸汽汽流速度降低而出现水滴，汽流速度愈低，水滴愈多，这种水滴冲击叶片的表面后，会由于机械磨损的作用，使动叶片进汽侧背弧的上部形成磨点或疏松孔穴，这种现象称为冲蚀或称水蚀。级的圆周速度愈高，冲蚀的作用也就愈剧烈。因此，后几级叶片材料，特别是大功率机组后几级叶片材料，应具有一定的耐磨性。

5. 良好的冷、热加工工艺性能

叶片形状较复杂，对加工的精度及表面粗糙度的要求很高，因此，要求叶片材料应具有良好的切削加工性能。由于围带是用铆钉铆接在叶片上的，要求叶片材料还应具有能够很好地进行铆接的能力。某些动叶片的叶根是采用冷墩的方法获得的，所以，要求材料还应有较好的冷变形能力。

5.2.3 汽轮机叶片常用材料

1. 叶片常用材料

(1) 铬不锈钢　1Cr13和2Cr13属于马氏体耐热钢，它们除了在室温和工作温度下具有足够的强度外，还具有高的耐蚀性和减振性，是世界上使用最广泛的汽轮机叶片材料。它们含铬量均在12%～14%（质量分数）。1Cr13在汽轮机中用于中压动叶片，2Cr13多用于低压级长叶片。1Cr13最高温度为480℃左右，2Cr13为450℃左右。

(2) 强化型铬不锈钢　为了弥补1Cr13型铬不锈钢热强性较低的缺点，在其中加入钼、钨、钒、铌、硼等强化元素。Cr11MoV可在540℃以下长期工作，我国300MW、600MW汽轮机前几级动叶片都是用这种钢制造的；1Cr12W1MoV具有较高的室温和高温强度，可用作580℃以下大功率汽轮机的叶片材料；2Cr12WMoNbVB具有较高的蠕变强度，可以制造在570～600℃下工作的高压汽轮机转子和动叶片。

(3) 低合金珠光体耐热钢　它含合金元素较少，比较经济，工艺性能好，用于制造工作温度在450℃以下中压汽轮机各级动叶片和静叶片。常用材料的牌号有20CrMo、24CrMoV和25Mn2V等。

(4) 铝合金和钛合金　由于大功率汽轮机后几级动叶片的尺寸越来越大，离心力也很大。按目前的不锈钢特性，最大长度不能超过1100～1300mm。而铝合金、钛合金密度小，耐蚀性高，有一定的强度，在国外也用于制造大功率汽轮机长动叶片。

2. 叶片连接件材料

(1) 拉筋材料　在工作温度低于450℃时，通常采用1Cr13，它的硬度低，易于装配。焊接拉筋用的银焊料，通常采用HL303，它适合于300℃以下的低温区。

(2) 围带材料　围带材料与叶片工作温度有关，小于450℃时采用1Cr13；小于480℃时采用1Cr12Mo；小于540℃时可采用1Cr11MoV或1Cr12WMoV；小于550℃时可采用2Cr12NiMo1W1V。

(3) 末叶片和叉形叶根的销钉材料　工作温度低于500℃时普遍采用25Cr2MoV；工作温度超过500℃时可采用2Cr12NiMo1W1V。

5.3 叶片的毛坯制造

叶片的毛坯制造方法对于叶片加工工艺路线及叶片本身的质量影响很大，采用先进的少、无切削的精化毛坯工艺，不仅大大地缩减了机械加工工时，更重要的是材料利用系数显著提高，能够节约大量价格昂贵的不锈钢和高温合金。这些材料中多含有铬、镍或钴等元素。过去叶片的生产，主要是用方钢型材铣削，材料利用系数最高只有20%，甚至不超过10%，并且由于切削加工破坏了材料纤维合理的流向，使机械强度和表面质量下降。采用少、无切削的精化毛坯后，情况就得到好转。

5.3.1 叶片常用的毛坯形式

叶片的毛坯形式直接影响叶片的加工质量和加工成本，常用的毛坯形式有下列几种：

1) 方钢（扁钢）、异型钢毛坯。

2) 砂型铸造、精密铸造（失蜡铸造、熔模铸造）毛坯。

3) 模锻、半精锻、精锻、高速锻、滚锻毛坯。

4）轧制、钢板冷作成形毛坯。

5）爆炸成形毛坯。

1. 方钢毛坯

方钢毛坯外形简单，生产工艺不复杂，利于大量生产。这种毛坯在加工时容易得到精确的定位基准面，宜于多件加工，可以提高生产率。而且定位夹紧可靠，加工精度较高。所以，国内外各汽轮机厂中一些汽道高度较短并带有整体围带的直叶片仍较多地采用这种毛坯。但是，这种毛坯的材料利用率低，机械加工工作量大，尤其对尺寸长、大的扭曲叶片和材料切削性较差的燃气轮机叶片更为突出。

1）静叶片方钢毛坯，如图 5-7 所示。图中下料尺寸为：$A \times B \times L$，$\Delta = R - \sqrt{R^2 - h^2}$，$L = (2 + H + 3 + \text{锯口}) \times n + 6 + \Delta$，$H$ 为出汽边高度，n 为下料个数。

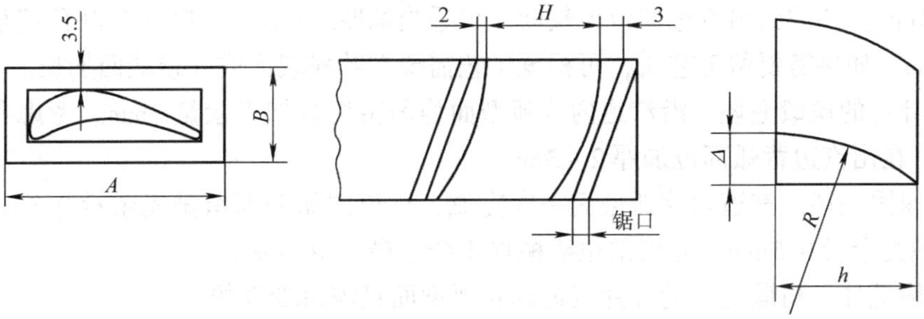

图 5-7　静叶片方钢毛坯

2）动叶片方钢毛坯，如图 5-8 所示。

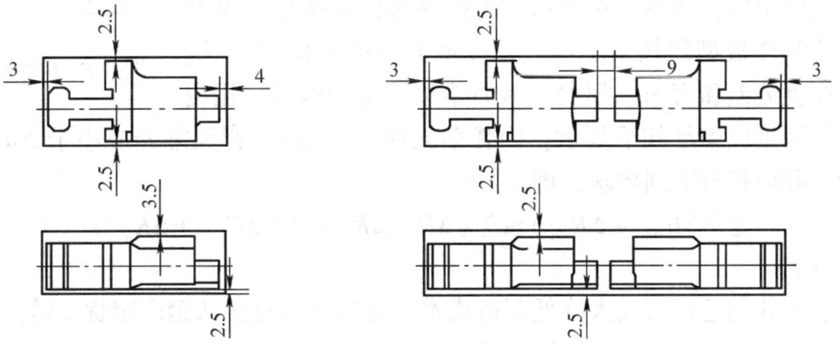

a)　　　　　　b)

图 5-8　动叶片方钢毛坯

a）1 件下料　b）2 件下料

2. 铸造毛坯

铸造静叶片。静叶片是通过焊接或铸造的方式与内、外环互相联成一体，形成隔板，再通过隔板套固定在汽缸上，工作时静止不动。其工作状况比动叶片要好许多，只受轴向压力，而不受离心力作用。因此，在材料强度等级上要求相对较低。允许采用铸造毛坯。

1）汽道长度小于200mm的铸铁隔板静叶片，沿汽道内背弧型面均匀留抛磨余量1.5mm。

2）焊接隔板围带冲孔式静叶片，沿汽道内背弧型面的出汽边部位均匀留抛磨余量0.5mm。其他部位均匀地留抛磨余量0.3mm。

3）汽道长度在200～400mm之间的马刀形或香蕉形静叶片，沿汽道内背弧型面均匀留抛磨余量1mm。

4）汽道长度大于400mm的锥形或马刀形静叶片，沿汽道内背弧型面均匀留抛磨余量1.5mm。

5）菱形静叶片两端装配基面需要机械加工的部位均匀地留机械加工余量2mm，沿汽道内背弧型面出汽边部位均匀留抛磨余量0.5mm，其余部位均匀留抛磨余量0.3mm。

3. 锻造毛坯

1）动叶片的模锻毛坯。（动叶片长度在200～450mm之间）沿汽道背弧型面均匀留机械加工余量3mm。考虑到出汽边部位比较薄，可适当加厚1～2mm。叶根和叶顶留最小机械加工余量4mm。如果需要留工艺头，可根据工艺需要在叶根端面或叶顶端面加长。

2）静叶片的模锻毛坯。沿汽道内背弧型面均匀留机械加工余量3mm。考虑到出汽边部位比较薄，在出汽边背弧部位加厚2～3mm。

3）高速锻毛坯。汽道内背弧型面一次完成，汽道内弧型面留抛光余量0.3mm。汽道背弧型面留抛光余量0.5mm。叶根部位机械加工余量最小留3mm。

4）精锻毛坯。精锻毛坯动叶片汽道内背弧型面只需留少许的抛光余量，其叶根、叶顶（或弓形围带）各部位最小留机械加工余量4mm。常采用三顶针作为工艺定位基准。因此，叶根端面、叶顶端面应留够中心孔深度的工艺头。考虑叶片形位公差和尺寸公差，采用立式框架量具和汽道内背弧检测样板测量。立式框架量具采用三顶针定位，如图5-9所示。内弧检测样板按理论型线设计，背弧检测样板型线按ΔH加上叶片最大厚度上偏差设计。考虑到叶片厚度公差和弯曲、扭曲、纵向错移等综合偏差，用内背弧型线样板测量应满足如下要求：内弧漏光应小于ΔH，背弧漏光应小于ΔR。内背弧同一部位漏光之和应符合下列要求，即

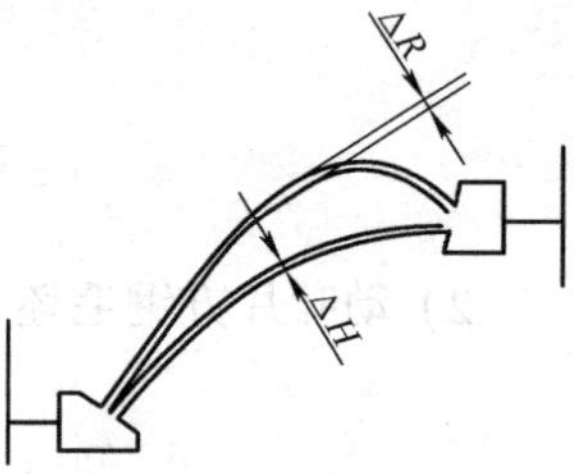

图5-9　精锻动叶片毛坯

$$\sum(\Delta H_{max}+\Delta R_{min})\leqslant\sum(\Delta H+\Delta R)<\sum(\Delta H_{min}+\Delta R_{max})$$

4. 轧制毛坯

静叶片选用轧制毛坯可大大降低制造成本。轧制毛坯直接从钢厂定货。沿汽道内背弧型面出汽边部位均匀留3～3.5mm机械加工余量。

5. 爆炸成形毛坯

空心结构的大静叶片可采用爆炸成形。首先将不锈钢板经辊压初步成形，然后放在钢模型腔内，静叶片中空部位填放炸药，使其爆炸后成形。沿汽道内背弧型面留0.10～0.20mm的抛光余量。背弧出汽边缝焊部位留3～5mm厚的缝焊层作为机械加工的余量。

5.3.2　毛坯形式的选用原则

1）T形叶根、T形外包叶根的等截面直叶片，汽道长度小于等于100mm。生产批量不大时，选用方钢毛坯；生产批量大时，选用高速锻毛坯。

2）T形外包叶根的变截面动叶片，其汽道长度大于100mm，小于200mm。生产批量不大

时，选用方钢毛坯；生产批量大时，选用半精锻毛坯。

3）等截面焊接隔板静叶片，铸造隔板静叶片生产批量不大时，选用方钢毛坯；生产批量大时，选用模锻毛坯。

4）配装式隔板静叶片。菱形头式静叶片选用方钢毛坯。如果材料利用率低于 15% 时，选用精密铸造毛坯。

5）马刀形静叶片选用精密铸造毛坯。

6）直接焊在隔板内外环上的锥形、香蕉形大静叶片，选用精密铸造毛坯。

7）汽道长度在 200 ~ 450mm 之间的动叶片选用模锻毛坯。

8）汽道长度超过 450mm 以上的动叶片选用精锻毛坯。

9）叶型简单、弦宽小于 80mm 的静叶片，生产批量特别大时，选用轧制毛坯。

10）空心结构的末级静叶片选用辊压成形或爆炸成形。

5.4 叶片汽道型面的加工工艺

5.4.1 叶片汽道型面的加工方法

叶片加工质量的高低直接影响着汽轮机的工作性能，叶片汽道型面（简称叶片型面）是光滑连续的空间曲面，其加工是叶片加工的一个难点。叶片型面的加工量约占叶片加工量的 1/2。叶片型面加工时需要许多复杂的工、夹、量具和专用机床，因此，叶片的工艺水平往往可用叶片型面加工的水平来衡量。

叶片型面分截面型线不变的直叶片型面和截面沿叶片高度变化的扭曲型面。按传统工艺，直叶片型面的加工一般需要 7 道工序；扭曲型面的加工更为复杂，一般需要 12 道工序。例如，直叶片型面加工包括粗、精铣内弧型线，粗、精铣汽道背弧，粗、精铣装配背弧等工序。在加工过程中，需要配备大量夹具、成形铣刀、内背弧型线样板等工装，技术准备工作周期长，加工效率低。

现在，使用五联动数控型面铣床加工叶片型面，主要加工自带围带动叶片的扭曲型面，是目前世界上最先进的透平叶片加工设备之一。数控型面铣床运用“STURZ”（德语：外倾角）方法进行切削，其基本原理为：用标准的面铣刀在叶片型面上的任何一个空间坐标点法向偏置一个外倾角进行切削，用样条曲线连接整个型面上的空间坐标点，从而完成型面加工。

“STURZ”铣削较传统的铣削具有如下三个优点：

1）型面表面波纹高度较传统圆盘铣刀要低，叶片型面精度高。

2）允许使用标准的硬质合金刀具，以增加切削速度和进给量。

3）由于作用在叶片表面的径向切割力大大减小，降低了叶片振动和变形，因此可增大背吃刀量和进给量。

在数控型面铣床上，经一次装夹，使用标准刀具便可去除内背弧和进出汽边的余量，精铣内背弧型面和叶顶、叶根连接处，一道工序可取代传统工艺的 12 道工序，效率提高 10 倍以上。同时可省去大量夹具、成形铣刀和内背弧型线样板，缩短了技术准备周期。

扭曲型面检测的传统方法是使用近 10 块不同截面的样板。现在使用三坐标测量仪（CMM）检测扭曲型面，该测量仪空间精度为 1.2μm + L/400，检测精度为 1.2μm。通过编制相应的测量程序，可检测内背弧型线，并由计算机自动打印出检测结果。

1. 叶片型面的加工方法

1）成形铣削。

2）仿形加工。分机械仿形和液压仿形。

3）数控加工。

4）电火花加工。

另外在叶片加工中应用的特种加工技术主要有：

1）电解加工。

2）电火花成形加工。

3）高频感应焊接。

4）激光强化。

5）电火花强化。

6）喷砂。

7）液力喷丸。

8）磨粒流。

9）微球抛光。

10）激光刻字。

2. 叶片型面加工的技术要求

1）保证叶片型面本身的型线精度及各截面相对位置的精度。

2）保证叶片型面与叶根相对位置的精度。

由于叶片型面是由复杂曲线组成的空间曲面，要保证它的加工精度就不得不采用专门的加工方法。

5.4.2 叶片常用的汽道成形规律

由于叶片型面是由复杂的曲面构成，为了加工方便，尤其是为了使用成形铣刀，型线设计时要给一定的加工规律。

1. 汽道的结构线和坐标系

等截面叶片的坐标系如图 5-10 所示，作如下规定：

（1）叶片的对称中心线　叶片两径向面的中分面与叶型宽度中分面的交线。

（2）汽道的结构中心线　汽道各截面型线相应半径的圆弧中心的对应连线（一般选取形成内弧最低点或背弧最高点的圆弧中心连线）。

（3）坐标系

1）选取叶片的对称中心线为 z 轴，方向由叶根指向叶顶。

2）在叶片两径向面的中分面上，选取垂直于 z 轴的 x 轴，方向由叶根进汽侧指向出汽边。

3）选取垂直于 z 轴，又垂直于 x 轴的轴线为 y 轴，方向由背弧指向内弧。

2. 汽道的主要成形规律

1）等截面直叶片。

2）斜铣叶片。

3）扭曲成形。

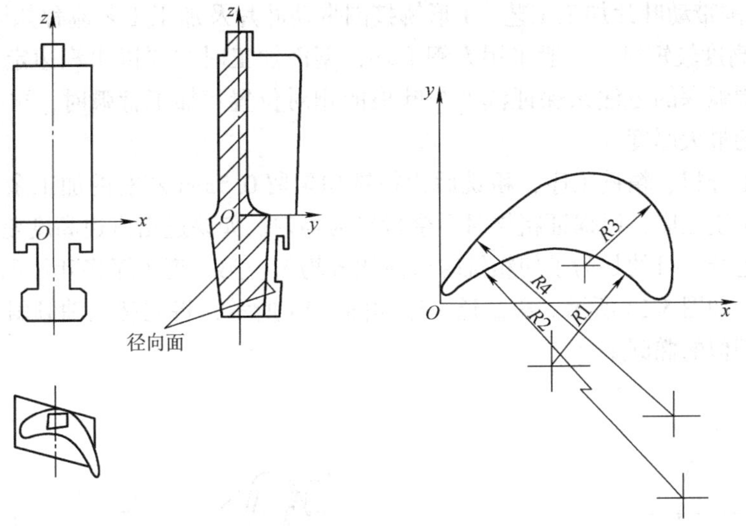

图 5-10　等截面叶片的坐标系

4）斜铣加靠模。

5）斜铣加扭曲。

6）斜铣扭曲加靠模。

7）锥形叶片。

8）直叶片斜置。

由于数控型面铣床的出现，自由成形叶片应用的越来越多，主要有：

1）无规律自由成形叶片。

2）弯扭叶片。

3）马刀形叶片。

4）手风琴压缩式叶片。

5.4.3　等截面直叶片加工

这类叶片型面的结构中心线与叶片的对称中心线相互平行。

1. 动叶片的型面加工

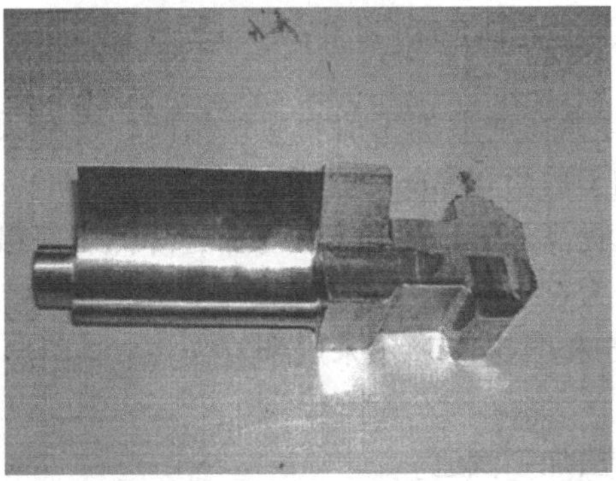

图 5-11　T 形铆接围带动叶片

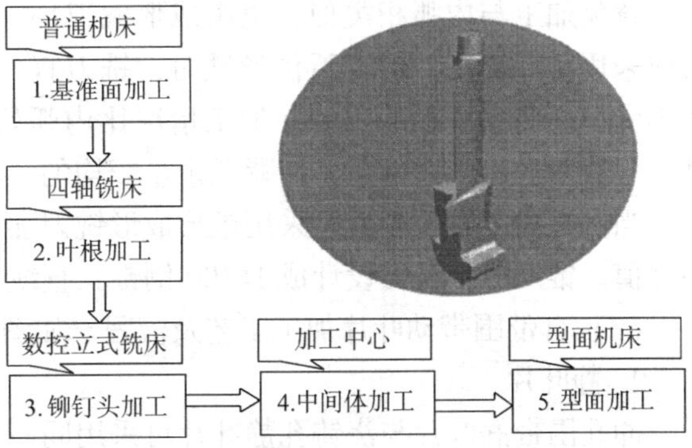

图 5-12　铆接围带动叶加工工艺流程

（1）铆接围带动叶片加工工艺　T形铆接围带动叶片及加工工艺流程如图5-11和图5-12所示，汽道高度较短时，一般采用方钢毛坯，型面加工时主要以出汽边定位。通常先加工内弧，用控制弧深的方法来保证汽道与叶根的相对位置；加工背弧时，再以内弧型线定位，保证型面的最大厚度。

内背弧加工分粗、精铣工序，粗铣后为精铣均匀留0.5mm左右的加工余量。如果用方钢，还需增加预铣工序，以保证粗铣时，余量较为均匀。如果进出汽边高度差较大，内弧预铣分两道工序进行，目的是为了使粗铣时余量比较均匀。第一道工序将叶片毛坯倾斜，铣平进出汽边高度，如图5-13所示。第二道工序如图5-14所示，将立铣主轴倾斜成φ角，即可加工出和内弧相似的椭圆来。

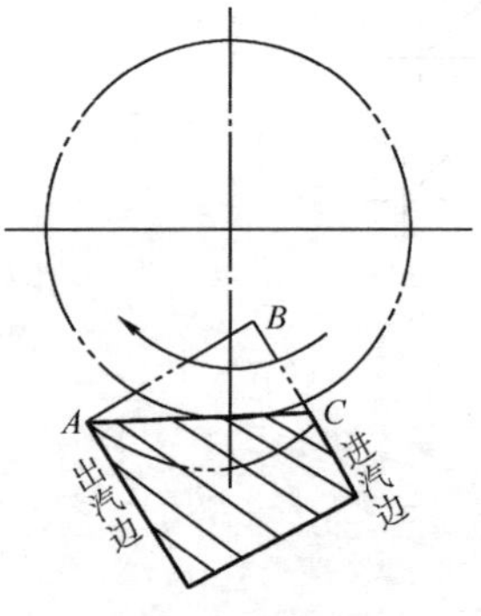

图5-13　预铣内弧第一道工序示意图

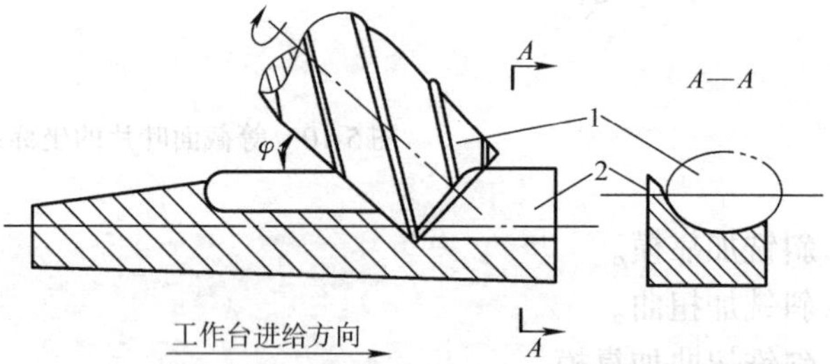

图5-14　预铣内弧第二道工序示意图

1—刀具　2—工件

当内弧是由圆弧R组成的型线，采用卧刀法。此时铣刀半径等于内弧半径，其切削长度大于叶片汽道长度，铣刀圆角r即为内弧圆角处半径，加工可用铣床加圆柱铣刀来完成，如图5-15所示。

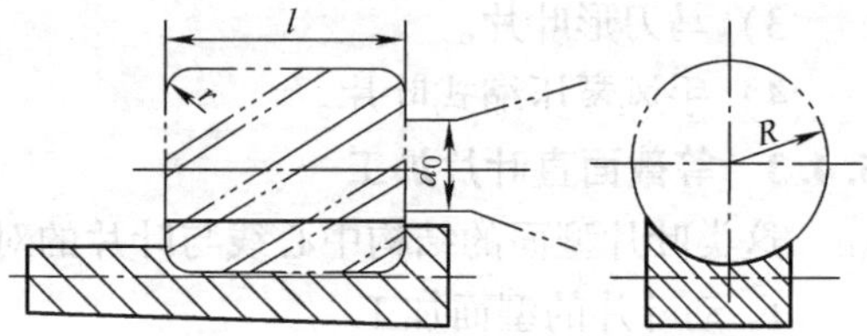

图5-15　卧刀法示意图

当内弧型线由几个圆弧组成时，采用仿形加工，铣刀半径小于型面最小曲率半径。

背弧加工与内弧相类似，也由成形铣刀加工或采用仿形加工。但背弧仿形铣时，铣刀直径不受型面曲率半径的限制，加工情况比内弧好。背弧在成形加工前和内弧相同，也有预铣，一般对进出汽边倒角，使背弧余量较均匀，粗加工后留0.5mm的精加工余量。

当汽道高度较长时，可采用锥形成形铣刀加工以提高加工精度和刀具寿命，降低表面粗糙度值。锥形成形铣刀设计成1:100倒锥，直线部分为6~8mm。

（2）自带围带动叶片加工工艺及流程　如图5-16和图5-17所示采用卧刀法。

2. 静叶片

冲孔围带静叶片与浇铸孔静叶片可采用同一种方法加工汽道。

1）毛坯形式。生产批量大时用模锻毛坯，生产批量小时用扁钢。多件合并下料可提高生产效率，降低成本。

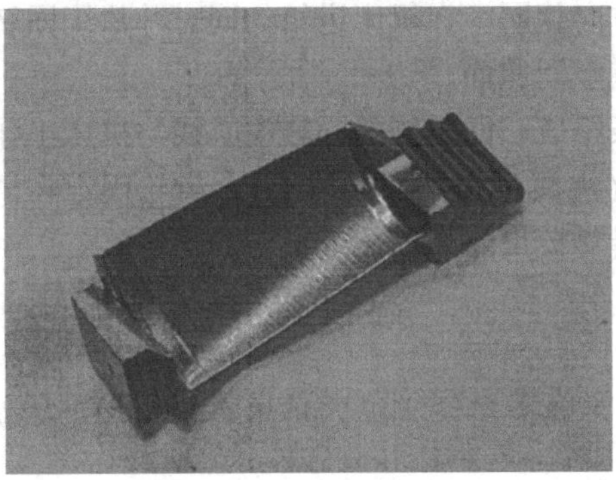

图 5-16 自带围带动叶片

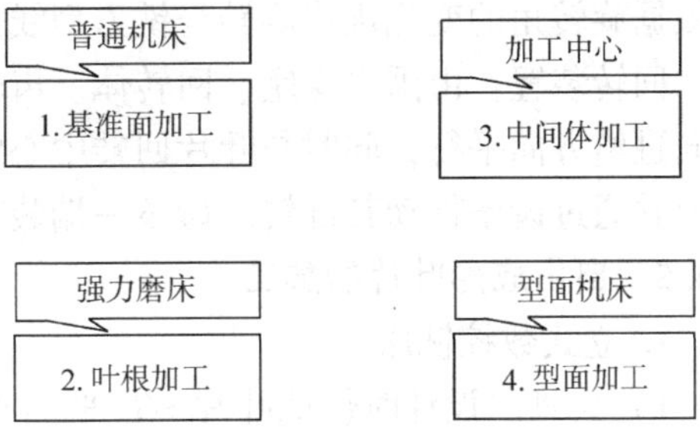

图 5-17 工艺流程

2）用成形铣刀加工内弧和背弧。采用卧式铣床，叶片内弦线应为水平（与机床工作台平行），使得切削加工及铣刀设计最佳。

5.4.4 有成形规律的叶片汽道加工

1. 斜铣叶片加工

斜铣型线是由相同半径的圆弧组成，圆弧中心连线对坐标轴线的投影又相同，汽道结构中心线和对称中心线在 xOz、yOz 两平面的夹角等于常数，即 K_{xOz} = 常数，K_{yOz} = 常数，所以能用成形刀具——成形铣刀，沿着汽道结构中心线的方向运动，加工出各截面所需要的型线来，铣刀型线应包含叶根和叶顶两截面的型线，斜铣方法可用于内背弧加工（一般内弧型面以斜铣为主）。斜铣型线精度高，生产率也高。

加工方法：采用卧式铣床、专用夹具及成形铣刀。叶片斜铣结构线与机床工作台纵向进给方向一致，成形铣刀从叶顶向叶根方向走刀。

2. 斜铣加靠模叶片加工

这种型线基本近似斜铣型线，但叶片结构中心线在 xOz 平面内的斜率为定值或变值，在 yOz 平面内的斜率是变化的，为一折线或曲线。其加工与加工斜铣叶片一样，将叶片毛坯根据斜铣规律放斜两个角度，y 轴方向向采用的是第一段斜率所决定的角度，再在 y 轴方向加一块靠模板，以控制叶片在 y 轴方向的运动符合图样所要求的 y 轴方向向斜率变化。

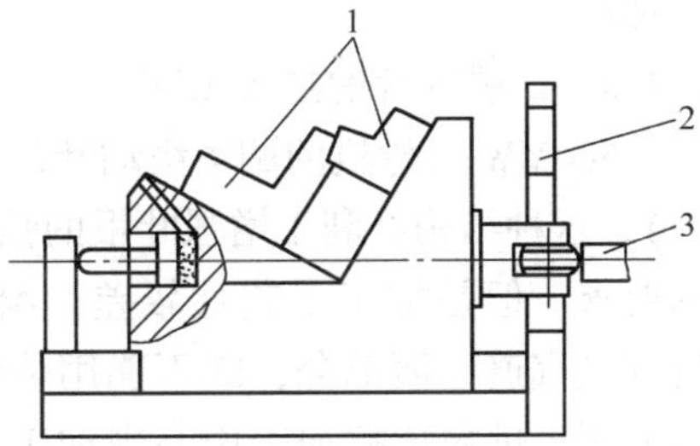

图 5-18 两向靠模夹具简图
1—斜垫块 2—y 轴方向靠模
3—x 轴方向靠模

加工方法：采用卧式液压仿形铣床、专用夹具（图 5-18）、靠模板及成形铣刀。叶片的斜铣结构线与机床工作台纵向进给方向一致，在机床进给过程中，垂直方向液压仿形铣刀按特定的靠模板作上、下仿形运动来满足斜率变化。

3. 扭曲叶片

这种叶片各截面型线均相同（这是能否采用成形铣刀加工的首要条件）。型线既按斜铣规律变化，又围绕着某一轴线旋转，而且在 x 轴方向还有位移。

加工方法：采用卧式铣床、专用夹具、回转装置、靠模尺及成形铣刀。通过专用夹具、回转装置使叶片回转轴线与机床工作台纵向进给方向相同。在机床进给的同时叶片绕回转轴线根据旋转角的变化规律旋转与铣刀型线共同形成空间曲面。

回转装置：由固定支座、回转体、齿轮及齿条组成。回转体的回转中心线与机床工作台纵向进给方向平行，同时与叶片回转中心线重合（夹具固定在回转体上）。齿轮固定在回转体上并通过齿条带动其旋转。齿条一端装有滚轮沿靠模尺作靠模运动。

5.4.5 自由成形叶片的加工

1. 立式数控铣床

1）夹具。设计时保证叶片 xOz 平面水平，且 z 轴指向铣床纵向进给方向。加上内弧 y 轴指向工作台面，背弧 y 轴指向工作台上方。

2）刀具。球头铣刀（优选镶硬质合金刀片的刀具）。

3）加工方法。横向扫描和纵向扫描。

4）抛光量。0.03～0.04mm（波谷处）。

2. 卧式数控铣床

1）夹具。使叶片 xOz 平面与机床工作台平行，且 z 轴指向工作台纵向进给方向。x 轴指向工作台面。

2）铣刀。$\phi20\sim\phi30$mm 的普通圆柱立铣刀。

3）加工方法。拉铣与横向扫描相结合。

3. 五联动加工中心

五联动加工中心是目前最为先进的叶片型面加工专用设备。由于全部采用硬质合金刀具，高速切削（7000～10000r/min），而且机床设计性能允许大余量切削（即粗加工去余量），所以工效可成倍提高。

切削方式：五联动可使刀具始终处于最佳切削状态，且切削力最小。由于是刀尖切削，又由于工件进给方向保证主切削力始终沿型面方向，即叶片刚性较好的方向，所以工件弹性变形小。

5.4.6 三联叶片的加工工艺

600MW 汽轮机的调节级动叶片采用三个叶片共用一个叶根和叶顶，即三联叶片（图 5-19），这种结构有利于增强叶根的强度，以适应高温高压的要求。但是加工工艺性较差，给制造带来很大困难。特别是汽道型面部分，既不能用传统的机床来加工，也不能用先进的数控加工中心来加工。国外采用主轴头可倾斜的四头电脉冲机床进行放电加工。我国利用新型的三轴数控电火花机床，实现三轴联动直线、圆弧插补功能，成功地解决了三联叶片的汽道型面的加工任务，不但使工艺加工水平有了进一步提高，同时也节约了大量外汇。

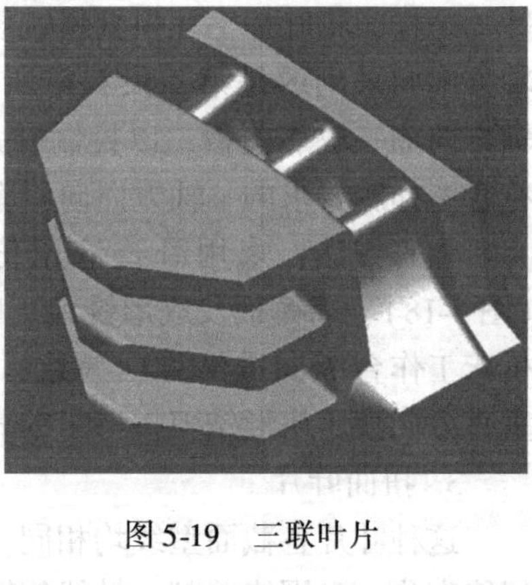

图 5-19 三联叶片

三联叶片（TRI－PINS）工艺简介：

1）基准面加工。加工六面体作为基准面

2）叶根加工。由数控铣床加工出叉形叶根。

3）中间体加工。由卧式数控加工中心加工斜面及各个倒角。

4）汽道加工。由数控电火花机床加工汽道，用铜制电极成形汽道型线，然后修抛表面变质层。

5.4.7　整体喷嘴加工工艺

整体喷嘴（图 5-20）加工工艺的原理：运用工具电极与工件之间瞬时火花放电所产生的高温去除金属材料，形成与工具电极型状相似的型面，然后修抛电火花形成的表面变质层形成喷嘴汽道。

图 5-20　整体喷嘴

5.4.8　叶片汽道型面加工的实例

据统计，叶片的制造工时约占汽轮机整机的 1/3，其工装量约占整机的 1/2 左右。末级动叶片所发功率约占整机的 10% ~15% 。改造一台老汽轮机的末级叶片往往可提高整机效率的 1% ~1.5% 。次末级和末级两级动叶片的产值约占整机的 3% ~6% 。所以，大叶片占有汽轮机心脏的核心地位。

以某 300MW 汽轮机末级动叶片加工工艺为例说明叶片的加工过程。

1. 300MW 汽轮机末级动叶片

叶片总长 1094.8mm，汽道型面长 909mm，型线是由坐标点组成的扭曲叶片，叶根是七叉叶根，其特点是：

1）材料难加工。

2）叶片结构复杂。

3）精度要求高。

由于该叶片为装配式成组结构，叶根、拉筋、凸台、叶顶相互间位置精度要求非常高。300MW 汽轮机末级动叶片如图 5-21 所示。为保证加工出优质叶片，设计了专用工装并进行了大量的工艺试验，如：特种合金钢材料切削性能加工工艺试验，校形工艺试验，喷丸强化工艺试验，基准面、型面、凸台、叶顶加工工艺试验等。

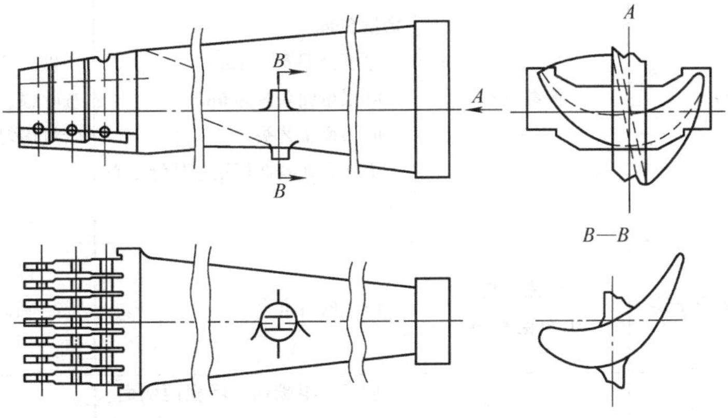

图 5-21　300MW 汽轮机末级动叶片

叶片采用国外特种合金钢材料，其硬度高、强度高、韧性大。加之该材料中含有大量的合金元素 Ni、Cr 等，容易粘刀，所以加工难度很大。通过特种合金钢材料切削性能加工的试验，选定出合适加工该叶片的刀具材料、合理的刀具几何参数、切削用量、切削液的类型及冷却方式。

2. 300MW 汽轮机末级动叶片毛坯方案

根据叶片的结构，采用模锻毛坯。因为叶片型面是在五坐标数控铣床上加工，采用数控五坐标机床加工叶片型面具有高柔性、高效率、高质量的综合特点。它不仅能够保证叶片型线精度，而且叶片的频率和质量分散度小，特别是对于汽轮机末级、次末级的长动叶片，频率和质量分散度是影响汽轮机安全运行的重要因素之一，因此采用模锻毛坯。

3. 机械加工的主要内容及方法

(1) 基准面加工工艺方案　对于这种由坐标点组成的扭曲长动叶片的工艺流程可分七个方面：

1）铣叶片基准面。

2）铣叶根型线。

3）铣叶片型面。

4）热加工及校形。

5）精铣装配面及钻叶根三销孔。

6）喷丸强化。

7）完工检查。

基准面的加工，是动叶片加工的关键工序之一，其加工质量直接影响后续工序的质量及整体质量。为了保证基准面加工质量，采用先进的四坐标卧式数控机床和浇注低熔点合金块定位工艺。此工艺只需一次装夹即可加工出叶根、叶顶所有的基准面，工序集中，加工流程短，专用工装少，加工质量稳定，精度高。以低熔点合金块定位加工基准面。动叶片加工的典型生产工艺见表5-1。

表 5-1　动叶片加工的典型生产工艺

工序号	工序名称	使用机床	加工内容	定位及刀具
1	备料	模锻设备	毛坯为模锻件，叶片型面单面余量5mm 厚度公差 $\delta\pm1$mm 叶根单面余量为6mm 叶顶留工艺头 毛坯需在制造厂钻三顶针中心孔	以三顶针孔定位用样板检查叶根、叶片型面，以保证余量均匀一致
2	浇注低溶点合金块	浇注工装 1.5t 悬臂吊	浇注低熔点合金	1. 以三顶针孔定位 2. 轴向用叶片背弧圆角定位
3	铣叶根及叶顶基准面	THK46100 卧式加工中心	加工叶根端面、叶根两侧面、内背径向面、叶顶基面及中心孔 特点： 1. 可一次装夹加工叶根、叶顶的所有基准面 2. 机床性能好，加工精度高	以低熔点合金块定位，叶片出汽边向下

（续）

工序号	工序名称	使用机床	加工内容	定位及刀具
4	拆卸合金定位块	电炉	脱掉方箱，回收低熔点合金	吊筐、支架
5	粗精铣叶根型线	专用叉形叶根铣床	粗精铣叶根型线	以内径向面、叶根端面、出汽侧、叶顶中心孔定位叶根铣刀
6	粗精铣汽道型面	HT－1800 或 HX－251	1. 汽道型面 2. 拉筋凸台 3. 内背弧圆角	以内径向面、叶根两肩、出汽侧、叶顶中心孔定位
7	校　形	校形工装 校形设备	校弯、校扭	综合量具
8	高频感应加热淬火	感应加热设备	进气边淬火硬化	
9	粗精铣叶顶型线	X63 卧式铣床 专用成形铣床	粗铣、半精铣、精铣	叶根背径向面、叶根两肩、叶根出汽侧定位 刀具为成形铣刀
10	钻叶根销孔	专用三销孔钻床	叶根三销孔加工	叶根内径向面、叶根两肩、叶根出汽侧定位

（2）叶片型面加工　叶片叶身的结构特点是弯扭变化大，在叶根处型线的曲率较大，在叶顶处型线比较平坦，叶根与叶顶的型线角度几乎达到 90°。叶身的中间位置在内背弧型面上各有一个凸台，凸台与叶身的过渡圆弧为 12.7mm。叶根圆弧为半径 12.7mm 和半径 127mm 圆弧的混合曲面。叶片的型面是采用五坐标数控机床加工，软件采用通用的 CAD/CAM 软件“Pre/E”。

（3）叶片几何尺寸、形位公差的测量方法　叶片汽道型线的测量，使用样板、框架及标准工具如数显高度尺，量具简单，专用工装少。对型线位置控制合理。为保证叶片型面检验准确，同时也为了验证程序的正确性，首件叶片必须经过三坐标检验型线，中间过程也要进行抽检。

（4）叶片校形工艺

1）叶片变形情况。叶片经过加工汽道型面、高频感应加热淬火后，在叶顶处有不同程度变形（弯、扭）。通过对该叶片在加工汽道型面、高频感应加热淬火后叶顶处变形检测结果表明，叶片机械加工、高频感应加热淬火后变形普遍较大，都已超过设计允许值（0.6～0.8mm），因此，叶片必须采取校形手段来达到设计要求。

2）叶片变形原因

①　300MW 汽轮机末级动叶片汽道长、刚性较差，加工时由于材料内应力及加工应力的影响易发生弯、扭变形。

②　根据设计要求叶片在叶顶进汽边处需进行高频感应加热淬火，高频感应加热淬火后使叶片进、出汽边受力不均产生弯扭变形。因此，经过高频感应加热淬火后变形的叶片必须进行校形。

（5）叶片校形方法

1）冷校形方法。叶片型面加工完后，叶片放在综合量具上验测 *A*、*B* 值，如图 5-22 所示。

当 $|A-B|\leqslant 1$ 且 $|B-B_1|>1$ 时应校弯，反之则校扭。

当 $|A-B|>1$ 应校扭。

2）高频感应加热淬火后校形。叶片高频感应加热淬火后，叶片放在综合量具上验测 A、B 值，若所测 A、B 值在规定范围内（$B-A\leqslant 1$ 或 $A-B\leqslant 1$）则不校形，反之则校形。

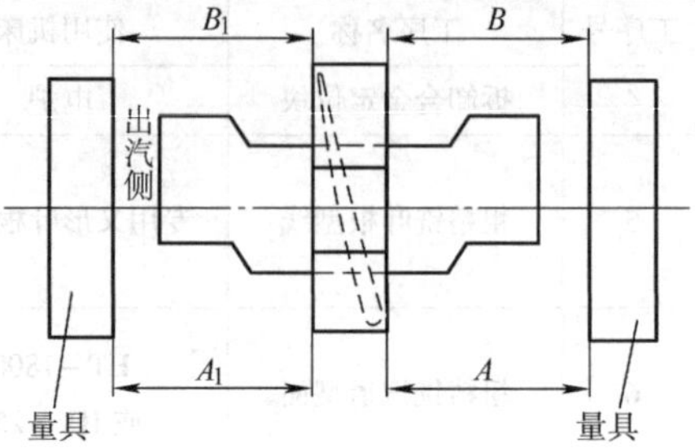

图 5-22　叶片校形

校形后必须去应力并着色探伤检查拉筋凸台以上部分，特别是检查高频感应加热淬火区，检查叶片表面是否产生微裂纹。校形及热处理后，测量高频感应加热淬火区硬度及表面压应力是否在允许范围内。

（6）叶片凸台、叶顶装配面加工

1）叶片凸台、叶顶装配面的装配要求。叶片叶根、凸台、叶顶三装配面为松装结构。

2）叶片凸台、叶顶的加工及测量方法。加工叶片拉筋凸台、叶顶端面型线采用卧式铣床、专用成形铣刀进行粗铣、半精铣、精铣。为了保证加工精度，每片叶片均需在综合量具上按工艺要求用样板检查拉筋凸台端面型线、叶顶型线漏光值。叶顶内背弧型线轴向位置、周向位置由综合量具与叶顶样板保证。

（7）叶根三销孔加工方法　由于 300MW 汽轮机末级动叶片叶根与叶轮装配设计间隙要求严格，为了保证叶根销孔与叶轮销孔的装配精度，叶根销孔采用群钻，在专用三销孔钻床上一次钻削，钻孔前叶根内背径向装配面已精加工。采用该方法加工的叶根销孔能满足三销孔精度，保证叶片销孔与叶轮销孔不错位。

（8）叶片喷丸工艺　叶片加工完成后需进行喷丸强化，达到设计图样喷九强化要求。

5.5　叶根的机械加工工艺

5.5.1　叶根的结构形式

叶根是叶片的主要装配部位，它的加工精度决定着装配质量，并直接影响着汽轮机的安全运行和效率。因此，对叶根的尺寸精度、表面粗糙度等的要求都很高。

叶根形式的选取，主要取决于强度、加工条件和转子的形式。常用的叶根有 T 形、菌形、叉形、枞树形等几种形式。

1. T 形叶根。

普通 T 形叶根，如图 5-23a 所示。此种叶根结构简单，加工装配方便，工作可靠。但由于叶根承载面积小，叶轮轮缘弯应力较大，使轮缘有张开的趋势，故常用于受力不大的短叶片，如调节级和高压级叶片。

外包 T 形叶根（也称带凸肩的单 T 形叶根），如图 5-23b 所示。其凸肩能阻止轮缘张开，减小轮缘两侧截面上的应力。

外包双 T 形叶根，如图 5-23c 所示。由于增大了叶根的承力面，故可用于叶片较长、离心力较大的情况。一般高度为 100 ~ 400mm 左右的中等长度叶片采用此种形式。

上述 T 形叶根属于周向装配式，这类叶根的装配轮缘槽上开有一个或两个缺口（或称窗口、切口)，其长度比叶片节距稍大，宽度比叶根宽 0.02 ~ 0.05mm，以便将叶片从该缺口依次装入轮缘槽中。装在缺口处的叶片称做封口叶片（又称末叶片)，用两根铆钉将其固定在轮缘上。有些再用叶根底部的矩形状垫隙片或半圆形塞片固定，如图 5-24 所示。周向装配式的缺点是：叶片拆换必须通过缺口进行，当个别叶片损坏时，不能单独拆换，要将部分或全部叶片拆下重装，增加了拆装工作量。

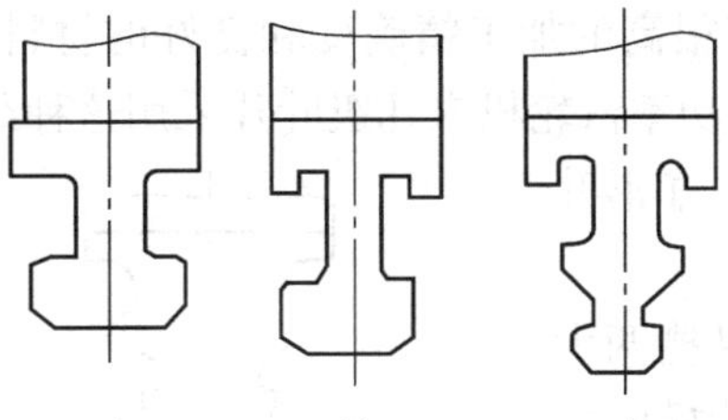

图 5-23　T 形叶根

a）普通 T 形叶根　b）外包 T 形叶根

c）外包双 T 形叶根

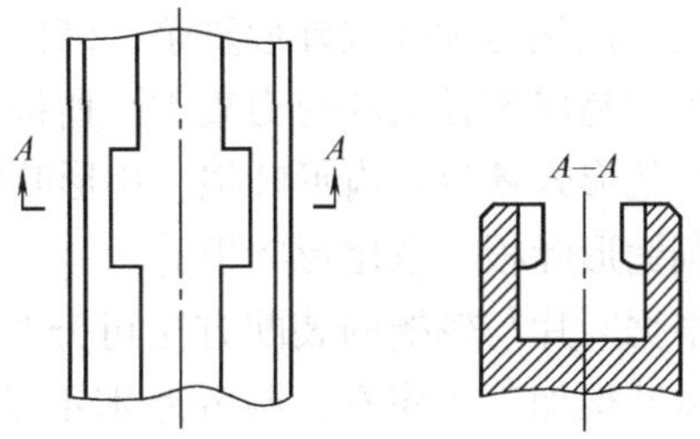

图 5-24　普通 T 形叶根的封口结构

2. 菌形叶根

如图 5-25 所示，菌形叶根和轮缘的载荷分配比 T 形叶根合理，故强度较高，但其加工复杂，故应用较少。

菌形叶根也属于周向装配方式，拆装过程与 T 形叶根相似。

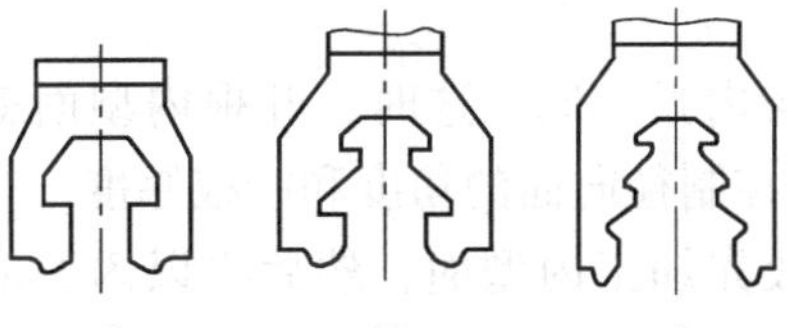

图 5-25　菌形叶根

a）单菌形叶根　b）双菌形叶根

c）三菌形叶根

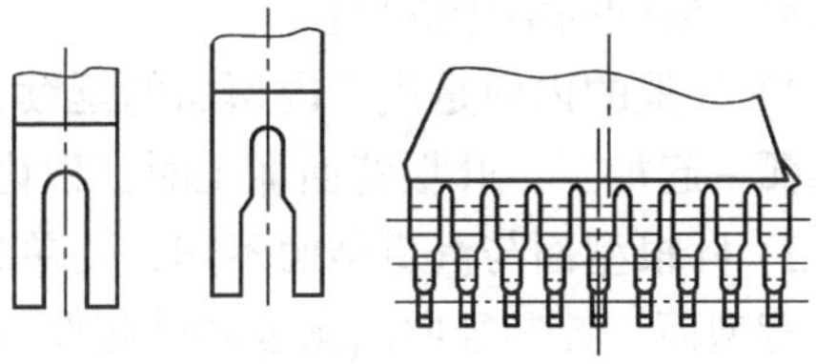

图 5-26　叉形叶根

a）普通叉形叶根　b）等强度叉形叶根

c）等强度多叉（九叉）形叶根

3. 叉形叶根

图 5-26 所示为叉形叶根结构，这种叶根的叉尾由径向直接插入轮缘槽内，并用两排或三排销钉固定。其特点为：

1）叶片离心力通过销钉传给轮缘，轮缘上没有像 T 形叶根那种偏心弯矩，因而较小尺寸就可承受较大离心力。

2）叶根叉形数目取决于所承载离心力的大小，叶片离心力大，叉数就多，适用性就好。

3）由于是径向插入装配，叶片损坏后只需拆除损坏叶片即可进行更换，检修方便。

4）轮槽加工方便，又无离心力引起的弯矩，所以应用较广泛，尤其在中、低压各级。

5）这种叶片插入轮槽后与轮缘一起钻、铰销钉孔及打入销钉，因此装配工作量较大，同时要求叶轮之间有较大的装配位置。

4. 枞树形叶根

图 5-27 所示为枞树形叶根结构，这种叶根和轮缘的轴向断口设计成尖劈形，以适应叶根的载荷分布，使叶根和对应的轮缘承载面都接近于等强度。因此，在同样的尺寸下，枞树形叶根承载能力高，叶根两侧齿数可根据叶片离心力的大小选择，强度高，适应性好。叶根沿轴向装入轮缘相应的轮槽中，底部打入楔形垫片，将叶片向外胀紧在轮缘上。同时，相邻叶根的接缝处有一圆槽，用两根斜劈的半圆销对插入圆槽内，将整圈叶根周向胀紧，所以装拆方便。但是这种叶根外形复杂，装配面多，要求有很高的加工精确度和良好的材料性能，而且齿端易出现较大的应力集中。所以，一般只有大功率汽轮机末几级叶片采用这种结构。

其他形式还有：齿形叶根、R 形叶根、P 形叶根、J 形叶根、圆销形叶根、燕尾形叶根等。

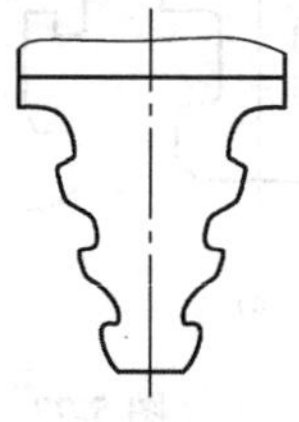

图 5-27　枞树形叶根

根据叶片与轮槽的装配方法可分为配横槽与配纵槽两大类。从叶根加工工序看，两者差别不是很大。但从轮槽的加工和安装叶片的工艺来看，轮槽的方向有很大影响。装叶片工艺又转而影响到加工。例如，装横槽的叶片不需要加厚叶片（加厚叶根的目的是为了放修配余量）。配横槽时，叶片与轮槽相配合的都是平面；配纵槽时，情况就不同，轮槽是圆形的，因此每只叶片的配合面最好也是圆弧面。这就对叶根加工提出了相应的要求。

根据叶根内、背面的形状可分为平面和曲面两类，叶根内、背面是曲面的又有三种情况：

1）叶根内、背面与汽道内、背弧型线相同，因而可与汽道一起加工出来。可以用轧制的毛坯，装配时需用隔离件。

2）叶根的内面是汽道内型面的延续，背面型线与内弧相同。这时，叶根内型面就和汽道内弧一起加工，叶根背面加工时，以内型面定位，控制径向面的角度和叶根厚度。

3）叶根型面与汽道型面不同，要单独加工。一般先加工内型面，然后再以内型面定位加工背型面，控制径向面角度和叶根厚度。

常用的叶根加工方法主要有：

1）成形铣削法。适用于 T 形叶根、双 T 形叶根、枞树形叶根。

2）成形磨削法。适用于枞树形叶根。

3）盘状铣刀（包括盘状组合铣刀）铣削法。适用叉形叶根。

5.5.2　叶根的加工方法

1. T 形及外包 T 形叶根的加工

对于 T 形及外包 T 形叶根，为了保证叶片两肩能与轮槽圆周面紧密贴合，要求两肩按轮槽圆弧 R 加工，并保证两肩高低误差（又称对称性误差）不大于 0.02mm。

如果用立式车床加工，可满足第一个要求，加工时叶片在夹具中以装配方式分组排成圆周。但两侧叶根型面需翻身重新定位加工，很难保证其对称性，所以目前仍用铣削，但在采用数控车床加工时，精度可达到要求。铣削叶根时，在双轴龙门铣床上用型线铣刀成排加工。加工时以磨准的方钢毛坯两侧定位，并夹紧（夹具的刚性和精度必须保证），长度方向则以另一端面定位。可见，为了保证叶根的轴向尺寸，两端面加工的精度需要相应提高。

图 5-28 所示为 200MW 汽轮机的高压动叶片外包 T 形叶根，我们以此例来说明叶根加工工艺过程。

(1) 外包 T 形叶根结构工艺性分析　图 5-28 给出了这种叶根的形状及技术要求，各尺寸的极限偏差（单位：mm）为：

T	B	A	t	b	h	h_1	h_2
$^{+0.04}_{0}$	$^{-0.25}_{-0.30}$	$^{+0.14}_{+0.08}$	$^{+0.02}_{-0.04}$	± 0.05	$^{+0.05}_{-0.10}$	$^{-0.10}_{-0.20}$	$^{+0.20}_{0}$

其中 T、B 尺寸公差紧，难以保证；A、t 尺寸是从基准面给出的尺寸，容易保证；b 尺寸为台阶尺寸，必须靠刀具保证；h、h_1 和 h_2 尺寸互相关联，因此可通过尺寸链来保证。

加工设备为双轴凹槽专用铣床，使用专用凹槽铣刀，两把刀同时加工可保证 T、t 尺寸，如图 5-29 所示。

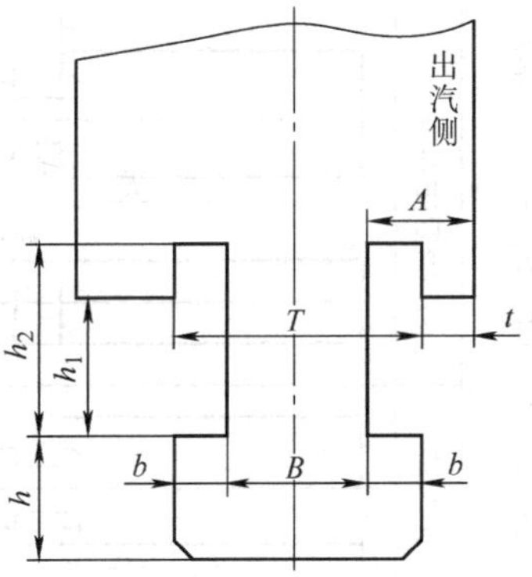

图 5-28　外包 T 形叶根

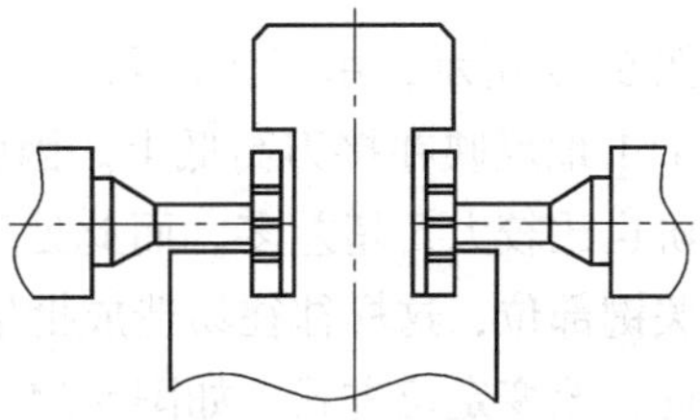

图 5-29　双轴铣外包 T 形叶根凹槽

使用双轴龙门铣床及成形铣刀进行精铣叶根可保证 A、B、b 尺寸，如图 5-30 所示。

(2) 叶根加工工艺过程

铣两端	→	粗铣叶根	→	精铣叶根	→	铣叶根圆弧	→	铣叶根凹槽
端铣刀		成形铣刀		成形铣刀		专用铣刀		凹槽铣刀

1) 精铣叶根及铣叶根圆弧尺寸的分析。如图 5-31 所示，为了保证叶根公差，必须提高基面精度，铣准两端长度至 L（其极限偏差为 ±0.03mm）。

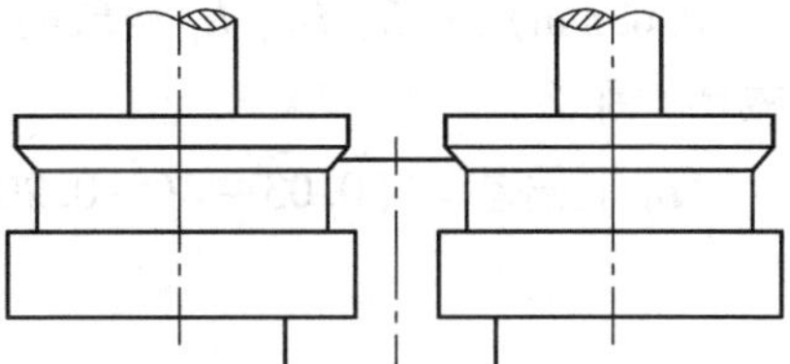

图 5-30　成形铣刀精铣叶根

粗、精铣叶根、叶根圆弧，构成尺寸链（图 5-32）。产品要求 h_1、h 的极限偏差分别为 $^{-0.10}_{-0.20}$mm、$^{+0.05}_{-0.10}$mm，铣端面时长度已达到尺寸 L。由尺寸 L_1、h、h_1 构成的尺寸链中，根据工序得知 h 为封闭环，则 L_1 为增环，h_1 为减环。那么

L_1'上偏差 = (0.05 − 0.2) mm = −0.15mm

L_1'下偏差 = (−0.10 − 0.10) mm = −0.20mm

即 L_1 的极限偏差为 $^{-0.15}_{-0.20}$mm，公差 $T_{L_1}=0.05$mm。

由 L、L_1'，L_1 构成的尺寸链中，根据工序得知，L_1 为封闭环，而 $T_{L_1}<T_L$，也就是封闭环公差小于组成环公差。在一尺寸链中，封闭环的公差为所有组成环公差之和，显然 T_{L_1}尺寸

公差不合理。这样必须加大 T_{L_1} 公差带，也就是收紧 h_1 公差：给定 h_1 的极限偏差为 $^{-0.13}_{-0.20}$mm，计算得 L_1 的极限偏差为 $^{-0.15}_{-0.23}$mm，$T_{L_1}=0.08\text{mm}>T_L$，满足要求。因此，精铣叶根尺寸 L_1 其极限偏差取 $^{-0.15}_{-0.23}$mm，铣叶根圆弧尺寸 h_1，其极限偏差取 $^{-0.13}_{-0.20}$mm 时，最为合理。这样，就通过收紧尺寸 h_1 的公差 0.03 mm，使得加工误差明显减小，提高了工序产品合格率。

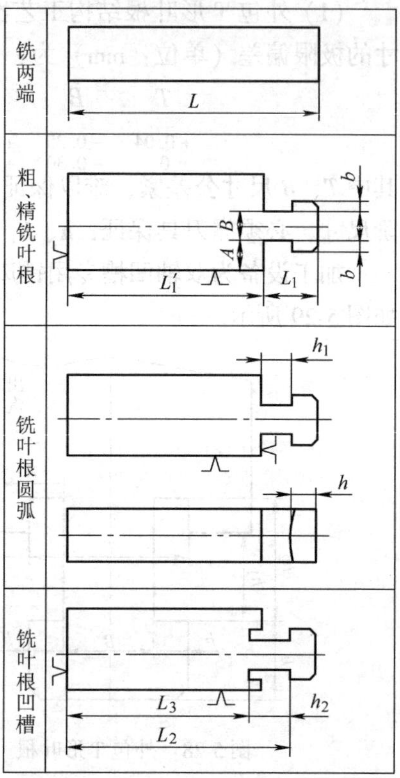

图 5-31　工序简图

2）铣叶根圆弧接刀误差。在卧式双轴圆盘铣床上加工叶根圆弧时，由于定位基准与测量基准不统一造成很大误差。

如图 5-33 所示，由于工序尺寸 H 的公差较大，并且将会 1∶1 地反映在接刀高低上。因此，A 处 R 与大面接刀台阶也比较大，超差多。而此处又恰是易产生应力集中的关键部位，这样往往易造成批量废品。

因此，改变定位方式，如图 5-34 所示。把垂直于出汽侧方向上的定位误差换成以 B 为轴且与 l 及 H 的公差有一定关系的微量变化上。在 l 较大时，其角度变化量相当小，而接刀高低误差与角度的微小变化量及 l_1、l_2 有关，当 $l=100\text{mm}$ 时，接刀高低误差小于 0.02mm。因此，这种定位方式避免了定位基准与测量基准不统一造成的误差。

3）铣凹槽尺寸分析。铣凹槽最重要的是确定尺寸 L_3 的公差。在铣凹槽工序中构成尺寸链（图 5-35）。产品要求 h 的极限偏差为 $^{+0.05}_{-0.20}$ mm，铣端面时长度已达到 L 极限偏差为（±0.03mm）。由 L、L_2、h_1 构成的尺寸链中，根据工序得知，L_2 为封闭环，L 为增环，h 为减环。那么

$$L_2\text{上偏差}=[0.03-(-0.20)]\ \text{mm}=0.23\text{mm}$$

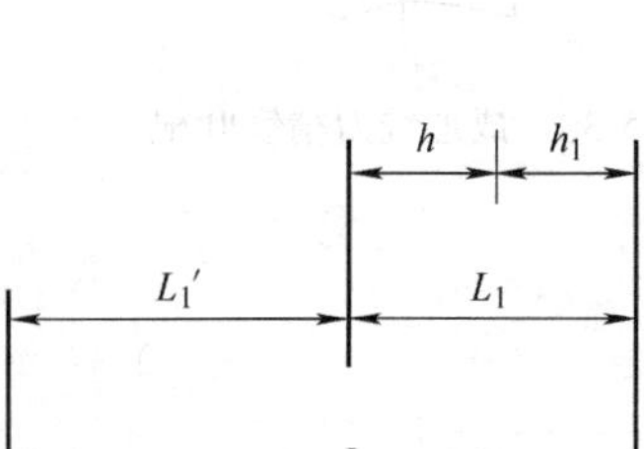

图 5-32　尺寸链

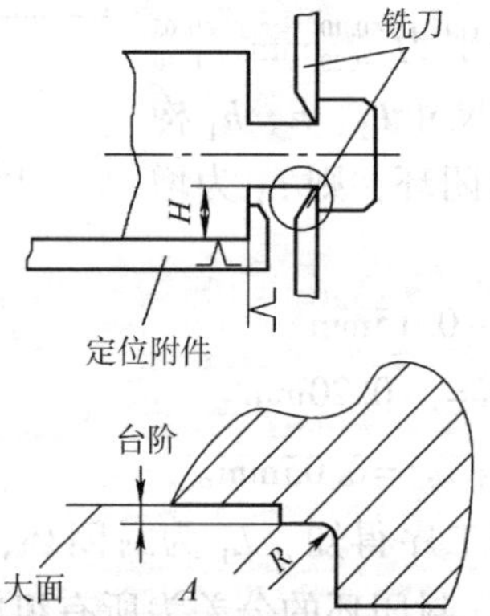

图 5-33　叶根颈部定位简图

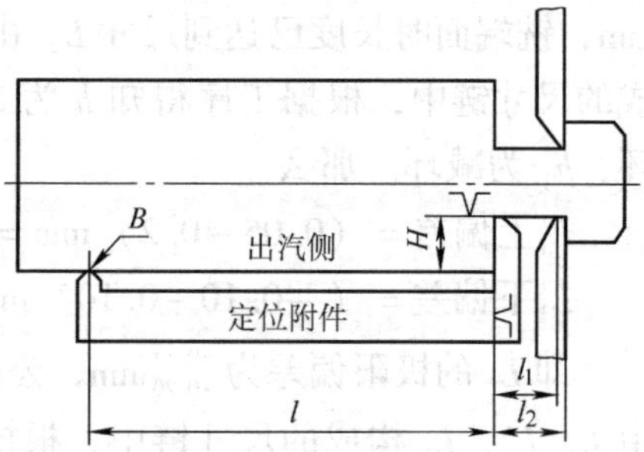

图 5-34　叶根定位方式简图

L_2 下偏差 = (−0.03 −0.05) mm = −0.08mm

即 L_2 的极限偏差为 $^{+0.23}_{-0.08}$mm，公差 T_{L_2} = 0.31mm。

在由 L_2、L_3、h_2 构成的尺寸链中，根据工序，h_2 为封闭环。产品要求 h 的极限偏差为 $^{+0.20}_{0}$mm，即有 $T_{h_2} = 0.20\text{mm} < T_{L_2}$。同上可知，这种情况不合理。因此，必须收紧 L_2 的公差带，但尺寸 L_2 是由上两工序形成的，调整起来不方便，所以，在加工凹槽工序前增加一道工序：铣叶顶端面，保证尺寸达到 L（极限偏差为 ±0.05mm）。加工时，如图 5-36 所示以小肩定位，L_2 的极限偏差为 ±0.05mm，铣叶顶端面。这时有

L_3 上偏差 = 0.05mm − 0 = 0.05mm

L_3 下偏差 = (0.05 − 0.20) mm = −0.15mm

即 L_3 的极限偏差为 $^{+0.05}_{-0.15}$mm。

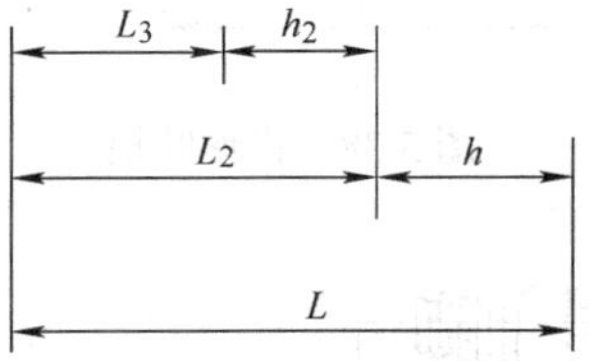

图 5-35　铣凹槽工序中构成的尺寸链

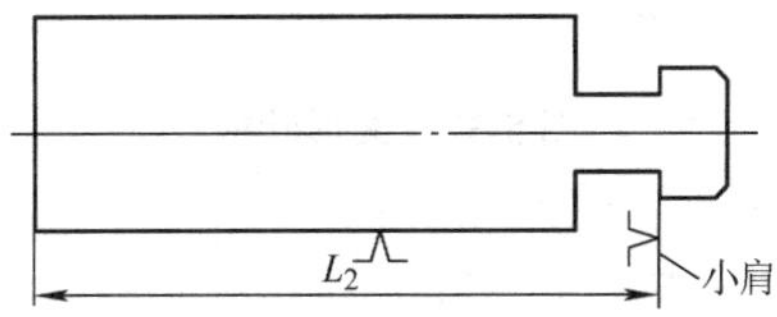

图 5-36　铣叶顶端面定位简图

这样就可以保证凹槽加工的尺寸精度，因此，叶根加工增加一道工序后，工艺过程如下：

铣两端 ⟶ 粗铣叶根 ⟶ 精铣叶根 ⟶ 铣叶根圆弧 ⟶ 铣叶顶端面 ⟶ 铣叶根凹槽

此工艺方案经生产实践验证，外包 T 形叶根各部位关键尺寸合格率均达 98% 以上。

2. 叉形叶根的加工

叉形叶根如图 5-37 所示，图中各尺寸的极限偏差（单位：mm）为

A_1	A_2	A_3	A_4	A_5	A_6	A_7	A_8	A_9	A_{10}
$^{-0.10}_{-0.20}$	$^{-0.20}_{-0.04}$	±0.10	$^{+0.03}_{0}$	$^{+0.035}_{0}$	$^{+0.035}_{0}$	$^{+0.035}_{0}$	$^{+0.04}_{0}$	$^{+0.04}_{0}$	$^{+0.06}_{0}$

叶根两侧既是加工基准面，又是与轮槽配合的装配面。因此，须先磨准后再加工内径向面，接着用钻模钻出叶根槽孔。孔径比槽宽的基本尺寸大 0.2mm。叶根槽用三面刃错齿圆盘铣刀粗加工后，再用直齿圆盘铣刀精加工。加工时机床和夹具应有足够的刚性和精度，以便保证工件所要求的尺寸精度和表面粗糙度。粗加工时，由于振动剧烈，在机床主轴上应采取减振措施。

3. 齿形叶根的加工

齿形叶根如图 5-38 所示，图中各尺寸的极限偏差（单位：mm）为

A_1	A_2	A_3	A_4	A_5	B	B_1
$^{+0.01}_{0}$	±0.015	±0.015	±0.015	$^{+0.10}_{0}$	$^{0}_{-0.05}$	$^{-0.05}_{-0.10}$

多数齿型叶根按圆弧齿形加工，铣叶根时采用的定位基准为进汽侧径向内弧和端面。为了便于铣刀制造和改善切削条件，齿顶面先加工，铣准尺寸 B，并按型线漏光用卡板检查叶根尺寸

B 和叶根与型线的相对位置，然后用齿形铣刀铣削齿形，铣好的齿形可用齿形样板检验。精确测量时还需用试片投影检查。试片厚约 10mm，装夹在铣床的工作台上，用齿形刀铣出齿形，然后将试片作投影检查，合格后，可按圆弧齿形铣出叶根。

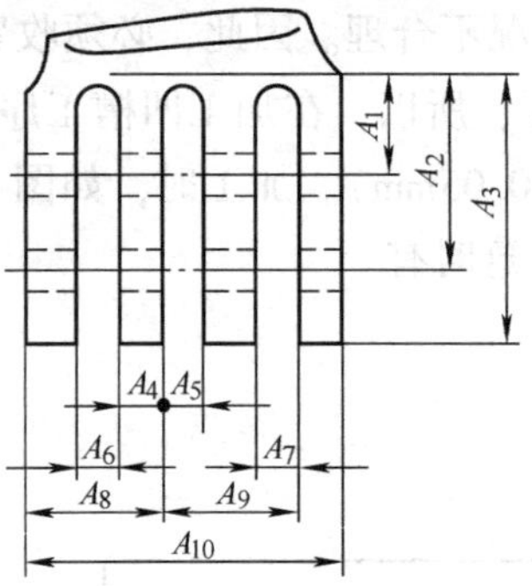

图 5-37　叉形叶根

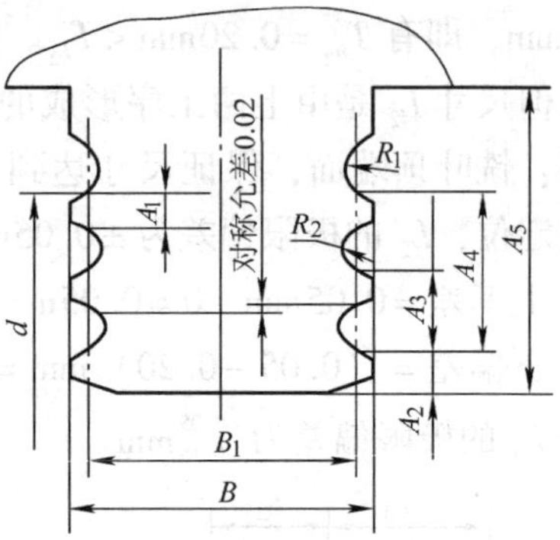

图 5-38　齿形叶根

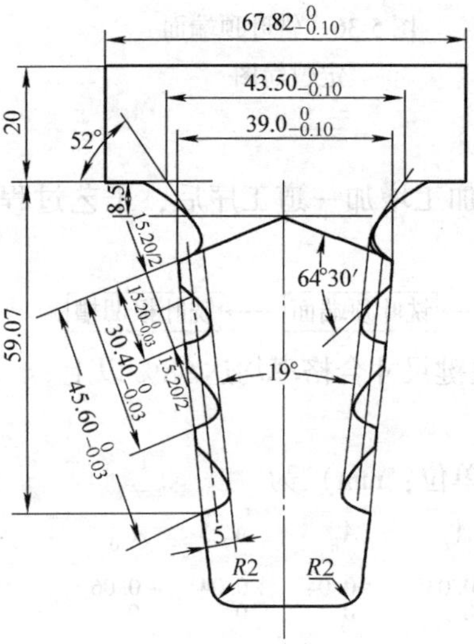

图 5-39　枞树形叶根

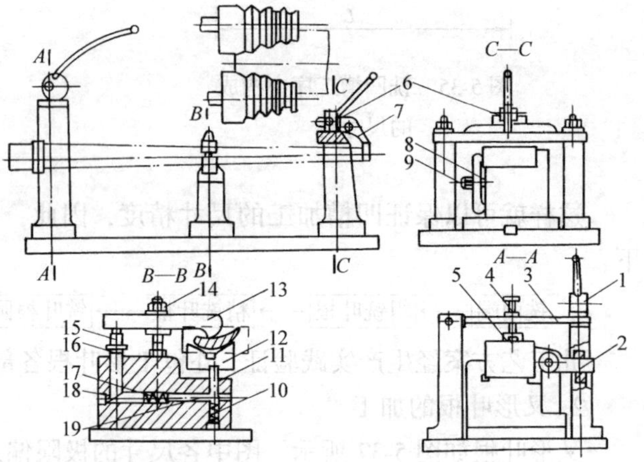

图 5-40　双轴铣床上加工叶根所用的夹具和加工示意图

1、6—偏心凸轮　2、5、7、8、13—压板　3—支撑架　4、9—螺钉　10、16、17—弹簧　11、15—滑柱　12—V 形块　14—螺母　18—销　19—小销

4. 枞树形叶根的加工

叶片的枞树形叶根结构和技术要求如图 5-39 所示。这种叶根的加工是在双轴铣床上，用上下两把成形铣刀进行的，图 5-40 是加工时所用的夹具和加工示意图。叶片以叶根及叶顶的平面、出汽侧平面及叶根端面定位。叶根用偏心凸轮 1 通过压板 2 从侧面压紧。同时通过支撑架 3、螺钉 4、压板 5 从上部将工件压紧。顶部由偏心凸轮 6、压板 7 从上面压紧工件，侧面由螺钉 9 经压板 8 将工件压紧。为了防止工件变形，在叶片中部 B-B 处增加一个辅助支承及夹紧装置。叶片装上夹具后，中部放在 V 形块 12 上，V 形块由滑柱 11 支住，滑柱下有弹簧 10，使 V 形块与叶片相接触。当拧紧螺母 14 时，压板 13 压紧叶片中部，同时，压板 13 的另一端将滑柱 15 向下压，通过滑柱 15 下面的 45°斜面，将销 18 向右移动，通过端面有锥度的小销 19 将滑

柱 11 固定，不使其上下滑动。这样就可以承受压紧力和切削力，当松开螺母 14 时，滑柱 15 由下面弹簧 16 的作用抬起，销 18 由弹簧 17 的作用向左移动，松开了小销 19 对滑柱 11 的紧固作用。在弹簧 10 的作用下，V 形块有向上抬起的趋势。这时可装卸工件。

枞树形叶根加工的传统工艺通常是先铣削斜面，而后加工型面。叶根型面可在双轴铣床上，用上、下两把成形铣刀进行加工；也可在卧式铣床上用一把成形铣刀加工，先铣齿形一面，然后翻身铣另一面，采用盒式夹具来保证翻身后的加工精度。

加工分粗精两道工序。粗加工后每面留 0.4mm 的精加工余量。为了保证得到均匀的法向余量，粗加工与精加工的成形铣刀不能通用。

5. 菌形叶根的加工

菌形叶根（外包式叶根）的结构如图 5-25 所示。它的主要优点是轮缘宽度等于叶片叶根宽度。较长的叶片，由于受力大可做成双齿式或三齿式。

菌形叶根可用铣削加工，也可以用拉削加工。铣削加工一般是先铣槽子，然后精加工端部型线及槽子，再粗铣内凹部分。最后将端部凸台精加工到图样尺寸。

拉削的加工顺序与铣削类似，因拉刀精度较高，直接分几次拉出即可。拉削精度高，生产率高，但成本也较高，适用于批量较大的生产。

5.6　叶片叶型测量

叶片由于其叶型的复杂造型，描述的参数众多，从叶顶到叶根每个截面的型线都不相同，而且差别较大。叶型的测量相对于那些用一二个参数即可描述的普通零件，如圆柱、圆锥等工件的形状测量要复杂得多。关于叶片型线的测量，尽管目前已有不少测量方法，每种测量方法都有各自的特点，但也都存在着各自难以克服的缺陷，而且生产实践对叶片测量仪器又提出了不少新的要求。

5.6.1　叶型测量方法

叶片三维型面的评定一般是通过测量沿叶片轴线方向等间距分布的若干截面的型线来实现的。图 5-41 为典型的叶片型线图。目前，国内外主要采用以下几种方法测量叶片的叶型误差。

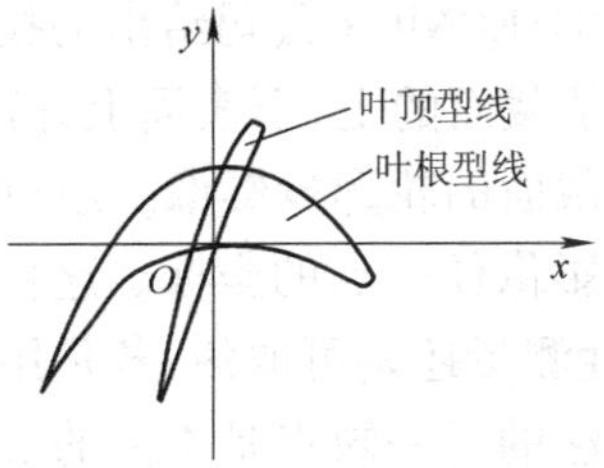

图 5-41　典型的叶片型线图

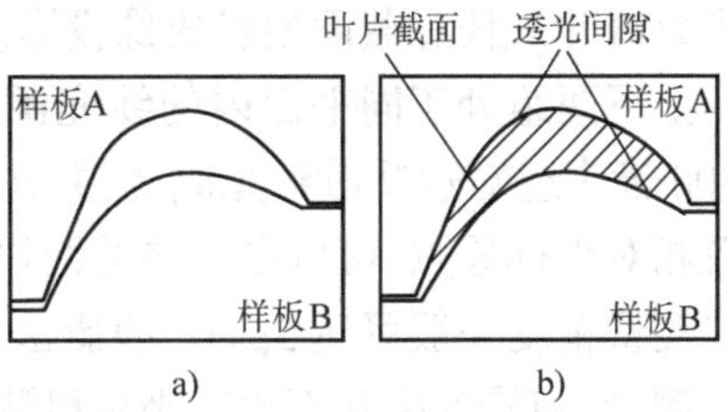

图 5-42　典型标准样板及样板测量原理

1. 标准样板法

这是目前国内外叶片生产现场主要采用的叶型测量方法。图 5-42a 是典型的标准样板。标准样板是根据叶片的理论型线设计制造的与叶片型线截面对应的母模量具。所谓标准样板法，是将标准样板与实际叶片零件对应截面靠近，借助于照明灯光，根据样板与零件之间的透光量的大小，估计对应型线的大小。图5-42b 所示为这种方法的测量原理。这种测量方法的特点是操作简单、使用方便，而且是全型线测量，测量结果可靠。这也正是这种测量方法被普遍使用和接受的原因。目前，国外较先进的叶片生产单位，如美国的 Westinghouse 公司，德国的 Siemens 公司，奥地利的 VEW 公司，日本的日特金属工业株式会社等，也仍使用这种方法作为叶型测量的方法之一。但由于标准样板法是一种定性测量方法，它只能凭经验定性检测零件的合格与否，无法给出实际误差的大小。更精确的测量，则需要借助于塞尺，如锥尺、标准线径的细铜丝等进行测量，而且由于叶片的每一截面的型线都不完全相同，因此对于同一叶片，需要测量多少个截面就需要多少副对应的专用样板。所以，这种测量方法的使用并不十分方便。但如果只考虑快速测量和定性判别，这种侧量方法还是有很多优点。

2. 三坐标机测量法

三坐标机的出现，对复杂零件的各种几何量测量带来了巨大的影响，很多种几何量包括叶型的测量都可以用三坐标机实现。目前，对标准叶型的测量和对未知设计参数的叶片的测绘，一般都采用三坐标机进行。由于三坐标机是一种点测量设备，对曲线和曲面的测量显得效率太低了。尽管目前很多三坐标机都配置了专门的曲线、曲面连续扫描测量软件，但仍然没有从根本上解决问题，测量一片中等大小的叶片，仍需要以小时计时间。更重要的是三坐标机对使用环境的要求也很苛刻，用于现场大量叶片的测量，还有很多问题。但是对叶型测量，三坐标机测量法还是一种比较精确的测量方法，一般测量精度可达 1μm。

3. 大型投影仪测量法

在我国，很多单位都采用了国外引进的大型投影仪，如上海汽轮机厂使用的美国 EPIC23U 型投影仪，测量标准样板的精度。这些投影仪大多采用宽束准直平行光投影，所以比较适合标准样板这类平面工件或等截面零件的投影测量。对于扭叶片截面型线的投影也就无能为力了。与众不同的是，无锡叶片厂引进了一台意大利 MICROTECNICA 公司的 CYCLOP—1 型投影仪，具备了对扭叶片投影测量的功能。这种投影仪除了具备一般投影仪的所有功能外，另带一套 FP—300 光学成像镜头和相应的窄线光源照明附件。可以对叶片任意截面型线成像投影。图5-43 为 MICROTECNICA 公司给出的投影测量原理图。上下两组处于同平面内的线光源分别照射在工件某截面的上、下表面上并产生散射，FP—300 镜头组对这些散射光成像，并在投影屏上显示该截面的轮廓投影像。通过移动投影和设置相对坐标原点，可以在仪器的两块数显表头上读出影像任一点的坐标。这种测量方法的定量测量精度一般可达 5μm。投影法用于对叶型的定性测量还是可取的，若是用于对叶型的定量测量，测量效率并不比三坐标机测量法高。这种方法的另一缺点是工件的安装比较麻烦，要求使用环境比较干净。

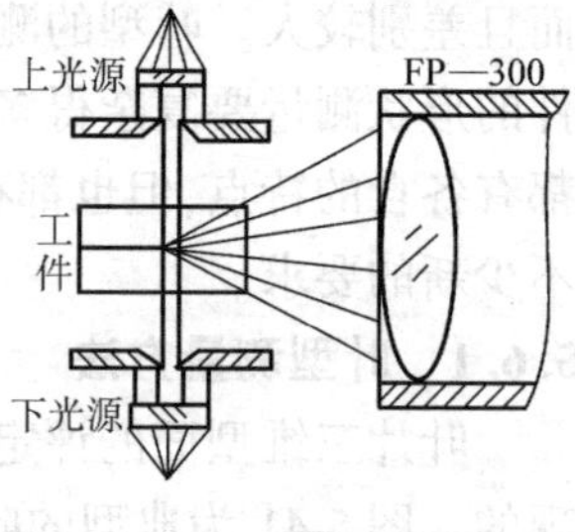

图 5-43　投影测量原理图

4. 叶片自动绘图测量法

叶片自动绘图测量仪器是美国 Pratt &Whitney 公司设计的一种机械式截面型线测绘仪器。图5-44 为其测绘原理。仪器主要由用于安装被测叶片的转盘 1，用于安装绘图纸的转盘 6、测轮 2、测杆 3、绘图笔臂 5、钢带 8、步进电动机 4 和转盘 7 组成。测量时，工件叶片接电源的地线。测轮、测杆和绘图笔臂固定连接，在步进电动机 4 的驱动下，可绕转盘 6 转动，使测轮和工件之间保持一相对固定的高压放电间隙。转盘 1 和转盘 6 在另一电动机的驱动下作完全同步的转动。测轮对工件作非接触扫描测量，其间的间隙由高压放电电流探测。随着测轮对工件的扫描，笔臂终端的绘图笔即可在固定于转盘 6 上的绘图纸上，绘出叶片型线的实际轮廓的放大图。这种仪器的绘图精度为 0.1mm，选用不同的放大比即可获得不同的测量精度。由于仪器的体积庞大，使用不如样板法方便，使得它的应用受到了一定的限制。

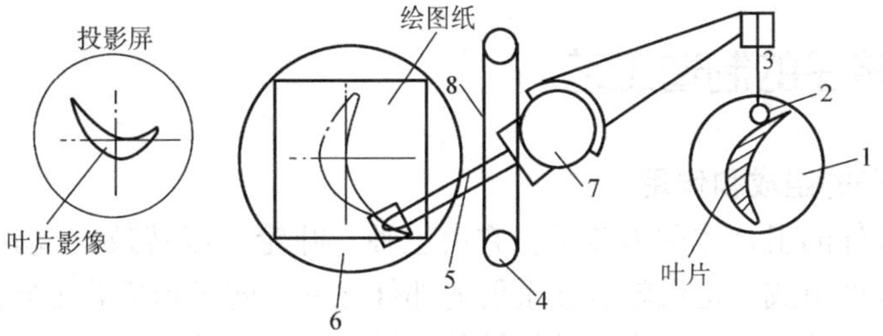

图 5-44　叶片绘图仪测量原理

5. 电感传感器分组测法

这是一种不完全轮廓测量法。其测量原理是将叶片分成若干个待测截面，每个截面对应于一组电传感器，每组又由若干个电感传感器组成，每个传感器对应于待测截面上的一个点。用两个发光二极管指示该点处误差是否超差或正、负超差。测量之前，先向仪器输入允许的正、负公差值，并用一已知公差（由三坐标机测得）的标准叶片对传感器校零。西安红旗机械厂曾用这种方法对飞机叶片进行成批检测。这种方法确实是一种可以用于加工现场的快速批量检测方法，但由于是非完全轮廓定性检测，这种方法会导致：

1）测量结果不十分可靠，有误判的可能。

2）纯定性的检测，测量结果对不合格工件的修正无任何参考价值。

所以此方法的推广应用受到限制。

以上即为国内外当前叶片叶型测量的五种主要测量方法。

5.6.2　对叶片测量仪器的展望

从叶片测量的概况看，生产实践对未来的叶片测量仪器提出了以下几点要求。这些也是未来叶型测量仪器应该具备的条件。

1）操作简单，使用方便，准确可靠，可在线测量。

2）测量原理完善，实现全轮廓测量评价。

3）定量测量，测量结果应该对不合格工件的修正和加工设备的调整有较大的参考作用。

4）仪器的体积尽可能轻便、小巧。

5）应该具备单项指标测量和综合指标测量的功能，具有叶型三维评价的功能。

第 6 章　转子与叶轮的制造工艺

6.1　汽轮机转子的制造工艺

6.1.1　汽轮机转子的组成和作用

汽轮机转动部件的组合体称为转子，它由主轴、叶轮（或转鼓）、动叶片、联轴器及装在主轴上的其他零件组成，是汽轮机最重要的部件之一。转子担负着工质能量转换及转矩传递的重任，即将蒸汽的动能转变为主轴旋转的机械能，对外输出机械功。转子的工作条件相当复杂，转子在高温蒸汽中高速旋转，不仅承受汽流的作用力和转动部件的离心力，而且还承受由温度差而产生的热应力。此外，当转子质量不平衡时，还将引起汽轮机的振动。因此，转子要具有很高的强度和均匀的质量，以保证它安全工作，同时转子的工作状况对汽轮机运行的安全性和经济性有很大的影响。

由于转子工作的重要性，所以，对转子的设计、制造、安装、检修和运行等各方面提出了很高的要求，以保证其安全可靠地运转。

6.1.2　转子的分类和结构形式

汽轮机的转子按形状可分为转轮型和转鼓型两种。冲动式汽轮机常采用转轮型转子，反动式汽轮机则采用转鼓型转子。

（1）转轮型转子　它的叶片装在叶轮上，叶轮套装在主轴上，蒸汽对叶片的作用力通过叶轮传递给主轴。每一级一个叶轮，允许的焓降较大，汽轮机的级数较少，因此适用于冲动式汽轮机。

（2）转鼓型转子　它的叶片直接装在圆锥形的转鼓上，这种转子刚度好、结构紧凑。适用于级数较多、每级焓降不大的反动式汽轮机。

按主轴与其他部件间的组合方式，转子可分为：套装转子、整锻转子、焊接转子和组合转子四大类。

转子按中心孔分为：有中心孔转子和无中心孔转子。

以汽轮机转子的工作段为：主轴、高压转子、高中压转子、中压转子和低压转子（有时分低压Ⅰ转子与低压Ⅱ转子）等。

一台汽轮机采用何种结构形式的转子，应根据汽轮机的形式、参数和功率，遵循强度、振动安全、工艺可行、汽轮机运行可靠及锻件供应方便的原则。

1. 套装转子

套装转子的叶轮、轴封套、联轴器等部件是分别加工后，热套在阶梯形主轴上的（图 6-1）。各部件与主轴之间采用过盈配合，以防止叶轮等因离心力及温差作用引起松动，并用键传递力矩。

（1）套装转子的优点

1）单件加工方便，制造工艺简单。

2）主轴和各级叶轮可分散平行加工，生产周期短。

3）叶轮、主轴等锻件尺寸小，锻件质量容易保证。

（2）套装转子的缺点

1）转子刚性较差，静挠度较大。

2）轮孔应力大，尤其是工作于湿蒸汽区的末几级叶轮，在键槽处容易产生应力腐蚀。

3）在高温下工作时，叶轮内孔直径将因材料的蠕变而逐渐增大，最后导致装配过盈量消失，使叶轮与主轴之间产生松动，从而使叶轮中心偏离轴的中心，造成转子质量不平衡，产生剧烈振动，不利于汽轮机快速起动。

因此，套装转子不宜作为高温高压汽轮机的高压转子。一般用于工作温度低于400℃的中、低压汽轮机的转子和高压汽轮机的低压转子。

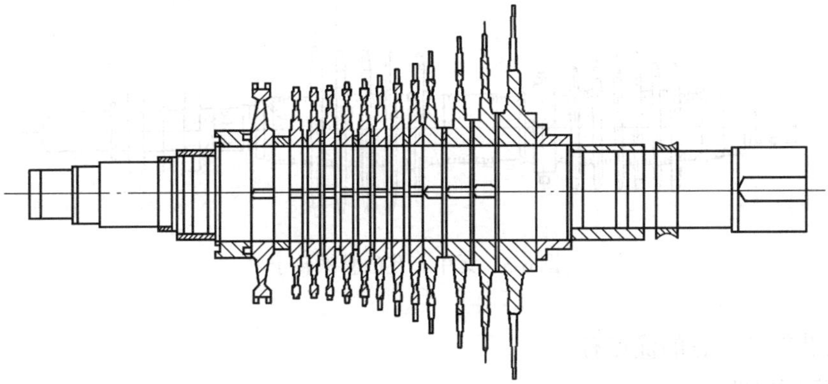

图 6-1　套装转子

2. 整锻转子

大型汽轮机的转子广泛采用整锻转子。整锻转子的叶轮和主轴是一体锻造出来的，所以，不存在键槽应力腐蚀开裂和套装件的松弛等问题。整锻转子的应用主要取决于炼钢厂的冶炼水平和钢锭的质量。通过钢包精炼、真空注锭和多种重熔工艺，使锻件芯部夹杂物含量和偏析程度大大降低。随着鼓风冷却和喷水冷却工艺日益完善，转子热处理后的性能得到提高，不同部位的性能差异减少，而且组织均匀，晶粒细小，为转子高灵敏度超声波探伤创造了条件。同时，也得到了较低的脆性转变温度，从而保证了整锻转子良好的力学性能和起动运行的灵活性。

整锻转子的叶轮、轴封套和联轴器等部件与主轴是由一整体锻件经机械加工（车削）而成，没有热套部件。因此，现代高参数、大容量汽轮机的高、中压转子都采用整锻转子，如图 6-2 与图 6-3 所示。现代大型汽轮机，由于末级叶片长度的增加，套装叶轮的强度已很难满足要求，所以汽轮机的低压转子也多采用整锻结构。

（1）整锻转子的结构形式

1）有中心孔的整锻转子。如图 6-2 所示，钻中心孔的主要目的是去除转子中心材质最薄弱的部位，同时也便于探伤检查，减轻转子质量。但是，开中心孔会使孔面的离心应力增加到一倍以上，且使工作在高温区的转子材料发生蠕变损伤速度加快。

2）无中心孔的整锻转子。如图 6-3 所示，随着炼钢、锻造、热处理及探伤技术水平的提高，无中心孔的整锻转子被大型汽轮机转子广泛应用。日本东芝和法国 C/A 公司 600MW

汽轮机的转子均采用无中心孔的整锻转子，美国西屋公司也改变观点积极采用无中心孔转子结构。

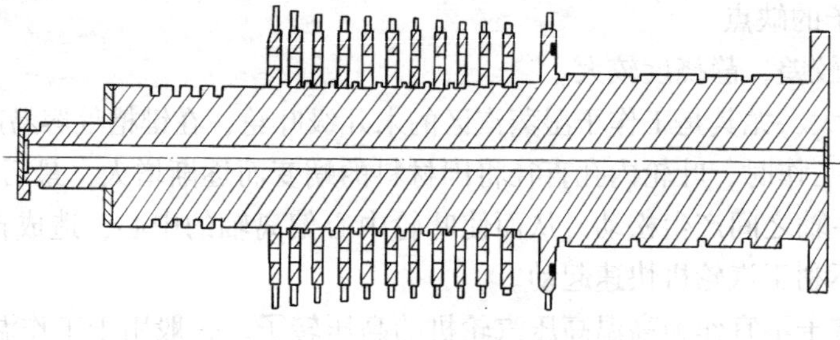

图6-2　有中心孔的整锻转子

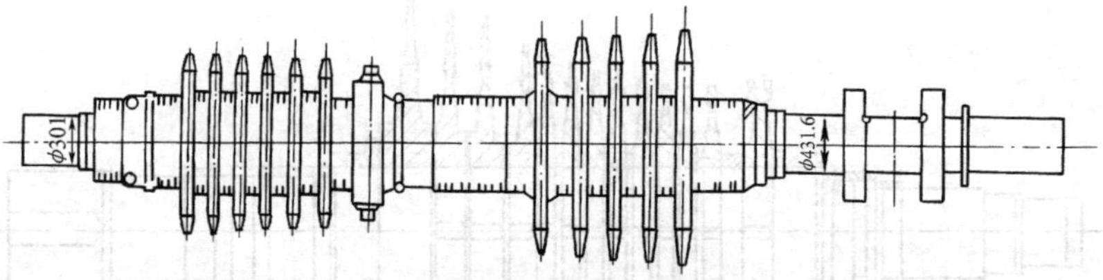

图6-3　无中心孔的整锻转子

无中心孔转子具有的优点有：

1）工作应力低。

2）安全性能好。

3）有利于使用更长的叶片。

4）可以延长汽轮机的使用寿命。

5）有利于改善汽轮机的起动性能，缩短起动时间。

6）造价便宜。

（2）整锻转子的优点

1）结构紧凑，装配零件少，可缩短轴向尺寸。

2）没有热套的部件，对汽轮机起动和变工况的适应性较强，适合于在高温条件下运行。

3）转子刚性较好，应力较小。

（3）整锻转子的缺点

1）锻件质量重、尺寸大、加工制造困难、工艺要求高、加工周期长。

2）对锻件质量要求严格，且检验比较复杂、锻件材料消耗大、不利于材料的合理使用、成本高。

整锻转子常用于高参数大功率汽轮机的高压和中压转子，或高转速的工业汽轮机转子。随着冶炼和锻造技术的提高，大功率汽轮机的低压转子也都采用整锻转子。

3. 焊接转子

焊接转子由若干个实心轮盘和两个端轴拼焊而成（图6-4）。

现代汽轮机的转子直径都比较大，特别是大功率汽轮机的低压转子质量更重，叶轮承受很大的离心力。当采用套装结构时，叶轮内孔在运行中将发生较大的弹性变形，因而需要设计较大的装配过盈量，但这样又会引起很大的装配应力。若采用整锻转子，则因锻件尺寸太大，质量难以保证。为此采用分段锻造，焊接组合的焊接转子。

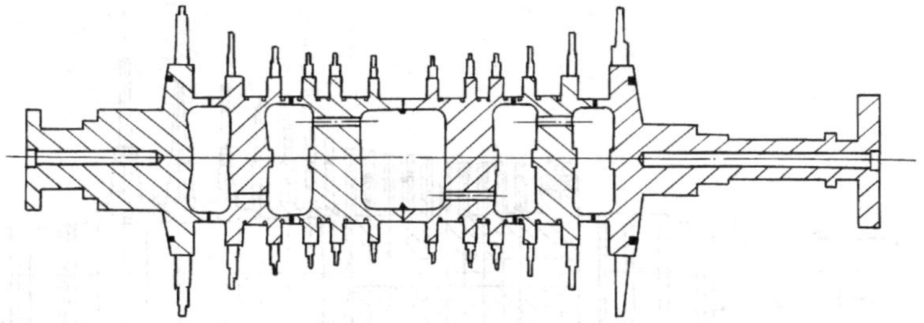

图 6-4　焊接转子

与套装转子和整锻转子相比，焊接转子具有以下优点：

1）焊接转子质量轻、锻件小、结构紧凑、承载能力高。与尺寸相同、带有中心孔的整锻转子相比，焊接转子强度高、刚性好，质量减轻 20% ~25% 。

2）焊接转鼓型转子为中空腔室结构，其热应力和离心应力较低，起动灵活并能适应负荷的快速变化，使用寿命长。

3）每个转子是用多块小锻件组合焊接的，各段的质量可得到保证，探伤比较彻底，个别段即使发生质量问题，处理也较方便。

4）小块锻件，热处理淬透性好，残余应力低，材质均匀。

5）材料可按需要灵活选用，如中压缸进汽温度与高压缸进汽温度相同，因此中压转子必须使用价格昂贵的耐热合金钢。但对于焊接转子，仅在高温段选用耐热合金钢，其余中、低温段便可使用中碳铬钼钢。因此，不但大大地降低了成本，也免去了中压转子高温段第一级叶片叶根的冷却措施。这样使汽轮机的结构简单，而且运行经济性也有所提高。

6）对焊接转子和无中心孔的整锻转子及有中心孔的整锻转子的应力进行计算分析表明，焊接转子中空腔室传热较好，因而热应力较低。调节级叶轮的外表面最大热应力比整锻转子（有中心孔和无中心孔）约低 40% 。对尺寸相似的焊接转子和实心整锻转子，用相当的边界条件进行对比计算，其结果是：汽轮机冷态和停机 56h 后的温态起动，焊接转子的寿命损耗仅为实心整锻转子的 1/3；热态起动和负荷变化时，焊接转子的寿命损耗仅为实心整锻转子的 1/2。

焊接转子虽然具有起动热应力低、锻件尺寸小、便于冶炼、锻造和热处理等有利条件，但是由于汽轮机转子为高速旋转部件，动平衡要求极高，不仅对焊缝质量要求极为严格，同时还要求严格控制焊接变形和焊接残余应力。因而高难度的焊接技术和复杂的焊接工艺限制了焊接转子的发展和应用。

焊接转子可用于高参数大功率汽轮机的高、中、低压转子。尤其适用于工作在湿蒸汽区的质量重，尺寸大的大功率汽轮机低压转子。

4. 组合转子

组合转子（图 6-5）是在整锻转子的轴上热套若干级低压叶轮组成。它组合了整锻转子和套装转子两者的优点。高温区用整锻可防止叶轮与主轴之间的松动，有利于汽轮机快速起动，并选用高温性能好的材料；而低温区用套装可减少整锻转子的质量和尺寸，便于锻件的供应，同时由于低温区叶片长、应力高，叶轮可选用常温下强度高的材料。

组合转子常用于高参数、中等功率的汽轮机上。

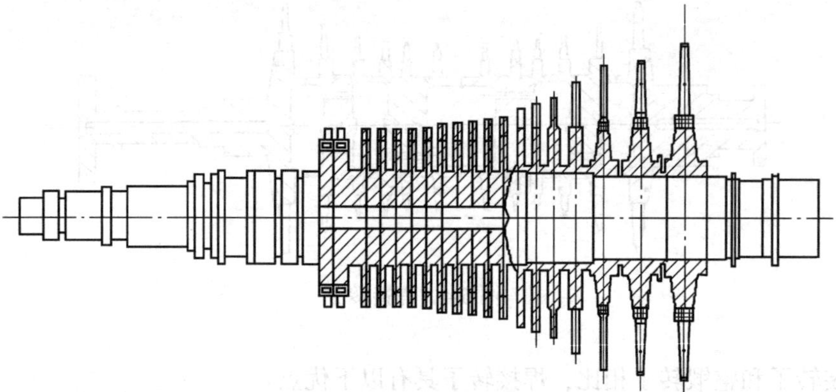

图 6-5　组合转子

6.1.3　汽轮机主轴和转子体锻件的热稳定性试验

汽轮机主轴和转子体锻件热稳定性试验（简称热跑），是在模拟汽轮机实际运行温度条件下［试验温度为工作温度 +（30 ~ 50℃）］，使主轴或转子体锻件以 2 ~ 4r/min 的转速旋转，通过测定主轴或转子体锻件因热胀冷缩蠕变和应力释放而发生变形所产生的挠度大小（规定不允许超过 0.050mm），来判断其热稳定性是否合格的一种试验方法。

热稳定性试验是一个试验鉴定过程，而非生产制造中的必需工序。目前的规定是进口转子不作（由供货商作）该项试验，而国产转子要作。

按 JB/T9021—1999《汽轮机主轴和转子锻件的热稳定性试验方法》规程作热稳定性试验。

影响转子热稳定性的主要因素

影响转子热稳定性的主要因素有材质因素和制造因素两个方面：

1. 材质因素

不同化学成分、不同材料牌号钢种的主轴或转子体锻件，抗热蠕变的能力是不一样的，锻件化学成分的一致性、内部组织的均匀性等也对其热稳定性产生重要影响。但随着社会的发展和科技的进步，钢包精炼、中心压实锻造及井式炉调质等技术的广泛应用，在全球范围内，主轴和转子体锻件使用的材料牌号和验收标准日趋一致。

现代冶炼、锻造以及热处理新工艺新技术的运用已经能够确保转子体锻件化学成分的一致性、组织的均匀性，达到转子体锻件标准的要求。故材质因素的影响已经不再是突出的问题。

2. 制造因素

制造因素也分供方和需方两个方面：

1）供方因素。主轴或转子体锻件生产厂在生产制造过程中，各道工序是否严格按工艺规范进行起着决定性的作用。

主轴或转子体锻件在供方的制造过程包括：

冶炼→铸锭→加热→锻造→锻件外观检查→强度试验→锻件毛坯超声波探伤→粗车→毛坯超声波探伤→性能热处理→超声波探伤→理化试验→钻中心孔及孔检查→切槽精车（按订货图样或供方交货图样加工，主轴无切槽工序）→尺寸检查→合格交货。

供方生产制造过程中的各道工序是否按工艺规范进行，在其各道工序的检验过程中应该会反映出来。另外，需方还要按标准严格复验，如果复验不合格或报废，需方是不会盲目投入使用的。否则，将会造成电站用户以及锻件供需双方的重大损失。

2）需方因素。需方按标准复验的内容包括：

中心孔检查→化学分析→残余应力→力学性能→硬度→超声波探伤→酸洗（磁粉）→半精车后除应力→热稳定性试验（按用户要求选作）等。

需方不适当的切削加工会产生较大的机加工应力，在受热状态下进一步释放，影响其热稳定性。需要说明的是机加工产生的应力远远小于热处理过程中组织转变所产生的应力，如果机加工严格按工艺进行，那么机加工所产生的应力的影响可以忽略不计。

6.1.4　汽轮机转子叶根轮槽的加工

转子和叶轮的叶根轮槽的型线和叶根型线一样。从加工方法来看比叶根加工要简单得多。除了轴向轮槽外都是在车床上车削加工。轮槽加工不像叶根那样需要一套特殊的夹具，它只要一套成形车刀和样板。从加工要求来看，轮槽加工需要更高的技术。因为它的精度和叶根相同，一不小心会造成整只转子或叶轮报废。因此，轮槽加工往往单独由一个工序来完成。

1. T 形叶根轮槽的加工

T 形叶根轮槽的型线虽多，但其加工方法是相近的，都是用一套成形车刀，先加工出简单型线，然后逐渐做成所需要的轮廓。最后用成形车刀精加工，并用样板检验。图 6-6 是 T 形叶根轮槽的加工程序。整个工序由 10 个工步组成。黑线表示加工余量。各工步中下面的图表示检验方法及所用的量具。车轮槽时左右二侧支承面要求在同一平面上，相对偏差不大于 0.02mm。为了保证这一要求，加工尺寸 a_1 和 a_2 时（图 6-7），增加两块粗卡板。粗卡板的尺寸比图样尺寸大 0.05 ~0.10mm。加工时先用粗卡板测量，使两侧支承面相平。然后使用数显装置精确控制进刀，保证 a_1 和 a_2 尺寸误差不大于 0.02mm。对于有垫隙条的 T 形叶根槽，公差较大，可用逐次加工方法达到要求。

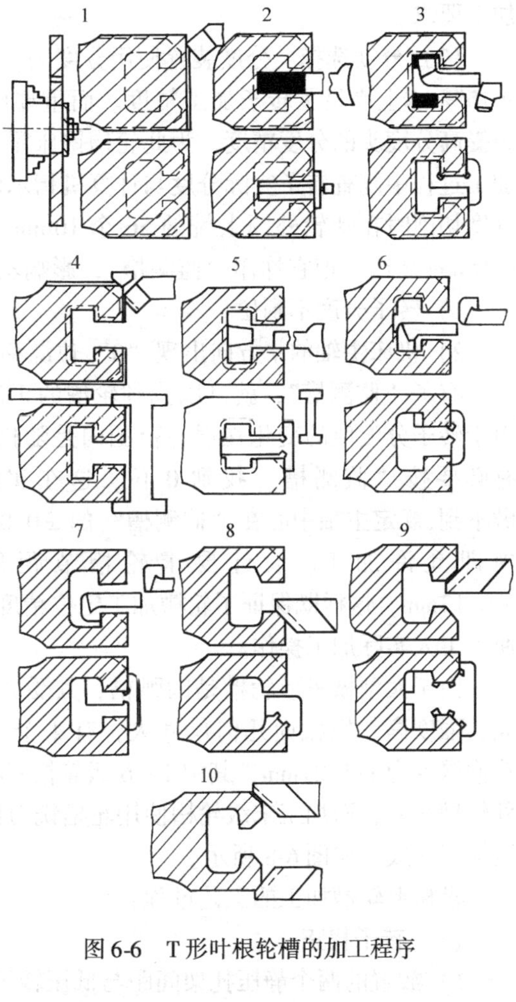

图 6-6　T 形叶根轮槽的加工程序

2. 枞树形轮槽的加工

300MW、600MW 高中压和低压转子广泛使用 P 型、J 型纵树形叶根。这类叶根公差要求紧，其轮廓度公差仅为 ±0.0075mm。叶根形式有直槽、斜槽和圆弧槽。

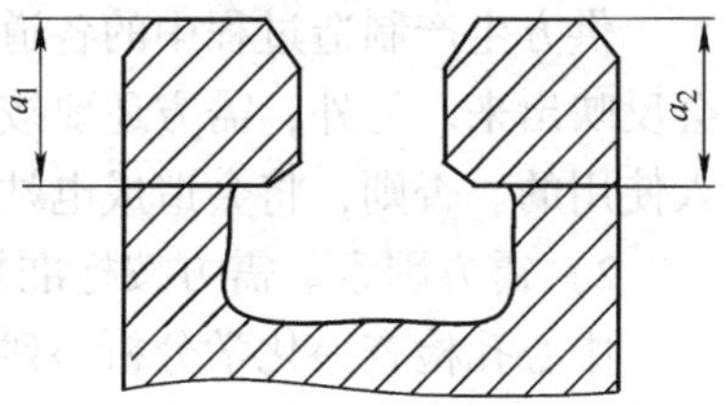

图 6-7　轮槽两侧相对偏差的保证

目前国内生产的 650MW 核电汽轮机与 600MW 及其以下汽轮机低压转子相比，其显著特点是叶轮轮槽全部采用大型枞树形轮槽，而且末级轮槽尺寸大、精度高。国外加工此类轮槽采用专用的数控轮槽铣床。由于现有的轮槽铣床只能加工半径 $R254$ 以下的圆弧槽，而 650MW 汽轮机低压转子末级叶轮槽圆弧半径 R 为 353.57，用数控铣床来解决这一问题，为国内加工大型枞树形轮槽提供了理论依据。

（1）机床选择　由于普通铣床无法加工大型枞树形轮槽，而大型的数控铣床加工大型枞树形轮槽也存在精度问题，经分析、试验，采用数控铣床加工此类轮槽，经三坐标测量仪测定试件圆弧半径误差在 0.01 ~0.04mm 之内，该数控铣床的加工精度符合低压转子轮槽的加工要求。

（2）分度选择　分度装置使用分度头。经 36 面棱镜测试，该分度头装置的分度精度为 ±15″基木上满足了转子加工精度。而重要的问题是如何确保转子——轮槽的分度准确性。为提高分度头的分度精度，为此轮槽铣床添加了监测装置，在转子的一端安装了圆光栅，在加工过程中复查转子实际分度与计算机指示的误差。在转子加工分度方案中，最后在作叶轮分度切削时在叶轮外圆上铣的 56 个 10mm 宽的小槽，经检查测量这些小槽的节距误差在 0.15mm 之内，把它称作“监测槽”，影响轮槽分度精度因素：

1）转子分度不到位。

2）机床主轴的 y 方向出现“0”位漂移。

有了“监测槽”，就可以找到轮槽的正确位置。由于转子分度值的变化在误差范围内是随机的，没有必要按“监测槽”找到 0 位，这在实际上也做不到,规定主轴中心在“监测槽”的 ±0.05mm 之内即允许加工。设计要求轮槽节距偏差为 ±0.13mm，这样既保证了轮槽加工定位精度，又方便了工人实际加工操作。

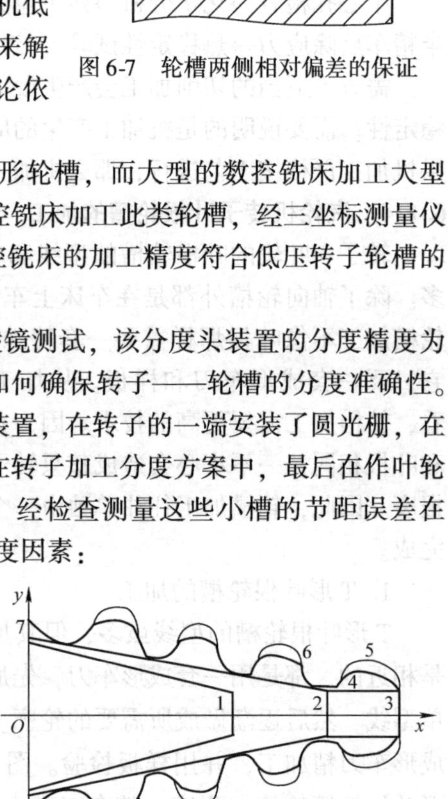

图 6-8　轮槽加工所需轮槽铣刀
1—粗铣刀Ⅰ　2—粗铣刀Ⅱ　3—立铣刀
4—半精铣刀Ⅰ　5—半精铣刀Ⅱ
6—精铣刀　7—面铣刀

由于大型枞树形轮槽是圆弧槽，其受力面角度大、强度高、横截面几何尺寸大，有 4 个承力面，轮槽深度为 116.21mm，其中 1 ~6 级轮槽只有 3 个承力面，轮槽深度为 30 ~50mm，用 3 ~4 种轮槽铣刀，而加工末级轮槽使用轮槽铣刀比 1 ~6 级轮槽多 3 倍以上，轮槽加工需 7 刀才能加工完成，如图 6-8 所示。

枞树形轮槽加工的工艺过程：

（1）转子找正

1）放置的两个静压托架间距与低压转子两轴颈跨距相同。

2）钳工配合装入轴瓦，修刮轴瓦。

3）用起吊工具平吊转子，拆下轴颈保护套检查轴颈有无划伤、拉毛。

4）转子吊入托架后，测量转子最高点调整托架，使转子与机床 x 轴方向的平行度小于 1000mm∶0.02mm（上下与左右要求相同）。

5）分度盘找正转子，联轴器外圆跳动小于 0.05mm，夹紧转子（分度盘主轴为挠性）。

（2）低压转子末级圆弧槽加工

1）确定叶轮坐标 0 点。

2）在叶轮外圆上铣 56 个宽 10mm、深 5mm、长 15mm 的监测槽。

3）检查“监测槽”分度准确性，相邻两槽节距差不大于 0.15mm。

4）每次分度，在叶轮上铣 10mm 宽槽，台阶不大于 0.05mm，允许加工轮槽。

5）安装立铣刀，输入数控程序，试铣圆弧槽，背吃刀量为 3mm，然后用圆弧样板（图 6-9）校验圆弧尺寸位置的正确性，数控程序按工步图编制。

6）安装精铣刀，对刀。

7）安装粗铣刀Ⅰ，粗铣圆弧槽。

8）安装粗铣刀Ⅱ，粗铣圆弧槽。

9）安装立铣刀，加工深圆弧槽。因要加工的深度较大，可分两次进刀铣削。

10）安装半精铣刀Ⅰ，铣圆弧齿槽。

11）安装半精铣刀Ⅱ，铣圆弧齿槽。

12）安装精铣刀，铣准圆弧齿槽。

13）安装面铣刀，铣准端面。

14）加深轮槽。

15）用轮槽样柱（图 6-10）检验圆弧槽。

16）用轮槽测量工具测量端面至受力面尺寸公差。

17）分度。

18）重复过程 7～17，直至所有轮槽加工完。

19）清理，去毛刺。

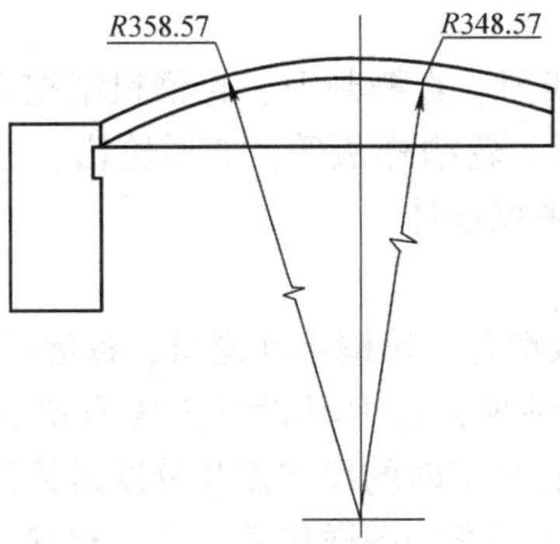

图 6-9　圆弧样板图

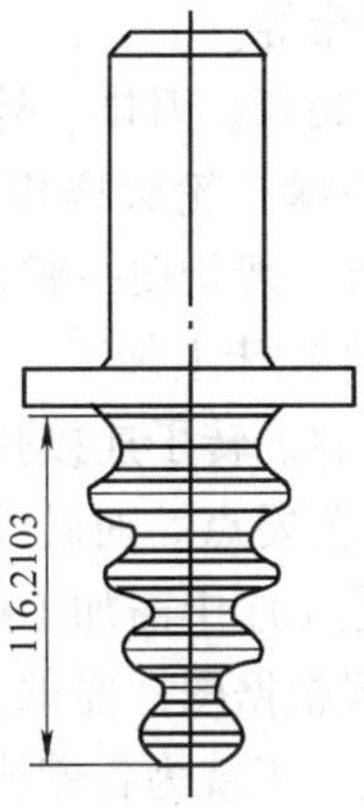

图 6-10　轮槽样柱

125MW 以上汽轮机整锻转子中压部分与低压转子叶轮叶根槽采用枞树形结构的较多，一般安排在转子轮槽双头铣床加工，斜槽与圆弧槽安排于数控双头铣床加工。设计斜度与圆弧轮槽对比样板。轮槽型线有 R、F、H、P、J 型，铣刀一般有粗铣刀、半精铣刀、精铣刀和轮槽加深刀。

加工汽轮机转子轴向轮槽的专用数控铣床（图 6-11）。该机床用两个中心架支撑汽轮机转子两端，中间设一个辅助支撑。转子的一端与分度装置相连。在转子的一侧是可以作 x，y，z 向运动的铣削装置。机床具备加工各种汽轮机转子轴向直槽、轴向斜槽、轴向圆弧槽的能力。

6.1.5　汽轮机转子的机械加工工艺

1. 整锻转子加工工艺

（1）锻件进厂检验　复验转子的锻件外形尺寸和核对质保书。

对转子中心孔进行潜望镜检查，超声波和磁粉探伤。

割取试样和应力试环，复验材料力学性能和内应力试验。

（2）热稳性试验前粗加工与检验　按热稳性试验图车准各外形尺寸。

各挡外圆和端面，表面粗糙度 R_a 值为 3.2μm；轴承挡外圆和热稳性试验测点外圆表面粗糙度 R_a 值为 1.6μm。

超声波探伤。酸洗。

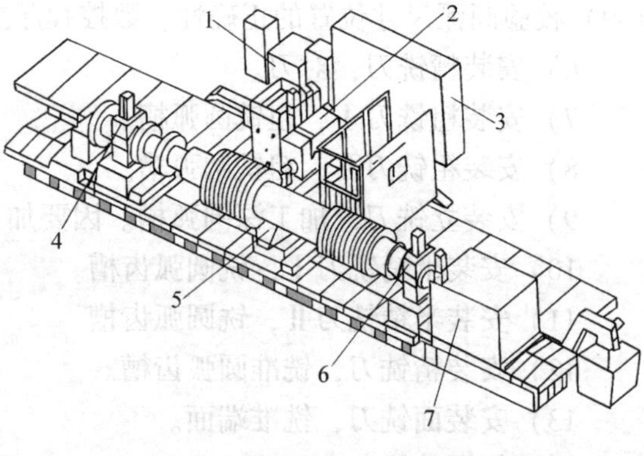

图 6-11　加工汽轮机转子轴向轮槽的专用数控铣床
1—液压系统　2—铣削装置　3—电气系统　4—后支撑　5—中间支撑　6—前支撑　7—分度装置

（3）热稳性试验　按 JB/T 9021—1999《汽轮机主轴和转子锻件的热稳定性试验方法》作热稳性试验。

（4）转子的半精、精加工

1）加工内容。转子外圆和端面、叶轮、轴承挡、汽封处、轮槽（T 形、叉形、外包形等），动叶片围带等。

2）常用工装有。刀排、外圆和端面车刀、R 型线刀、直槽割刀、轮槽粗精挖刀、R 样板刀等，叶轮轮缘、轮毂样板、R 样板、锁紧槽样板、轮槽样板等。T 形轮槽、枞树形轮槽、叉形轮槽等一般均要一整套刀具与样板，须完整考虑设计。

（5）转子在镗床上加工

1）加工内容。转子连接孔、平衡螺孔、其他一般螺孔、轮槽末叶窗口、各键槽等。

2）编制工艺要点。对转子的连接孔加工需配上钻模，在刀具设计上需有扩孔钻与铰刀。如转子下道工序中需加工枞树形轮槽，则其中两孔加工时的尺寸需与分度盘接长装置相配。各孔的位置根据图样要求。一般螺孔，键槽的加工要求按图样技术要求。双键槽单面留 0.05mm 修配量。工装为各键槽铣刀。

（6）转子在钻床上的加工

1）加工内容。整锻转子叶轮上的平衡孔。

2）编制工艺要点。配全加工所需的工装。

3）一般工装有。钻平衡孔刀排、刮排、刀片、转子起吊工具。

注意：设计工装时要进行计算（特别要注意起吊工具的安全性问题）。

（7）转子上枞树形轮槽的加工

1）加工内容。转子叶轮上的纵树形轮槽。

2）编制工艺要点。125MW 以下汽轮机整锻转子叶轮叶根槽采用枞树形结构的很少，如有则按各轮槽型线选用轮槽铣刀，如是新型线则需设计刀具。

根据图样中的轮槽半径加工余量，设计轮槽对刀样板。根据轮槽结构与转子的外形尺寸确定机床，如是直槽与斜槽可安排在镗床上进行加工（需配分度装置）。

（8）转子装配　转子装配主要是装配叶片，同时装汽封套圈与隔圈等。钻末叶销孔也安排在装配工序中，包括转子动平衡等。

装配工艺一般工序为：装配叶片→车围带→送装配，做动平衡。

（9）转子动叶围带的加工　一般转子在装好叶片后，根据设计要求须对叶片围带进行外圆与轴向端面的加工，围带加工的尺寸与要求，一般在转子装配图中标出，个别的在叶片部件图中标出，工艺编制中要根据设计注明围带加工图。

加工围带不允许碰及相邻叶片，刀具走刀方向以不使动叶片松动为原则。

（10）转子的检验　转子作为汽轮机中重要而关键的部件，对其检验也有一定的要求。主要有：转子进厂检验、磁粉和超声波探伤、酸洗、内应力试验与完工后的磁粉探伤等检验项目。

2. 焊接转子加工工艺过程

轴头结构目前有两种：端面有法兰与无法兰，其来料与加工方法也不同，以下列出的是这两种结构的主要工序。

（1）轴头（端面无法兰）

1）锻坯进厂检验。

2）划线。

3）镗床上钻中心孔。

4）车床上粗加工。

5）超声波探伤。

6）划线。

7）镗床上钻、镗孔。

8）检验。

9）调质。

10）检验。

11）割试样。

12）力学性能实验。

13）精车。

14）酸洗、超声波探伤。

15）精车各尺寸（焊缝接头和电焊坡口不进行车削）。

16）划各螺孔线和等分线。

17）钻各孔（需接长钻、刮刀排）。

18）车准焊缝接头和电焊坡口。
19）划等分线。
20）检验。
21）装配焊接
（2）轮盘（焊接前加工工艺）
1）锻坯进厂检验。
2）车一平面（超声波探伤用）。
3）超声波探伤。
4）按调质前加工图车削。
5）检验。
6）调质。
7）检验。
8）割试样。
9）力学性能实验。
10）去除剩余试料，精车各尺寸。
11）酸洗、超声波探伤。
12）精车各尺寸。
13）划各螺孔线与等分线（作装配焊接用）。
14）钻床上钻、铰孔（需接长铰刀、刮刀排）。
15）修圆、抛光。
16）车准焊缝接口和电焊坡口。
17）划等分线。
18）检验。
19）送入装配焊接。
（3）转子装配精加工工序
1）各轴头、轮盘等进行装配焊接。
2）检验（注：两轴头轮面上必须旋上螺塞）。
3）除应力。
4）检验。
5）装、铆螺钉。
6）修中心孔，车内应力试圈。
7）应力测量，力学性能实验。
8）精车焊缝处外圆、两侧面等（超声波探伤用）。
9）焊缝超声波探伤
10）按焊接粗加工图车准各尺寸（注意：叶根槽中心应与焊缝中心一致）。
11）检验。
12）半精加工留 2mm 余量。
13）焊缝酸洗。
14）车准总长、外圆、端面、轮面型线等。

15）粗、精车轮槽及各叶轮外圆。

16）车准汽封槽，磨轴承轴径及推力盘外圆、锥度面（锥度样圈），车准螺纹（注意螺纹配做）。

17）划键与螺孔线。

18）铣键槽，钻螺孔。

19）攻螺纹，去毛刺。

20）检验。

21）装配。

3. 套装转子加工工艺

热处理（调质、除应力）一般在厂内做，不作热稳定性试验。

加工设备有大型车床（加工外圆与端面）与镗床（加工键槽）。其加工工艺方法可参考整锻转子在大型车床上的加工，关键是套装叶轮与汽封套圈等，故对于要热套的各轴径需精加工（留余量）再根据叶轮内径与热套过盈量做准。

转子装配：主要是装配叶片，热套叶轮，同时装汽封套圈与隔圈等。钻末叶销孔也安排于装配工序中，包括转子动平衡等。

装配工艺一般工序为：装叶片→热套叶轮→车围带→送装配，做动平衡。

4. 组合转子的加工工艺

组合转子是在整锻转子的轴上热套若干级低压叶轮组成。它组合了整锻转子和套装转子两者的优点，其加工工艺也综合了整锻转子与套装转子的方法，高、中压部分按整锻转子加工（有叶轮带有各种叶根槽），低压部分（套装叶轮）按套装转子加工相关的轴径（热套、过盈）。转子装配主要是装配整体叶轮上的叶片，车削好围带后再热套叶轮（同时装汽封套圈与隔圈等），再进行转子动平衡。

6.2　汽轮机叶轮的加工工艺

6.2.1　叶轮的主要结构形式

汽轮机叶片安装于叶轮上，叶轮起到固定叶片并传动力的作用，叶轮是高速旋转的部件，除承受自身离心力外，还要受到叶片、轴以及蒸汽的作用力。因此，它承受着很大的离心力、温度应力和振动应力，并且受到气流的机械磨损与化学腐蚀。根据这样的工作条件，对叶轮的结构、形状、材料性能、加工精度和表面粗糙度等方面都提出了严格的要求。

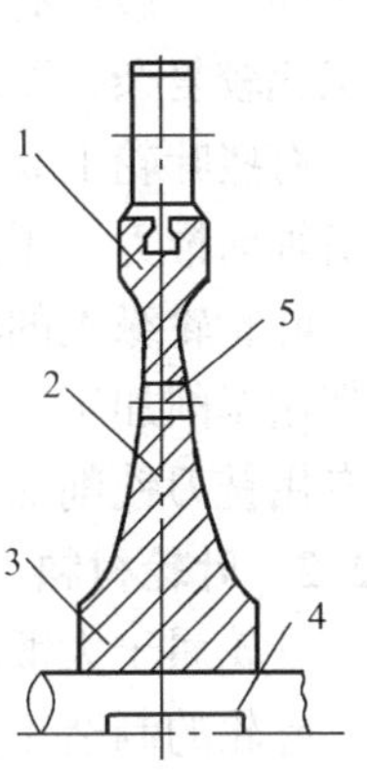

图 6-12　叶轮

1—轮缘　2—轮体　3—轮毂　4—主轴　5—平衡孔

汽轮机叶轮有直接在转子本体上的整体结构，有加工后再套到转子上的套装式叶轮，通常由轮缘、轮毂、轮体三部分组成（图 6-12）。

（1）轮缘部分　是安装叶片的部分，具有与叶根相配合的轮槽，大多数轮缘具有比轮体大的截面。

（2）轮毂部分　将叶轮套在主轴上的配合部分，其结构取决于叶轮在主轴上的装配方式，只有套装转子才有。

(3) 轮体部分　轮缘与轮毂的连接部分，其断面根据不同的受力情况而确定。轮体断面型线主要有：等厚度叶轮、锥形叶轮、双曲线叶轮及等强度叶轮（图6-13）。

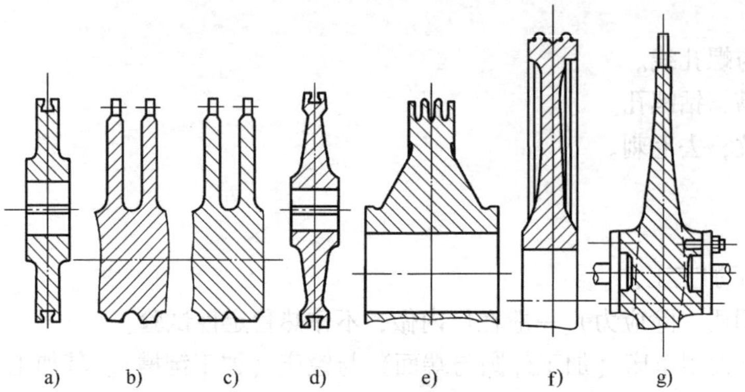

图6-13　叶轮结构形式
a)、b) 等厚度叶轮　c) 等厚度和锥形叶轮　d)、e) 锥形叶轮
f) 双曲线叶轮　g) 等强度叶轮

1) 等厚度叶轮。叶轮的轮体断面沿径向相同，如图6-13a、b所示，其应力分布不均，故承载能力较差，一般仅在圆周速度低于120～130m/s时采用。这种叶轮加工方便，轴向尺寸较小，故广泛应用于整锻转子的高压部分。当叶轮径向尺寸更大时，为提高其承载能力，可采用等厚度和锥形组合叶轮，如图6-13c所示。

2) 锥形叶轮。叶轮断面呈锥形变化，如图6-13d、e所示，故其应力分布比较均匀，强度较好，可在圆周速度低于300m/s时采用，如图6-13d所示的叶轮常用于调节级或中、低压级，而如图6-13e所示的叶轮则用于载荷更大的低压级。

3) 双曲线叶轮。这种叶轮断面沿径向按双曲线规律变化，如图6-13f所示，它的应力分布比锥形叶轮更加均匀，但由于加工困难，故一般很少应用。

4) 等强度叶轮。这种叶轮断面按照等强度设计，如图6-13g所示，叶轮各处的应力基本相同，一般没有中心孔，故使用强度最高，可在圆周速度大于400m/s以上时采用。但它加工比较复杂，要求较高，一般只在高转速的单级汽轮机中应用。

有些叶轮上有平衡孔，有些叶轮上有平衡槽，有些既有平衡孔又有平衡槽。平衡孔用于平衡轴向推力，平衡槽用于转子动平衡。套装式叶轮有轮孔。

叶轮轮缘上的轮槽主要有：T形、双T形、叉形、外包形、齿形和枞树形。前5种叶根槽都用车削加工，枞树形叶根槽（包括与轴线呈斜角的槽和圆弧形槽）可采用数控铣床配合专用铣刀铣削加工。

6.2.2　叶轮材料

叶轮属于大锻件类，一般采用中碳铬镍钼钢，如：34CrNi3Mo、25Cr2NiMoV等。

叶轮的制造工艺大体可分为三个阶段。第一阶段为毛坯制造，一般在毛坯供应厂进行，包括锻造、退火，粗加工，热处理，材料试验等。第二阶段为机械加工，在机加工车间进行，加工后达到零件图上的要求。第三阶段为装配叶片及静平衡，在装配车间进行。

6.2.3　汽轮机叶轮的加工工艺

1. 叶轮常规工艺工序

1）锻坯进厂检验。

2）轮毂平面（端面）粗加工，并在外圆上车出一段（夹头用）。

3）进行超声波探伤。

4）叶轮粗加工。

5）检验。

6）调质、除应力。

7）检验。

8）切割应力圈。

9）切割力学性能试料。

10）进行力学性能试验。

11）精加工轮毂平面、内外圆及两轮面，每面留余量。

12）进行超声波探伤及酸洗试验。

13）精车轮孔，每面留磨削余量，车准进汽边轮毂平面（注意：当此叶轮作为第一级套装叶轮时，进汽边平面应留装配余量）并精车出汽边轮毂平面，装上磨头，磨准内孔（现加工手段精车后再轧光）（注意考虑图样上标注的轮孔过盈量）。

14）车配心座，尺寸比轮孔小，清洁心座，装上叶轮，校准轮毂平面，端面跳动量不超过规定值，精车外圆（要求按上限公差做），精车平面、轮面并抛光，反身，精车及抛光另一面，（注意：如叶轮有铆钉之两平面，每面应留余量）若有平衡槽需车准。

15）车配心座、精车轮槽，检验。

16）划出端面键槽线（如无端面键槽，此工序不进行）。

17）铣准端面键槽（如无端面键槽，此工序不进行）。

18）须以已做准的端面键槽为基准（如无端面键槽直接划线），划出内孔键槽线、锁口线及平衡孔线。

19）钻、扩、铰并锪准平衡孔。

20）铣准锁口。

21）配准键槽（根据装配要求配准平键）。

22）装叶片，修准平衡孔、锁口、配准末叶片，装入叶片及拉筋。

23）钻、铰准铆钉孔，配入铆钉或钻、铰末叶片销孔配入末叶销。

24）铆铆钉或打入末叶销。

25）围带或拉筋烧焊。

26）车准围带顶部、叶片上轴向汽封齿、径向汽封及铆钉两平面。

27）修去围带及轴向汽封齿内未车去部分。

28）作静平衡试验，并磨去不平衡质量。

29）完工检验。

30）转子热套装配。

2. 精车叶轮轮面具体加工步骤

1）车准各外圆及端面。

2）车准斜面 A（图 6-14，用斜度样板）。

3）车准圆弧 $R1$、$R2$（用圆弧斜度样板）。

4）车准圆弧 $R3$（用斜度圆度总样板）。

5）两头对刀时对准，刀架扳角度，接平大斜面 B。

3. 加工中的注意事项

1）仔细核对图样，查看此级叶轮是否作为第 1 级套装叶轮，由于装配要求，要在进汽边平面留装配余量，必需在图样上标注，若没有，应向设计者提出并加上。加工时在进汽边平面留装配余量。

2）加工时如在叶轮图样右下角标上典型工艺。则按典型工艺进行加工，由于有些叶轮结构的关系不能使用典型工艺则另编本零件的专用工艺，并按此专用工艺进行加工。

3）仔细查看图样，对照以前的叶轮轮毂、轮缘型线是否相同。如相同，可借用；如有不同，要用新的轮毂、轮缘样板，叶轮典型结构与设计样板示意图如图 6-14 所示。图中 C 是轮缘平面（端面），D 是轮毂平面（端面）。一般轮缘样板的基准面是叶轮轮缘的外圆及端面，轮毂样板的基准面为叶轮的端面及轮毂外圆，如果轮毂外圆处有小台阶，轮毂样板应避开台阶。

4）轮面上有平衡槽，对照以前是否相同，如有不同，要用新的平衡槽样板。

5）叶轮轮孔需车配心座（心座车间自备），轮孔用轧光工具修光。

6）精车轮槽时，轮槽类型有 T 形槽、双 T 形、叉形、外包形等。

7）加工平衡孔时注意孔口圆角是否相同。

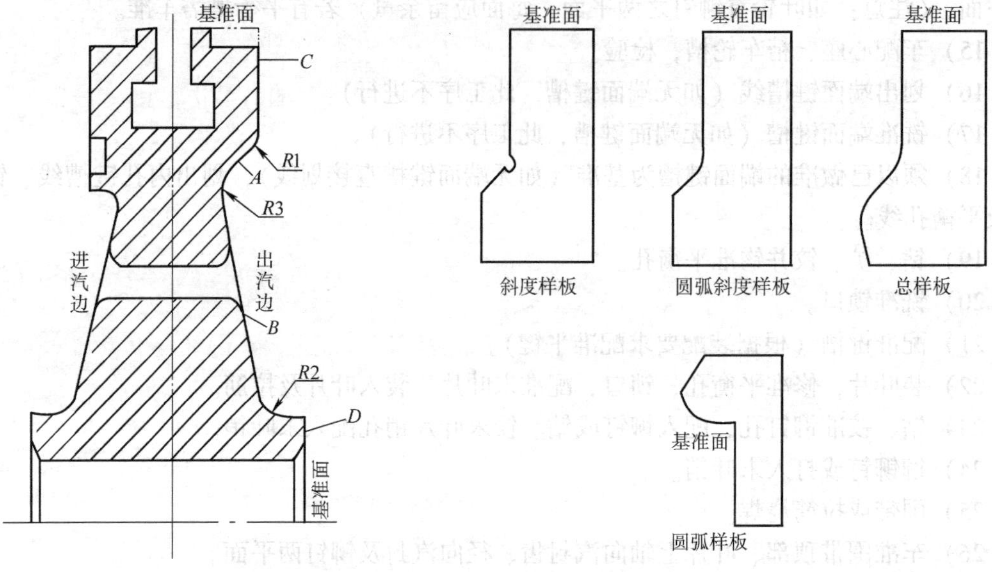

图 6-14 叶轮典型结构与设计样板示意图

第7章　汽缸的制造工艺

汽轮机汽缸是汽轮机的外壳。汽轮机本体的主要零部件几乎都包含在汽缸内。

汽缸的作用就是把进入汽缸的蒸汽与外界隔绝开，形成一个蒸汽做功的封闭空间，保证蒸汽在汽轮机内完成能量转换过程。汽缸质量大，形状复杂，汽缸内部装有喷嘴室、喷嘴、隔板、隔板套和汽封等部件；汽缸外部装有调节汽阀、进、排汽管和抽汽管等。由于汽轮机汽缸内工作蒸汽的压力和温度很高，因此要求汽缸有足够的汽缸壁厚度和螺栓的拉紧力，以保证必需的强度。

汽缸通常制成具有水平中分面（水平接合面），上半部分叫上半汽缸；下半部分叫下半汽缸。上、下半汽缸之间有法兰，用汽缸螺栓联接在一起。对法兰接合面的要求很高，它在高温、高压条件下工作，必须保证严密不漏汽。

为了便于制造和合理使用材料，减少优质材料的消耗，常将汽缸分为高、中、低压缸。高、中、低压缸之间有垂直接合面，也用螺栓联接在一起。高压汽缸由于其中蒸汽的压力，温度较高，一般用合金钢或铸钢制造；中、低压缸可用优质铸铁或铸铁制造；大型汽轮机的低压缸常采用焊接式结构。

汽缸所用材料主要取决于蒸汽的温度。汽缸壁的厚度及汽缸螺栓的直径取决于汽缸内蒸汽的压力。

一般高压缸壁厚较大，螺栓直径较大，螺栓的布置也较密。蒸汽一般由上半汽缸进入汽缸内腔，因此，在上半汽缸的高压端装有进汽室。

汽缸内壁有一道道圆槽用以安装隔板。在下半汽缸适当位置留有抽汽口，在最低位置开有疏水孔，使水分能及时流出，防止在汽缸中积水而损伤叶片等零部件。下半汽缸前后两端有两个外伸的支撑凸台（通常形象地称其为“猫爪”），整个汽缸依靠这两对支撑凸台搁置在台板上。

7.1　汽缸的分类及主要结构形式

7.1.1　汽轮机汽缸的分类

汽缸的种类很多，对加工工艺影响最大的是汽缸的材料，汽缸材料主要取决于工作温度。汽缸分类有多种分类方法：

1）按材料分类。铸钢、铸铁、钢板焊接及铸焊汽缸。

2）按工作蒸汽压力高低分类。高压缸、中压缸及低压缸汽缸。

3）按结构分类。单层缸、双层缸、连体缸及分缸汽缸。

4）按汽流流向分类。单流和双流汽缸。

5）按支撑情况分类。上缸支撑和下缸支撑汽缸。

对一个具体的汽缸来说可以是涉及几种类别。如：高压缸汽缸又是铸钢汽缸，它可以是单层缸，也可以是双层缸。可以是连体缸，也可以是分体缸，这要看具体的结构才能确定。

7.1.2 汽缸的典型结构形式

汽缸的结构取决于进汽参数、容量、用途（纯发电，热电联供，背压等），所以汽缸的种类繁多，结构也各异，下面就几种典型结构形式的汽缸加以简单介绍。

1. 单层结构汽缸

（1）一侧进汽、另一侧排汽结构　如图 7-1 所示是汽缸中最简单的一侧进汽、另一侧排汽的单层结构汽缸。

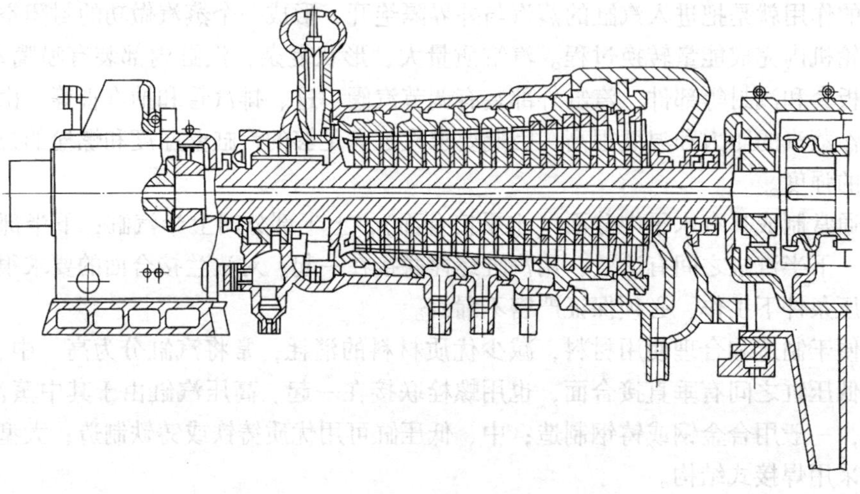

图 7-1　一侧进汽、另一侧排汽的单层结构汽缸

蒸汽从高压侧进入，经过多级叶片做功后，由低压侧排出。这种汽缸结构的优点是：结构比较简单，设计、制造过程也不繁琐。但这种结构又具有如下较多的缺点：

1）单层缸结构，缸壁内外温差较大，汽缸壁内的温度梯度也相对较大，这就要求汽缸的材质比较好，尤其是高温区的汽缸的材质要求更为严格；汽缸内外壁温差大的第二个问题是要求汽缸壁要厚，从而减小温度梯度，但汽缸壁变厚又将带来汽轮机起停的不方便，汽轮机起停的速度减缓等问题。

2）汽缸一侧进汽另一侧排汽的结构，造成汽轮机单侧轴向推力较大，如果汽轮机是只有一个汽缸的小汽轮机，则全部轴向推力由推力轴承承担，这样推力轴承容易变形损坏。

由于上述原因，单层缸且一侧进汽另一侧排汽结构的汽缸在现代大容量汽轮机中已不采用，这种结构的汽缸一般只用于早期生产的 50MW 容量以下的汽轮机。

（2）中间进汽、单层分流式结构汽缸　单层、中间进汽分流式结

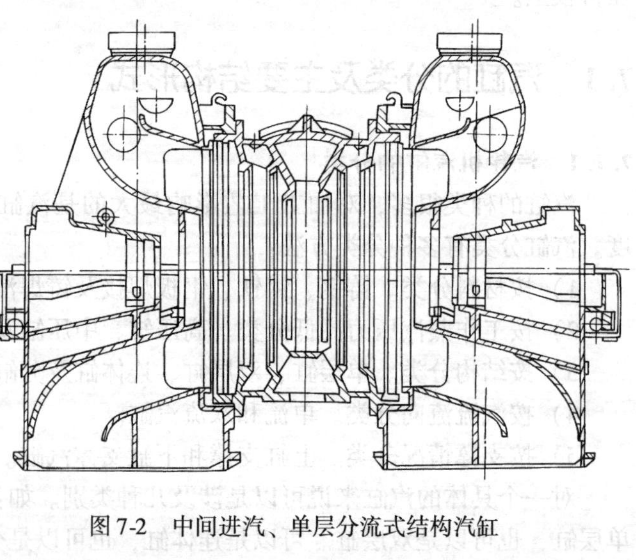

图 7-2　中间进汽、单层分流式结构汽缸

构的汽缸由于具备单层缸的缺点，故这种类型的汽缸一般用于 200MW 及以下汽轮机的低压缸。如图 7-2 所示为中间进汽、单层分流式结构汽缸。

一些中温、中压的大功率核电汽轮机由于蒸汽参数相对较低，高压缸也设计成中间进汽、单层分流式结构。图 7-3 为 900MW 核电汽轮机中间进汽、单层分流式结构的高压汽缸结构图。

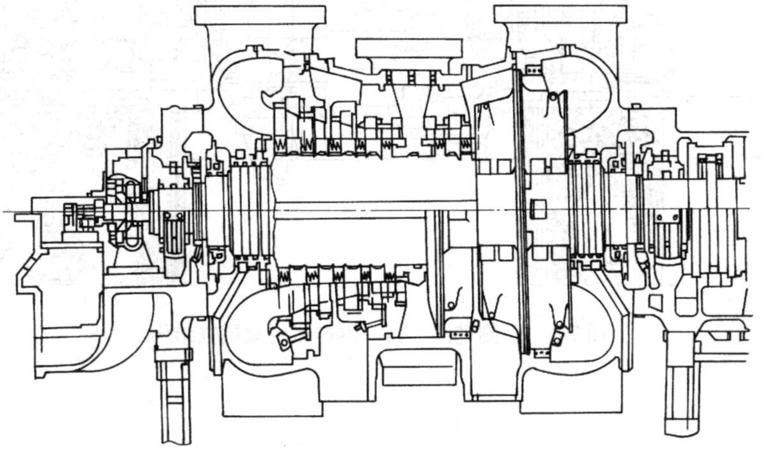

图 7-3　900MW 核电汽轮机中间进汽、单层分流式结构的高压汽缸结构图

2. 双层或多层结构汽缸

对于高参数、大功率、一次中间再热汽轮机来说，汽缸结构几乎无例外地采用双层或多层结构。

采用双层缸可以大大简化汽缸结构，使缸壁变薄，而且在内、外缸夹层中通有压力、温度都较低的蒸汽不断流动，这样就起到了内、外分段平衡的作用，不但有利于减小内、外缸的缸壁温差，使得汽缸的热应力减小，防止汽缸热变形，而且也便于汽轮机加快起停速度，缩短汽轮机起停时间。同时，外缸在较低的温度、压力环境下工作，可以采用耐温较低的金属材料，从而节约了耐热合金钢。如国产 300MW 组的汽轮机，高、中压内缸处于较高温度下工作，因此，汽缸材料采用综合力学性能较好的珠光体热强钢，型号为 ZGCr1Mo1V，它可在 570℃以下长期工作。高、中压外缸所处的温度比较低，在额定工况时，高压外缸温度为 375℃，中压外缸温度为 440℃，所以高、中压外缸所用的材料为 ZG20CrMo 钢。

（1）一侧进汽、另一侧排汽的双层缸结构　图 7-4 为法国 Alsthom 公司生产的 600MW 汽轮机的高压缸，其结构是双层缸，进汽侧位于 2 号轴承箱，反向流动布置，蒸汽从中压缸侧进入汽缸做功，从机头侧流出。高压缸反向布置主要是与中压缸形成对称结构，以平衡转子上的轴向推力。高压内缸用牌号为 ZG20CrMo1V 合金钢浇铸而成，高压外缸用牌号为 ZG15Cr2Mo 合金钢浇铸而成。

（2）中间进汽回流式双层缸结构　图 7-5 为美国西屋公司系列 300MW 汽轮机高压缸断面。汽缸采用中间进汽回流式双层结构形式。其缸体通过前后支撑凸台支撑在前、中轴承座上，高压级布置在内缸中，且呈逆流方向布置，以平衡轴向推力。高压缸的这种结构具有轴向推力自平衡功能。

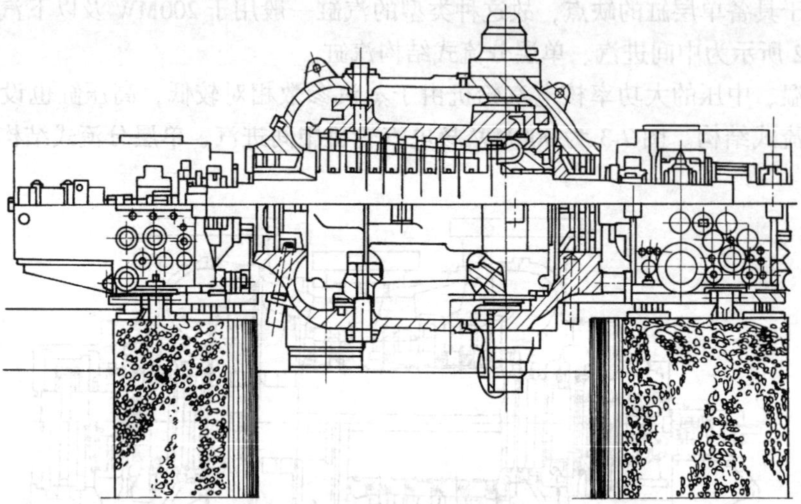

图 7-4　一侧进汽、另一侧排汽的双层缸结构

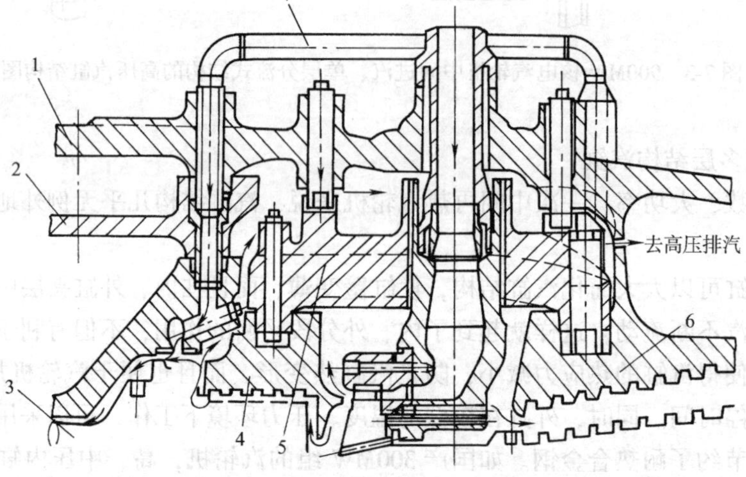

图 7-5　中间进汽回流式双层缸结构

1—外缸　2—中压内缸　3—中压平衡活塞　4—高压平衡活塞

5—高压内缸　6—高压叶片持环　7—连通管

(3) 中间进汽分流式双层或多层缸结构　600MW 以上汽轮机的中压缸有两种结构形式，一种是与高压缸分流对称布置（Alsthom 公司的 600MW 汽轮机），另一种是中间进汽分流式双层结构。ABB 公司的 600MW 汽轮机、东芝公司的 600MW 汽轮机、哈尔滨汽轮机厂（WH 技术）的 600MW 汽轮机、前苏联 800MW 超临界汽轮机的中压缸都是按这种结构设计的。

大功率汽轮机低压缸采用分流多层缸结构的设计原因是：

1) 低压缸的排汽体积较大，需要有较大的排汽容积，因此排汽缸尺寸庞大，而进入低压缸的汽温与排汽温度相差大致在 200℃左右，为了改善低压缸的膨胀，采用内、外缸或内 1、内 2、外缸双层或多层缸结构。将通流部分设在内缸中，承受温度变化。

2）庞大的排汽外缸则处于排汽低温状态，其膨胀较小。如图7-6所示为上海汽轮机厂（WH技术）制造的300MW汽轮机低压缸。低压第一层内缸中装有低压段的前四级，其内壁温度为低压缸进汽温度，即320℃，其外壁温度为第四级出口温度（95℃左右），因而减小了温差。在第二层内缸装有末二级叶片，其内壁温度为95℃左右，而外壁温度即排汽温度为33℃左右，所以第二层内缸的温度梯度也相应减小。同时，在第一层内缸中除了简化结构、改善热膨胀外，还采用静叶环结构，在发电机端的静叶环中装有两级静叶，在调速器端的静叶环中装有三级静叶。叶片布置成对称分流结构完全出于自平衡轴向推力及其他外力的需要。

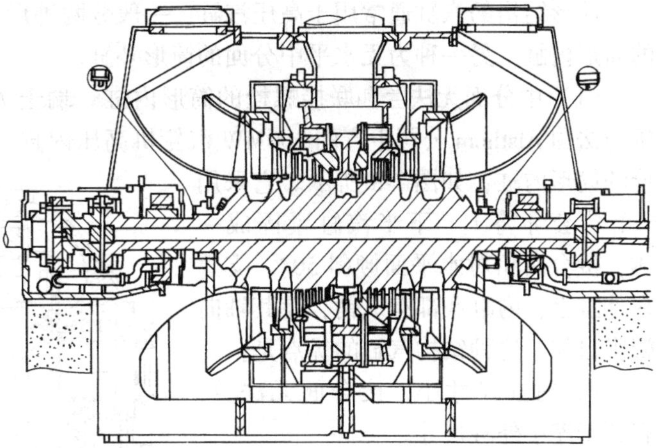

图7-6 300MW汽轮机中间进汽分流式三层汽缸低压缸结构

3. 高中压合缸

所有现代300MW等级汽轮机以及个别600MW汽轮机，如东方汽轮机厂制造的600MW汽轮机的高中压缸设计成高中压合缸的双层结构，如图7-7所示。高中压缸采用合缸结构，即高中压叶片布置在同一根轴上，且反向对称布置，以自平衡轴向推力。高压内缸、高压静叶环、中压静叶环均布置在一个高中压外缸内，形成双层缸结构。这样布置，结构紧凑，省去了两转子间的轴承和轴承座，有效地缩短了汽轮机的长度。进汽部分在汽缸中部，两端轴承座离高温部分较远，热影响较小。但是，高中压合缸后，结构较复杂，动静胀差也复杂化，转子跨距增大，从而要求提高转子刚度，相应增大部件尺寸。尤其是高中压进汽管均集中布置于汽缸中部，使尺寸庞大的合缸结构铸件更为复杂和笨重，这也是限制它在大功率汽轮机上应用的原因之一，目前最大的高中压合缸汽轮机为600MW左右。

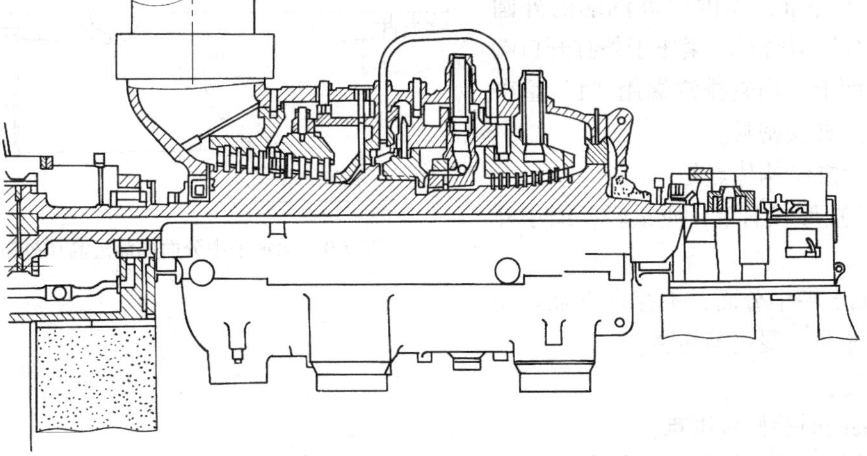

图7-7 高中压合缸双层缸结构

4. 筒形汽缸

筒形结构的汽缸通常用于高压汽缸，一般分两种形式：一种为中分面无法兰和联接螺栓的筒形内缸，另一种为无水平中分面的筒形外缸。

（1）中分面无法兰和联接螺栓的筒形内缸　瑞士 ABB 公司生产的超临界 600MW 汽轮机与法国 Alsthom 公司生产的 300MW 汽轮机高压内缸，采用的就是中分面无法兰和联接螺栓的筒形内缸，如图 7-8 所示。它采用 6 个热套环将上、下半汽缸紧固成一体，接合面相对水平面倾斜 50°，支撑在外缸上，内缸底部有纵销，使其轴向膨胀自如。这种结构汽缸的优点是：

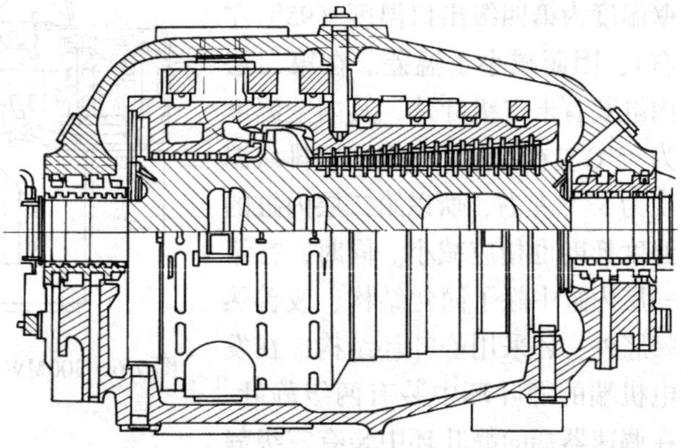

图 7-8　中分面无法兰和联接螺栓的筒形内缸

1）内缸尺寸小，接合面无法兰，有利于缩小外缸尺寸。

2）内缸形状简单，质量轻，整体对称性好，热应力小。

3）无应力集中，对汽轮机起停和变负荷运行的适应性好。

4）内缸无法兰，可简化制造加工工艺和工作量，有利于提高产品质量。

5）汽轮机检修时间间隔长，可用率高。

对热套环的质量要求是：环在汽轮机起停和变负荷的任何情况下，都应具有使汽缸中分面密封的预紧力，还应注意使环的应力不致于超过许用应力。

（2）无水平中分面的筒形高压外缸

无水平中分面的筒形高压外缸，如图 7-9 所示。一端为封头结构，中心开孔，排汽端安装有轴封；另一端开口，是装入内缸的通道。内缸有水平中分面，用螺栓联接。转子在内缸中就位后，与内缸一起垂直起吊，装入外缸，靠内缸进汽端的外圆法兰和“U”型密封环紧压于外缸开口端的内接合面上。内缸排汽端用“I”型密封环将内缸夹层密封。

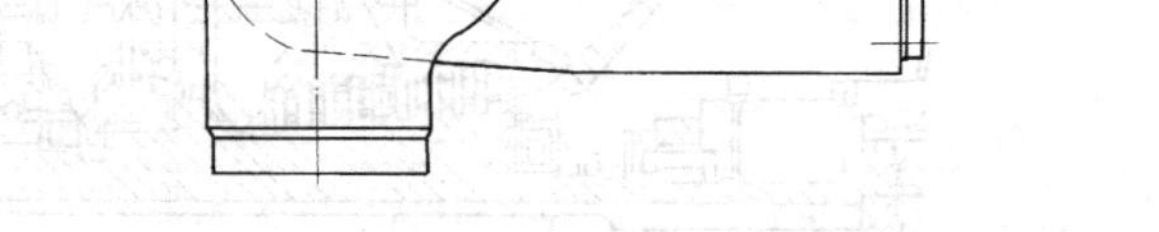

图 7-9　无水平中分面的筒形高压外缸

这种汽缸结构优点是：

1）外缸形状简单，质量轻，缩小外形尺寸。

2）无水平中分面，不存在汽缸热变形和法兰翘曲、漏汽等问题。

缺点是：

1）装配时检验较困难。

2）检修困难，拆卸和安装内缸不方便。

7.1.3　汽缸的主要制造工艺

1）毛坯制造。铸铁、铸钢、焊接等。

2）热处理。改善材料内部组织，消除毛坯制造、焊补及机械加工后所产生的内应力。

3）机械加工。常分粗加工和精加工两个阶段。

4）水压试验。检查材料质量和接合面的加工质量。

在这些制造过程中都有检验工序，包括 X 光探伤，焊缝超声波探伤等。

7.1.4 汽缸的铸造

汽缸是汽轮机中最大的铸件，铸造车间的设备，例如化铁炉、电弧炉、行车、浇包或盛钢桶、砂箱或地坑、落砂机、水爆、水力清砂设备、烘模炉及热处理炉等的大小往往是由汽缸的大小而决定的。因此，设计汽缸时，要考虑工厂现有铸造设备的生产能力。

汽缸一般为砂型铸造，单件生产。由于汽缸较大，铁（钢）水对砂型的压力和浮力可达几十吨，因此要求砂型有较高的强度，砂箱有较好的刚性。为提高砂型的强度，都采用烘模浇注。汽缸形状复杂、有较多的大泥芯，在制造泥芯时，泥芯骨近铸壁处须用软钢扎成外壳，使泥芯表面层的型砂浇注后容易压溃，以便于铸件收缩。泥芯内部可透空，填焦碳等，改善通气性。

由于汽缸铸件尺寸大，它的冷却收缩量也较大（多达几厘米），因此必须防止铸件内部产生过大的应力。

本章主要介绍汽缸的机械加工内容。

7.2 不同类型汽缸的机械加工

汽缸加工的特点是零件体积大，质量重，形状复杂，加工面多，尺寸精度，位置精度、表面粗糙度要求较高。

7.2.1 铸钢汽缸

一般铸钢汽缸的加工过程：划线→粗加工水平中分面→超声波探伤→粗车汽缸内腔→二道砂（彻底清砂、非加工面打磨、磁粉探伤、焊补等一系列工序，简称二道砂）→焊各抽汽管、保温螺母等→热处理（除应力）→喷丸→非加工表面磁粉探伤→精加工划线→精加工水平中分面→钻水平中分面各孔→拼缸钻、铰定位销→精车各平面、隔板槽及汽封槽等→划各加工工艺凸台面线、压板槽线及键槽线等→镗床加工工艺凸台面、压板槽及键槽等→泵水→总装。

而像引进 300MW 汽轮机的高中压外缸是高中压拼缸结构的汽缸，其加工工艺又与一般铸钢汽缸不一样，粗加工、二道砂、热处理由毛坯厂加工生产，进厂后进行精加工工序，由于是拼缸结构，两端汽封挡（汽封槽之间的部位）直径小，中间装内缸的腰带直径大，不能在立式车床上精加工，只能在数控龙门铣上加工，以后的加工工艺也不一样。

如 300MW 高中压外缸：划线→数控龙门铣粗铣水平中分面，中分面各螺孔定位→钻水平中分面各孔→数控龙门铣半精铣各汽封挡及腰带等，钻定位销孔等→数控龙门铣精铣水平中分面→泵水→钻内、外缸定位销孔→数控龙门铣铣削背部各孔、各螺孔等，加工进汽口各内部型线、各工艺凸台外部型线→装焊蒸汽室→局部热处理→各焊接部位磁粉探伤及 X 射线检查→加工各口的外部型线→攻各螺纹。

7.2.2 铸铁汽缸

铸铁汽缸主要用于 50MW 以下汽轮机的后汽缸，根据工艺路线，粗、精加工在同一工序中完成，中间没有热处理，所以相对一般铸钢汽缸省略了粗加工、装焊和热处理。其余加工工序与铸钢汽缸相似。

7.2.3 焊接汽缸

焊接汽缸主要用于低压外缸，其绝大部分加工都在数控镗铣床上加工，主要是水平中分面加工，水平中分面各孔的加工，下半座架面加工，垂直中分面加工，垂直中分面上孔的加工和汽缸内轴承、油封等部位的加工。

7.3 汽缸机械加工中的典型工序

汽缸加工通常分为粗加工和精加工两个阶段。

粗加工目的是去除多余金属，尽早发现铸造缺陷，进行补焊，粗加工需留精加工余量，通常单面留3～5mm余量，粗加工后需进行除应力处理。

精加工是将工件加工到最终尺寸，并达到表面粗糙度、形位公差等要求。精加工应注意正确的安装和夹紧，防止产生弹性变形，尽量减少拆装次数，避免汽缸起吊，翻身引起变形。

数控机床的应用使汽缸加工工艺由单工序加工方法，改进为多工序加工方法，也就是在一次装夹状态下加工原来由多道工序完成的工作。例如，300MW高中压外缸的上、下半汽缸在数控龙门铣上，通过安装接长杆、角尺铣头、万向铣头、旋风铣装置等附件，可以完成检查各尺寸余量，加工汽缸中分面和各内圆、中分面螺孔和定位孔、支承键槽、两端定中心梁平面及螺孔、各种斜孔等各项内容，这样可取代以往需经划线、刨床、钻床、镗床等多台机床才能完成的工作。多工序加工方法具有加工精度高、生产效率快的优点。

7.3.1 划线

汽缸划线的目的是检查毛坯形状及各加工表面余量分配是否正确。并确定切削加工的尺寸界线。

粗加工划线以非加工表面作为基准，保证汽缸壁厚，汽缸法兰厚度及加工余量的均匀，还可以纠正上、下半汽缸毛坯偏差。确定水平中分面、汽缸轴向中心线、进汽管口中心线，根据这三条基准线再划出各加工面的尺寸界线。

精加工划线以已加工的水平中分面作为基准，划出水平中分面，划出汽缸轴向中心线、进汽口中心线，再划出垂直中分面线及各加工部位尺寸界线。

汽缸水平中分面精加工后，划上半汽缸水平中分面上各孔线，为保证上、下半汽缸水平中分面上各孔的位置正确、同轴，先加工上半汽缸上各孔，根据上半汽缸孔划出下半汽缸上的各孔线。上半汽缸水平中分面孔线，可直接划出，或者使用专用划线样板来划，可提高效率并不易出错。数控设备加工时，一般使用预先编制好的点孔程序直接进行点孔标记。

汽缸划线是一项复杂的工作，一般汽缸划线要翻几次身，轴向长度长的汽缸，还要侧立汽缸划出轴向中心线。汽缸划线要注意水平法兰厚度、汽缸壁厚度、加工余量分布，要全面兼顾。因毛坯偏差而造成无加工余量时，铸钢件汽缸一般用堆焊方法来补救，堆焊位置，应选在堆焊量少的地方，这样可减少堆焊工作量。

7.3.2 水平中分面的加工

汽轮机在工作时，要求汽缸中分面在蒸汽冲击下必须紧密贴合，不允许漏汽。因此，对汽缸中分面的要求非常高，表面粗糙度 $R_a=1.6\mu m$，自由合拢时，不允许塞进 0.05mm 塞尺。

传统的汽缸中分面的精加工方法通常在龙门刨床上先刨削，然后装立式磨头通过精密磨削来实现，先磨削上半汽缸，然后以此为基准磨下半汽缸，直至两半平面度适当。这种工艺方法的生产效率极低。

现在，在数控龙门铣床、数控镗铣床、龙门铣和普通镗床上广泛采用英格索 MAX-I6C2K 或 6C2L 型平面铣刀进行汽缸中分面的粗加工。该刀具刀片切向布置，承受切向力的截面大，可获得较大进给量、较大背吃刀量。然后，采用英格索 MAX-16F2K 型平面精铣刀进行汽缸中分面精加工，以铣代磨。该铣刀装有超精研磨的刮光刀片，切削刃为椭圆形，适用于大平面的精加工和高进给，背吃刀量仅为 0.01 ~ 0.05mm，每分钟进给量高达 700 ~ 1000mm，表面粗糙度 $R_a=0.8\sim1.6\mu m$，完全符合图样的要求。

1. 粗加工

水平中分面的粗加工，一般在龙门刨床、镗床或龙门铣床上进行。也可以在立式车床上加工，在立式车床上加工效率高。在立式车床上加工时，工件是旋转的，所以是断续切削，工件受冲击，要特别注意装夹的牢固性，以免工件松动，造成事故。汽缸在车床上按划线校正。根据加工需要可焊上安装工艺凸台，尤其是在立式车床上加工，必须装夹稳固。安装的工艺凸台在精加工完成后去除。

2. 精加工

对于单缸汽轮机汽缸，水平中分面的精加工可在龙门刨床、镗床或龙门铣床上进行，高中压外缸（连体缸）在数控龙门铣床上加工。数控龙门铣床精度高，表面粗糙度值低，而且与汽缸内腔一起加工，能保证水平中分面与汽缸内腔的平面、腰带、汽封挡等部位的垂直度。在数控龙门铣床上精加工汽缸，其安装方式与装配、运行时的支撑方式一样，所以加工精度高。精加工装夹时要注意汽缸不发生弹性变形，否则要影响加工精度。

7.3.3　水平中分面上联接孔和螺孔的加工

一般汽缸中分面联接孔、螺孔没有预钻孔，高中压外缸由重型厂提供（粗加工，除应力），重型厂提供的汽缸水平中分面有预钻孔和无预钻孔两种。

1）单缸汽轮机汽缸水平中分面联接孔（螺孔）。上半汽缸按划线找正钻孔，为提高效率，可设计划线样板划线，不但提高效率，且可避免差错。通孔在钻床上加工。下半汽缸水平中分面联接孔、螺孔按上半汽缸的孔划线。然后再钻孔，攻螺纹。

2）高中压外缸、低压缸等汽缸的水平中分面联接孔。通常由数控机床定位（定位置和预钻深 50 ~ 100mm 的孔，作为钻孔的基准），这种加工工艺可省略划线样板，和保证钻床钻孔的垂直度，提高产品质量。下半汽缸水平中分面螺孔也在数控机床上加工，按螺孔规格大小，分三种工艺方法加工螺孔。M64 以下用丝锥攻螺纹，M90 以下用旋风切削头加工。用旋风切削头加工螺纹，其加工效率高，质量好。M90 以上大螺纹，按三轴联动编程序铣螺纹，螺纹质量好，可省去大螺纹丝锥，降低成本，提高质量。还可解决特大螺纹的加工（如某 300MW 汽轮机中的进汽口螺纹 M540 ×4）。

7.3.4　水平中分面上疏水槽、卸荷槽的加工

汽缸水平中分面上设计有疏水槽、卸荷槽，一般深度为 5mm，但其穿通所有的水平中分面上的孔，而且形状五花八门，由多种圆弧、直线、斜线组成。以前没有数控机床时，疏水

槽，卸荷槽只能设计成简单的直线和斜线相连接。即使这样，在镗床加工斜线部分时，只能用手一点点刮出来，加工质量很差，达不到图样要求。现在疏水槽、卸荷槽都在数控机床上编程加工。能满足任意圆弧和斜线、直线连接的形状，加工质量很好。

7.3.5 汽缸内腔加工

汽缸内腔加工，主要是内圆、平面、腰带、汽封槽等尺寸，是汽缸的主要加工部位，对加工精度、表面粗糙度等要求都很高。

1. 单缸汽轮机汽缸

单缸汽轮机汽缸，或有垂直中分面的汽缸，内腔粗、精加工都可在立式车床上加工。

粗加工时水平中分面上尚未钻孔，上、下半汽缸按拼缸线（平线，圆线）对正，然后在上、下半汽缸法兰处焊上四块钢板将上、下半汽缸连成一体，上立式车床进行粗加工。立式车床上装夹要稳、牢固，在需搭压板的地方焊上装夹用的工艺凸台。工艺凸台要焊平，要牢固。汽缸按直线和圆线校准。通常内圆、平面按尺寸单面留5mm的精加工余量。如果在前汽缸部位有装蒸汽室的槽子，则需要按图加工到尺寸，不要留余量。粗加工后，汽缸要进行二道砂，然后，装焊、消除应力后进入精加工。

精加工在立式车床上进行。精加工前校调是一个关键工步。由于汽缸是两半零件，所以在立式车床上需校正中心和垂直。要求：中心偏差小于0.1mm，垂直度小于0.1mm/100mm。校正后才能开始精车内腔各尺寸，及装喷嘴组的槽子。精车夹紧时要避免汽缸变形，压板、垫铁都按要求放好，再夹紧，然后开始精加工。要随时注意切削情况，表面粗糙度要达到图样要求。尺寸精度由千分尺或样板控制。翻身加工，加工完的圆作为校圆基准，以保证各圆的同轴度。

在立式车床上校正中心和垂直的工艺方法：

（1）校中心

1）利用校中心工具来校正汽缸的中心。要用校中心工具校中心，下半（上半）汽缸必须要有左右各一块校调工艺凸台，在加工时工艺凸台平面与水平中分面一起加工出来。将校中心工具的两测量块平面紧贴工艺凸台平面，然后将中心的圆块的外径校圆即校准了汽缸中心。

2）加工等高面来校正汽缸的中心。水平中分面精加工后，在汽缸的外圆最高处（天、地）铣出一小块平面，要求上、下半汽缸的水平面距水平中分面的距离相等（如有偏差，可以记下数值，在校中心时将差值计算在内）。汽缸在立式车床上校中心，只要用千分表将等高面校到读数相等即校正了汽缸中心。

3）在汽缸内圆处加工等高圆弧面来校正中心。在水平中分面精加工后，在汽缸的内圆最高处（天、地）铣出一等高圆弧，要求上、下半圆弧面距水平中分面的距离相等（如有偏差，记下实际数值，在校中心时将差值计算在内）。汽缸在立式车床上校中心，只要将等高圆弧面用千分表将等高面校到读数相等，汽缸中心即校正。

（2）校垂直

1）在上半（下半）汽缸的左、右面，上、下有四块校调工艺凸台，在汽缸基本校平、校圆的基准上，利用刀架上、下行程，用千分表读出上、下两数值，然后将工作台连同汽缸一起旋转180°，同样用千分表读出上、下两数值，不断的校正，使左面上、下两数值与右面上、下两数值刚好相反，说明垂直已经校好。上、下数值差反映了立式车床刀架向后倾斜的数值，由于左、右两面是相差 180°后测得的，所以立式车床刀架向后倾斜的方向正好相反。

2）在精加工汽缸水平中分面后，以水平中分面为基准，车一刀垂直中分面，这时的水平中分面与垂直接合面的垂直精度由加工设备来保证，在校调时只要将垂直接合面校正，汽缸垂直即校正。

3）在上、下半汽缸两内圆处铣等高圆弧面，要将等高圆弧面的实际数值记下来。在立式车床上校垂直时可用两只千分表同时校等高圆弧面，根据实际差值校正，这样中心和垂直可一次校正。如遇汽缸很高又要翻身加工的，可在两端各铣两圆弧等高面，作为翻身加工的校调基准，同样方法校正中心和垂直。

2. 高中压外缸

高中压外缸一般无垂直接合面，两端汽封挡内圆尺寸小，内腔尺寸大，不能在立式车床上加工，通常在数控龙门铣床上加工。上、下半汽缸同时在数控龙门铣床上装夹，先加工安装用的工艺凸台面，以已加工的水平中分面为基准，然后将水平中分面朝上装夹，垫铁位置在加工过的安装工艺凸台面上，加工装夹状态与总装状态一致，误差较小。汽缸加工时以进汽口中心为基准加工所有的尺寸，与设计基准一致故误差较小。然后进行水平中分面、汽缸内圆、平面、腰带等部位的精加工。在数控龙门铣床上依次完成各主要加工部位，所以加工质量好，形位公差、尺寸精度都能保证。

3. 低压外缸

低压外缸通常是冷焊件，不分粗、精加工。一般在数控镗铣床上加工。水平中分面、座架面、水平中分面上各孔的定位加工，各螺孔的加工，都在数控镗铣床上编程进行。上、下半汽缸拼合后仍在数控镗铣床上加工，镗准各平面、内圆等尺寸。

4. 汽缸的其他加工

汽缸精加工后的主要加工内容是镗削和钻。其他加工以精车后的中心作为划线基准，因为经车削加工后，其汽缸的轴向中心线已经确定，轴向位置（以进汽口为基准）也已确定，这样各加工部位的位置都可以确定下来。

7.3.6　汽缸的水压试验

汽缸水压试验（俗称泵水）是汽轮机制造过程中一道很重要的工艺工序，它是对精加工（或半精加工）后的各种内、外汽缸进行的气密性试验。能够检查出铸钢件、铸铁件、焊接组合件的内部缺陷和加工质量方面的问题。与用其他方法（X 光检查、超声波检查）相比，既经济又方便，特别是对于大型汽缸的设计刚性和铸造缺陷等也只能用水压试验的方法来进行检查。汽缸的水压试验是汽轮机制造质量及安全运行可靠的重要保证之一。

水压试验的密封方法和密封结构形式等要根据汽缸的压力大小来确定。通过水压试验可以检测汽缸的加工质量和汽缸材质内部是否存在裂纹、粘砂、缩孔等缺陷。

汽缸水压试验的工具主要有上下半汽缸中分面合缸所用的水压试验紧固螺栓和各种闷板。为了完成汽缸在设计时规定的试验时间和压力下的压力试验，必须对汽缸这个庞然大物的所有通道进行封堵，而且要根据汽缸不同腔室的试验压力要求及腔室的尺寸大小，通过强度计算确定闷板的密封形式、所需法兰厚度、安装紧固方法等，还要考虑到橡胶密封件在受力后产生变形所需的间隙，满足设计要求，达到安全可靠和保证质量。

7.3.7　汽缸加工的设备及工装

汽缸加工的典型设备及工装见表7-1。

表7-1　汽缸加工的典型设备及工装

序号	加工内容	加工设备	工装、刀、量具	备　注
1	划线	划线台，划线盘，千斤顶，重锤等	划线样板	上、下半汽缸互划及下半汽缸孔线
2	水平中分面加工	立式车床，镗床，刨床，数控龙门铣床，数控镗铣床	磨头，粗、精铣刀	用0.05mm塞尺检测上、下半汽缸合缸间隙
3	水平中分面孔、螺孔加工	钻床，卧式钻床，数控龙门铣床，数控镗铣床	钻头，扩孔钻，括排，铰刀，丝锥，螺纹样柱，三轴联动用铣刀杆，对刀块	螺纹样柱检查螺孔
4	内腔加工	立式车床，镗床，数控龙门铣床，数控镗铣床	内径千分尺，深度千分尺，槽卡板，样板，三面刃铣刀，玉米铣刀，花盘，镗排等	用卡板，样板检测槽子等
5	卸荷槽加工	镗床，卧式钻床，数控龙门铣床，数控镗铣床	面铣刀	
6	水压试验	水压试验台	力矩扳手，加热棒，伸长测量仪，水泵，压力表，管道等	达到压力10min不渗漏

7.4　典型汽轮机汽缸的加工工艺

7.4.1　铸钢汽缸的加工工艺

一般汽轮机的前汽缸、中汽缸都是铸钢件，前汽缸为合金钢或碳钢，中汽缸为碳钢，后汽缸为铸铁件或冷焊组合件。图7-10所示为铸钢汽缸纵剖视图。

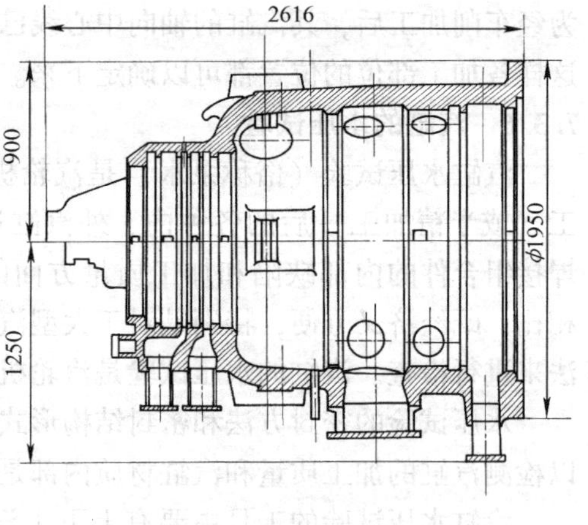

图7-10　铸钢汽缸纵剖视图

1. 铸钢汽缸的粗加工

铸钢汽缸的粗加工要求为：

1）水平中分面粗加工时留1mm余量。

2）装喷嘴室槽要按图样要求做准，其余尺寸可留3~5mm余量。

3）装喷嘴室槽加工后的划线工序，都要以此为基准划线。

4）第一次划线时，应将上、下半汽缸并列互划，以便于纠正毛坯偏差。

铸钢汽缸粗加工的主要工序见表7-2。

2. 铸钢汽缸的精加工

汽缸除应力、喷丸后，进行精加工。铸钢汽缸精加工的主要工序见表7-3。

表 7-2　铸钢汽缸粗加工的主要工序

序号	工序名称	加工设备	加工内容	备　注
1	划线	划线台、划线盘、千斤顶、重锤等	划水平中分面线	竖立工件，找出中心，划中心十字线、垂直接合面线、各线段、总长线、装喷嘴室槽线、进汽口平面线及各工艺凸台面线
2	粗加工	刨床或镗床	水平中分面粗加工	水平中分面留 1mm 余量，进汽口平面、支撑凸台平面等都留 5mm 余量
3	钳工，电焊工	吊车、焊机等	拼合上、下半汽缸	因为中分面孔尚未加工，所以用四块钢板将上、下半汽缸焊成一体
4	划线	划线台，划线盘，划线样板	划校正用圆线、平线	
5	粗加工	立式车床	粗加工各内圆	每面留 3 ~ 5mm 余量。车准装喷嘴室槽子，因为在除应力前要将喷嘴室装焊上
6	划线	划线台，划线盘，划线样板	划进汽口中心线，各抽汽口中心线等	都要以装喷嘴室槽子的中心为基准来划
7	镗削	镗床	粗、精镗各进汽口、抽汽口等	电焊坡口不加工
8	二道砂		彻底清砂，探伤等	
9	装焊	电焊机	将部件中喷嘴室、接管、保温螺母等零件都装上，焊接	
10	热处理		消除粗加工及焊接的应力	
11	喷丸		非加工面打磨	

表 7-3　铸钢汽缸精加工的主要工序

序号	工序名称	加工设备	加工内容	备　注
1	精加工	刨床或镗床	刨准水平中分面	
2	划线	划线台、划线盘、划线样板	划支撑凸台厚度线	竖立工件，找出中心，以进汽口中心划垂直接合面线、端面线、各段线及总长线。划上半汽缸水平中分面上各孔线，下半汽缸水平中分面上各孔线应根据上半汽缸来划
3	钻孔	钻床	钻、扩水平中分面上各孔	凡锥销孔、定位孔都只预钻。扩孔、钻排、倒刮排、丝锥、样柱、接长钻，攻丝夹头等工装

（续）

序号	工序名称	加工设备	加工内容	备　注
4	磨削	磨床	磨准水平中分面	
5	钳工	吊车等	拼合上、下半汽缸	
6	钻孔	钻床	同钻、铰定位锥销孔（或定位孔），配入定位销	
7	划线	划线台、划针盘、划线样板	划校调用圆线及平线	作为立式车床精车校调用
8	内腔加工	立式车床	精车各内圆、喷嘴槽等尺寸。翻身精车各剩余内圆及总长	精车前需校中心及校垂直
9	划线		划垂直接合面上各孔线	用划线样板
10	螺孔加工	钻床	钻孔、锪平面，钻孔、攻螺纹等	
11	钳工		拆开上、下半汽缸	
12	划线	划线台，划线盘，划线样板	划水平中分面上各压板槽线、键槽线、各孔线、各缺口线、疏水槽线等	不要遗漏加工部位。因镗床加工时习惯以划线为准
13	镗削	镗床	镗各压板槽、缺口、键槽等上一工序划线的加工部位	不要遗漏加工部位
14	划线	划线台，划线盘，划线样板	划钻床（镗床）上加工的各孔线、各螺孔线等	由于各孔繁多，要仔细，勿遗漏
15	钻孔	钻床	钻各孔，攻各螺纹孔等上一工序划线内容	
16	装配		与中汽缸拼缸，并钻、铰定位销孔，配入定位销	
17	泵水	水泵等	水压试验	密封工装
18	泵水后复原	镗床	按泵水后要求，割去各抽汽口闷板并加工电焊坡口	

铸钢汽缸的精加工要求：

1）精加工划线以进汽口中心为基准。

2）水平中分面各孔、螺孔加工，上半汽缸按划线加工，下半汽缸以上半汽缸划线加工。定位锥销孔、定位孔等都需预钻。

3）精车、校中心，校垂直应确定一种方法。加工工艺应适合所选的校中心、校垂直方法。

4）磨水平中分面，如尺寸允许，前、中汽缸可在拼缸后一起进行加工。

经过上述加工工序后，铸钢汽缸加工结束，可进入总装。

7.4.2　铸铁汽缸的加工工艺

铸铁汽缸不分粗、精加工。铸铁汽缸（图 7-11）加工的主要工序见表 7-4。

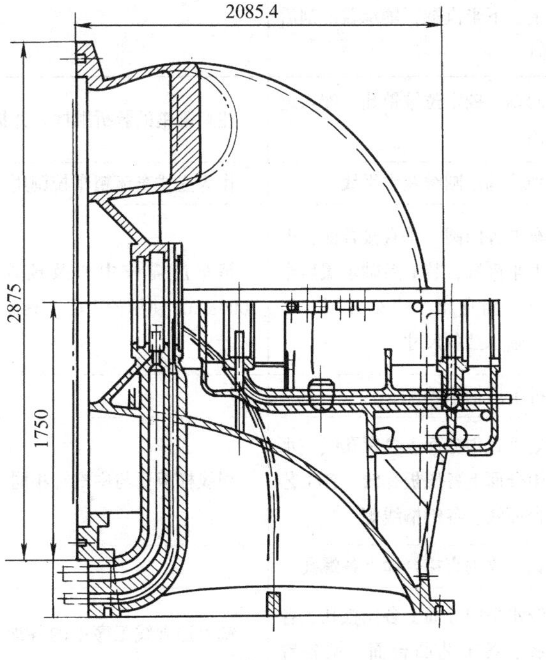

图 7-11　铸铁汽缸纵剖视图

表 7-4　铸铁汽缸加工的主要工序

序号	工序名称	加工内容	备　注
1	划线	划水平中分面线、顶部各法兰面线	竖立工件，找出中心，划中心十字线，划垂直接合面线、内圆各线、总长线、水平线等，下半汽缸在划线前应电焊去除铸口凸出部分。划下半汽缸座架配合面线、排汽法兰面线、各工艺凸台面线。上、下半汽缸并列互划，以便纠正毛坯余量偏差
2	刨削	刨顶部法兰面，刨准水平中分面	下半汽缸排汽法兰面、座架面可在立式车床加工（提高效率），水平中分面可在立式车床粗车，并留 1mm 余量，然后由刨床刨准
3	划线	划水平中分面上各孔线、顶部法兰面上螺孔线，划出下半汽缸排汽法兰面上各螺孔线、座架配合面上孔线	下半汽缸水平中分面上各孔线根据上半汽缸和轴承盖来划。排汽法兰面上各螺孔线应使用划线样板
4	钻削	钻、扩水平中分面上各孔。钻、攻各螺孔，锪面，预钻锥销孔（或定位孔）。钻、扩、攻下半汽缸排汽口平面、座架平面上各螺孔	使用必需的工装（与前、中汽缸中分面上各孔原则一样）

（续）

序号	工序名称	加工内容	备　注
5	钳工	上、下半汽缸，轴承盖配刮后拼缸	
6	钻削	同钻、铰定位锥销孔，配入定位销	注意锥销的装拆顺序。并拆去后轴承盖后半部分
7	划线	划校调用圆线及水平线	作为立式车床精车校调用
8	车削	车准各内圆、垂直接合面，拆下上半汽缸，装上后轴承盖后半部分。翻身粗、精车各圆、端面、轴承挡各尺寸	精车前需校中心及校垂直。校垂直应小于 0.10mm/1000mm。使用校中心工具
9	钳工	拆下后轴承盖	
10	划线	划垂直中分面上各螺孔线、水平中分面上各压板孔线、各工艺凸台面线、各键槽线等	划线样板要与中汽缸相同。仔细看图，不要遗漏
11	钻削	钻、攻垂直接合面上各螺孔	
12	镗削	铣水平中分面上各压板孔、各螺孔、各工艺凸台面，铣各键槽，铣去各工艺凸台	铣上述划线工序中的各加工部位。要仔细看图，不要遗漏
13	划线	划剩余各螺孔线	
14	钳工	钻、攻各螺孔。清洁	
15	进入装配	修配后座架，同钻、铰定位销孔，配入定位销	

7.4.3 钢板焊接汽缸的加工工艺

钢板焊接汽缸（图7-12）由冷焊车间焊接，除应力后进入金工车间加工。不分粗、精加工。钢板焊接汽缸加工的主要工序见表7-5。

表7-5 钢板焊接汽缸加工的主要工序

序号	工序名称	加　工　内　容
1	划线	划出水平中分面线，找出中心，划上、下半汽缸拼缸线，垂直接合面线，各段线和水平线等
2	中分面加工	铣准水平中分面
3	划线	划上半汽缸水平中分面各孔线，下半汽缸根据上半汽缸划各孔线
4	钻削	钻水平中分面上各孔，倒角。钻、扩、铰定位销孔。配入定位销
5	镗削	镗汽封挡内圆、键槽、平面等
6	划线	划出底部键槽线、座架支承面线、各孔线
7	镗削	铣键槽、座架面
8	钻削	钻、扩各孔，攻各螺纹
9	镗削	铣去各工艺凸台

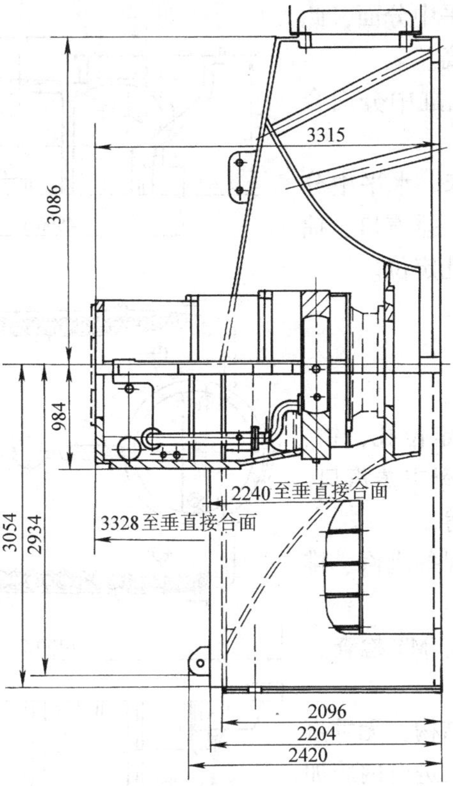

图 7-12　钢板焊接汽缸纵剖视图

7.5　300MW 汽轮机汽缸的加工工艺

300MW 汽轮机为亚临界、一次中间再热、单轴、双缸双排汽、高中压缸合缸（图 7-7），低压缸双流程、三层钢结构（图 7-6）的反动凝汽式汽轮机。

1. 高中压外缸加工

高中压外缸为连体缸形式（图 7-13），材料为 ZG15Gr1MoA，生产路线与铸钢汽缸相同。主要技术要求：水平中分面表面粗糙度值 $R_a = 1.6\mu m$；自由状态合缸间隙小于 0.05mm，间隔一个螺栓拧紧螺栓后间隙小于 0.03mm。高中压外缸毛坯是由外协厂提供。供货状态为粗加工，热处理结束。进厂检验合格后，进车间进行精加工。

高中压外缸加工的主要工序为：

1）划线。侧立汽缸，划中心线、各径向线。竖立汽缸划各部分尺寸线，以及划进、排汽口中心线，内、外圆线等。

2）铣削数控龙门铣床。加工安装基准面，粗铣水平中分面，留 1mm 余量。检查各部分（槽等）加工余量。水平中分面各孔定位、预钻。铣校调平面等。

3）钻削。钻、扩水平中分面上各孔。预钻各螺孔，留 5 ~ 10mm 余量。

4）铣削数控龙门铣床。加工汽缸内腔各汽封挡及腰带，分粗、精铣，注意要上、下半汽缸交叉加工，消除温差影响，保证加工精度。加工定位孔，用旋风铣削或三轴联动铣削方法加工各螺孔。精铣准水平中分面，此工序加工量大，精度要求高。

5）检验。上、下半汽缸中分面合缸间隙小于0.05mm。

6）铣削数控龙门铣床。水平中分面朝下，粗、精铣进汽口、排汽口、抽汽口各加工部位，背部各孔定位。

7）钻削。钻背部各孔。

8）泵水。水压试验。

9）钻削。钻、扩各孔。

10）镗削。镗背部各定位孔，钻、攻各螺孔，预钻各销孔。镗主蒸汽口、抽汽口、进汽口外部型线等。

11）钳工、电焊。装焊各进汽、排汽、漏汽插管。

12）检验。焊缝作RT、MT检查。

13）进入总装。

高中压外缸为连体缸结构，无垂直中分面，在数控龙门铣床上进行内腔加工，加工效率高，质量好。

高中压外缸也可以在车镗床上加工，但安装、校正都很困难，尺寸控制难度大，加工精度不易保证。

2. 高中压内缸加工

高中压内缸的材料为ZG15Gr1MoA，生产路线与铸钢汽缸相同。主要技术要求同高中压外缸加工。

主要工序为：

1）划线。划中心线、中分面线、各段线等。

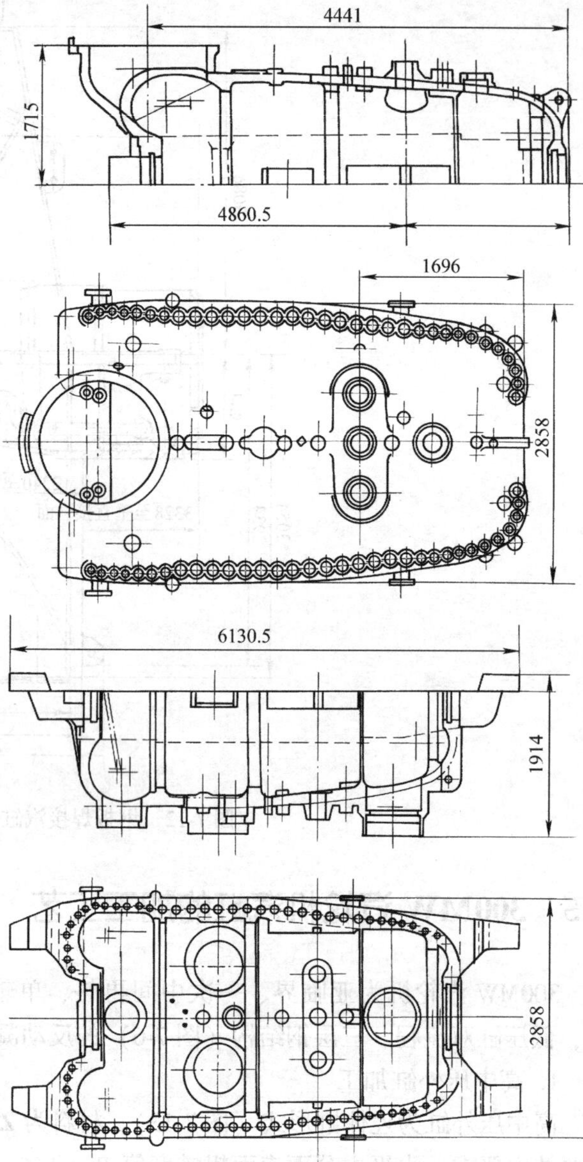

图7-13 高中压外缸上、下半部分视图

2）刨削或镗削。粗、精铣水平中分，表面粗糙度 $R_a=1.6\mu m$。上、下半汽缸自由状态中分面合缸间隙小于0.05mm。

3）定位（数控铣床）。水平中分面各孔定位。

4）钻削。钻、扩上半汽缸水平中分面上各孔。预钻下半汽缸各螺孔。

5）铣削（数控铣床）。铣削下半汽缸螺孔、定位销孔。

6）车削（立式车床）。校正垂直、中心。精车汽缸内腔。

7）划线。划进汽口平面线、圆线、各键槽线及工艺凸台面线等。

8）镗削、钻削、钳工等其他加工。加工各螺孔、键槽、工艺凸台面等。

3. 低压外缸加工

300MW 汽轮机低压外缸为钢板焊接件（图 7-11）。分成三个部件：调压阀端，发电机端和中部。每个部件都由上、下半汽缸组成。低压外缸共有汽缸六个，加工在卧式钻床、数控镗铣床上完成。低压外缸中部，低压外缸调压阀端，发电机端上、下半汽缸的分开加工安排在卧式钻床、数控镗铣床上加工。调压阀端，发电机端的上、下半汽缸合缸加工也在数控镗铣床上加工。

以调压阀端为例，在数控镗铣床上加工上半汽缸的主要工步如下：

1）粗铣。垂直接合面，水平中分面。

2）精铣。水平中分面。

3）钻削。加工各螺孔及钻、扩水平中分面上孔。

4）铣削。粗、精铣法兰、汽封挡等面。

下半汽缸的主要工步如下：

1）粗铣。垂直接合面，水平中分面。

2）精铣。水平中分面。

3）钻削。钻、扩水平中分面上各孔，攻水平中分面上各螺纹。钻、扩轴承座水平中分面上各孔，攻轴承座水平中分面上各螺纹。

4）铣削。粗、精铣轴承处缺口，粗、精铣座架平面等。

上、下半汽缸组合加工主要工步如下：

1）铣削。以上半垂直接合面为基准，粗、精铣垂直接合面。

2）钻削。钻、扩下半垂直接合面上各孔、各螺孔。

3）镗、铣削。粗、精铣导流环，镗、铣汽封挡等部位，加工各孔。

4）钳工。拆去上半汽缸，装轴承盖。

5）镗削。粗、精镗轴承座上油封各部位内圆、球面内圆。

6）镗削。粗、精镗球面。

7）镗削。粗、精镗其他平面、内圆等。

8）铣削。粗、精铣轴承座端面。

9）钻。钻、扩各孔，攻各螺纹。

4. 低压内缸加工

300MW 汽轮机低压内缸分 1 号和 2 号内缸，为钢板焊接结构。汽缸形式为双流，所以汽缸内腔可在大型立式车床上加工。

主要工序为：

1）划线。划中心线，中分面线，各段尺寸线等。

2）镗削。粗、精加工水平中分面。

3）定位、铣削（数控铣床）。水平中分面上各孔定位。铣下半汽缸螺孔及定位孔。

4）钻削。钻、扩上半汽缸水平中分面上各孔。预钻下半汽缸各螺孔。

5）铣削（数控铣床）。铣削下半汽缸螺孔、定位销孔。

6）车削（立式车床）。校垂直、中心。精车汽缸内腔。

7）镗削、钻削、钳工等其他加工。加工各螺孔、各键槽、工艺凸台面等。

第8章 汽轮机的厂内总装与现场安装

一台汽轮机是一部复杂的大型回转机械，是由成千上万个零件有机组合而成的，这一组合过程就是机器的装配。装配可以分为部件装配和总装配。部件装配是将若干个零件组装成一个独立的部件，总装配是将零件和部件组装成整台机器。因此，零件是组成机器的基本单元。

大型汽轮机由于结构复杂，体积庞大，一般属于单件生产，因此，汽轮机大都采用自由节拍固定式装配法。装配时除了采用完全互换和不完全互换装配法外，还广泛采用调整装配法和修配法，因此，在装配过程中，要完成大量的找正和钳工修配等工作。

8.1 汽轮机转子的装配和平衡

汽轮机的转子主要是由动叶片、叶轮和主轴组成的。此外，在转子上还装有汽封套筒、中间轴套、联轴器及某些传动机构。在一般情况下，转子装配完毕之后，就成为永久性的部件，除特殊情况外，一般很少拆卸。由于转子是汽轮机最重要的一个部件，转子装配和平衡的质量，对汽轮机的安全运行有着密切的关系，因此，转子的装配和平衡是一个非常重要的工序。

8.1.1 汽轮机转子动叶片的装配工艺

汽轮机转子动叶片的装配工艺通常与转子结构、动叶片叶根类型、围带和拉筋结构及铆接方法等有关。转子装配的主要形式分为套装式转子装配、整锻式转子装配、焊接式转子装配和组合式转子装配四种。

1）套装式转子装配就是将已完工的叶轮、轴封、联轴器等其他套装零部件，热套到主轴上，最后进行低速和高速动平衡试验。

2）整锻式转子装配就是将动叶片（包括围带、拉筋等）安装到转子的叶轮上，然后进行转子低速和高速动平衡试验。

3）焊接式转子装配方法同整体式转子基本相同。但末级动叶片安装顺序有所区别，且必须进行两次低速动平衡试验、合格后再进行高速动平衡试验。

4）组合式转子装配是先装整体转子部分动叶片（包括围带、拉筋等），再装套装部分叶轮等部件，最后进行低速和高速动平衡试验。

1. 动叶片装配的技术要求

根据动叶片工作的环境，动叶片装配必须达到以下技术要求：

1）采用垫隙条或垫片的叶根，应使叶根两肩与轮槽接触。动叶片与铆接围带须牢固连接，确保动叶片和围带在离心力作用下，不会产生径向移动而破坏转子动平衡精度。

2）动叶片叶根与轮槽、动叶片与动叶片、动叶片与隔叶块、铆钉头与围带、围带与围带、拉筋与拉筋之间的配合要求应符合图样要求，以保证动叶片的自振频率和频率分散度在允许范围之内。避免动叶片或铆钉头、围带断裂，引起汽轮机轴系振动。

3）动叶片装入叶轮后，辐射线的偏差应符合表8-1规定的要求，否则，当汽轮机运行时，动叶片会由于离心力作用而产生额外的应力。

表 8-1　动叶片安装后辐射线允许偏差值　　　　（单位：mm）

汽道高度 L	$L \leqslant 100$	$100 < L \leqslant 200$	$200 < L \leqslant 350$	$350 < L \leqslant 500$	$L > 500$
允许辐射线偏差	±0.20	±0.50	±1.0	±1.5	±2.5

4）装配时必须保证动叶片在叶轮上有正确的轴向位置。同一级动叶片的进出汽边应位于同一平面上，以便使动静部件之间有正确的轴向间隙，避免动静部件被碰坏和提高汽轮机效率。其轴向偏差应符合表 8-2 规定的要求。

表 8-2　动叶片安装后轴向允许偏差值　　　　（单位：mm）

汽道高度 L	$L \leqslant 100$	$100 < L \leqslant 200$	$200 < L \leqslant 300$	$300 < L \leqslant 500$	$L > 500$
允许轴向偏差	±0.20	±0.50	±1.0	±1.5	±2.0

5）对于汽道高度大于 250mm 的动叶片，或汽道高度大于 150mm 且汽轮机转速大于 3000r/min 时，动叶片的装配应按其质量矩合理分配。除上述规定的动叶片外，也应按动叶片质量对称分配。这样可减少叶轮的不平衡质量。

6）动叶片的安装数量应与计算数量相同，但对汽道高度小于 150mm 的动叶片，并且该级动叶片的数量超过 150 片时，允许相差 1～2 片。

7）在装配动叶片时所进行的一切铆接和焊接等工作，不应在动叶片或其附件中产生额外的应力，应符合图样要求。

8）对末叶的安装要求，应符合图样要求。

9）对某些图样有要求的动叶片，其装入叶轮后，应做测频和调频试验，使动叶片频率达到图样规定的要求。

10）确保动叶片安装后的喉部面积符合图样的技术要求。

2. 动叶片安装的方法

动叶片安装时，应注意叶轮的旋转方向。通常规定：从叶片进汽侧向出汽侧看，顺时针旋转的叶轮为正向；逆时针旋转的叶轮为反向。动叶片安装方法还须按动叶片序号和图样技术要求进行。

动叶片安装的方法很多，一般是根据动叶片的叶根类型及围带的结构来决定。虽然动叶片叶根类型和围带结构很多（图 8-1），但动叶片装配的方法主要分为以下四种类型。

第一种类型：叶轮轮缘上设有末叶窗口，动叶片从窗口径向装入轮槽内并推到预定的位置。如 T 形叶根、外包 T 形叶根、双 T 形叶根和外包双 T 形叶根动叶片的安装。

第二种类型：叶轮的轮缘上没有末叶窗口，动叶片直接从径向插入轮槽上的任何位置。如双叉形叶根、三叉形叶根、四叉形叶根、多叉等强度叉形叶根和齿形叶根的动叶片安装。

第三种类型：叶轮的轮缘上没有末叶窗口，动叶片从轴向直接装入轮槽内。该类动叶片装配须考虑叶轮间的各段尺寸。如枞树形叶根的动叶片安装。

第四种类型：同第三种类型基本相同，但其安装方法同围带有关。如整体围带动叶片装配和整体互锁围带动叶片装配。

（1）T 形叶根或双 T 形叶根动叶片的装配工艺

1）T 形叶根或双 T 形叶根与轮槽的配合靠加工保证，在安装时不需钳工修配就能满足

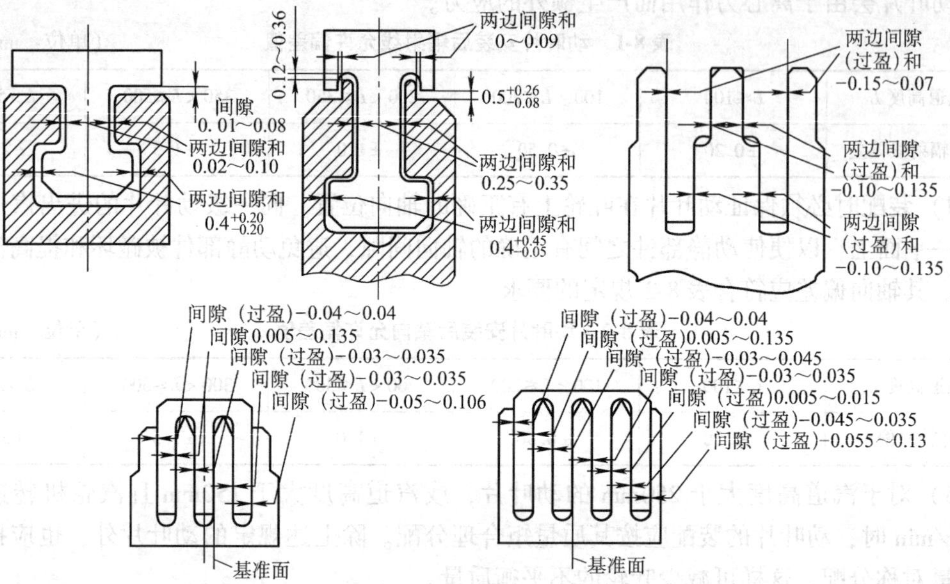

图 8-1　叶根与轮槽的配合要求

图样要求（图 8-1）。

2）从轮槽锁口（图 8-2）内试装动叶片，用红丹粉检查叶根之间及叶根与轮槽间的接触情况，接触面积要求大于总接触面积的 70%，接触不好的需研磨，最终应达到装配要求（图 8-3）。

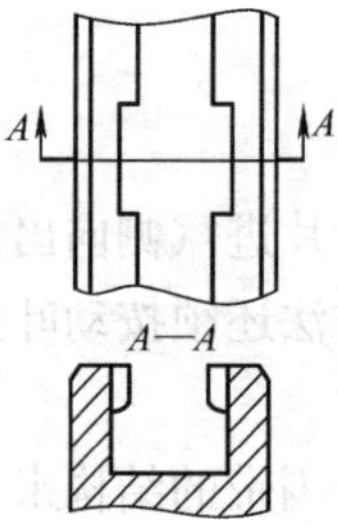

图 8-2　T 形叶根的轮槽锁口结构

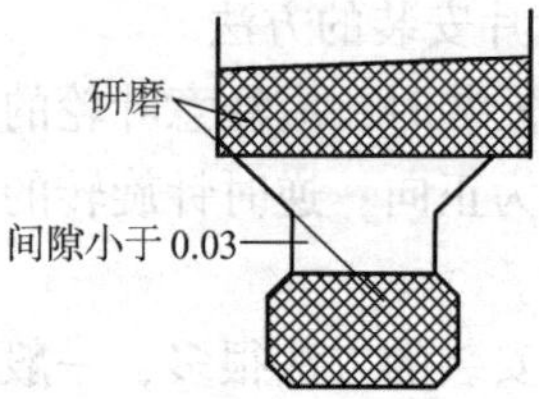

图 8-3　T 形叶根接合面研合位置

3）装配时，先沿轮槽锁口分别向两侧装入动叶片，轮槽要涂好润滑材料，叶根底部放入垫片，最好每片动叶片下装一片，垫片两端有坡口，先把垫片放入槽内，然后装动叶片。

4）每装一组动叶片后，用楔形铜棒楔紧，用样板检查动叶片轴向和辐向位置，用 0.03mm 塞尺检查叶根相互贴合情况，在叶顶测量动叶片节距。

5）每侧尚有 10 个动叶片的距离时，分别测量待装配动叶片的一段轮槽到锁口的弧长，然后测量剩余动叶片叶根弧长，以便使动叶片装好后保证节距要求，并使锁口两侧动叶片的叶根均伸入锁口内 1～2mm。

6）装锁口动叶片时，先测量两叶根距离，将锁口动叶片研磨配合好后装入，钻销钉孔，配好后固定。

7）拆下动叶片并做标记序号，清洁后，重新按动叶片标记序号逐片进行动叶片安装，在封口处的两叶根间装入楔子楔紧，此时用铜棒贴在动叶片进汽侧滑一圈听音，全部动叶片的声音均应清脆。

8）检查合格后，测量两叶根间距离，用该尺寸再加 0.10～0.20mm 的研配余量，配制封口动叶片，最后进行封口动叶片安装和封口动叶片销孔的钻铰、封口动叶片销的配作和冲铆。

（2）叉形叶根动叶片的装配工艺

1）叉形叶根装配时，动叶片直接沿径向插入轮槽。为了使相邻动叶片间保持良好的接触，须修配相邻动叶片的背弧径向面，用着色及塞尺检查叶根与轮槽配合，使相邻动叶片的叶根配合满足图样要求（图 8-4）。预装完毕后，将 1 号动叶片在叶轮上的位置作标记，拆下全部动叶片按编号放置好。

2）按编号顺序组装一组动叶片（5～10 片），同时把下一组的第一片也装上，用圆锥销插入外圈销孔中（图 8-5），将动叶片楔紧，这时中间两片应留有 0.5mm 不装紧，用 0.04mm 塞尺检查叶根应互相贴合严密，从而保证当最后将两动叶片安装靠紧后，在圆周方向形成必要的紧力。然后用锤子和铜棒敲打叶根肩部，使中间两片动叶片靠紧，用圆锥销楔紧（图 8-5），用径向和轴向样板检查整组动叶片安装的正确性。从叶顶测量动叶片节距，用 0.04mm 的塞尺检查叶根的贴合严密性。

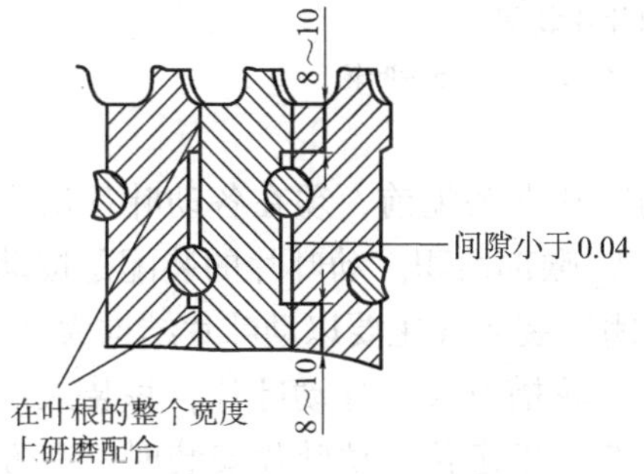

图 8-4　叉形叶根接合面研合位置

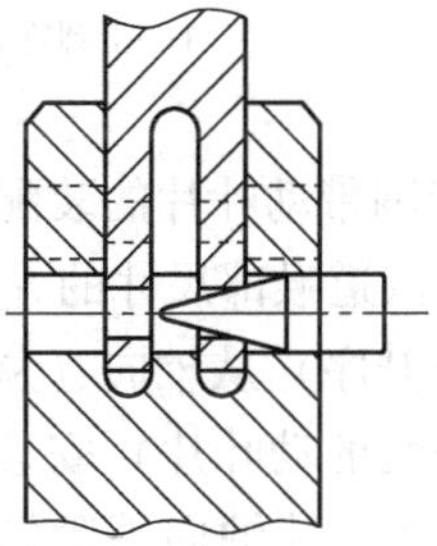

图 8-5　圆锥销临时固定动叶片

3）当组装合格后，用划针从叶轮两侧按叶轮销钉孔往叶根划线。先划内圈，然后用圆柱销钉楔紧内圈，打掉外圈再划外圈。划线后拆下动叶片进行扩孔，比划线小 0.20～0.30mm，两边动叶片之间的孔按同心圆扩，其余的孔将余量都留在下边，上边扩到划线。这样做是为了把动叶片装在叶轮上时，用销钉将其向下楔紧，使叶根之间紧密贴合。

4）把扩好孔的动叶片装复原位，两边动叶片装上临时定位销，其余动叶片安装靠紧后在外圈内打入圆锥销。然后测量单个动叶片频率，当一组动叶片的单片频率及分散范围合格后，按上述步骤组装其余动叶片。

5）清洁后，配准销子（有的动叶片销子采用拉力试验方法来保证销子的装配紧力）并冲铆。

（3）枞树形叶根动叶片的装配工艺

1）清洁叶轮及叶根，将动叶片按动叶片序号由出汽侧向进汽侧装在叶轮上。叶根接触不用红丹粉检查，而靠加工保证。叶根底部的斜垫要用红丹粉检查就地研磨，研磨好后截取合适长度，紧度为用锤子轻轻打入后，薄端比叶根低 4mm，要求装入以后薄端与叶轮齐平，厚端比叶轮端面低2mm。然后将动叶片的轴向位置放正，由出汽侧打入斜垫。按叶根上的孔研两半锁紧销，接触应达到70%，研好后截取长度，紧度值的选取方法和要求与确定斜垫紧度的方法和要求相同，要求装入后两半锁紧销的大头均比叶根低2mm，小头与叶根齐平从两侧对插入销孔内，各销子要同时以同等紧度打入。用0.03mm塞尺从两侧检查叶根受力面的接触情况，要求塞不进，用样板检查辐向及轴向位置。

2）每装入一片动叶片须装入一个轴向锁紧销或相应锁紧件。组装合格后，将斜垫和半圆锁紧销从厚端和大头端捻住（图8-6）。对有些枞树形叶根自由动叶片，在安装的同时，还需要对每片动叶片进行摆动试验。

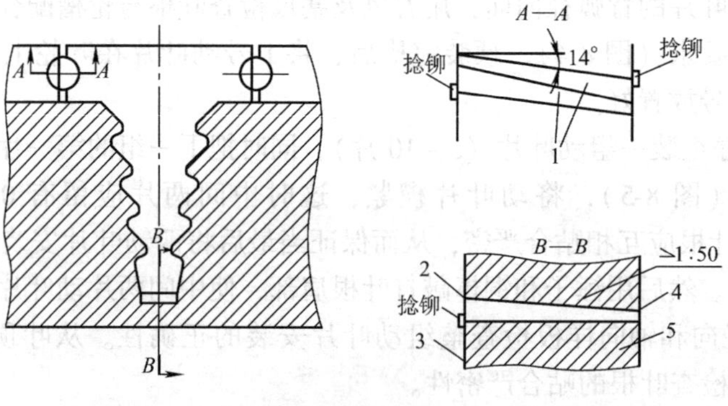

图8-6　枞树形叶根动叶片装配

1—半圆锥销　2—斜垫　3—出汽侧　4—动叶片　5—叶轮

（4）自带围带动叶片的装配方法　自带围带动叶片在装配前，须在各动叶片出汽边背弧侧划出测量汽道喉部尺寸的S_a位置线，便于测量S_a喉部面积。动叶片的装配是按动叶片序号（降序或升序）从轴向（从进汽侧，或从出汽侧）装入（主要以动叶片结构为准）。首叶（第一片安装的动叶片）安装要靠工艺定位。每个轮槽对应一片动叶片，每装入一片动叶片，同时装入一片轴向锁紧销并用工艺垫片和工艺斜楔定位。动叶片安装时，有方向之分，并按每片自带围带动叶片辐射线的技术要求来确保动叶片的安装位置。每片自带围带动叶片辐射位置靠辐射线测量工具来测取，超差用加厚动叶片或减小动叶片背弧侧围带厚度来调整。动叶片封口时，要用末叶（最后安装的动叶片）胀紧工具胀紧封口，并配准末叶和相邻动叶片围带厚度，最后打入末叶，同时锁紧封口动叶片。在转子高速动平衡试验后，每级自带围带必须测取围带紧力。如不合格，则拆除动叶片，重新进行安装。

（5）动叶片装配工艺示例　以600MW超临界汽轮机末级动叶片装配工艺为例说明现代大型汽轮机动叶片的装配过程。

600MW超临界汽轮机低压末级动叶片汽道高度为1 029mm，属于自由动叶片。在工作状态下，只有叶根与转子轮槽接触，要求动叶片叶根的承力面与轮槽的承力面接触紧密，并具有一定的紧度。在动叶片全部装入轮槽后，为防止动叶片轴向窜动，在叶轮的进出汽侧，用锁紧片进行轴向定位。

动叶片间各截面的喉部尺寸及动叶片围带和中间的凸台拉筋都有一定的间隙要求：

1）动叶片不同截面的喉部尺寸S_a，如图8-7所示。

2）在工作状态下，围带的两相邻表面平行，间隙为$A_1=A_2=22\pm0.2$mm，如图8-8所示。

截面	S_a/mm
$B-B$	30.20±0.91
$D-D$	42.31±1.27
$F-F$	48.62±1.46
$H-H$	50.63±1.52
$K-K$	49.70±1.49
$M-M$	41.37±1.24

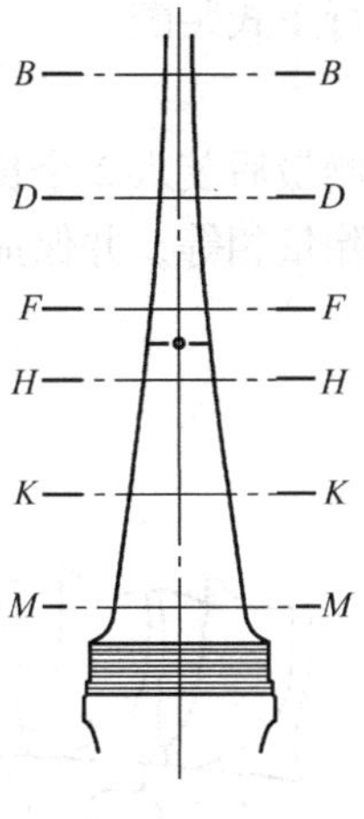

图 8-7　不同截面的喉部尺寸

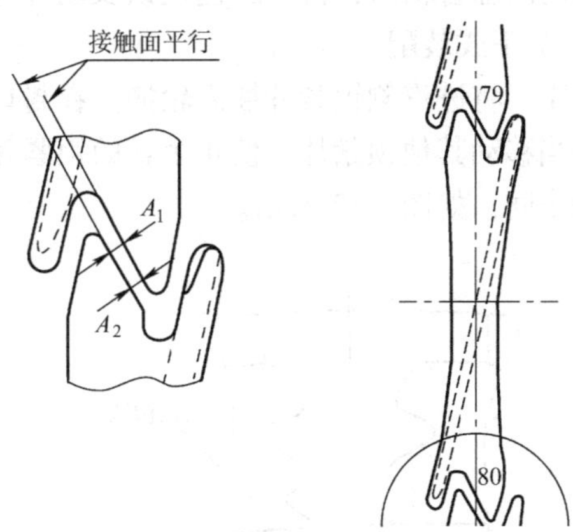

图 8-8　围带的两相邻表面平行

3）在工作状态下，凸台拉筋的两相邻表面平行，间隙为 $B_1=B_2=0.4\pm0.2$mm，如图 8-9 所示。

动叶片的装配过程：

1）装配前的准备工作。检查单个动叶片测频记录及力矩平衡记录，并进行编号。在单片动叶片上划各测量 S_a 截面线，便于在装配后进行测量 S_a 值。在叶轮端面做标记“A”，作为装配过程中的基准点。将单个锁紧片插入叶轮两侧的锁紧槽，按图 8-10 所示确认其间隙要求，以保证垫片能顺利插入，确认后将锁紧片拆下。将动叶片分别插入轮槽，在其两端分别插入侧向锁紧片，测量动叶片轴向移动量。每 4 片动叶片为一组，以标记 A 为基准，每隔 90°位置测量一次，移动量必须小于 0.20mm，并记录。

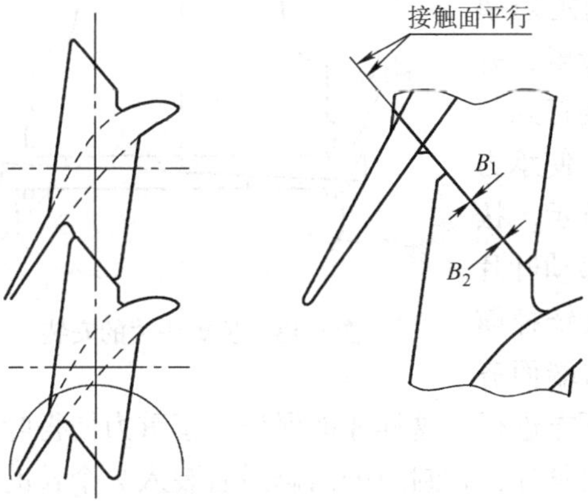

图 8-9　凸台拉筋的两相邻表面平行

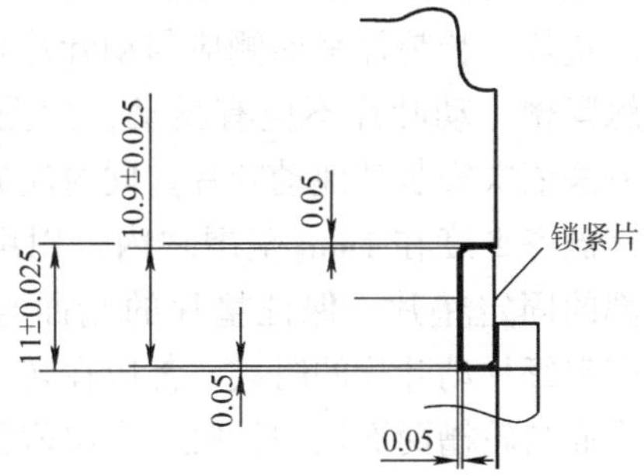

图 8-10　锁紧片插入锁紧槽

2）预装和测量。为了保证能够顺利地进行装配，首先进行试装，经确认后方能进行装配。在转子的正下方进行预装，按动叶片序号装入 10 片动叶片（1～10 号）。在叶根的底部的进出汽侧打入工艺楔铁，保证叶根与轮槽承力面紧密接触，动叶片不应有晃动，同时保证叶根端面与轮槽端面齐平，如图 8-11 所示。测量围带、凸台拉筋的间隙。确认围带、凸台拉筋的间隙合格后，拆下工艺楔铁及动叶片，进行正式装配。

3）正式装配

① 将进汽侧锁紧片插入轮槽。在封口的两侧最后装入2个长的锁紧片。在装配的过程中适当移动其他锁紧片，使4个长的锁紧片的去除量相等，并保证长锁紧片的接缝处位于封口的中间，如图8-12所示。

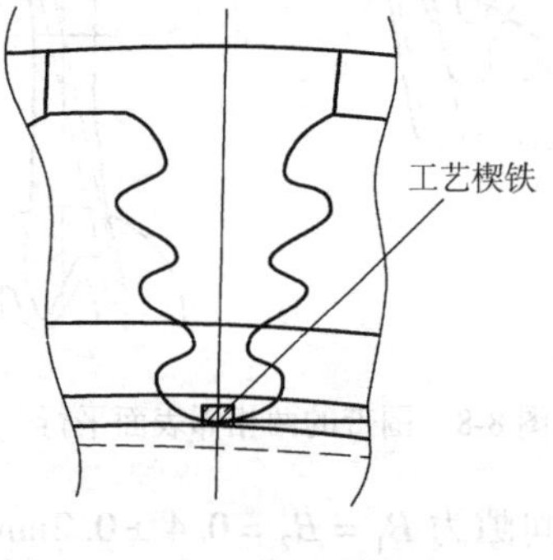

图8-11 叶根的底部进出汽侧打入工艺楔铁

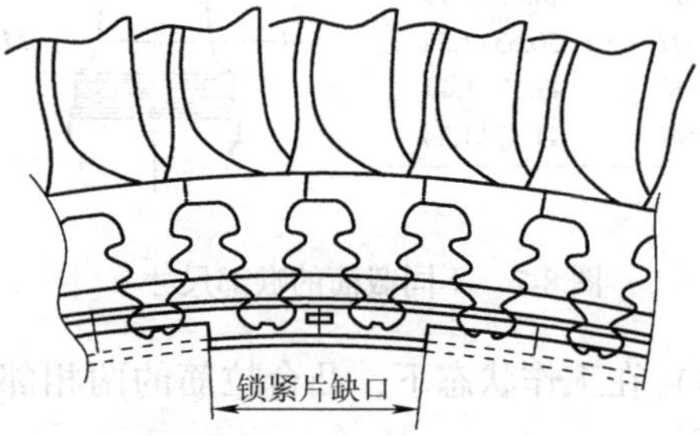

图8-12 锁紧片的装配

② 从轮槽出汽侧将1号动叶片插入轮槽，深度约10mm。在不妨碍1号动叶片的围带及拉筋情况下，从出汽侧将2号动叶片插入，深度约10mm。依次插入所有动叶片，同2号动叶片一样，深度大约为10mm。所有动叶片全部插入轮槽后，用铜棒在出汽侧依次轻敲1、2、3…号动叶片，使整圈动叶片向进汽侧移动。循环多次敲击，直至将所有动叶片安装到正常位置。

③ 在转子的正下方，从出汽侧先装入固定短垫片。注意：大端先插入，垫片的平面侧与转子接触，并确定大端与进汽侧锁紧片靠紧。然后再从出汽侧打入长的固定垫片。长垫片平面侧应与动叶片相接触，使承力面接触紧密，动叶片不应有晃动，如图8-13所示。按上述方法依次安装其他动叶片。同时应满足相邻动叶片的进汽侧齐平度在1mm范围之内。用扁铲依次铲掉露在外部的固定垫片，保证垫片的端面与叶轮的端面齐平。固定每片动叶片的时候，都应在转子的正下方进行。这样才能保证由于重力使得叶根两侧承力面与轮槽两面均匀接触。在出汽侧插入锁紧片，在封口的两侧最后装入2个长的锁紧片。在装配的过程中适当移动其他锁紧片，使4个长的锁紧片的去除量相等，并保证长锁紧片的接缝处位于封口的中间。

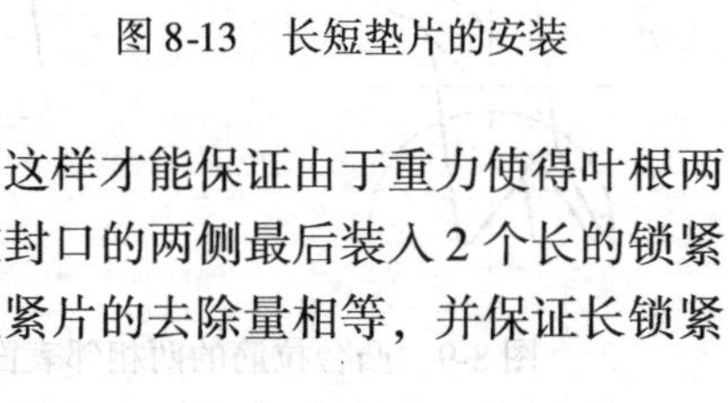

图8-13 长短垫片的安装

④ 按图样测量汽道的S_a值，复测围带、凸台拉筋的间隙。完全满足设计要求后，对进、出汽侧封口处的2个长锁紧片接缝处进行焊接。焊后进行无损探伤，确认无裂纹。

⑤ 在动叶片围带的中间及出汽侧打入木楔，在保证围带间隙的情况下，将围带塞紧。在数控围带车床上，车准围带外圆保证通流间隙，最后拆下软木楔。

3. 拉筋的装配

为了改善动叶片刚度，提高自振频率，避开共振区，通常采用拉筋装置。拉筋有松拉筋和焊接拉筋两大类，如图 8-14 所示。

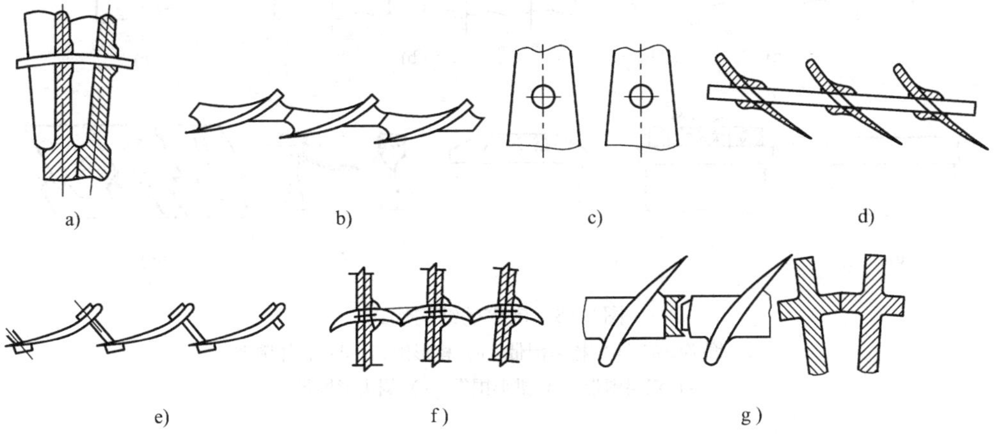

图 8-14　拉筋结构形式

a）圆形焊接拉筋　b）鳍片形焊接拉筋　c）双半圆　d）加强式松拉筋
e）Z 形拉筋　f）拱形拉筋　g）互锁拉筋

1）松拉筋又可分为空心或实心和半圆拉筋，一般都是圆形的线材。拉筋一般与动叶片一起装配。它们的装配要点是拉筋的弧度应与动叶片拉筋孔的弧度相适应，拉筋穿过各动叶片拉筋孔时要十分顺利，不能使动叶片别住，不能将拉筋或拉筋孔拉毛，松拉筋只是在每一弧段的两端弯成保险弯头。

2）焊接拉筋有圆拉筋、Z 形拉筋和动叶片自带拉筋凸台焊接结构。拉筋焊接时，首先应清洗动叶片焊接表面并预热动叶片的焊接部位，预热位置应选取动叶片断面较厚的部位，同时严格控制焊接温度，防止动叶片和拉筋产生硬化现象。焊接时宜采用邻组动叶片间隔轮焊的办法，焊缝应填满并使动叶片的内外型面与拉筋间形成圆角过渡。焊后须清洗焊缝并清除残渣，检查是否有脱焊和裂缝等现象，如有，则补焊。拉筋的焊接通常采用气焊和氩弧焊，并根据拉筋的各自结构采用相应的焊接工艺规范来保证焊接质量。尤其对自带拉筋凸台的焊接工艺要求更高，必须严格按焊接工艺规范执行，焊后回火处理，并打磨焊缝，进行着色和 X 光检查。安装 Z 形拉筋时，拉筋套管和垫圈的斜面及长度建议用线切割加工，装配后两端用氩弧焊点焊。

4. 围带的装配

围带的作用主要是为了减少径向漏汽、提高轮周效率，并将动叶片连接成组，提高动叶片的频率。围带的结构形式如图 8-15 所示，围带主要的结构形式有整体围带、焊接围带和铆接围带。

1）整体围带动叶片（自带围带动叶片）的装配，必须将相邻两动叶片叶顶围带之间的间隙修配到符合图样的技术要求为止。其修配方法通常可根据动叶片的结构形式来确定。或采用机械加工修整，或采用钳工修整。

2）焊接围带装配是将相邻两动叶片叶顶围带焊接成一体，组成动叶片组。每组的动叶片数和成组数由图样要求确定。焊接应按焊接规范进行，焊后回火处理，打磨焊缝并着色检

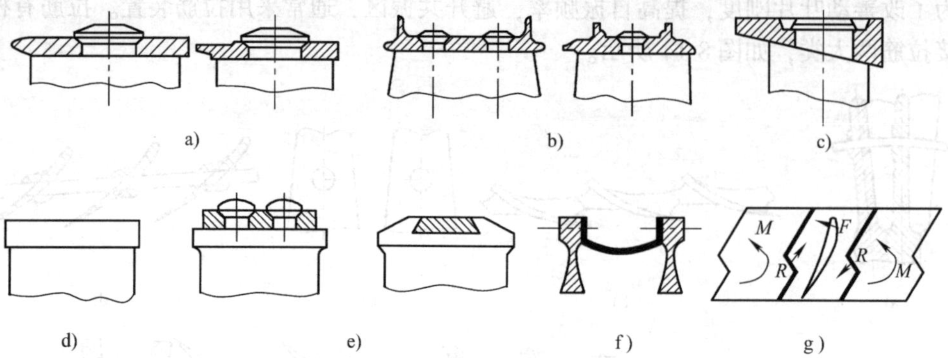

图 8-15　围带的结构形式
a）铆接围带　b）梳齿围带　c）楔形围带　d）整体围带
e）双层围带　f）拱形围带　g）锯齿形围带

查有否裂缝等。

3）铆接围带的装配是将围带与铆钉头装合后铆接成一体。铆接围带的铆钉头与动叶片是加工成一体的。铆钉头有圆形、长方形、椭圆形和型线形等形状。围带一般采用带料形状，围带型孔的加工和成形有两种方法：

第一种方法，是按照装在叶轮上的动叶片铆钉头的实测节距，经技术修正后由数控铣床先加工围带上型孔。然后根据图样尺寸要求，经锯床和弯滚机切割、弯制成弧段。

第二种方法，是经锯床和弯滚机先弯制成与动叶片组相配的弧段，然后划线，并根据动叶片顶端铆钉头的形状和节距由冲床和专用冲压夹具冲压型孔。

为了便于围带的装配和铆接，围带装配前，应仔细检查各段围带是否合格，且各段围带上的编号是否与动叶片分组编号一致。围带的型孔与铆钉头应有合适的间隙（必要时可修配），围带落座应自由而不卡涩。当一组围带覆盖相邻一组动叶片时，围带与被覆盖动叶片之间需按图样要求保持一定的间隙，以免动叶片将围带顶起。围带弧段的接头不应在末叶上，末叶应位于围带弧段的中部。相邻围带之间应留有一定的膨胀间隙。

常规的铆接方法有两种，即冷铆和热铆。铆接前后，需测量铆钉头各档尺寸应满足图样要求。

1）冷铆。冷铆包括球头冷铆（机铆）、菱形冷铆（手铆）、平头冷铆（手铆或机铆）、埋头冷铆（机铆）等。冷铆后的铆钉头要进行着色检查，以便检查铆钉头的裂纹。

2）热铆。材料有特殊要求的，通常采用热铆。热铆包括平头热铆（机铆）、埋头热铆（机铆）等。热铆后的铆钉头要进行局部抛光，以便进行铆钉头硬度测试。

8.1.2　套装式转子叶轮装配

1. 套装式转子的结构和技术要求

套装式转子的结构如图 8-16 所示。主要由主轴、叶轮、隔离圈、定位环、套圈、键等零件组成，在靠发电机一侧的轴端装有联轴器。

在叶轮与隔圈之间有的装有定位环，定位环是由两个半圆环组成。半圆环紧密地嵌入主轴槽中，当隔离圈热套在主轴上后，定位环被隔离圈内孔中的台阶所遮盖，使两个半圆环不会受离心力作用而脱落。转子上最后一个叶轮的定位环由套圈固定，套圈热套在主轴上，冷

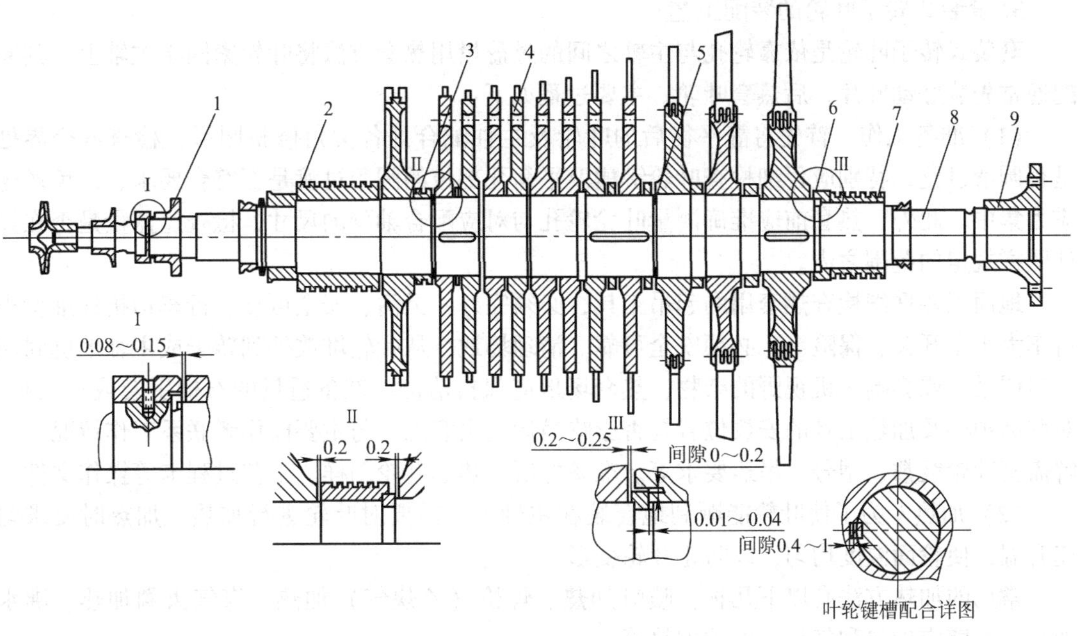

图 8-16 套装式叶轮转子图

1—推力盘 2—前汽封 3—隔离圈 4—叶轮 5—定位环
6—紧圈 7—后汽封 8—主轴 9—联轴器

却后将定位环固紧在主轴的凹槽中。

为了保证运行时叶轮之间相互膨胀，套装时必须使轮毂与隔离圈之间留有适当的轴向间隙。

为了保证套装式转子工作的安全可靠，其装配主要有以下几点技术要求。

1）组成转子的全部零件必须可靠地连接在主轴上。在各种工况下，这些零件之间的相互位置和接合情况不应改变或破坏。

2）套装式转子上的全部零件和部件装配后，必须保证它们之间具有规定的热膨胀间隙。

3）套装式转子上所有零部件的尺寸必须保证与汽轮机静体，例如汽缸、静叶环、喷嘴组、隔板等零部件之间具有规定的轴向间隙和径向间隙。

4）为了使汽轮机能安全平稳地运行，套装式转子装配后应进行一些必要的机械加工，并严格进行动平衡试验。

5）套装式转子的装配，应符合《汽轮机主要零部件（转子部分）加工装配技术条件》。

2. 套装式转子叶轮轴向尺寸的控制

叶轮在主轴上的轴向位置直接影响到汽轮机转子与静体间的轴向间隙，保持转子与静体间轴向间隙的准确性是关系到汽轮机安全运行和提高经济性的一个重要因素。套装式转子各叶轮在主轴上的轴向位置必须在转子套装时加以保证。

由于组成转子和静体间轴向间隙尺寸链环数较多，因此，套装式转子通常采用调整法保证转子装配后与静体之间具有合适的轴向间隙。整个转子套装结束后，必须把转子吊入汽缸。推力轴承定位后，逐级检查各轴向间隙是否合格，并作好记录。

3. 套装式转子叶轮的装配工艺

套装式转子叶轮是依靠轮孔与主轴之间的过盈量用热套方法将叶轮紧固于主轴上。其装配通常先装好动叶片，后热套叶轮。主要过程如下：

（1）准备工作　首先将静平衡后的叶轮及主轴配合处各尖角修整圆滑，检查各交界处是否圆滑过渡，特别应仔细检查叶轮键槽及平衡孔部位的圆角过渡是否符合要求，以免产生应力集中。此外，热套前应准确测量叶轮轮孔与对应配合轴颈的尺寸，检查过盈量是否在设计图样规定的范围之内。

地面工要仔细检查热套用的起吊工具，必须完好、灵活、安全可靠。行车司机仔细检查行车大小车开关、保险等，必须安全可靠。清理场地，从叶轮堆放处到转子或主轴地坑间应无阻碍吊运或影响司机视野的杂物，热套场地应保持清洁。准备适量的石棉手套或石棉布。对登高护梯及加热工具的安放位置是否影响吊运提出意见。与主要操作者联系工作情况，了解需套叶轮级数、型号、吊运要求等。准备好所需热套叶轮图样、工艺过程卡等操作文件。

（2）加热　为了使叶轮能顺利地套装在主轴上，需要对叶轮进行加热。加热时要求匀速升温，使轮面温度均匀，以防止叶轮变形。

常用的加热方法有以下几种：喷灯加热、焊枪（乙炔气）加热、煤气火圈加热、沸水加热、电感应加热和气炉、电炉加热等。

叶轮加热的温度一般在200～320℃，加热时为了防止叶轮轮面过热，常用热电偶或测温计测定轮面的实际温度。但是否可以进行套装，应以内径千分尺实测轮孔热胀后的实际尺寸为依据。转子上其他零件如联轴器、汽封套筒、套圈等零件，也应用上述方法加热后套装于主轴上。

（3）叶轮套装　叶轮套装的方法有两种，即垂直装配法和水平装配法。

1）垂直装配法。它是将主轴竖立，由主轴上的凸肩稳定地置于专用的座架中进行套装（图8-17）。

为了降低转子的高度便于套装，可将座架安置在地坑中。主轴装在座架上，应用90°角尺或水平仪校验并调整其垂直度，校正后将主轴固紧于座架上。

套装时，叶轮用三根可调整的吊钩吊起，在起吊时，应确保吊钩安全、可靠地夹住后，叶轮方可起吊。将轮面调整成水平。加热后，使轮孔与主轴同心，靠叶轮的自重准确地套在相应的轴颈上。为了控制转子的热膨胀间隙，应预先在相应部位垫上一定厚度（一般为0.2mm）的铜片或纸片。冷却时，为了防止叶轮因收缩而产生轴向位移，可以用压缩空气吹轮毂与定位圈连接处，使轮毂下端加速冷却而先固紧在轴颈上，这样就保证了叶轮准确的轴向位置。

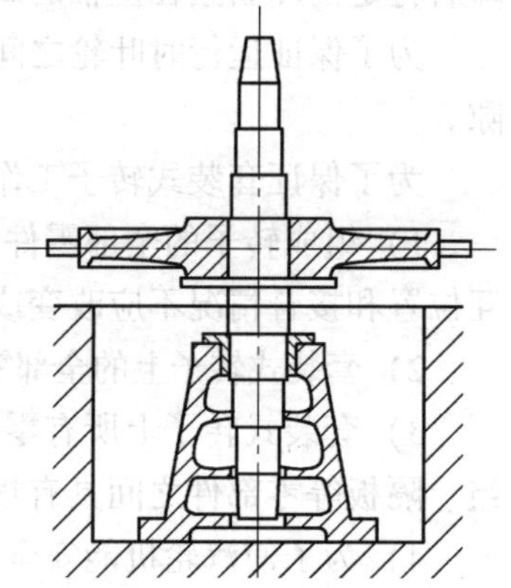

图8-17　叶轮垂直套装图

2）水平装配法。它是将主轴水平横放在两个支架上，用水平仪校准后固紧，以保证套装时具有正确的位置和稳定性。叶轮由起重设备通过平衡孔吊起，大体校正水平后加热，加热后校准轮孔与主轴的同轴度，并使轮孔键槽与主轴上的键槽相吻合，然后，迅速将叶轮推移到相应的轴颈上。在冷却过程中，需用外力均匀地顶住叶轮，以免叶轮冷却时产生轴向位移。

水平装配法需要配备三个支架，装配过程中要时常更换支架及校准主轴水平。因此，调整麻烦，而且，这种装配方法占地面积大，操作人员多，尤其是主轴水平安放后存在静挠度，使其中心线不呈直线，轮孔与主轴对中也不大方便。

垂直装配法主轴在装配过程中始终处于铅垂位置，不致由于重力作用而产生静挠度，便于保证叶轮套装的正确性。所以垂直装配法比水平装配法优越。因此，叶转套装主要采用垂直装配法。

（4）冷却　一只叶轮热套结束后，必须冷至室温后，方可进行第二只叶轮的热套工作。若采用压缩空气加速叶轮降温，则叶轮温度首先必须自然冷却到80℃以后方可进行。操作时，气嘴必须对准叶轮下部均匀吹冷，不得停留在一点处吹冷，以免叶轮收缩不均造成叶轮端面圆跳动过大。同时也不允许用压缩空气吹冷叶轮上方，以免叶轮间出现过大的间隙。

4. 叶轮套装后的检验

叶轮套装后要进行检验，以确定套装质量是否符合要求。然后才能装下一个叶轮，检验项目有以下几项：

1）利用平尺和千分表测量轮缘端面和轴上某凸肩端面之间的距离。

2）用塞尺依次在相距90°的位置插入轮毂端面与轴的环形凸肩的端面之间测量其间隙，确定叶轮冷却时轴向位置是否有变化，以保证叶轮具有规定的热膨胀间隙。

3）用塞尺检验键与键槽的贴合紧密度。键的工作表面与键槽壁之间的间隙应小于0.05mm。

4）转子装配后还应检验各部位的圆跳动量。各部位相对于轴颈处的圆跳动量应符合表8-3的规定值。叶轮套装后，转子中间部位最大弯曲度应符合表8-4的规定值。

表8-3　套装式转子各端面允许跳动量

测　量　部　位	允许最大圆跳动量/mm
叶轮轮缘端面	<0.15
叶轮轮缘外径	<0.10
汽封套筒、挡油环、汽封齿径向	<0.05
联轴器法兰外圆端面、径向	<0.03

表8-4　套装式转子中部最大弯曲度

汽轮机转速/r/min	<3000	3000	>3000
最大弯曲度	0.04	0.03	0.02

8.1.3　汽轮机转子的动平衡试验

转子装配完成后，由于转子材质密度不均匀、加工和装配过程中的误差等原因，造成转子的质量中心与几何旋转中心不重合。在高速旋转时，各质点的离心力和力矩不能互相平衡，使转子轴承承受周期性变化的干扰力，引起汽轮机的振动。因此，为了确保汽轮机的安全运行，对装配完成后的转子进行动平衡试验是非常必要的一道工序。

动平衡试验按照被平衡转子的性质，可分为刚性转子动平衡试验和挠性转子动平衡试验两种。一般我们认为转子的工作转速低于第一阶临界转速30%的转子称为刚性转子。而工作转速高于第一阶临界转速的转子通称为挠性转子。

刚性转子的动平衡试验一般是在低速动平衡机上完成。平衡转速一般选用400～600r/min左右，主要是消除转子上不平衡质量产生的离心力及力偶对转子的影响。但不能消除转子因弹性变形而产生的动挠度影响。对称性刚性转子，可采用在转子两端的校正平面上加重的办法获取平衡。不对称性刚性转子，可先平衡重端或不平衡量大的一端。工艺方法上既可采用去重法平衡，也可采用加重法平衡。转子的平衡精度按ISO标准推荐一般定为G2.5级。

挠性转子的动平衡试验是在真空室内高速动平衡机上完成的。挠性转子是通过测量转子的轴承振动或轴振动来求得相对应的原始不平衡量的大小及其分布规律。通常采用振型分离法和影响系数平衡法来进行动平衡试验的。

转子的平衡精度是指转子经过平衡校正后，允许最后存在着的剩余不平衡量的大小。ISO标准用转子重心振动速A作为衡量刚性转子平衡精度的指标，将A值在0.4~4000mm/s范围内划分为11个等级，公比数为2.5，即G0.4、G1、G2.5、G6.3、G16、G40、G100、G630、G1600、G4000级。

转子重心振动速度A（mm/s）为

$$A = \frac{e\omega}{1000}$$

式中 e——转子许用偏心距（转子单位质量的许用不平衡量）；

ω——转子角速度。

平衡校正工艺有下列三种：

（1）加重校正法 用焊接、铆接、螺纹联接和镶嵌等工艺方法，在转子的轻点位置附加上一定质量的金属，以校正转子的不平衡；

（2）去重校正法 用钻削、磨削、铣削、刮削和挫削等工艺方法，在转子的重点位置去除一定量的转子材料以校正转子的不平衡；

（3）调整法 在转子上预制好的平衡槽内，调整平衡块的相互位置或增减平衡块的数目，使之达到平衡的目的。

8.1.4 汽轮机转子装配工艺的主要流程

按照转子装配工艺的特点分类，目前，转子装配工艺的流程主要有以下四种。

1. 套装式转子装配工艺主要流程

1）准备工作。

2）做准套装叶轮、主轴及相关部件键槽配合尺寸，配准相应键。

3）单只叶轮或部件与主轴的热套组装。

4）调压阀端各级叶轮、隔圈、轴封套筒等部件热套和安装。

5）主轴组合件翻身、校直并固定主轴组合件。

6）发电机端各级叶轮、隔圈、轴封套筒、联轴器辐轮等部件热套和安装。

7）主轴组合件翻身并横置于滚轮架上，找准水平。

8）装配套装转子上其余各零部件。

9）套装转子进行低速动平衡试验。

10）套装转子进行中间油封防锈。

11）套装转子进行高速动平衡试验。

2. 整锻式转子装配工艺主要流程

1）准备工作。

2）各级整锻转子动叶片装配。

3）车准各级围带（或某些自由动叶片外圆）及轴向汽封齿。

4）对有些有测频要求的动叶片，按要求进行测频。

5）整锻转子进行低速动平衡试验。

6）整锻转子进行中间油封防锈。

7）整锻转子进行高速动平衡试验。

8）高速动平衡试验结束后，对自带围带动叶片进行紧密性测量试验。

9）高速动平衡试验结束后，对低压末级（或次末级）动叶片上的防蚀司太立合金片焊缝作 PT 检查。

3. 焊接转子装配工艺主要流程

1）准备工作。

2）各级（除末级外）动叶片装配。

3）转子进行第一次低速动平衡试验。

4）重新分布末级动叶片安装序号。

5）安装末级动叶片。

6）车准各级围带及轴向汽封齿。

7）转子进行第二次低速动平衡试验。

8）配装联轴器。

9）转子进行第三次低速动平衡试验。

10）转子进行中间油封防锈。

11）转子进行高速动平衡试验。

4. 组合式转子装配工艺主要流程

1）准备工作。

2）做准套装叶轮、主轴及相关部件键槽配合尺寸，配准相应键。

3）整体部分各级动叶片装配。

4）车准整体转子各级围带及轴向汽封齿。

5）转子竖置，并校准垂直。

6）各级叶轮、套圈、汽封套筒、联轴器辐轮等热套。

7）转子翻身横置于滚轮支架上，找准水平。

8）装配转子上其余各零部件。

9）转子部件进行低速动平衡试验。

10）转子部件进行中间油封防锈。

11）转子部件进行高速动平衡试验。

8.1.5　主要安装设备、工装及检测工具

1. 转子动叶片、叶轮安装用的测量工具

平尺、千分卡尺、千分表、片状塞尺及楔形塞尺、专用游标卡尺、汽道喉宽塞规、辐射线样板、辐射线样板校验台、测铆钉头高度或节距专用量具、测温仪（测温笔）、内（外）径千分尺、数显三点内径千分尺等。

2. 转子、叶轮起吊和支承设备

垫箱、电动滚轮支架、轴颈保护套、行车（包括起吊设备）、转子竖吊工具、地坑、工

艺座架等。

3. 动叶片安装专用工具

垫隙条滚轧设备和工具、辐射线划线工具、定位动叶片、末叶胀紧或撞紧工具、动叶片外圆夹紧装置、叶根销孔划线工具、止动夹具、节圆线工具、末叶销孔划线工具等。

4. 围带加工、安装和铆接工具

围带型孔冲孔工具、闭式单点压力机及附件、铣床及附件、磨床及附件（正旋台）、围带加工夹具、专用半自动气动铆接机（带液压升降台或旋转台）、气动铆枪、铜杆、专用铁榔头（平头或圆头）、牛皮榔头、铆杆（包括圆头、平头、凹球头铆杆等）、铆杆安全罩、铆杆校验样板、叶根夹紧装置、焊枪、围带紧密性测量工具和力矩扳手等。

5. 叶轮和联轴器等的安装，热套工具

插床及附件、静平衡机及静平衡工具、加热设备（喷灯或焊枪等）、压板、耐高温油脂等。

6. 销孔加工设备及销子安装工具

钻床及附件（包括立式和台式）、整段转子末叶销专用钻床及附件、专用叶根销钻床及其附件（包括铜滚轮支架等）、电钻、专用钻头、铰刀和丝攻、铰孔工具、工业冰箱（或保温桶）、风钻及锪钻、冲铆工具、销子拉力试验工具等。

7. 转子动平衡工具

低速动平衡试验联轴器、低速动平衡试验轴承和油封、低速卧式动平衡试验机、高速动平衡试验联轴器、高速动平衡试验轴承和油封、高速动平衡试验真空设备等。

8.2 汽轮机的厂内总装工艺

汽轮机厂内总装盘车目的是对制造的零、部件进行最终的综合检验。

汽轮机厂内总装盘车的任务是在汽轮机制造厂内，将已加工好并经检验合格的零件和部件（主要指汽轮机本体部分）按照产品图样要求和汽轮机制造的行业标准组合起来，采用各种检验、修配方法，使之达到规定的装配精度，满足汽轮机现场安装的要求。

汽轮机厂内总装的质量会影响产品的性能和运行的安全可靠性，因此在制订总装的工艺方案和工艺规程时应充分考虑其精度储备。现阶段，汽轮机产品在厂内不进行空载试车，通常根据具体条件和生产计划安排让尽可能多的零部件参加总装盘车，满足厂内总装盘车的基本要求。

通常总装工序以手工操作为主，宜精工细做，为提高总装的效率，在总装时配备了精确而高效的工、夹、量具和仪表，以及专用的工艺装备。

总装前，安装人员除应充分熟悉有关的图样、技术标准和规范以及总装工艺规程外，还应查阅零件加工精度和尺寸的制造误差记录，进行综合考虑以保证总装质量。总装过程中的最后安装和调整数据应如实记录，由质检部门存档，并供用户安装、检修时使用。

8.2.1 汽轮机厂内总装盘车基本要求

1）对基础台板、轴承座和汽缸之间的支承面，应按照实际情况选择经济合理的装配精度，以减少汽轮机运行时的运动。

2）各配合件及滑销系统必须保持规定的过盈或间隙，以满足热胀要求。

3）各轴承间隙应符合要求，且油路应清洁、畅通。

4）通流静止部件的中心均应与转子中心一致，并保持水平接合面与汽缸中分面一致（或按图样要求）。

5）各零件和部件在总装后应具有准确的位置，保证转动部分和静止部分的零部件之间具有规定的轴向和径向动静间隙。

6）动静间隙调整。轴向间隙涉及装配尺寸链，在总装时应对尺寸链累积误差设法补偿；径向间隙的调整，根据零部件的具体结构而定，尽量用机械加工代替手工操作，以保证间隙均匀和零部件的制造质量。

8.2.2　厂内总装盘车工艺过程

对于大中型多缸汽轮机，厂内总装盘车工艺可分为分缸总装盘车、总装联动盘车两种。目前，主要采用分缸总装盘车工艺，只有在特殊情况下（如合同要求）才采用总装联动盘车工艺。在此只介绍分缸总装盘车工艺工序。

通常，根据不同的汽轮机结构形式（主要按冲动式和反动式区分），在厂内总装盘车工艺中制订不同的工艺工序，以满足汽轮机的厂内总装质量要求。

1. 反动式多缸汽轮机高中压部分厂内总装盘车工艺

（1）外缸、内缸水压试验　汽缸就位，吊装泵水工具、盖缸，用力矩扳手均匀拧紧中分面螺栓，然后对中分面螺栓进行电加热，螺母转过热紧角度；汽缸灌水、放气、固紧工具，启泵、升压，进行密封和强度试验，维持压力 10min。

（2）通流部件轴向定位尺寸　计算各静叶持环、平衡活塞汽封、端部汽封、喷嘴组等的轴向定位尺寸，供加工、装配使用。

（3）通流部件找中准备工作　配准外缸、内缸、静叶持环、平衡活塞汽封、蒸汽室、汽封体等部件所有定位键（槽）及上半支承键凹槽等，配做各部件找中用测偏心工具、工艺销及调整垫片等。

（4）轴承座、座架装配　下半轴承座（铸铁件）按图样要求进行煤油渗漏试验（保持 24h）。支撑凸台滑键、前轴承座（铸铁件）主油泵出口腔室按图样要求作水压试验（保持 10min）。修配轴承座与座架接合面（包括座架上各滑板的修配）、支撑凸台滑键与轴承座接合面等。配准轴承座及座架上所有定位键槽和相应键。

（5）总装盘车台位布置　布置方箱、平面千斤顶等，布置盘车用的顶轴油管路、润滑油管路等。

（6）轴承座及座架部件（或可调式装配台架）就位　轴承座及座架组件于总装台就位，找准前、后轴承中心距。拉钢丝初找轴承座中心，调整好轴承座纵、横向水平。

（7）外缸下半缸就位　外缸下半缸就位于前、后轴承座，调整外缸与轴承座之间的轴向开档尺寸，调整外缸纵、横向水平，用工艺轴找准汽缸两端汽封挡基准孔与轴承座同心。

（8）外缸与轴承座定位　配装各汽缸定中心梁或端面垂直键。

（9）各通流部件下半部分找中定位　隔热罩、内缸、蒸汽室、静叶持环、平衡活塞汽封、前后汽封等部件下半部分吊入外缸，校上、下及左、右中心、配准并组装下半部分各部件偏心销及支承垫片等。

（10）各通流部件上半部分找中定位　盖合各通流部件及外缸上半缸，测量并配做各通流部件上半部分偏心销之偏心量。配准并组装上半部分各部件偏心销。

（11）转子找中和就位，测定各部套轴向动静间隙　转子落缸，调整转子位置使其符合图样要求，校调转子相对于外缸基准孔中心。校推力轴承中心及轴向位置。确定主油泵位置。测轴向动静间隙，确定各部件轴向调整垫片厚度。

（12）各级弹性退让汽封环装配　修整各汽封环端面接触及热胀间隙，各汽封环按图样装入后应灵活不卡涩。

（13）油循环　加装轴承进油滤网，进行油循环至少24h。

（14）通流部分径向动静间隙测取和修准　通流部分径向间隙应分别在半实缸、全实缸状态下测量（镶齿汽封采用压铅法，弹簧汽封采用贴胶布法测量）和修准，同时检查转子以及延伸轴各部分圆跳动量。

（15）轴窜试验　半实缸状态下，以“K”值（人为规定的某一级特定部位动静之间的轴向间隙值）为定位起始点，测量转子向调压阀端及发电机端（向后）可移动量。

（16）盘车试验　全实缸状态下，起动顶轴油泵，起动盘车电动机，进行低速盘车。

（17）盘车后整理　包括未参加总装盘车的各外围部件试装，加工各螺孔、定位销孔、热电偶孔，焊接外缸保温螺栓、平衡管及接管等，各焊缝磁粉探伤或着色检查，各径向轴承、推力轴承试配，各轴瓦装电阻温度计等。

（18）油漆、油封、装箱　各部件按油漆油封工艺进行清洁、油漆、油封，配齐所有产品零部件，装箱。

2. 冲动式多缸汽轮机高、中压部分厂内总装盘车工艺

1）外缸、内缸水压试验。

2）确定通流部件轴向定位尺寸。

3）通流部件找中前准备工作。配准外缸、内缸、蒸汽室、隔板套、隔板、汽封体等部件所有定位键（槽）及两侧支承凸台平面等。

4）轴承座、座架装配。

5）总装盘车台位布置。

6）轴承座及座架部件（或可调式装配台架）就位。

7）外缸下半缸就位。

8）外缸与轴承座定位。

9）各通流部件下半部分找中和定位。校准各内缸、隔板套、蒸汽室、隔板、汽封体等部件下半中心，配各定位键、悬挂销垫片。

10）外缸上半缸内部装配。外缸上半缸中分面朝上放置，内缸、隔板套、蒸汽室、隔板、汽封体等部件的上半部分吊入，并按下半部分校准，配准各级隔板顶部径向及轴向涨销，配装各级隔板、汽封体压板。

11）转子找中和就位，测定各部件轴向动静间隙。

12）各级弹性退让汽封环装配。

13）油循环。

14）通流部分径向动静间隙测量和修准。

15）盘车试验。

16）盘车后整理。

17）油漆、油封、装箱。

3. 冲动式单缸火电汽轮机厂内总装盘车工艺

1）前轴承座与前座架、后汽缸与后座架等装配。轴承座下半部分按图样要求进行煤油渗漏试验（保持 24h），修配前轴承座与前座架接合面、后汽缸与后座架接合面、后汽缸与后汽缸导板接合面、支撑凸台滑键与前轴承座接合面等，配准前轴承座、后汽缸、座架及后汽缸导板上所有定位键槽和相应键。

2）前汽缸与中汽缸拼缸、前中汽缸部件与后汽缸拼缸。前中汽缸的上、下半部分分别垂直连接，校准中心，固紧，然后于垂直接合面处施密封焊并修准水平中分面。前中汽缸部件与后汽缸的上、下半部分分别拼合，校准中心，固紧。

3）汽缸部件水压试验。

4）确定通流部件轴向定位尺寸。

5）通流部件找中准备工作。配准外缸、隔板套、蒸汽室、隔板、汽封体等部件所有定位键（槽）。

6）确定总装盘车台位布置。

7）前轴承座、汽缸部件就位，校中心。

前轴承座与前座架部件于总装台就位，校前轴承座水平，汽缸就位，校汽缸水平；校准工艺轴与前汽封挡、后轴承洼窝档基准孔同心，然后用假轴校准前轴承座与汽缸同心。

8）汽缸部件与前轴承座定位。配装前轴承座端面垂直键。

9）各通流部件下半部分找中和定位。校准各内缸、隔板套、蒸汽室、隔板、汽封体等部件下半部分中心，配各定位键、悬挂销垫片。

10）外缸上半缸内部装配。外缸上半中分面朝上放置，内缸、隔板套、蒸汽室、隔板、汽封体等部件上半部分吊入，按下半部分校准，配准各级隔板顶部径向及轴向销，配装各级隔板、汽封体压板。

11）转子就位，确定轴向动静间隙。转子落缸，按图样要求调整转子位置；测量轴向动静间隙，确定各部件轴向调整垫片厚度。

12）各汽封环装配。修整各汽封环端面接触及热胀间隙，各汽封环按图样装入后应灵活不卡涩。

13）油循环。

14）测量径向动静间隙。测量各径向动静间隙，转子各部分校调（径向与平面跳动）。

15）盘车试验。全实缸状态下，起动顶轴油泵，起动盘车电动机，进行低速盘车。

16）盘车后整理。

17）油漆、油封、装箱。

4. 冲动式单缸给水泵汽轮机厂内总装盘车工艺

1）前轴承座与前座架、后汽缸与后座架等装配。

2）前汽缸与后汽缸拼缸。前汽缸与后汽缸的上、下半部分分别拼合，校准中心，固紧。

3）汽缸部件水压试验。

4）确定通流部件轴向定位尺寸。

5）通流部件找中准备工作。

6）总装盘车台位置。

7）前轴承座与汽缸部件校中心，就位。前轴承座与汽缸部件下半部分校准中心，联接固定。前轴承座、汽缸分别与前、后座架联接固定后，就位（若汽轮机有公共底盘，则同时需进行以下工序：划线并加工公共底盘上后座架及后汽缸导板的联接螺孔，同加工前、后座架底平面，并修配公共底盘与前、后座架接合面，后汽缸导板在公共底盘上就位并找中）。

8）各通流部件下半部分找中。各级隔板、汽封体等部件下半部分吊入汽缸，吊入假轴，校准各级隔板、汽封体等部件下半部分中心，配各定位键、悬挂销垫片。

9）上半汽缸内部装配。

10）转子就位，定轴向动静间隙。转子落缸，按图样要求调整转子位置。测量轴向动静间隙，确定各部件轴向调整垫片厚度。

11）各级弹性退让汽封环装配。修整各汽封环端面接触及热胀间隙，各汽封环按图样装入后应灵活不卡涩。

12）油循环。

13）测量径向动静间隙。

14）总装配。盖缸，上紧中分面螺栓。调整前轴承座内所有调节保安部件位置及间隙，装前后轴承座上各接线盒、引出线等，装其余各部件。装低压油动机及支架，装调节汽阀及连杆，装回转设备等。

15）盘车试验。全实缸状态下，起动回转设备，进行盘车试验，并作好各项测试记录。

16）盘车后整理。包括未参加总装盘车的各外围部件试装，焊接汽缸保温螺栓，各径向轴承试配，检查转子推力盘和正推力瓦块的接触面并修刮正推力瓦块，同时钻、铰各定位销孔等。

17）油漆、油封。各部件按油漆油封工艺进行清洁、油漆、油封。然后进行给水泵汽轮机整机精装施工。

18）精细组合。前轴承座、前后汽缸复校中心，组合，汽缸各接合面涂覆密封膏。

19）通流部分复校中心，复测动静间隙。对所有隔板及汽封体作精细找中，测量轴向及径向动静间隙（径向间隙采用压铅法测量，最终用贴胶布法验证）。

20）通流部分径向动静间隙修整。按实测数据对各汽封环进行最终修整（或修整悬挂销垫片）。

21）高、低压喷嘴组装配。彻底清洁喷嘴室内腔，喷嘴室配合面、喷嘴组密封面涂防咬剂。高压喷嘴组装入前下半汽缸喷嘴室内，配入密封键、密封销，点焊。低压喷嘴板装入前上半汽缸，螺钉螺纹部分涂防咬剂，按要求固紧，点焊。

22）各部件彻底清洁及精细组装。彻底清洁汽缸、轴承座内腔，加工面喷涂防锈油。彻底清洁各隔板、汽封、轴承、转子等，喷涂防锈油。各部件复装就位。汽缸内喷气相防锈油，汽缸螺孔及螺栓螺纹涂防咬剂，汽缸中分面涂密封膏。扣盖（把上半汽缸盖于下半汽缸上），按要求固紧中分面螺栓。其余部件装配及试装检查，等等。

23）汽轮机装箱。用复合增强包装袋套装于汽轮机上，进行汽轮机密封包装。

5. 多缸汽轮机低压部分厂内总装盘车工艺

1）内缸水压试验。

2）确定通流部件轴向定位尺寸。

3）通流部件找中准备工作。

4）轴承座、座架装配。下半轴承座（铸铁件）按图样要求进行煤油渗漏试验（保持24h），修配轴承座与座架接合面；配准轴承座及座架上所有定位键槽和相应键。

5）确定总装盘车台位置。

6）外缸拼缸，就位。

① 轴承座与汽缸联体结构：外缸中部下半缸在总装台就位，拉钢丝找横向中心，并校准水平；以外缸中部为基准，依次校准外缸调压阀端及发电机端下半缸中心及水平，固紧外缸下半缸垂直接合面螺栓。吊装外缸中部上半缸，拧紧水平中分面螺栓，然后分别吊装调压阀端、发电机端上半部分，拧紧水平中分面螺栓，检查水平中分面间隙及垂直接合面间隙，固紧垂直接合面螺栓。

② 轴承座落地结构：外缸于总装台就位，校准水平；以外缸为基准，放准前、后轴承中心距，找准汽缸两端汽封挡基准孔与轴承座同心，调整好轴承座水平。

7）外缸与轴承座定位（轴承座落地结构）。配装轴承座端面垂直键。

8）各通流部件下半部分找中。各内缸、进汽导流环、排汽导流环、汽封体等部件下半部分吊入外缸，校准上、下及左、右中心，并确定其轴向位置。静叶持环、隔板等部件下半部分吊入外缸，校准上、下及左、右中心。配各部件偏心销、垫片、定位键等。

9）各通流部件上半部分定位及内缸上半内部装配。盖合各通流部件及外缸上半缸，测量并配做各通流部件上半部分偏心销、垫片、定位键等；内缸上半缸中分面朝上放置，将隔板上半部分吊入，按下半部分校准，配准各级隔板销，配装各压板。

10）各汽封环及蜂窝汽封环装配。修整汽封环端面接触及热胀间隙，各汽封环装入后应灵活不卡涩；试装各蜂窝汽封环，保证汽封环之间的接触要求及下半疏水槽间隙，修去汽封环高出水平中分面部分，以汽封环为准，在隔板（或汽缸）上配钻、攻螺孔。

11）油循环。

12）测轴向及径向动静间隙　落转子，校调转子相对于外缸基准孔中心。测量通流部分各级轴向及径向动静间隙（径向间隙应分别在半实缸、全实缸状态下测量，其中镶齿汽封采用压铅法测量，弹簧汽封采用贴胶布法测量）。同时检查转子各部分圆跳动量。

13）盘车试验。

14）盘车后整理。包括未参加总装盘车的各外围部件试装，加工各定位销孔，各径向轴承、推力轴承试配，各轴瓦装电阻温度计，检查外缸下半缸支承面与支承台板接触情况，装配焊接内缸表面隔热装置等。

15）油漆、油封、装箱。各部件按油漆油封工艺进行清洁、油漆、油封，配齐所有零部件，装箱。

8.2.3　汽轮机部件的找中

汽轮机厂内总装配时的大量工作是对各零部件的相对位置进行调整，总装配时找中心则是调整的主要内容。汽轮机在运行状态下，转子与静体之间保持准确的同心，是保证汽轮机可靠运行的基本条件之一。如果转子中心和静体中心不相重合，会使机组产生振动，轴瓦表面产生单侧磨损，严重时甚至造成转子与静体间的互相碰撞磨擦，汽封齿磨损而使汽封漏汽量增加。因此，对汽轮机的找中提出了严格的要求。

1. 汽轮机主要部件中心的定义

(1) 汽缸中心线　是指汽缸前后汽封洼窝中心的连线。

(2) 转子中心线　转子自由地放在轴承上，在其自重作用下弯曲时，转子几何中心所形成的一条曲线。

(3) 轴承中心线　指轴承座挡油圈及轴套孔洼窝的中心连线。

(4) 汽轮机中心线　是指各转子部件联接成轴系时，其中心所形成的一条曲线。

(5) 转子中心线与汽缸中心线的找中　指转子中心与汽缸中心在前后汽封洼窝处找正到同心。

2. 汽轮机找中的目的

汽轮机的找中，是相当重要的一个工序，找中质量的好坏将直接影响到汽轮机振动情况，而振动是衡量一台汽轮机质量的重要指标之一，它将直接影响到汽轮机的安全性。

通过汽轮机的找中，使汽轮机在运行状态下能保持转动与静止部件同心，使转子在工作状态时能保持通流间隙处于最佳状态、最高效率。

通过汽轮机的找中，使得汽轮机在运行时，各转子（包括发电机转子等）联成的轴系应位于同一垂直平面内，并形成一条比较平滑的连续曲线。同时，使得通流静止部件的位置均应与轴系形成的曲线相一致，当轴系找中后，各轴系的载荷（比压）均应符合设计要求。

3. 汽轮机找中的主要内容

1) 轴承座与轴承座找中心。

2) 汽缸与轴承座找中心。

3) 汽缸内部所有静止部分的找中心，其中有：内外缸找中心，隔板套、隔板找中心。

4) 高压、中压以及低压转子间的轴系找中心。

5) 转子与其他部件，如调速器、主油泵等之间的找中心。

4. 通流静止部件找中心方法

通常找中心的方法有五种：即采用工艺轴、钢丝、光学、激光和真转子找中心。这几种方法的精度、特点和用途的比较见表 8-5。

表 8-5　通流静止部件找中心方法比较

方法	可达精度	特　点	用　途
工艺轴	0.01 ~ 0.02mm	1. 转子与工艺轴的挠度差值必须修正（一般采用空心轴以减小静挠度） 2. 工艺轴制造质量对找中心精度影响较大 3. 通过静止部件找中心时工艺性差，工作效率低	中小型汽轮机或单缸找中心
钢丝	0.02 ~ 0.05mm	1. 转子与工艺轴的挠度差值必须修正（一般用 0.3 ~ 0.6mm 的钢丝） 2. 钢丝制造质量对找中心精度影响较小 3. 通过静止部件找中心时工艺性差，工作效率低 4. 对轴系找中心直线性精度优于工艺轴	各种类型汽轮机找中心

（续）

方法	可达精度	特　点	用　途
光学	0.01～0.02mm	1. 无自身挠度，但必须考虑转子静挠度值 2. 找中心精度受装置及工作环境因素影响较大，并存在人为测量误差 3. 通过静止部件找中心时工艺性优于前两种方法 4. 找中心直线性良好，积累误差较小	1. 多缸汽轮机找中心 2. 可用作实测转子挠度值
激光	0.05mm（≤20m）① 0.1mm（20～40m）① 0.2mm（40～70m）①	1. 无自身挠度，但必须考虑转子静挠度值 2. 对环境条件的要求较光学更高，但可避免人为测量误差 3. 通流部件找中心时工艺性较优，并光束可见，直观性优于光学找中心	多缸汽轮机找中心
真转子	0.01～0.02mm	1. 直接测量切合实际 2. 受汽轮机结构限制，工艺性差	各种汽轮机电厂安装、检验

① 括号内表示两测量点间距离。

8.2.4　主要设备及工装

1）总装用的测量工具。千分尺及桥形千分尺、内径千分尺、千分卡尺、片状塞尺及楔形塞尺、水平仪及水准仪、千分表、比例尺、平尺、内径规、卡钳、测深规、角尺等。

2）汽缸水压试验。方箱、可调平面千斤顶、水压试验闷板法兰及螺栓、电加热箱及加热棒、力矩扳手（包括液压力矩扳手、液压泵）及过渡套筒、压力表、三通接头、水泵、起吊设备（行车）等。

3）汽缸及转子支承。方箱、可调平面千斤顶、工艺轴承座（或调节台架）、工艺轴承、工具接长轴、工艺用支承支架等。

4）通流部件校中心。假轴及轴承、拉钢丝工具、照明灯具、工艺垫片及工艺键、测偏心装置（或工艺假销）、软铅丝、胶布、汽封齿修准工具、起吊设备（行车）等。

5）钳工修整。手提钻、锉刀、刮刀、钢直尺、修配键、研磨工具、砂磨机等。

6）盘车试验。总装台位、盘车联轴器、盘车电动机、轴向止推工具、顶轴和润滑油泵及相应油管路、油箱（包括滤网）、盘车所需的各电气仪表和设备等。

8.3　汽轮机的现场安装

从工作顺序上说，汽轮机的现场安装，是制造厂内装配工作后的延续。因此，作为一个优秀的现场安装技术服务人员，除了要熟悉现场安装工艺外，还应熟悉设备（汽轮机）的结构、加工工艺及装配工艺等。

8.3.1　厂内加工及装配状态

在制造厂内的装配均进行了总装盘车，根据不同用户的需要，采用的工艺有分缸盘车、联动盘车及整体发运（精装配）等三种情况。

1. 分缸盘车

汽轮机，如300MW、600MW、135MW、125MW等，若用户无特殊要求，通常采用分缸盘车装配工艺。

1）通流部分中心及间隙，在制造厂内已按图样要求做准，到现场需复测，适当调整或修配以符合设计要求

2）因在制造厂内与现场装配状态有所差异，及汽缸的变形等因素，故有少量垫片、偏心套等，在制造厂内留余量，待现场配准。

3）对于可倾瓦结构轴承之瓦隙，制造厂内已按设计要求做准，安装现场一般可不作检查、调整。若有必要检查，可用相当于轴瓦内圆直径的工艺轴颈进行验证。

4）对于主汽门、再热门及高压喷嘴等装配，通常在制造厂内已精装配，安装现场不必解体（但用户须在制造厂内做“见证”，并且出具书面“见证”资料）。

2. 联动盘车

若用户有特殊要求，多缸汽轮机（如出口的空冷325MW汽轮机）有采用汽轮机整体盘车的装配工艺：

1）在制造厂内，装配要求已达到“分缸盘车”的各项技术要求。

2）已按图样要求对汽轮机组的轴系进行了调正。

3）转子靠背轮垫片厚度留余量，待现场安装时调整。

3. 整体发运（精装配）

根据用户的特殊要求，带动给水泵小汽轮机（配300MW、600MW汽轮机），在制造厂内进行精装配，设备到现场不必揭开大盖调整（但用户须在制造厂内做“见证”，并且出具书面“见证”资料）。

1）通流部分中心及间隙，已按图样要求做准。

2）轴承间隙及接触要求已按图样要求做准。

3）汽轮机内部清洁度已达到设计要求。

4）螺栓预紧力及水平中分面间隙均满足了图样要求。

8.3.2 汽轮机现场安装的基本技术要求

1）满足制造厂的图样及有关文件资料。

2）满足设计院的图样及有关文件资料。

3）满足电力施工及验收有关文件资料。

8.3.3 汽轮机现场安装工艺流程

目前设计、生产的汽轮机功率有6～1000MW，但从本体安装工艺上看，主要区别在于单缸汽轮机、多缸汽轮机，对于改造汽轮机（机组）及在现场不解体的汽轮机（给水泵汽轮机）的安装工艺也有一定的特点。其现场安装工艺流程如下。

1. 多缸汽轮机现场安装

工艺流程如图8-18所示的多缸汽轮发电机组现场安装程序框图。

2. 单缸汽轮机现场安装

工艺流程如图8-19所示的单缸汽轮发电机组现场安装程序框图。

3. 现场不解体汽轮机现场安装

工艺流程如图8-20所示的现场不解体汽轮机现场安装程序框图。

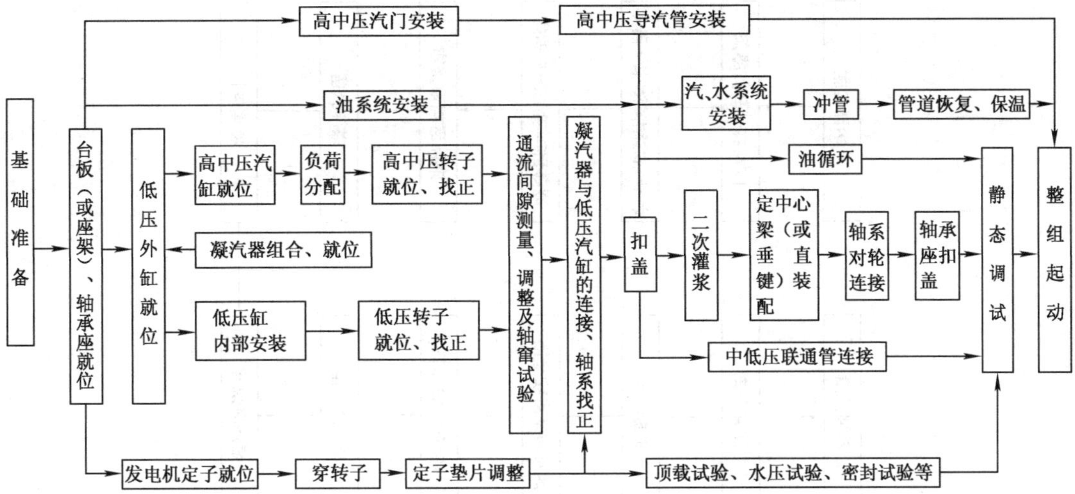

图 8-18　多缸汽轮发电机组现场安装程序框图

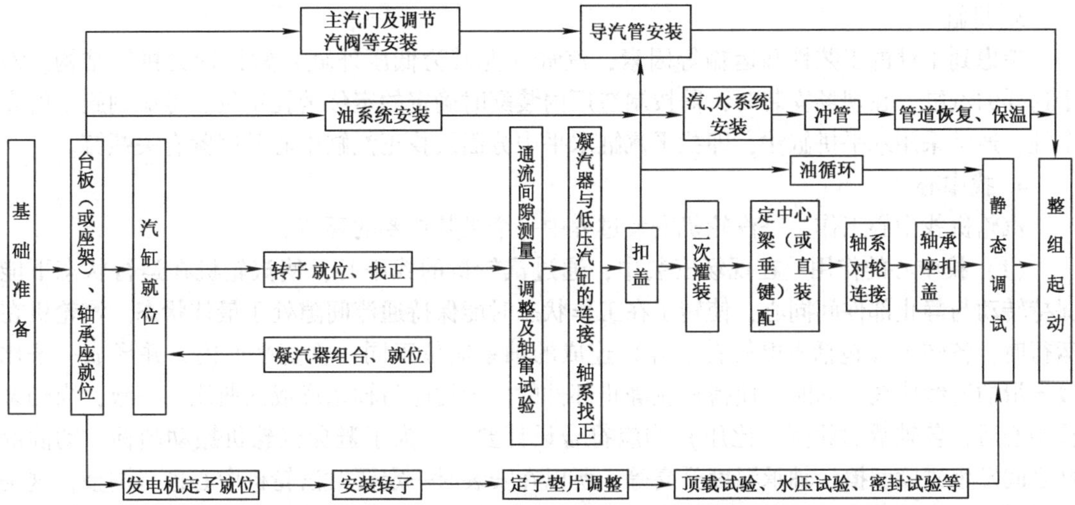

图 8-19　单缸汽轮发电机组现场安装程序框图

8.3.4　主要工序说明

1. 垫铁布置

垫铁安装于汽轮机台板（或座架）与基础之间，用于调整汽转机标高及水平位置。当汽轮机标高及水平位置按垫铁布置图调整后，将混凝土充实于台板（或座架）及基础之间。汽轮机采用的垫铁形式现有两种，即平垫铁及斜垫铁（含可调斜垫铁）。

2. 轴承座及座架（或台板）的接触检查

在制造厂内，轴承座及座架（或台板）的接触情况已修正过，但由于工件的变形等因素，致使接触情况有所变化，因此，在现场需对轴承座及座架（或台板）的接触情况进行检查，必要时对接触面进行修配以达到设计要求。

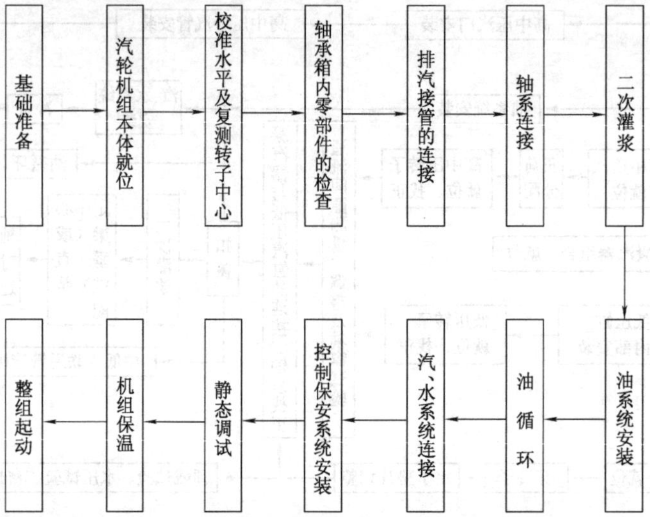

图 8-20 现场不解体汽轮机现场安装程序框图

3. 拼缸

考虑到工件的工艺性和运输等因素，汽缸（尤其为低压外缸）常设计为拼缸结构。对于这样的汽缸，在现场安装时，需按制造厂内装配时确定的定位销孔定位。考虑到施工的安全性，通常采用水平拼缸法，即找平汽缸水平中分面及找正汽缸中心后固紧有关螺钉。

4. 找中心

汽轮机找中心工作，是汽轮机安装过程中一个极其重要的环节。

（1）找中心的作用 在现场安装中，通过汽轮机的找中心，使汽轮机在运行状态下能保持转动与静止部件间同心，使转子在工作状态时能保持通流间隙处于最佳状态。汽轮机在运行时，各转子（包括发电机转子等）连成的轴系应位于同一垂直平面内，并形成一条比较光滑的连续曲线。同时，使得通流静止部件的位置均应与轴系形成的曲线相一致，当轴系找中心后，各轴承的载荷（比压）均应符合设计要求。为了避免汽轮机振动超标、动静部件之间发生碰撞摩擦、轴承温度升高等，所以在安装时一定要对汽轮机中心进行调整，这是一项重要而又细致的工作。随着汽轮机汽轮容量的增大，逐渐向着三轴两支点、单轴单支点趋势发展，找中心工作更为复杂。

（2）找中心的目的

1）使汽轮发电机各转子的中心线连成一条连续光滑的曲线，各轴承负荷分配符合设计要求。

2）使汽轮机的静止部件与转子部件基本保持同心。

3）将轴系的扬度调整到设计要求。

（3）找中心的步骤

1）汽缸及轴承座找正。通常只用水平仪检查汽缸、轴承座位置是否发生偏斜。汽缸及轴承座找正是汽轮机安装过程中的重要工作之一。

2）结合轴颈扬度值及转子对轴承座及汽缸的洼窝中心进行各转子按联轴器找中心，也叫预找中心。

扬度值改变过大会影响轴系负荷分配、发电机空气间隙，在一定程度上也影响转子的轴向推力。转子对轴承座及汽缸的洼窝中心不正，将会加大油挡、隔板及汽封套的调整量，所以在各转子按联轴器找中心时，一定要结合扬度及洼窝中心进行，当三者发生矛盾时，以各转子按联轴器找中心为主。

3）轴封套、隔板按转子找中心。汽轮机运行时，要求隔板汽封及轴端汽封与转子之间的间隙要大小适当、均匀合理。如果轴封套及隔板与转子之间的间隙相差很多，则在以后进行的汽封间隙调整时，将具有很大难度，所以要将轴封套、隔板按转子找中心。

4）复查各转子中心（也叫正式找中心）。在汽轮机通流部件全部组合后，各转子的联轴器中心可能会发生一些变化，所以应复查汽轮机各转子、汽轮机转子与发电机转子、发电机转子与励磁机转子之间的中心情况，如有变化，要重新找正。

如果由于某种特殊的原因造成中心变化很大，则不能强行找正，因为此时通流部件径向间隙都以已调整完毕，如转子调整量过大，将会造成动静部件之间严重摩擦。只能揭开汽缸，查明原因，重新调整。

（4）中心不正的危害　中心不正的危害很多，常见且十分重要的有两个方面：

1）造成个别支撑轴承负荷过重、轴承钨金磨损、润滑油温升高。以最常见的两转子、四个轴承支撑结构为例，转子按联轴器找中心时，在中心符合标准的情况下，两转子的质量会均匀地被四个轴承承担。中心不正时会对轴瓦负荷的均匀分配产生影响，有三种可能：一是联轴器端面张口值超标，二是联轴器圆周差超标，三是既存在联轴器端面张口超标又存在联轴器圆周差超标。

2）使汽轮机产生振动。如果转子不对中，转子联接后将受到强迫外力的作用，引起轴系强迫振动。另外，由于转子中心不正，会使个别轴承负荷减轻，轻载轴承失稳转速很低，很容易产生油膜的自激振动，即平时所说的半速涡动（转速低于两倍临界转速时）和油膜振荡（转速高于两倍临界转速时）。

5. 靠背轮的联接

轴系找中心后，按图样要求复查、找准联轴器中心，以保证转子靠背轮的平面张口及中心偏移值。联轴器找正的技术要求应符合 JB/T 9637—1999《汽轮机总装技术条件》和有关图样及技术文件资料的要求。

联轴器找中心工作结束后，将做靠背轮的联接工作　汽轮机转子的靠背轮联接方式有两种，即螺栓与螺孔采用间隙配合及过渡配合（铰制孔）。对于前者，靠背轮的螺孔及螺栓在制造厂均已做准，在现场不需对螺栓、螺孔铰配。西屋公司技术设计的汽轮机转子多采用该联接方式。对于后者，靠背轮的螺孔及螺栓在制造厂内通常留余量，在现场对转子靠背轮中心找准后，需对螺栓、螺孔铰配。

联轴器螺栓通常采用冷紧法，现场需按制造厂的图样要求进行冷紧。

对于多根转子的汽轮发电机转子轴系，靠背轮间垫片，其厚度在制造厂内已留余量，在现场需根据靠背轮间各尺寸以配准垫片厚度。

6. 负荷分配

（1）目的　由于汽缸浇注的壁厚差异及加工时重心的偏移等原因，致使汽缸就位时前后四只支撑凸台承受的载荷不均。为了能合理地将汽缸质量分配于四只支撑凸台上，以便汽轮机在运行时能保证正常膨胀。对于较大容量的汽轮机（通常 50MW 以上），汽缸较大，相对重心偏差也较大，故在汽轮机现场安装时，通常需对汽缸等静止部分进行负荷分配。

(2) 通常的负荷分配方法

1) 支撑凸台垂弧法。在被测支撑凸台上部架设百分表，用行车或千斤顶将该支撑凸台抬起，抽去该支撑凸台下安装的垫片和横销，然后松下行车吊钩或千斤顶，使该支撑凸台自由下垂，从该百分表上读取的下垂量即为该支撑凸台的“垂弧”。两侧对称位置的垂弧偏差不大于0.1mm。

2) 测力计法。抽去被测支撑凸台下横销，在支撑凸台专用孔上安装测力计，调整测力计，抽去该支撑凸台下安装垫片，此时测力计上读取的数值即为该支撑凸台的负荷。两侧对称位置的负荷差不大于平均负荷的5%。

3) 支撑凸台抬高法。在被测支撑凸台上部架设百分表，借助行车或千斤顶，在被测支撑凸台的另一侧支撑凸台下加垫片，此时从被测支撑凸台上部百分表上读取的数值即为该支撑凸台的抬高量。两侧对称位置的抬升值之差小于0.05mm。

7. 汽封间隙的测量与调整

(1) 目的　汽轮机通流部分的动静部件之间为避免碰撞摩擦，须留有一定的间隙，而间隙的存在，又会导致漏汽（气），使空气漏入汽缸内部或使汽缸内部蒸汽漏入外界，影响汽轮机的热效率、环境及安全等。因此，为了确保汽轮机的安全性及热效率，设计上选取了一个合适的动静间隙，而在工艺上必须加以保证。

(2) 厂内装配状态　在总装时，通常分别在半实缸及全实缸下，对各通流间隙按图样要求进行了调整，若无特殊要求，一般将间隙调整到下偏差，以便在现场进行精调。

(3) 测量方法　汽封间隙的测量通常采用贴胶布方法，在半实缸及全实缸下，分别检测汽封动静间隙（图8-21）。

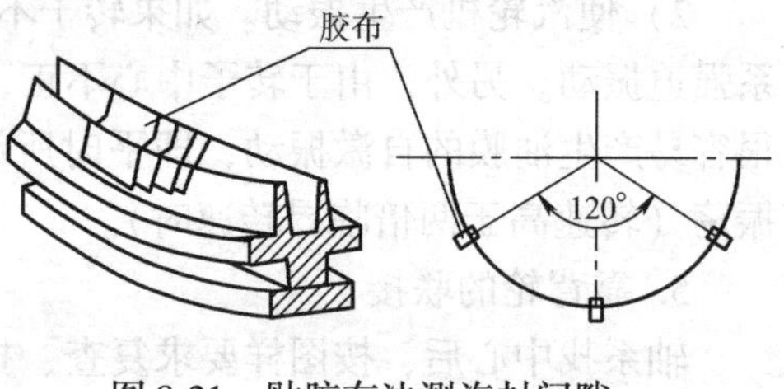

图8-21　贴胶布法测汽封间隙

(4) 调整方法　汽封间隙的调整方法主要有以下四种：

1) 对于嵌入式汽封，可适当调整持环水平中分面处支承垫块的厚度，或采用打磨工具及刮刀等，进行手工调整。若有必要，需要上机床进行修正。

2) 对于蜂窝式汽封，调整汽封环底部垫片厚度，以保证汽封动静间隙要求。

3) 对于汽封环的汽封间隙调整，必须借助刮汽封专用工具进行修正。

4) 对于局部修正量较小的汽封，借助打磨工具及刮刀等，进行手工调整。

8. 轴窜试验

(1) 目的　为了保证汽轮机热态运行时的稳定性，在汽轮机安装时，必须保证冷态时的轴向动静间隙，而采用转子的轴向窜动试验，能综合地检查转子轴向动静间隙。

(2) 方法　在半实缸及全实缸状态下，当转子按图样要求定位后，将转子前后移动，以检查转子在轴向的移动量是否满足图样要求。

9. 扣盖

汽轮机扣盖是汽轮机安装工作的一个重要步骤，通常，在扣盖前需经由省局组织的三级验收，对硬件（实物）及软件（资料）进行复查，经开具扣盖许可证后才进行扣盖工作。扣盖前，必须满足以下条件：

1）轴系中心已按图样要求调整完毕。

2）各间隙已按图样要求调整完毕。

3）汽缸及内部部件的缺陷已消除完毕。

4）有关零部件的材质、硬度已复查合格。

5）各热工测点、疏水接口等已按图样要求安装完毕。

6）汽轮机内部清洁工作已符合要求。

8.3.5　主要安装专用工具

汽轮机现场安装的主要安装专用工具见表 8-6。

表 8-6　安装专用工具

序号	名称	用途	序号	名称	用途
1	吊转子工具	起吊转子	8	靠背轮找中心工具	找中心
2	吊汽缸工具	起吊汽缸	9	千斤顶	找水平
3	抬轴工具	修刮轴瓦	10	靠背轮铰孔工具	铰靠背轮孔
4	转子搁架	架放转子	11	吊轴工具	测量轴颈晃动度
5	隔板架	架放隔板	12	汽缸螺栓加热工具	热紧汽缸螺栓
6	工艺轴	找中心	13	平尺	找汽缸水平
7	拉钢丝工具	找中心	14	刮汽封工具	修正汽封间隙

第3篇　锅炉制造工艺

锅炉是一种能量转换和转移设备，即利用燃料或其他能源的热能把工质（一般为净化的水）加热到一定参数（温度、压力）的热能转换装置。

锅炉种类繁多，可按照不同的方法进行分类。锅炉按用途可分为电站锅炉、工业锅炉(蒸汽、热水等)、船用锅炉和机车锅炉等；按锅炉出口压力可分为低压、中压、高压、超高压、亚临界压力、超临界压力等锅炉；锅炉按水和烟气的流动路径可分为火筒锅炉、火管锅炉和水管锅炉，其中火筒锅炉和火管锅炉又合称为锅壳锅炉；按循环方式可分为自然循环锅炉、辅助循环锅炉（即强制循环锅炉)、直流锅炉和复合循环锅炉；按燃烧方式，锅炉分为室燃炉、层燃炉和沸腾炉等。

本篇主要介绍电站锅炉的制造工艺。电站锅炉（又称为：电厂锅炉、火电厂锅炉、发电厂锅炉、发电机组锅炉等）是典型的多品种、按订单、单件组织生产的产品。由于电站锅炉属重大安全产品，在设计、生产、安装、质检等方面，国家和行业都有严格的质量要求和安全管理规范。

20 世纪 80 年代以来，我国建设了一批以燃煤为主的亚临界与超临界参数大容量发电机组。引进及我国自行设计制造的各种类型的 300MW、350MW、500MW、600MW 和 800MW 级亚临界与超临界参数及 1000MW 的超超临界锅炉机组相继投入运行。从水循环方式看，自然循环锅炉和控制循环锅炉目前在我国电站锅炉中占多数，也有相当数量的直流锅炉和低倍率循环锅炉；从燃烧方式看，直流式燃烧器四角切圆燃烧方式和旋流式燃烧器对冲燃烧方式以及 W 型火焰燃烧方式成为目前电站锅炉燃烧方式的主流。传统技术的电站锅炉设备将逐渐被淘汰，取而代之的是高效利用能源、符合环境保护要求以及具有优良的运行性能的技术产品。因此，当代意义上的电站锅炉的技术含量越来越大，性能要求越来越高。

电站锅炉未来的发展将进一步提高锅炉和电站热效率，降低锅炉和电站的单位功率的设备造价，提高锅炉机组的运行灵活性和自动化水平，发展更多锅炉品种以适应不同的燃料，提高锅炉机组及其辅助设备的运行可靠性，减少对环境的污染。

现代电站锅炉是一个体积庞大而构造复杂的设备，制造过程涉及到许多加工工艺方法。如冷作工艺（包括整形、剪切、冷卷、管件弯制以及型材弯曲)、锻压加工（包括封头冲压、锅筒热卷以及各种零部件的锻造)、金属材料的切割与装配、金属材料的焊接、热处理以及金属切削加工等。

因此，锅炉制造工艺是由多种加工工艺综合而成的。

第9章 电站锅炉的锅筒制造工艺

锅炉的锅筒是电站锅炉最大、最重要的一个部件，也是主要受压部件。它体积大，制造质量要求严格。在锅筒的制造过程中，应针对具体尺寸、批量与质量要求，选择合适的加工方法，选择合理的制造工艺过程与规范，制造后要进行认真的检验。

锅筒一般按长度分成若干个筒节和两个封头及大大小小数百个管接头，分别下料、成形、焊接总装而成（图9-1）。由于锅筒相当于一个大型厚壁压力容器，它在锅炉上的重要作用，使其制造工艺成为锅炉生产中的关键工序。而超高压、亚临界大型机组锅炉特厚壁锅筒的制造更是大型电站锅炉制造厂最为关切的问题。

国内外各种燃料的自然循环、辅助循环炉型，从200MW超高压锅炉到600MW亚临界锅炉，不同厂商锅炉锅筒的结构参数范围是：内径1524～2210mm，采用低合金高强度钢的壁厚为155mm，采用C-Mn钢的为130～220mm。筒身的最大长度一般在30m以内，锅筒上各类管接头的大小、数量和布置也不相同，有的在封头上布置下降管，有的锅筒没有集中下降管，而是分散布置下降管。锅筒壳体有等厚度和上、下两半不等厚两种形状，封头一般采用球形封头。电站锅炉锅筒相对而言是结构较复杂、零件序号及材料的规格与品种较多的锅筒。锅筒的结构如图9-1所示。

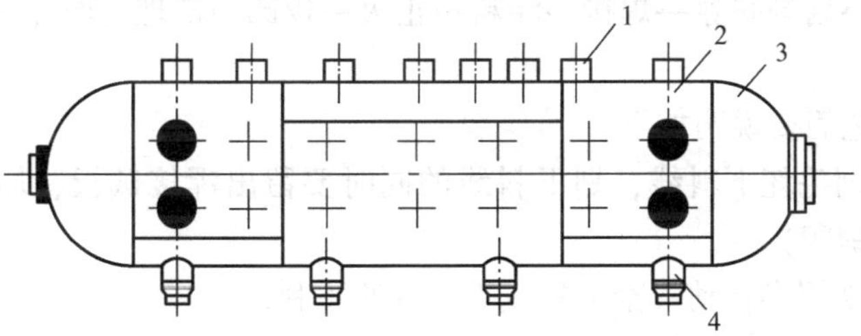

图9-1 锅筒结构示意图

1—管接头 2—筒体 3—封头 4—下降管

锅筒由筒体、封头及管接头等零部件组成。这些零部件以及整个产品的制造方法通常有冷加工、热加工及焊接等。锅筒是一种典型的焊接结构。

9.1 锅筒的材料选用

锅筒材料的选用主要取决于锅炉的运行压力和温度。制造锅筒用的钢板要求在常温和高温下具有良好的强度和韧性，以及良好的热加工成形和焊接工艺性能。

世界各国在电站锅炉锅筒筒体的材料选用上，形成两种模式，一种是欧洲各国以德国TRD（蒸汽锅炉技术规程）为代表，主要采用高强度合金钢材，以13MnNiMo54（BHW35、DIWA353）、15NiCuMoNb5（DIWA373）等为代表，可以降低锅筒的金属耗量，相应降低锅炉制造厂所需的设备能力。另一种是以美国 ASME（美国机械工程师学会）的压力容器为代表，主张采用韧性较好的、焊接工艺性能稳定的碳锰钢系，如 SA229（以含碳量稍高的 SA299、19Mn6 为代表），认为高强度合金钢的工艺性能较差，焊缝容易产生裂纹，故应尽量避免选用。

我国几大锅炉制造厂生产的电站锅炉锅筒，20 多年来主要用德国 BHW35 钢板制造 50 ~ 350M 锅炉锅筒，至今运行正常，其锅筒制造质量良好。

20 世纪 80 年代初，国内锅炉行业引进美国燃烧工程公司 CE 技术后，开始设计选用 SA299 钢板制造锅炉锅筒筒节和封头，其锅筒筒体壁厚上半部为 200mm 左右，下半部为 170mm 左右。

高强度合金钢材屈服强度较高，虽可显著减小壁厚，但材料塑性储备较低，且接头冲击韧性要求如按 TRD《蒸汽锅炉技术规程》，则锅筒钢板 0℃时 V 型缺口冲击值不得低于 31J，故该类高屈服钢焊接，既要考虑接头力学性能不低于母材，又要避免高应力淬硬组织焊接裂缝问题。

碳锰钢强度较低，但选用壁厚较大，如由 SA299 制造的 300MW 锅筒壁厚达 200mm 以上。所以不可避免存在大厚度约束应力的问题。

9.2 锅筒筒节的制造工艺

锅筒筒体有一定长度，一般由几段筒节组成。筒节制造工艺主要程序为：划线→气割→涂料→加热→卷板→划割间隙→焊接→涂料→正火→校圆→清理→磨光→探伤→缺陷退修→机械加工。

筒节的制造工艺简要说明如下：

（1）划线　指划毛坯下料线，划下料线的同时要留出焊接试板、加工余量及收缩余量并打上各种标记（钢印）。

（2）气割　可采用半自动气割下料或手工气割下料。

（3）加热　封头毛坯与筒体毛坯的加热是给卷板、冲压及校圆工序作准备，可在煤气加热炉内进行，加热温度要在再结晶温度以上。

（4）冲压　封头的冲压可在大型的水压机上采用专用模具，热压一次成形。

（5）涂料　钢坯料在卷板前为防止产生卷轧出凹陷，在加热前以及校圆和正火加热前涂刷一层耐高温抗氧化的涂料，这种涂料可以显著减少工艺减薄量（氧化皮）。

（6）卷板、校圆　筒体的卷板和校圆可在卷板机和弯板机上进行。

（7）机械加工　指筒体端面和封头端面的坡口加工。封头端面坡口加工可在立式车床上进行，筒体端面坡口加工可在车床上进行，加工时要注意质量，否则会给装配、焊接造成困难。

（8）装配　指各筒节装成筒体，装配各管接头、下降管、封头、内部预埋件等。装配时要严格控制装配质量。

（9）纵缝焊　采用电渣焊、窄间隙焊或其他组合焊接方法焊接筒节纵缝。

（10）环缝焊　每个筒节组装成筒体时，首先是在内部进行手工底焊，然后在外面采用埋弧环缝焊，焊接时带环缝焊接试板。

（11）正火　电渣焊后，为了细化焊缝晶粒，改善接头性能，需进行正火处理。正火可在煤气加热炉内进行。

（12）磨光　纵缝、环缝、下降管角缝焊后应磨光焊缝表面，呈现出金属光泽，为探伤作准备。

（13）探伤　指进行超声探伤、磁粉探伤、X线探伤、检查焊缝及接头质量。

（14）水压试验　指焊后筒节整体热处理完所进行的压力检验。

9.2.1　锅筒筒节的下料与卷制

锅筒筒体成形前的形状是一块长方形的钢板，坯料的宽度是锅筒长度的一部分，坯料的长度是锅筒的周长。如果不计边缘加工余量，数块坯料的宽度相加，恰等于锅筒的总长。锅筒筒节在卷制过程中，材料会产生细微的伸长，随着材料性能和外形尺寸的不同，其伸长量也有所不同，对于筒节的下料尺寸而言，最难确定的就是筒节在卷板过程的伸长量。板材在外力作用下将产生塑性变形——体积不变而周长伸长，壁厚减薄。热卷温度越高，板材塑性越好，卷板机上辊的下压量或下辊顶力越大，则卷板时的周长伸长量就越大。由于影响周长伸长量的因素较多，所以很难准确地计算出来。

1. 锅筒筒节的划线下料

锅筒筒节的划线工作就是在钢板上划出锅筒筒节的展开图。在划线时，应注意以下几点：

1）首先，应检查钢板的来料情况。如果来料为毛边钢板，则由于在轧制过程中，钢板边缘部分往往容易形成夹层等缺陷，因而在筒节划线前，必须先划出边缘切割线，然后根据此线进行筒节的划线工作。

2）划线时，筒节的展开尺寸，应以筒节的平均直径为计算依据。对于热态弯卷的筒节，则应考虑到热卷后钢板的伸长。此时，下料尺寸应比按平均直径计算的展开尺寸小一些。具体数值应根据具体的卷制工艺（如加热温度、卷滚次数等）来确定。通常，下料尺寸约比按平均直径计算的展开尺寸缩短0.5%。实践表明，冷态弯卷时，钢板也有少量的伸长，伸长大约7～8mm。另外，卷制后，钢板的厚度也有所减薄，一般热卷时约减薄3～4mm，冷卷及热校圆时约减薄1mm。

3）划线时，还需要考虑筒节的机械加工余量（包括直边切割和坡口加工余量）。

4）为了便于筒节的装配及锅筒的排孔划线，应根据展开图在钢板上划出锅筒纵向中心线，作为筒节装配及锅筒排孔划线的基准线。

5）锅筒筒节的划线工作是十分重要的工序，如果划线产生错误，将导致整个筒节报废。因此，在划线完成后，必须进行认真仔细的检验。

近年来，在划线工序的改进方面，主要有电子计算机数控划线与电子照相划线（或称感光划线）两种。这些方法的采用，使划线劳动量降低，速度加快。

2. 锅筒筒节的成形及加工工艺过程

筒节的成形过程是钢板的弯曲塑性变形过程。在成形过程中，钢板产生的塑性变形沿钢板厚度方向是变化的。其外圆周伸长，内圆周缩短，中间层保持不变。锅筒筒节的成形及加工工艺过程为：

1）筒节钢板用氧—乙炔火焰气割下坯料。气割前气割区域适当预热，预热温度大于等于100℃。

2）筒节两端坡口采用镗床或刨边机进行机械加工坡口。

3）筒节钢板上、下表面涂刷高温防氧化涂料，涂料涂完后需经24h以上时间干燥。

4）筒体钢板进行加热炉加热。加热温度：930～950℃，然后卷制成形。

5）卷制完成后，吊下筒节采取措施，保证坡口间隙不张开。

6）筒节成形后，测量筒节圆周尺寸。

7）修磨坡口，经100%磁粉探伤检查。

8）筒节内壁装焊金属焊接衬垫。

9）纵缝窄间隙埋弧焊焊接成形。

10）筒节纵缝检查合格后，送入加热炉进行复校圆加热，加热温度为930～950℃，然后进行复校圆。

11）筒节进行回火热处理，加热温度为630℃±10℃。

12）筒节经回火处理后，对纵缝进行100%射线、100%超声波探伤和100%磁粉探伤检查。

当前国际上锅筒筒节成形主要有卷制和压制两种工艺，其工艺各有利弊。卷制的优点是成形均匀，操作方便，但需要功率大、钢性好的卷板机。压制筒节一般用水（油）压机，优点是锅筒可做成瓦片上下不等厚。节约材料8%～10%，缺点是操作不连续，压制速度慢，又要用吊车配合操作，对工人技术的要求也较高。一般先用热压方法初步成形，再用冷压方法进行精校至所需尺寸。卷制和压制两种工艺各有优缺点，美国基本上采用压制法，欧洲和日本两种兼用，国内有采用卷制法，也有采用压制法，因卷板机比水压机便宜，操作也较为方便，近年来卷制法渐占优势。

由于钢板在弯卷时，外周伸长，内周缩短。因此，钢板金属组织产生不同的变形。外侧晶粒拉长，内侧晶粒压缩，晶格扭曲，使钢板内部产生内应力并形成加工硬化现象。钢板越厚或卷成的筒节直径越小，则钢板的变形率越大，加大硬化现象也越严重，钢板内部的内应力也就越大。将会严重地影响筒节的制造质量，甚至会产生裂纹使筒节报废。

为了保证锅筒的制造质量，根据长期生产实践中积累的经验，一般冷态弯卷（简称冷卷）时，最终的外圆周变形率应限制在下列范围：

1）对于碳素钢，外圆周伸长率≤5%。

2）对于高强度低合金钢，外圆周伸长率≤3%。

对于厚板或小直径的筒节通常采用热态弯卷（简称热卷）。热卷可以减轻卷板机所需的功率，并可防止冷加工硬化现象，但也带来了不少麻烦。例如：

1）把钢板加热到较高的温度会产生严重的氧化现象。

2）热卷时操作困难。

3）热卷时，钢板的轧薄较严重。

4）在弯卷过程中，氧化皮危害较严重，会使筒节的内外表面产生麻点和压坑。

为了消除冷、热卷板的不足，兼取冷、热卷板的优点，近年来提出了温卷的新工艺，即将钢板加热至500～600℃。在此温度下进行卷制，既可使钢板获得比冷卷时具有稍大的塑性，减少卷板机超载的可能，又可减少氧化皮的危害，操作也较热卷时方便。由于温卷的加热温度一般在材料的再结晶温度以下，因此它实质上仍属于冷加工范围。

弯曲成形是制造筒体的基本方法。厚板弯曲成形，在国内外是两条路线并存。一条是压弯原理的弯板机成形；另一条是卷弯原理的卷板机成形，两者壁厚均已达到 380mm 的水平。

筒节的卷制工作通常是在卷板机上进行的。常用的卷板机可分为三辊卷板机和四辊卷板机两类。

用三辊卷板机卷制筒节，如图 9-2 所示。三辊卷板机的上辊是从动的，它可以上下移动，对钢板产生压力。两个下辊是主动的，依靠它们的转动，可使钢板在上下辊之间来回移动，产生塑性变形，使整块钢板卷制成圆筒形。

但用图 9-2 所示的三辊卷板机卷制筒节时，在钢板的两端各有一段无法弯卷的部分，通常称为平直段。平直段的长度与卷板机结构有关，对于常用的对称三辊卷板机，平直段约为其两个下辊中心距的一半（即图 9-2 中 a 的一半）。因此，为了获得完整的圆筒形，在卷制前，必须先将钢板的两端预先弯制成所需弯曲半径的弧形，此项工作称为预弯。

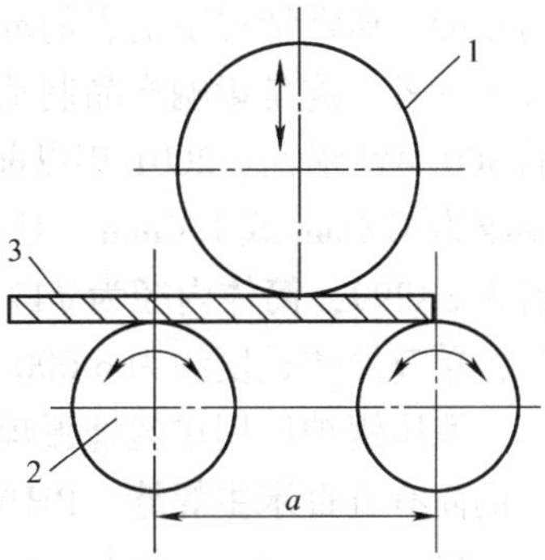

图 9-2　三辊卷板机卷制筒节

1—上辊　2—下辊　3—钢板

预弯工作可用各种压力机进行，也可利用预弯模在三辊卷板机上进行，如图 9-3 所示。在两个下辊 4 的上面搁置一块由厚钢板制成的预弯模 3，将钢板 2 的端部放入预弯模中，依靠上辊 1 把它弯成形。改变预弯模在下辊中的位置以及钢板的伸入长度，便可获得不同的预弯半径。

近年来，在工业上开始应用一些可以直接进行预弯工作的三辊卷板机，以便于卷制工作的进行。

对于厚壁圆筒往往采用大型的四辊卷板机进行卷制工作，如图 9-4 所示。这种卷板机的上辊是主动的，电动机通过减速箱带动上辊转动。下辊可上下移动，用以夹紧钢板，两侧辊可沿斜向升降，用以对钢板施加变形力。四辊卷板机也可进行预弯工作，依靠下辊的上升，把钢板端头压紧

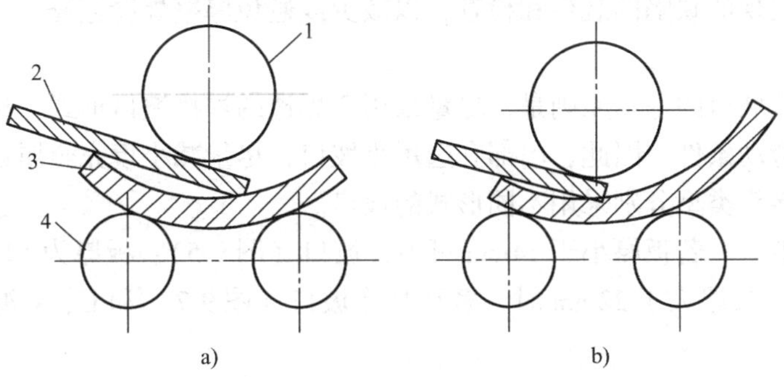

图 9-3　利用三辊卷板机进行预弯工作

1—上辊　2—钢板　3—预弯模　4—下辊

在上下辊之间，然后利用侧辊的移动，使钢板端部发生弯曲变形，达到所要求的曲率。

由于四辊卷板机设备庞杂，投资费用较高，近年来，逐渐有被各种新型的三辊卷板机代替的趋势。

9.2.2　锅筒筒节纵环缝焊接

国外发展起来的厚壁筒节的纵缝主要焊接方法有电渣焊、单丝或多丝埋弧焊的常规焊

接，以及可焊接更大厚度的窄间隙焊与电子束焊等先进焊接方法。环缝焊接方法主要采用埋弧焊。

国内目前生产中应用的是前三种，已从国外引进窄间隙埋弧焊机，并制造了双丝埋弧焊机，在超高压、亚临界参数锅筒纵、环焊缝上广泛应用。例如，300～600MW 电站锅炉锅筒（汽包）总质量约 190～230 t，由左半球形封头、筒体、右半球形封头组成，筒体长约 18～24m，分为 3～4 段，每段由 2 个压制瓦片焊接而成。筒体主要分为等厚双纵缝 180°对开结构和不等厚双纵缝 145°/215°对开结构两种。由于结构的原因，通常情况下前者的环焊缝错边量超差的数量大于后者。这是影响产品制造质量的难点。对于等厚的 300 MW 锅筒，2001 年以前的锅筒产品壁厚均为 203 mm，2002 年经过优化设计，锅筒壁厚改为 178mm 或 190mm，对这两种厚度的锅筒采用了不同的研究方法。锅炉锅筒的筒体材料为 SA299，筒体内径为 ϕ1778mm，筒体厚度 178～203mm，单节筒体结构为双纵缝 180°对开，单节筒体长度约为 6 000 mm，纵环缝坡口形式为 U、V 型坡口。

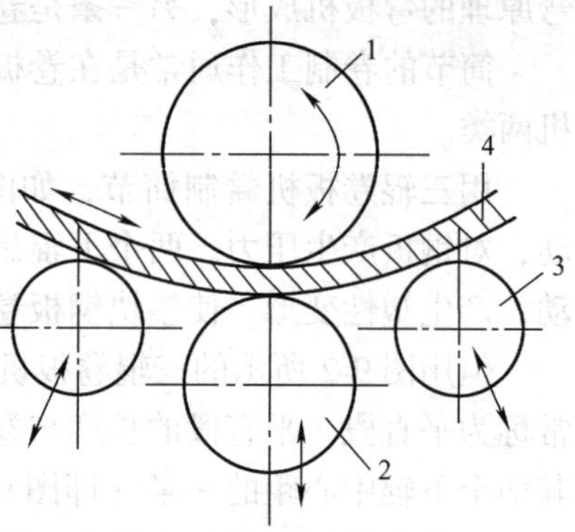

图 9-4　四辊卷板机的工作原理

1—上辊　2—下辊　3—侧辊　4—钢板

我国锅炉厂用单丝埋弧焊工艺，已经焊接了多台 300MW 亚临界自然循环锅炉锅筒。锅炉锅筒有近百米主焊缝。BHW35、厚 145mm 锅筒纵环缝焊接的制造工艺要求是：

1）为保证焊接质量稳定和焊接接头性能良好，对每一条内、外纵缝和每一条外环缝，均采用自动焊接工艺。

2）由于钢板较厚，沟槽深，熔敷道数多，焊接持续时间长，应严格按要求进行筒节的充分预热。中断焊接时充分保温，焊后及时进行消氢处理，焊丝必须去除油污，加强对焊接过程中焊道可能出现的缺陷的观察和检查，以减少或避免厚壁焊缝返修。

1. 焊接坡口

选择锅筒焊接坡口的基本原则是，尽量采用全焊透的焊接坡口形式，尽量减小筒体内部的工作量，改善劳动条件。因此，内部宜选用小坡口，尽量减小填充金属量。外部应根据板厚、焊接方法和接头类型分别采用不同形式的坡口。

（1）埋弧焊坡口　若板厚小于 14mm 可不开坡口（图 9-5）；板厚为 14～22mm 时多开 V 形坡口（图 9-6）；板厚大于 22mm 时，多开 U 形坡口（图 9-7）和 U、V 混合形坡口（图 9-8）。

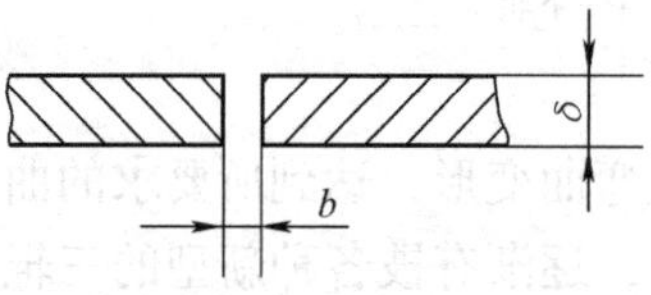

图 9-5　I 形坡口

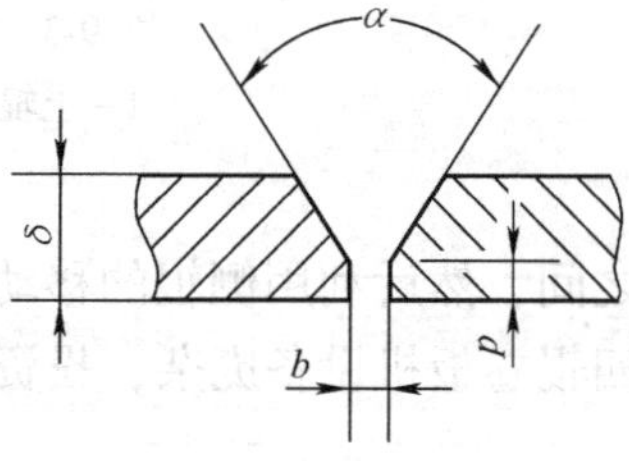

图 9-6　V 形坡口

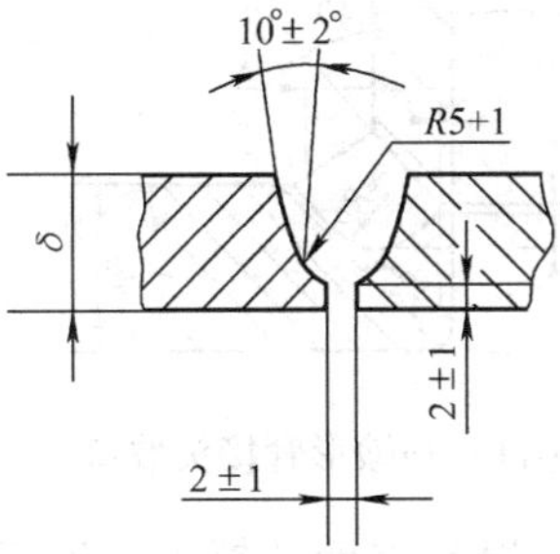

图 9-7　U 形坡口

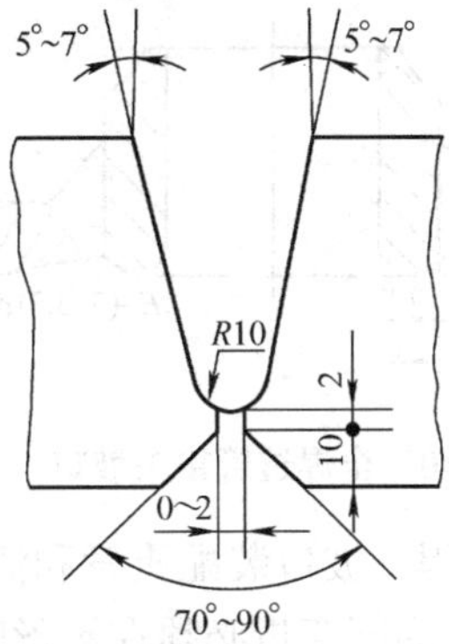

图 9-8　U、V 混合形坡口

（2）窄间隙埋弧焊坡口　窄间隙埋弧焊坡口与传统的宽坡口埋弧焊相比具有如下优点：

1）窄间隙埋弧焊坡口底部宽度为 18 ~ 24mm，与传统的宽坡口相比，坡口截面积可减少 40% ~ 50%，填充焊丝、焊剂减少 35% ~ 45%，提高焊接效率。

2）减少焊接残余应力，降低厚壁焊缝氢含量，提高焊缝的抗裂性能。

3）自动化程度高，可大大降低工人的劳动强度。

厚壁容器壳体的窄间隙埋弧焊可以采用如图 9-9 所示的三种坡口形式。带固定衬垫或装有陶瓷衬垫的坡口主要用于筒体纵缝焊接，环缝多采用背面封底的单面焊坡口形式。

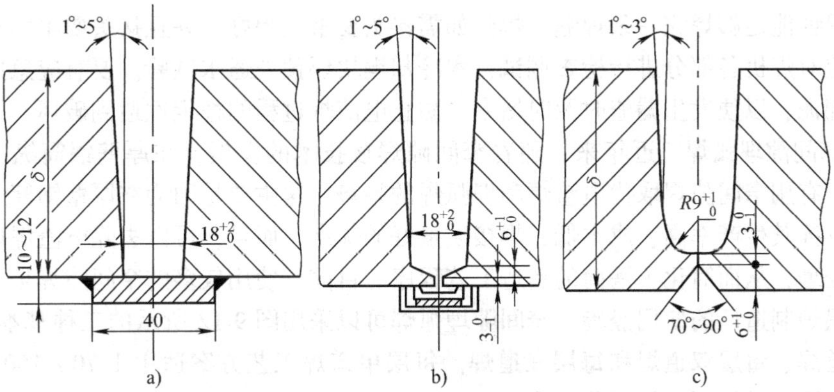

图 9-9　窄间隙埋弧焊通用的坡口形式

a）固定衬垫单面焊坡口　b）陶瓷衬垫单面焊坡口　c）背面封底的单面焊坡口

（3）焊条电弧焊坡口　环缝打底焊坡口如图 9-9 所示，装配间隙及钝边为 2mm 左右。管接头坡口型式如图 9-10 和图 9-11 所示。

（4）坡口加工　可采用刨削或车削。手工打底焊后的清根，可采用碳弧气刨或风铲进行。

2．焊前准备

（1）焊条电弧焊　首先要检查坡口尺寸及装配质量，错边量不大于 1.5mm。焊件装配必须保证间隙均匀、高低平整，坡口处和坡口边缘 10 ~ 20mm 范围要将锈蚀、油污、氧化皮、水分等杂质清理干净，露出金属光泽，焊条经 250 ~ 400℃温度下 2h 烘干，随取随用。

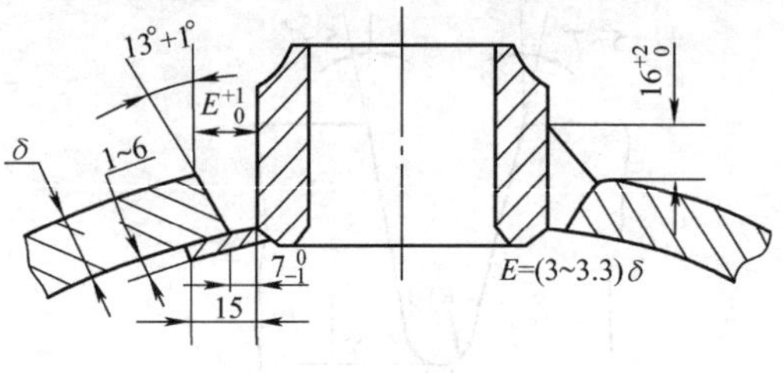

图 9-10　全焊透管接头坡口

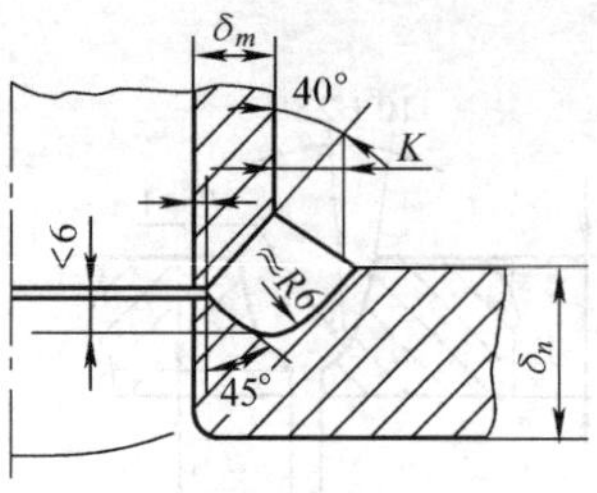

图 9-11　马鞍形管接头坡口

（2）埋弧焊　坡口装配质量和清理要求同焊条电弧焊。焊丝表面的锈蚀、油污等必须清理干净，如有局部弯折必须在盘丝时校直，焊剂经 350 ~ 300℃烘干 2h 后方可使用。

（3）电渣焊　工件装配前，必须将焊缝的熔合面及其附近 40 ~ 50mm 处（筒体内外）清理干净，露出金属光泽，焊缝两侧要保持平整、光滑，必要时可进行砂轮磨光或进行机械加工以使冷却铜块能贴紧工件和顺利滑行。工件装配前，为便于冷却铜块的安装与通过，多采用“Ⅱ”形“马”铁来固定工件位置。工件装配间隙一般为 20 ~ 40mm。由于电渣焊是一次焊接成形，且加入的填充金属量较多，所以焊缝的收缩量较大，装配间隙应留有收缩余量和反变形量，一般焊缝上端间隙比下端要大些，其差值的大小视焊缝长度而定，焊缝越长，差值越大。装配时，接头错边量小于等于 1.5mm，且在焊缝始端装焊 50 ~ 70mm 高的引弧板，焊缝末端装焊 75 ~ 80mm 高的引出板，焊丝除油锈。有局部折弯盘丝时校直。焊剂经 250 ~ 300℃温度下 2h 烘干，根据工件焊缝的体积，确定焊丝用量，每次焊接前所准备的焊丝，必须保证能够焊完一条焊缝。焊丝如需接头要事先焊好，并且接头要牢固和光滑。另外，焊前应对焊机各部分进行检查调试，水冷却铜块要预先通水试验。要有应急措施，如准备适量石棉泥，以便发生漏渣时及时堵塞，防止电渣焊过程的稳定性遭到破坏。

（4）窄间隙埋弧焊　近年来，随着窄间隙焊接技术的发展，在厚壁锅筒纵、环缝的焊接工作中，有用窄间隙焊取代电渣焊和埋弧焊的趋势。这主要是因为在厚壁锅筒上采用窄间隙焊更能发挥其生产率高、成本低、焊接质量好的优点，而且，可以去除电渣焊后所必须进行的正火处理，从而简化了锅筒的制造工艺程序。目前，使用较多的窄间隙焊是窄间隙埋弧焊，根据锅炉制造厂的使用经验，窄间隙埋弧焊可以采用图 9-12 所示的三种基本工艺方案，即每层单道焊、每层双道焊和每层三道焊。每层单道焊工艺方案适用于 70 ~ 150mm 的工件厚度，而每层双道焊厚度使用范围为 100 ~ 300mm，焊件厚度在 300mm 以上时选用每层三道焊工艺。表 9-1 给出了窄间隙埋弧焊在实际生产中采用的典型的焊接工艺参数。

表 9-1　窄间隙埋弧焊的典型规范参数

工艺方法	每层焊道数	焊丝		坡口根部直径/mm	坡口倾角/(°)	电流种类及极性	电流/A	电压/V	焊接速度/(m/h)
		根数	直径/mm						
每层单焊道	1	1	3.2	12	3	交流	425	27	11.0
		1	3.2	18	3	交流	600	31	15.0
		2	3.2	18	3	交流	（前置）600 （后置）600	32 28	27 27

（续）

工艺方法	每层焊道数	焊丝		坡口根部直径/mm	坡口倾角/（°）	电流种类及极性	电流/A	电压/V	焊接速度/（m/h）
		根数	直径/mm						
每层单焊道	1	1	3.2	12	7	直流反极	450～550	26～29	15～18
每层双焊道	2	1	3.0	18	2	直流反极	525	28	24
每层双焊道	2	1	3.0	18	0	交流	400～425	37～38	30
每层双焊道	2	1	3.0	20～21	1.5	直流反极	500～550	29～31	30
	2		4.0	22	1.5	直流反极	550～580	29～30	30
每层三焊道	3	1	5.0	35	1～2	交流	700	32	30

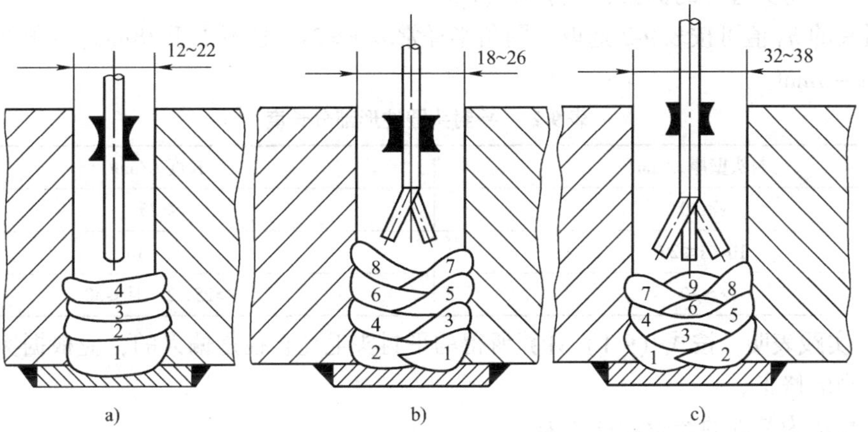

图 9-12　窄间隙埋弧焊的三种基本工艺方案

a）每层单道焊　b）每层双道焊　c）每层三道焊

9.3　封头的制造工艺

对于不同参数的锅炉，封头的形式是不同的。低压锅炉常采用平封头或椭圆形封头；中压锅炉，一般采用椭圆封头；高压及超高压锅炉，则采用半球形封头。封头应尽量使用整块钢板制成，必须拼接时，允许用两块钢板拼成，拼接焊缝离封头中心线的距离应不超过 0.3*D*（*D* 为封头内径），且不得通过扳边人孔或扳边圆弧。

封头的典型制造过程是：原材料检验→划线（毛坯计算）→切割下料→封头毛坯拼焊（指用两块钢板拼接时）→铲除焊缝余高→射线探伤→毛坯成形→热处理→封头边缘余量切割加工→质量检验。

9.3.1　封头毛坯展开尺寸的计算

封头毛坯尺寸直接影响着封头成形后的外形尺寸的准确性和表面质量，所以合理地选择和计算封头的毛坯尺寸，是保证封头质量的重要一环。目前封头毛坯尺寸的计算一般采用周长法或面积法，但计算得到的毛坯尺寸不是绝对不变的，应在实际生产中根据封头成形后的质量等具体情况加以适当的修正，以便符合本单位的实际情况。

1. 平封头毛坯尺寸的计算

平封头（图 9-13）的毛坯尺寸有下列两种计算方法：

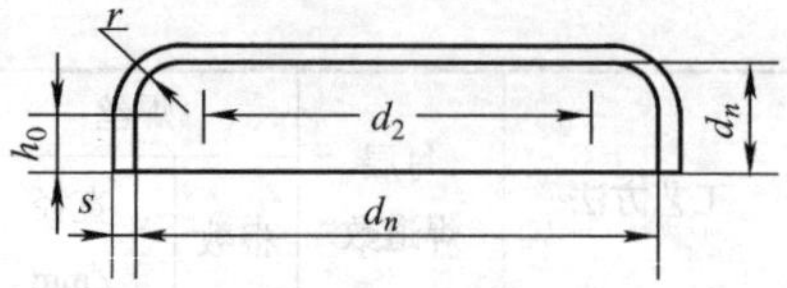

图 9-13　平封头

1）周长法。假定毛坯直径 D_0 等于平封头纵截面的弧线的长度、直边长度和工艺余量之和。

$$D_0 = d_2 + \pi\left(r + \frac{s}{2}\right) + 2h_0 + 2\delta \qquad (9\text{-}1)$$

式中　D_0——毛坯直径（mm）；

d_2——平封头内圆板直径（mm）；

r——封头圆角半径（mm）；

s——封头名义壁厚（mm）；

h_0——封头圆柱形部分长度（mm）；

δ——封头边缘的机械加工余量（mm）。

平封头的 h_0 值可按表 9-2 选取。圆角半径常取 $r>2s$，且不小于 38mm，δ 值在平封头时取为 $\delta \geqslant 2 \sim 3$mm。

表 9-2　平封头圆柱形部分长度

封头壁厚 s/mm	长度 h/mm
$s \leqslant 10$	$\geqslant 25$
$10 < s \leqslant 20$	$\geqslant s + 15$
$s > 20$	$\geqslant 25s/2$　且 $\leqslant 50$

生产实践表明，按式（9-1）计算所得的平封头毛坯直径是偏大的，应根据实际生产情况予以适当的修正。

以周长法为基础的经验计算式为

$$D_0 = d_n + r + 1.5s + 2h_0 \qquad (9\text{-}2)$$

式中　d_n——平封头内径（mm），$d_n = d + 2r$。

当 $h_0 > 5\% d_n$ 时，式（9-2）中 $2h_0$ 值应以（$h_0 + 3\% d_n$）代入。

2）面积法。假定封头毛坯面积等于成形封头的面积，再考虑一定的加工余量。为了简化计算公式，可以忽略不计圆角半径 r。此时，计算公式为

$$\frac{\pi}{4}D_0^2 = \frac{\pi}{4}(d_n + s)^2 + \pi(d_n + s)(h_n + \delta)$$

由此可得

$$D_0 = \sqrt{(d_n + s)^2 + 4(d_n + s)(h_n + \delta)}$$

式中　h_n——平封头内高度（mm），$h_n = h_0 + r$。

2. 椭圆形封头毛坯尺寸的计算

椭圆形封头的形状如图 9-14 所示，通常毛坯直径都是用近似计算方法来确定的。

椭圆形封头（包括碟形）坯料的经验计算公式为

$$D_0 = k(d_n + s) + 2h_0 \qquad (9\text{-}3)$$

式中　k——经验系数，可根据椭圆半长轴 a 与半短轴 b 的比值按表 9-3 确定。

图 9-14　椭圆形封头

当 $h_0 > 5\% d_n$ 时，式（9-3）中的 $2h_0$ 值应按

($h_0+5\% d_n$) 代入计算。

表 9-3　经验系数 k 值

a/b	1.0	1.1	1.2	1.3	1.4	1.5	1.6	1.7	1.8	1.9	2.0	2.1	2.2	2.3	2.4	2.5	2.6	2.7	2.8	2.9	3.0
k	1.42	1.38	1.34	1.31	1.29	1.27	1.25	1.23	1.22	1.21	1.19	1.18	1.17	1.16	1.16	1.15	1.14	1.13	1.13	1.12	1.12

锅筒所用的椭圆形封头，通常采用标准椭圆，即 $a/b=2.0$ 的椭圆，长半轴 a 为短半袖 b 的两倍。因此，锅筒椭圆形封头毛坯直径在实际计算时，经验系数取 $k=1.19$。

3. 球形封头毛坯尺寸的计算

球形封头（图 9-15）的毛坯尺寸通常根据面积法或近似法计算。

（1）面积法

$$\frac{\pi}{4}D_0^2=\frac{\pi}{4}(d_n+s)^2+\pi(d_n+s)(h_n+\delta) \tag{9-4}$$

式中　d_n——球形封头的平均直径（mm）;

h_0——封头圆柱形部分长度，球形封头一般取大于 25mm，也可取为零；

δ——球形封头边缘的机械加工余量，取为 3 ~5mm。

（2）近拟法

$$D_0=1.43d_n+2h_0 \tag{9-5}$$

当 $h_0>5\%$ (d_n-s) 时，式（9-5）中 $2h_0$ 值应以 $h_0+5\%$ (d_n-s) 代入。

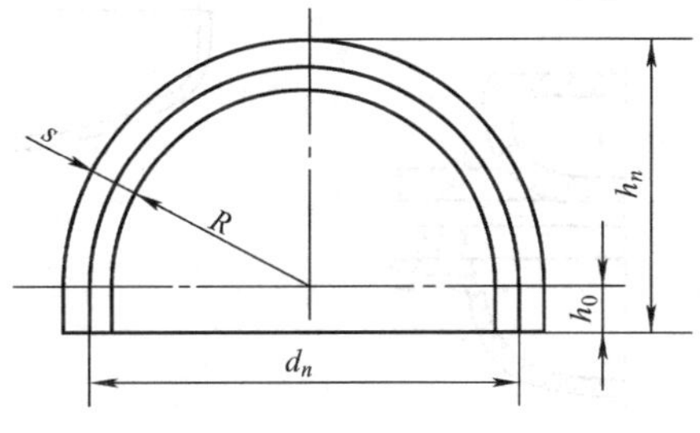

图 9-15　球形封头简图

9.3.2　封头的冲压成形与受力分析

锅筒封头的冲压成形，一般在 800 ~8000t 的冲压水压机或油压机上进行。

图 9-16 是封头冲压的典型过程示意图，上冲模与下冲模（冲环）分别装在水压机的两个抵铁之上，将加热的钢板坯料放在下冲环上并与冲环对正中心（图 9-16a）。而后让压边圈下降压紧钢板（图 9-16b），开动水压机，使上冲模下降与钢板坯料接触，并继续下降加压使钢板产生变形（图 9-16c）。随着上冲模的下压，毛坯钢板逐渐包在上冲模表面并通过下冲环（图 9-16d、e）。此时，封头已冲压成形，但由于材料的冷却收缩已卡紧在上冲模表面，需用特殊的脱件装置使封头与上冲头脱离。常用的脱件装置是滑块，一般沿圆周有三个或四个滑块。当冲压变形完了时，将滑块推入，压住封头边缘（图 9-16f）。待上冲模提升时，封头被滑块挡住，即从上冲模表面脱落下来，从而完成了整个冲压过程。这种方法称为一次成形冲压法。由低碳钢或普通低合金钢制成的通用尺寸封头，均可一次成形进行冲压。

在冲头冲压过程中，钢板材料经历了复杂的变形过程，在工件的不同部位有着不同的应力应变状态。通常，采用压边圈且模具间隙大于毛坯钢板厚度的封头冲压，其各部位材料的应力状态可大致分析如下（图 9-17）：

1）压边圈 3 下部的材料 A，在冲制时受径向拉应力和切向压应力，在厚度方向受压边圈的压力。因此切向产生压缩变形，厚度方向增厚。

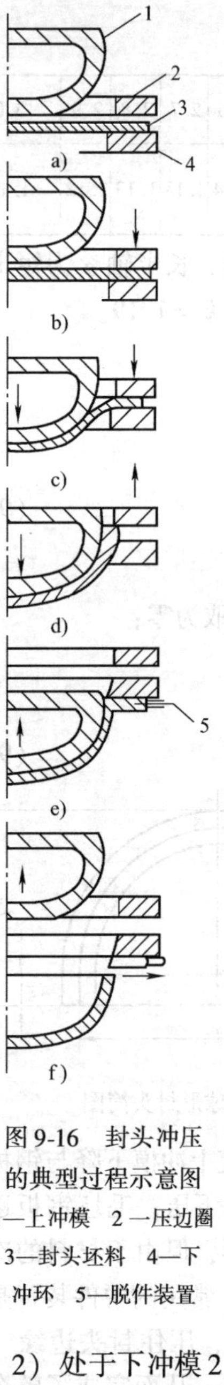

图 9-16 封头冲压的典型过程示意图

1—上冲模 2 —压边圈 3—封头坯料 4—下冲环 5—脱件装置

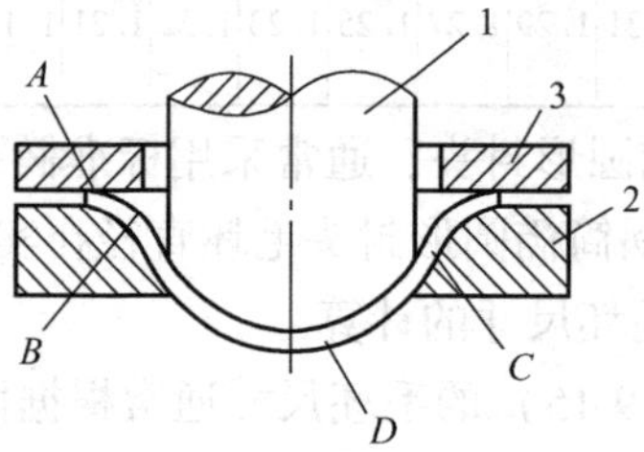

图 9-17 封头冲压受力分析

1—上冲模 2—下冲模 3—压边圈

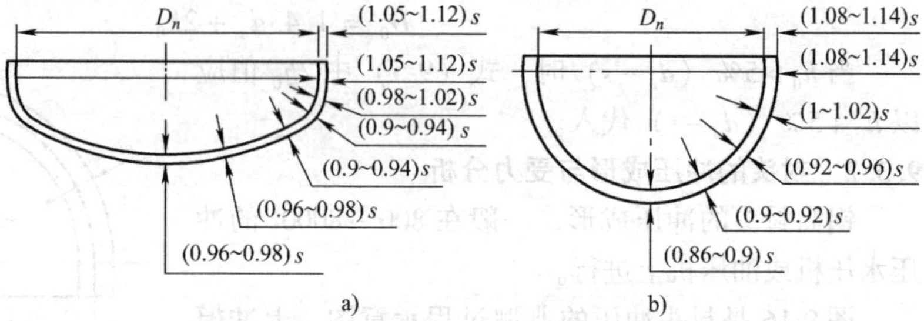

图 9-18 大型钢制封头冲压后的壁厚变化

a) 椭球形 b) 球形

2）处于下冲模 2 圆角处的材料 B，除受到径向拉应力和切向压应力外，还受到弯曲应力，产生切向压缩变形和径向拉伸变形及弯曲变形。

3）在上冲模 1 与下冲模 2 间隙部分的材料 C，受径向拉应力和切向压应力，在切向与径向有相应的压缩变形和拉伸变形。由于该处在厚度方向不受力，处于自由状态，而且越接近下冲模圆角部位，切向压应力越大，所以薄壁封头在该处容易起皱。

4）位于上冲模 1 底部的毛坯材料 D，在未与上冲模接触贴合之前，其受力情况基本与材料 C 相似，在压边圈摩擦力与冲压力作用下，使该处少量拉伸变薄。

图 9-18 给出了椭圆形封头和球形封头冲压后，材料各部分壁厚变化的情况。由图中可知，对于椭圆形封头，通常在接近大曲率部位变薄最大，碳钢封头减薄可达（8% ~10%）

s；球形封头在接近底部范围内减薄较严重，可达（10%~14%）s。

9.3.3　封头冲压工艺与影响质量因素分析

当封头有椭圆人孔（或圆孔）时，一种结构是封头冲制后，再切割人孔，焊上加强圈；另一种结构是在钢板上割出人孔预切椭圆，在热态下进行翻孔工序。采用何种结构形式由设计者根据批量、工厂条件、经济性与经验决定。一般工业锅炉厂采用前一种方法，电站锅炉制造厂采用球形封头，一般在封头上开圆形人孔。

封头冲制后，在翻孔模上进行外翻孔（扳出），如图 9-19 所示。

锅炉封头人孔的内翻孔工序，一般是在封头冲压过程中进行的。先在钢板坯料上割出人孔预切椭圆，上冲模在此起着冲封头凸模和翻孔冲环两个作用，其典型结构如图 9-20 所示。上冲模 1 的内部是中空的，有圆角 r 的内圈相当于内翻孔的冲环。在压力机下抵铁的冲环 3 下面，另安装一个人孔翻边冲头 5。因此，钢板坯料被上冲模压下后，先经封头冲压成形，继续下降，再经人孔翻孔扳边工序。区别于图 9-19 的只是翻孔冲头在此是固定的（也可下抵铁向上运动翻孔），运动着的上冲模内孔起翻孔的冲环作用。

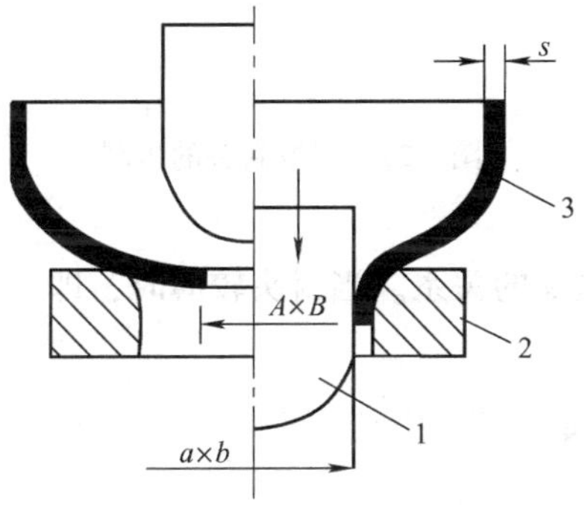

图 9-19　外翻孔示意图

1—上冲头　2—冲环　3—封头

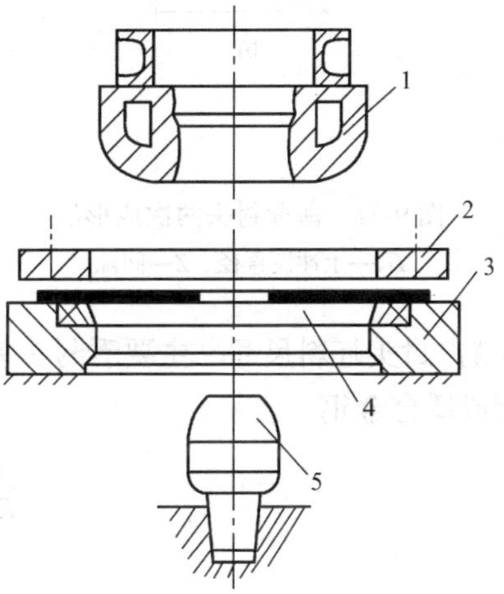

图 9-20　带人孔封头压制示意图

1—上冲模　2—压边圈　3—冲模与冲环

4—坯料　5—人孔翻孔冲头

对于薄壁封头（一般指 $D_0 - d_n > 45s$），即使采用带有压边圈的一次成形法，也会出现鼓包和皱折现象。因此，常采用两次成形法，如图 9-21a，第一次冲压采用比上冲模直径小 200mm 左右的下冲模，将毛坯冲压成碟形，可以将 2~3 块毛坯钢板重叠起来进行成形；第二次采用与封头规格相配合的上下模模具，最后冲压成形。

对于厚壁封头（一般指 $D_0 - d_n > 8s$ 时），因毛坯较厚，边缘部分不易压缩变形，尤其是球形封头，在成形过程中边缘厚度会急剧增加，需要很大的冲压力，并导致底部材料过分拉薄。因此，在压制厚壁封头时，常事先把封头毛坯车斜面，再进行冲压，如图 9-22 所示。

封头是采用热态还是冷态冲压，主要依据下列两个因素，即封头材料性能和封头坯料的尺寸大小。

（1）封头材料性能　在常温下塑性较好的材料可考虑采用冷态压制，如铝及铝合金。热塑性较好的钢材，一般应采用加热冲压。因冲压过程中钢板受力复杂，变形很大，热态冲压则有利于材料变形，可避免加工硬化现象和产生裂纹，易于保证封头质量。

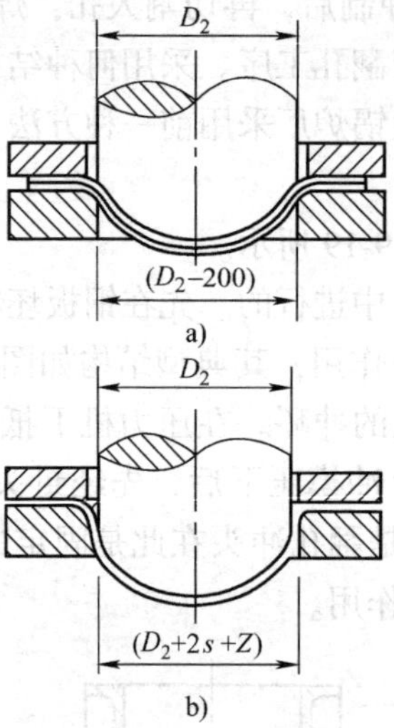

图 9-21　薄壁封头两次成形法
D_2—上冲模直径　Z—间隙

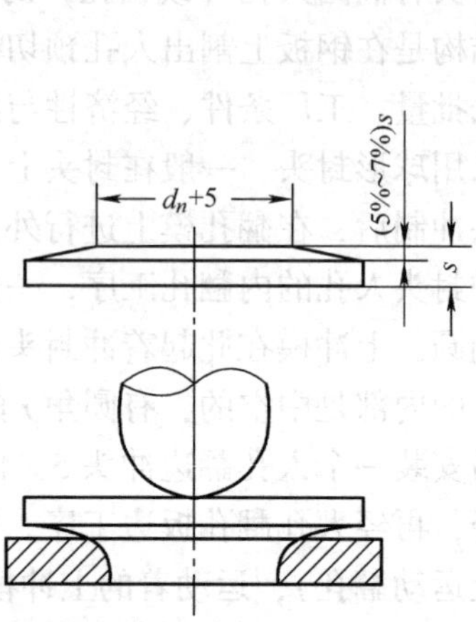

图 9-22　厚壁封头的压制

（2）封头坯料尺寸　主要看封头坯料 D_0 与厚度 s 的关系。当封头较薄时，即碳素钢或低合金钢

$$\frac{s}{D_0}\times 100<0.5$$

不锈钢或合金钢

$$\frac{s}{D_0}\times 100<0.7$$

可以采用冷态冲压封头。当封头较厚时，有
碳素钢或低合金钢

$$\frac{s}{D_0}\times 100\geqslant 0.5$$

不锈钢或合金钢

$$\frac{s}{D_0}\times 100\geqslant 0.7$$

应采用热态冲压封头。

从降低冲压力，有利于金属变形来看，加热温度应高些，但温度过高钢材的晶粒组织会显著长大，甚至形成过热组织，反而会降低材料的塑性与韧性。严重时，会产生过烧组织，冲压时，坯料将发生碎裂。因此，封头毛坯加热温度应控制在一定范围之内。几种常用材料的加热范围可参考表 9-4。

表9-4 常用封头材料的加热规范

钢材牌号	加热温度/℃	终压温度/℃	冲压后的热处理温度/℃
15g	≤1100	≥850	880~920
20g	≤1100	≥850	880~910
22g	≤1100	≥850	880~900
10CrMo910	≤1100	≥850	910~940
12CrMoV	≤960	≥900	890~920
12Cr1MoV	≤1100	≥850	880~910
1Cr18Ni9Ti	≤1150	≥950	—

一般来说，当满足下式时，便需要采用压边圈。

$$\frac{s}{D_0} \times 100 \leqslant 4.5(1-K)$$

式中 D_0——封头毛坯直径；

s——封头毛坯厚度；

K——材料拉伸系数，通常可取0.75~0.80。

因此，在实际生产中，往往需要根据具体情况确定需要采用压边圈的范围。例如，根据国内某些厂的实践经验，椭圆形热压封头的压边圈范围为

$$D_0 - d_n \geqslant (18 \sim 20)s$$

式中 D_0——封头毛坯直径；

d_n——内径；

s——封头壁厚。

球形封头的压边圈范围为

$$D_0 - d_n \geqslant (14 \sim 15)s$$

平封头的压边圈范围为

$$D_0 - d_n \geqslant (21 \sim 22)s$$

下模环圆角半径大时，冲压变形将易于进行，封头冲制后厚度变薄可以减小。如果加上适当的润滑剂将更有利于金属塑性变形。封头冲压时常用的润滑剂见表9-5。

表9-5 封头冲压时常用的润滑剂

工件材料	润滑剂
碳素钢	石墨粉+水
不锈钢	石墨粉+水，滑石粉+全损耗系统用油+肥皂水
铝	全损耗系统用油，工业凡士林
钛	二硫化钼，石墨+云母粉+水

9.3.4 封头的爆炸成形与旋压成形

1. 封头的爆炸成形

爆炸成形是一种高能成形工艺，它是利用炸药爆炸时所产生的高温高压气体，通过介质的传递，在极短的时间内（通常在0.001s内）产生巨大的冲击波施加于毛坯钢板上，使之产生塑性变形，从而获得设计上所要求的几何形状和尺寸。

爆炸成形具有下列特点：

1）质量好，可确保工件达到所要求的几何尺寸，表面光洁，壁厚减薄现象不严重。工件经退火处理后，力学性能可进一步得到改善。

2）设备简单，不需要大型的复杂设备。

3）操作方便，生产率高，成本低，对于成批生产的封头尤为显著。

爆炸成形可分为有模成形和自由成形两类。前者是指毛坯在爆炸冲击波的作用下迅速贴向模壁，形成与模具形状相同的零件。后者是指毛坯各部分在不同压力冲击波的作用下发生自由变形，形成所需形状的零件。封头的爆炸成形通常采用自由成形方式。

2. 封头的旋压成形

随着锅炉和压力容器的大型化，大型厚壁封头的制造成为迫切需要解决的问题。此时，如果仍采用冲压成形法，不但需要吨位大、工作台面宽大的水压机，冲压模具成本高，而且制造质量不能保证。旋压成形法就是在这样条件下逐渐得到广泛采用的，如图9-23所示。

旋压成形法具有下列优点：

1）投资少，能适应大型化产品的发展。旋压成形所需的设备与冲压设备相比，体积小、质量轻，特别是在制造大型封头时，旋压成形更能发挥其优越性。采用旋压法，目前已可制造ϕ5000mm，ϕ7000mm，ϕ8000mm，甚至ϕ20000mm的超大型封头。

2）模具费用低，适合单件和小批量生产。旋压成形只需要几套简单的压鼓模和翻边内滚轮，就可旋压多种尺寸规格的封头，因而模具费用低，且灵活性大。

3）成本低，节约能源，操作简单，劳动条件好。

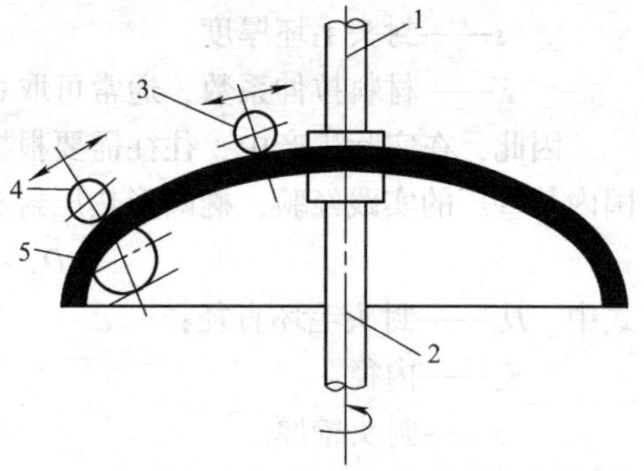

图9-23 旋压成形法示意图

1—上主轴 2—下主轴 3—外旋辊Ⅰ 4—外旋辊Ⅱ 5—内旋辊

采用旋压成形法还是冲压成形法来制造封头主要取决于两方面的因素：一是生产批量问题，单件小批量生产以旋压成形法较经济，成批生产可采用冲压成形法；二是尺寸问题，薄壁大直径封头以采用旋压成形法较合理，厚壁小直径封头用冲压成形法较适宜。

9.3.5 成形封头的端面加工与质量检验

封头在冲压或旋压过程中，由于毛坯钢板边缘的相互挤压，使封头的直边部分增长且参差不齐，这多余的部分必须切除，同时将封头端面加工出焊接坡口，以便与锅筒筒身焊接。

切割边缘可以用氧气切割或机械加工。为保证坡口尺寸及边缘整齐，一般多在立式车床上进行加工，如多余部分过长，可先进行氧气切割，再进行车削加工。

封头的质量检验包括封头的表面状况、几何形状和几何尺寸等。

封头表面状况的检查主要是检查其表面是否有起皱裂纹、划痕及起包等。封头不允许有裂纹、重皮等缺陷。对于微小的表面裂纹和距人孔圆弧起点大于 5mm 处的裂口，经检验部门同意可进行修磨或补焊。但修磨后的钢板厚度应在厚度的允许偏差范围之内。

对于起包、凹陷和划痕等缺陷，当其深度不超过工件厚度的 10%，且最大不超过 3mm 时，可将其磨光，但要保证平滑过渡。

9.4 锅筒与管件的连接

9.4.1 排孔划线与钻孔

在锅筒上进行排孔划线应以钢板下料时划出的锅筒纵向中心线（纵向基准线）为依据。但由于在锅筒制造过程中，此基准线可能产生偏差，因此，在排孔划线前，应予以校核。校核工作可按下述方法进行。

将锅筒在滚轮架上旋转，并使纵向基准线处于其顶部，然后在锅筒的一端搁置直尺，用水平仪找平直尺。在直尺两端挂线与锅筒外壁相切。此时，在直尺的一端以锅筒的外半径为长度在锅筒顶部划出中心点。用同样方法以直尺的另一端为中心，也在锅筒上划出中心点。如图 9-24 所示，根据在锅筒两端划出的这两个中心线点，定出锅筒的纵向中心线。另外，由于锅筒是由几段筒节和两个封头拼接而成的，制成后锅筒的总长度往往与图样上规定的尺寸有偏差。根据生产实践的经验，当环缝采用埋弧焊时，锅筒的总长度一般比规定尺寸略长；当采用焊条电弧焊时，锅筒的总长度一般比规定尺寸略短。因此，为了确保管孔位置的准确性，锅筒的横向中心线（横向基准线）应根据锅筒中间一段筒节来确定，也就是根据中间筒节两端焊缝中心之间的距离定出横向中心点。在锅筒的外圆周上每隔 45°划出一个横向中心点，连接这些点，便得到横向中心线（横向基准线）。然后，以横向中心线为依据，按图样要求，向锅筒两端排出管孔位置。

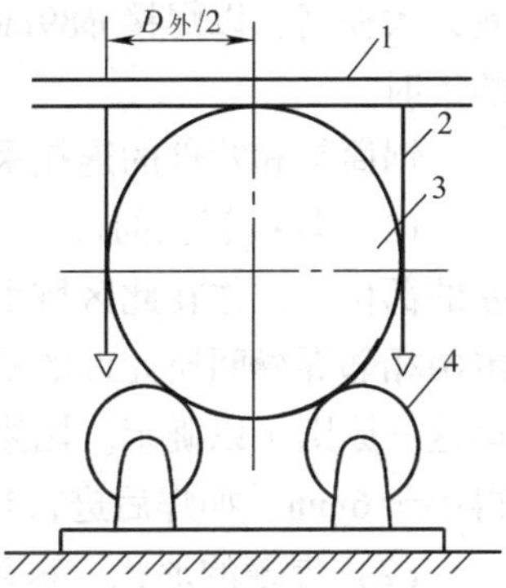

图 9-24 锅筒找中示意图
1—直尺 2—挂线 3—锅筒
4—滚轮台

管孔的加工往往需分几步进行。首先，用直径较小（通常为 24mm 左右）的麻花钻头在锅筒上管孔中心钻出定位孔，作为大直径钻头的定位对中孔。其次，用大直径钻头或扩孔割刀进行扩孔，直至所需直径。第三步进行端面扩钻，加工出管座。对于胀接管孔，最后还需进行一次精加工，以保证管孔表面有合适的表面粗糙度值。

9.4.2 锅筒与管件的连接

锅筒与管件的连接方法可采用焊接连接，也可采用胀接连接。这两种连接方法各有优缺点和其适用范围。

1）焊接连接能保证连接部分具有较高的强度和较好的严密性，但需要消耗一些焊接材料，而且在检修时更换管件较不方便。

2）胀接连接具有操作简便，更换管子方便，不需消耗其他材料等优点。但连接处的强度和严密性相对较差。

通常，对于中压、高压、超高压及更高压力的锅炉，由于锅筒承受压力较高，因此，保证连接处具有较高的强度和较好的严密性便成为主要矛盾，此时应采用焊接连接。对于低压水管锅炉和火管锅炉，往往采用胀接连接，但目前这类低压锅炉的胀口在实际运行过程中由于原先胀接力的不均匀和胀接力随着时间的延长而减小，出现泄漏的情况很多，低压锅炉的胀接连接也已逐步被淘汰。因此，胀接目前在锅炉制造厂一般只用来消除管子和管孔内壁的间隙。

1. 锅筒与管件的焊接连接

锅筒与管件的焊接连接，对于大型锅炉来说，一般都是先在锅筒上焊以管接头（短管）在锅炉安装时，再将管件与管接头对接焊合。管接头的数量很多，焊接工作量大。由于其焊接工作是围绕管接头圆周、在锅筒弧形表面上进行的，加以锅筒与管接头的壁厚相差悬殊，因此，长期来未能使其焊接工作实现自动化。近年来，在生产上已采用了一些管接头自动焊接设备，这是近几年来锅炉制造行业中的一项重大革新。

管接头自动焊接的方法可采用埋弧焊，也可采用气体保护焊。管接头采用埋弧焊可使工效大大提高，以焊接 ϕ89mm×14mm 的管接头为例，采用埋弧焊可比焊条电弧焊节省 30%的工时。

锅筒与和管件的连接采用焊接连接时，需注意下列几点：

（1）焊接管孔的最小允许节距　如前所述，焊接热影响区是焊接连接中组织和性能较差的部位，往往在此区域引发裂纹，导致破坏。因此，避免两相邻焊缝的热影响会合，是确定两相邻焊缝间所允许的最小距离的基本出发点。锅筒上焊接管孔间的最小允许节距也应根据这一原则予以确定。国家标准 GB/T 16508—1996 规定，相邻焊接管孔焊缝边缘净间距不得小于 6mm，如焊后进行热处理时，可不受此限制。

（2）焊缝的形状　锅筒与管件的焊接连接一般均为角接焊缝。通常，角接焊缝的抗剪面为45°方向，如图 9-25a 所示。凸形截面角焊缝（图 9-25c）与母材之间为突变式过渡，其应力集中程度很大；而凹形截面角焊缝（图 9-25b）与母材间为平滑过渡，其应力集中程度较小。

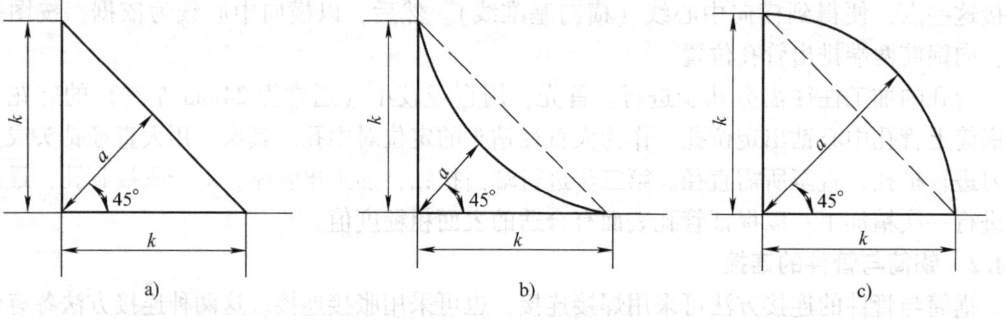

图 9-25　角接焊缝的截面形状

a）等腰三角形截面　b）凹形截面　c）凸形截面

由此可知，从连接安全性看，在保证角焊缝具有足够的抗剪面尺寸 a 的情况下，采用凹形截面为最佳。但是，凹形截面在焊接时较难实现，在实际生产中以采用介于凹形与凸形截面之间的等腰三角形截面的角焊缝为宜。

（3）焊脚高度尺寸的确定　在焊缝形状确定后，焊脚高 h 值的大小直接关系到角接焊缝抗剪面的大小，从而影响焊缝的抗剪能力。通常，可根据管件的壁厚大致上确定焊脚高。此时，可参照表 9-6 选取。

表 9-6　焊接管接头的焊脚高度尺寸

管件壁厚 s_1/mm	角接焊缝的焊角高 k/mm
$s_1 \leqslant 3$	4
$3 < s1 \leqslant 4.5$	$s_1 + 1.5$
$s_1 > 4.5$	$s_1 + 3$
锅壳式锅炉的拉撑管	$s_1 + 3$

2. 锅筒与管件的胀接连接

锅筒与管件的胀接连接通常是在锅炉安装时进行的。对于低压小容量锅炉，胀接工作是在锅炉制造厂内组装时进行。在进行胀管之前，应先将管件端头胀接部分进行退火，使管端材料硬度低于锅筒材料的硬度，管端应磨光至发出金属光泽。胀管前，可在管子内壁涂少许凡士林，然后把胀管器插入管中进行胀接。胀管率按规定选取，欠胀和过胀都不能保证胀接质量，过胀还会因管壁减薄太多而导致管子开裂。

在锅筒和管件采用胀接连接时，必须根据胀接管孔间的最小允许节距来确定锅筒上胀接管孔之间的距离。

国家标准 GB/T 16508—1996 和 GB/T9222—1988 标准规定，对于胀接管孔，管孔最小中心距 $t \geqslant 10d/7$，其中 d 为管孔直径。

3. 锅筒与管件采用胀接与焊接相结合的连接方式

对于某些次中压锅炉或采用焊接连接的焊缝位于锅炉的烟气侧时，为了封闭水侧管件与管孔之间的间隙，防止水中的碱分在间隙中浓缩沉积结垢而导致裂纹，往往采用胀接与焊接相结合的连接方式。此时，必须正确地选择胀接与焊接的工艺顺序。其理由是：

1）采用先焊接后胀接工艺顺序时，焊接时产生的大量气体可由管件与管孔之间的间隙向外逸出，从而减少了焊缝中产生气孔的几率。由于胀接工作在焊好后进行，因而机械胀接时的油污对焊接质量无影响。在连接部位存在的残余应力小于采用先胀接后焊接工艺顺序时的值。

2）如果采用先胀接后焊接工艺顺序，则在胀接后进行焊接时，由于角接焊缝的应力作用，使管端发生收缩变形，致使管件与管孔胀接的贴紧程度降低，甚至会出现缝隙。如果焊缝中的缺陷与该缝隙连通，则会由于受到腐蚀介质的影响而引起腐蚀坑，成为应力腐蚀开裂的裂源。

由上述两方面可以明显地看出，应该采用先焊接后胀接的工艺顺序。根据不同的作用和要求，又可有三种不同作用的焊接与胀接的配合方式，即强度焊配合贴胀、强度焊配合强度胀和密封焊配合强度胀。

所谓强度焊和强度胀是指连接接头的强度和严密性均由焊接或胀接单独给予保证。所谓贴胀是指胀接只起到使管子外壁与管孔壁面紧密贴合而消除间隙的作用。此时采用的胀管率 H 一般小于 1%。所谓密封焊是指连接焊缝主要起保证接头严密性的作用，而焊缝的强度可能不满足连接强度的需要。关于怎样的焊缝属于密封焊，日本规定：对于碳素钢，采用 $\phi3.2$mm 或 $\phi4.0$mm 以下的焊条，只焊一道的焊缝属于密封焊。美国凯洛格公司规定：凡焊缝的抗剪面长度小于1.4倍管子实际壁厚时的焊缝属于密封焊。

在上述三种焊接与胀接的配合方式中，以强度焊配合贴胀得到最广泛的采用，而在电厂高、低压给水加热器制造中，小直径管和厚壁管的连接则采用强度胀配合密封焊的连接方式，至于是先胀接后焊接，还是先焊接后胀接，这和所采用的焊接方法、胀接方法以及工厂的经验有关。

4. 锅筒的翻边管接头

翻边管接头就是从筒壁上直接顶拉或冲压出一个管接头，以便与管子连接。这种管接头目前已在锅筒、集箱、球形压力容器以及核能容器上得到应用。其主要优点是：

1）与普通补强的接管接头相比，应力集中情况有明显降低。节省材料及焊接工作量，因而成本低。

2）由于管接头与容器壁是圆滑过渡，流动介质不易形成涡流，故介质流动阻力小。

3）翻边工作简便。特别是对于现代化大型锅炉的大直径下降管，采用焊接管接头往往应力集中十分严重，而且在焊缝区域很易产生裂纹等缺陷。采用翻边管接头就可避免这些缺点。

翻边管接头的制造过程是：首先，在锅筒筒节（或封头）上预开出适当尺寸的孔（生产经验表明，对于内径为307mm和346mm的大直径下降管，预开孔直径可取为150mm和160mm）；然后，进行局部加热，加热温度对翻边质量有很大影响，温度太低或太高都会导致翻边时管接头端部撕裂。对于碳素钢和低合金钢，其加热温度可取在850～1100℃之间，具体数值视钢的种类而定。加热后的翻边工作可利用模具依靠液压千斤顶进行预拉，也可依靠各种压力机进行冲压翻边。某锅炉厂曾将翻边管接头用于410t/h锅炉的集中下降管，获得了良好的效果，经现场测试翻边管接头内壁的最大应力集中系数为2.1左右。

9.5 锅筒制造中的热处理

为了保证锅筒的制造质量，在锅筒制造过程中，往往要经过多次各种热处理工作，主要包括锅筒筒节纵向焊缝电渣焊的正火处理，高强度低合金钢锅筒的调质处理及锅筒的退火处理。

9.5.1 锅筒筒节的正火处理

采用电渣焊的锅筒筒节，其焊缝金属的结晶组织是十分粗大的柱状晶粒。为了改善焊缝金属的晶粒组织和力学性能，焊后必须进行正火处理，以细化晶粒。

正火的加热温度通常取为钢材的 $Ac_3+(30\sim50)$℃。通常采用在静止空气中冷却的方法。图9-26所示出了中压及高压锅炉筒节的正火处理规范。

9.5.2 高强度低合金钢锅筒的调质处理

热处理工艺是提高低合金钢性能的重要手段之一。通过热处理可使低合金钢的强度性能大大提高，塑性和韧性得到改善，获得良好的综合力学性能，使低合金钢的潜力得到充分发挥。

对于低合金钢来说，要获得优良的综合力学性能，必须使材料在热处理后具有细小而均匀的晶粒组织，并且其中碳化物比较均匀地分布在基体组织上，这样既能保证钢材具有高的强度性能，又能保持较好的塑性和韧性。通常对于低合金钢均可采用正火+回火的热处理工

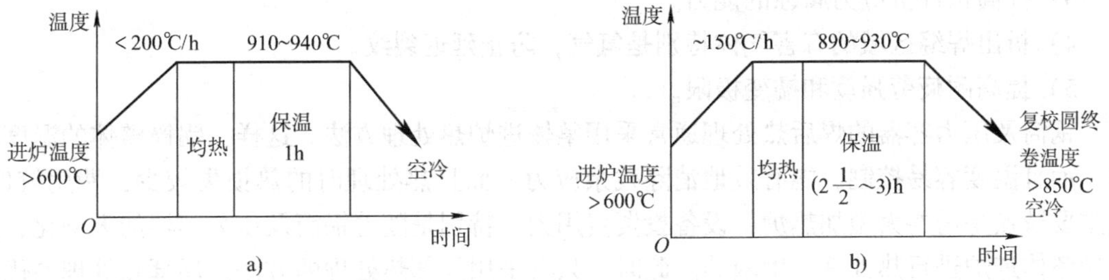

图 9-26 锅筒筒节的正火处理规范

a）20g 筒节，壁厚 46mm b）19Mn6 筒节，壁厚 92mm

艺。对于厚钢板来说，如果仍采用正火 + 回火的热处理工艺，则由于其冷却速度比薄工件小得多，就不能保证材料获得均匀细密的显微组织，从而使强度和韧性降低。由此可知，为了获得良好的综合力学性能，对于低合金钢厚板必须提高热处理时的冷却速度。

高强度低合金钢的加速冷却处理也可采用喷淋淬火的方法。此时，不需要大型的淬火水槽及一套起吊工具，设备较简单。采用喷淋淬火能否达到要求，主要决定于是否有足够的喷水量，以保证必须的冷却速度。

热成形后的受压元件一般需要进行正火或回火处理，以使所要求的性能得到恢复。我国电站锅炉厂在制造 200MW 发电机组锅炉锅筒（采用 BHW35 低合金高强钢板，壁厚 95mm）时采用的热成形过程是：

加热卷板→电渣焊→加热校圆→正火校圆 + 回火

其中，加热卷板温度为 990 ~ 1025℃，终卷温度大于等于 850℃；加热校圆温度为 940 ~ 960℃，终校温度大于等于 800℃；正火校圆 + 回火热处理规范如图 9-27 所示。

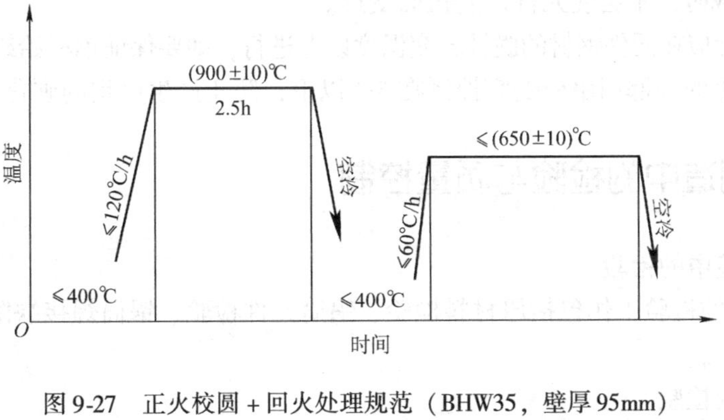

图 9-27 正火校圆 + 回火处理规范（BHW35，壁厚 95mm）

冷成形一般会导致抗拉强度提高及韧性降低，因此，冷成形后的低合金高强度钢板的冷加工变形大小也应该进行限制。一般情况下，当冷加工应变小于等于 2% 时，可不进行热处理；当应变大于 2% 小于或等于 5% 时，可进行焊后热处理；当冷加工应变大于 5% 时，也应进行正火 + 回火处理。

9.5.3 锅筒的焊后热处理

锅筒焊后热处理是保证其制造质量的重要措施之一。它可达到以下目的：

1）消除残余应力，稳定构件尺寸。

2）改善构件母材与焊缝的性能，即改善焊缝金属及热影响区的塑性和韧性。

3）提高构件抗应力腐蚀的能力。

4）析出焊缝区域的有害气体特别是氢气，防止延迟裂纹。

5）提高耐疲劳强度和蠕变极限。

锅筒及压力容器的焊后热处理通常采用整体进炉热处理方法。这样，锅筒整体的温度均匀，而且温度容易控制，能有效地消除残余应力，而且热处理时的热损失较少，费用较低。其主要缺点是需要大型加热炉，设备投资费用大。特别是随着锅筒及压力容器的大型化，往往使整体进炉进行热处理发生困难。此时，只有采用局部热处理的方法。局部热处理的优点是：

1）无需固定的加热炉，操作灵便。

2）采用电气式局部加热时，可用热电偶控制温度，准确方便。

3）仅需要对必须热处理的局部进行热处理工作。

其主要缺点是由于产生了加热部分与未加热部分的温度差，因而消除残余应力的效果比整体热处理稍差。因此，大型锅炉制造厂一般都采用整体进炉热处理。

局部热处理的方法很多，应用较普遍的是电感应局部加热，这种方法生产效率高，操作自动化程度高，设备较简单，控制温度准确。

利用气体红外线加热器单元可以很方便地组装成适合于焊缝的形状进行热处理工作。

20 世纪 70 年代，采用机械法消除残余应力方法，也就是利用有控制的超压过载方法使元件产生局部屈服来释放焊缝区的残余应力。施加的超应力越高，机械地消除残余应力就越完全。从理论上讲，当元件整体达到屈服状态时，残余应力可完全被消除。

采用控制超压的方法来消除元件的残余应力时，必须注意以下几点：

1）必须事先用无损探伤方法查明元件中没有重大缺陷。

2）加压超载时，不会使元件产生扭曲变形。

3）加载过程应在元件钢材的脆性转变温度以上进行，即要保证钢材始终处于韧性状态。

4）元件产生的局部屈服应变宜控制在 5% 以下，防止产生严重的硬化现象。

9.6 锅筒制造中的检验与质量控制

9.6.1 锅筒制造中的检验

锅筒制造中的检验工作包括原材料检验、锅筒元件检验、锅筒焊接缺陷检验以及锅筒致密性试验四个方面。

1. 原材料的检验

对每批材料需在钢板两端割取试样进行化学成分、力学性能、金相分析等检验。此外，还需检查钢板的表面质量和尺寸偏差是否符合要求。对于制造中压、高压及超高压锅筒的锅炉钢板还应逐张进行超声波检查。

2. 锅筒元件的检验

在锅筒制造过程中，必须对锅筒封头、筒节等元件的制造质量及其相互装配质量进行仔细的检验。主要是检验元件的表面质量、几何形状和尺寸偏差以及管孔位置偏差等，应按照相应的制造技术要求进行。

3. 锅筒焊接缺陷的检验

（1）常见的焊接缺陷及其分析　锅筒焊接中常见的缺陷主要有以下几种：

1）焊缝几何尺寸不符合要求。焊缝长度和宽度不够、焊道宽窄不齐、表面高低不平、焊缝高度低于母材、焊角两边不均等都属于焊缝几何尺寸不符合要求。尺寸过小的焊缝使接头强度降低，尺寸过大的焊缝则浪费焊接材料，增加元件的变形。

焊缝几何尺寸不符合要求的主要原因是：焊件坡口角度不恰当或装配间隙不匀，焊接电流过大或过小，焊接速度不当或焊条倾角不合适，电弧长度控制不稳等。

2）焊缝的形状缺陷。所谓形状缺陷是指焊缝表面形状可以反映出来的不良状态。它在一定程度上会降低焊缝的质量。常见的形状缺陷有如下几种：

① 咬边。这是指由于焊接参数选择不当，或操作工艺不正确，沿焊趾的母材部位产生的沟槽或凹陷。咬边分为内咬边、外咬边或者焊缝两侧同时咬边等几种，如图 9-28 所示。

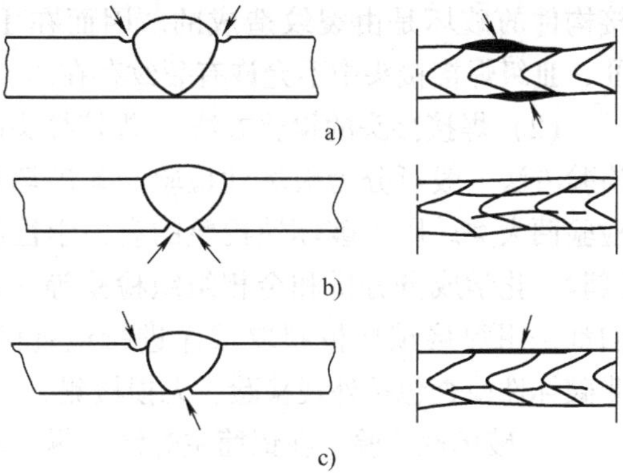

图 9-28　咬边

a）外焊缝两侧咬边　b）内焊缝（根部）两侧咬边

c）外焊缝与根部单侧咬边

② 焊瘤。焊瘤是指焊接过程中，熔化金属流淌到焊缝之外未熔化的母材上所形成的金属瘤，如图 9-29 所示。

③ 凹坑。这是指在焊缝表面或背面形成的低于母材表面的局部低洼部分。它可以发生在焊缝上表面或焊缝根部，如图 9-30 所示。

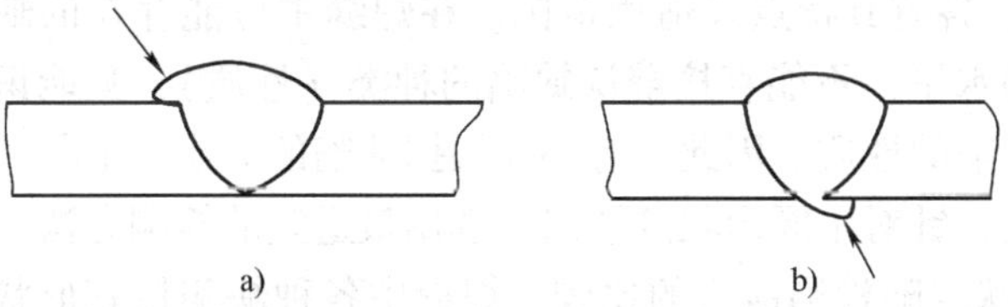

图 9-29　焊瘤

a）外焊瘤　b）内焊瘤

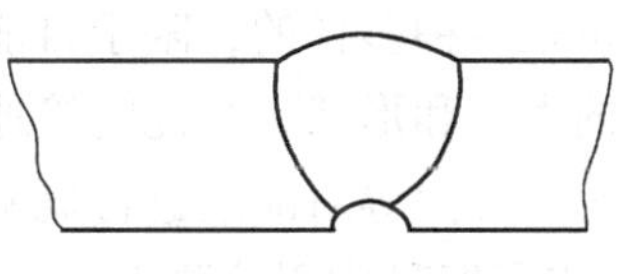

图 9-30　焊缝根部凹坑

④ 烧穿。焊接过程中，熔化金属自坡口背面流出，形成穿孔的缺陷。烧穿使焊缝完全受到破坏，这是一种不允许存在的缺陷。发生烧穿现象必须修补填平。

3）气孔。焊接时，熔池中的气体在凝固时未能逸出而残留下来所形成的空穴称为气孔。

4）夹渣。焊后残留在焊缝中的熔渣称为夹渣。它在焊缝中的形状有单个点状夹渣、条状夹渣、链状夹渣和密集链状夹渣等。

5）未焊透。熔焊时，接头根部未完全熔透的现象叫未焊透。表现在焊接后的焊接接头中母材之间还存在缝隙。在单面焊的焊缝根部和双面焊的焊缝中部容易存在这种缺陷。

6）未熔合。焊接时，焊道与母材之间或焊道与焊道之间，未完全熔化结合的部分称为未熔合，如图 9-31 所示。

7）　裂纹。焊接时，新界面产生的缝隙称为裂纹。裂纹具有尖锐的端部和大的长宽比的特征，按其产生的方向及部位的不同，可分为纵向裂纹、横向裂纹、熔合线裂纹、根部裂纹（包括焊根裂纹、焊趾裂纹和焊道下裂纹）、弧坑裂纹以及热影响区裂纹等。

裂纹是焊缝中最危险的缺陷，大部分焊接构件的破坏是由裂纹造成的。因而在Ⅰ、Ⅱ、Ⅲ级焊接接头中不允许有裂纹存在。

（2）焊接接头的检验方法　焊接接头的检验方法一般可分为破坏性检验与非破坏性检验两大类。属于破坏性检验的有力学性能试验、化学成分分析和金相组织检验等。它们都是用焊接试样板制取试样进行检查的。非破坏性检查包括外观检验、无损检测。

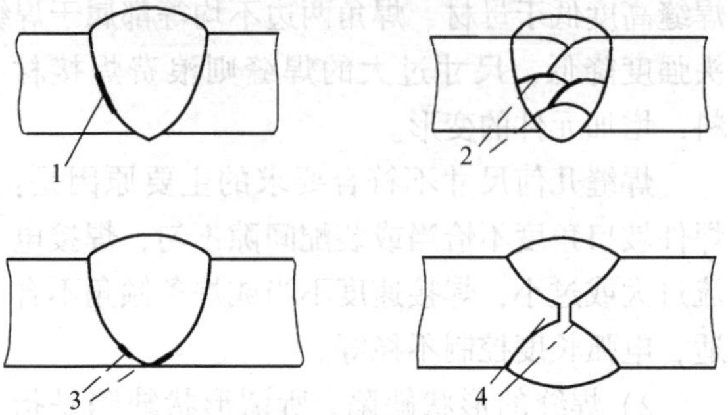

图 9-31　未熔合

1—侧面未熔合　2—层间未熔合

3—根部未熔合　4—中间未熔合

1）破坏性检验。在锅筒主焊缝（纵、环缝）进行焊接的同时，需进行焊接试样板的焊接。焊接试样板所用的材料及板厚必须与锅筒相同，所用焊接设备、焊接工艺规范以及焊后热处理规范均应与锅筒焊接相同，以便使焊接试样板的焊接接头质量在一定程度上可以代表锅筒的焊接质量。

根据具体要求，在焊接试板上割取试样进行各项检验，主要包括：力学性能试验、化学成分分析以及材料的金相组织检验。

2）外观检验。锅筒上的全部焊缝均应进行外观检验。检验前应将焊缝表面的熔渣和污垢清理干净，然后依靠肉眼或低倍（小于20倍）放大镜检查焊缝和热影响区是否有表面缺陷，并检查焊缝外形尺寸是否符合要求。

3）无损检测。无损检测方法很多，各有其特点及适用范围。在焊缝中可能存在的缺陷形式也是多种多样的，限于目前检测的水平，不能直接辩认缺陷的种类（性质），只能识别缺陷的大小和形状，由此间接地判断缺陷的性质。因此，有必要根据缺陷的大小、形状、分布状态、方向等对缺陷进行概略的分类，针对不同形状的缺陷，选用最适宜的检测方法。表9-7列出了四种常用检测方法对不同形状缺陷检测能力的比较。焊缝中各种缺陷按其形状的分类，列于表9-8中，综合表9-7、表9-8就能对不同种类的缺陷按照其形状和分布特点，选择最恰当的检测方法。

表 9-7　缺陷形状和检测方法

探伤方法	缺陷形状				
	平面状缺陷	球状缺陷	圆柱状缺陷	线性表面缺陷	圆形表面缺陷
射线检测	△或×	○	○		
超声波检测	○	△	△		
磁粉检测				○	△或×
着色检测				○或△	○

注：○最合适，△良好，×困难。

表 9-8　缺陷的种类和形状

缺 陷 形 状	缺 陷 种 类
平面状缺陷	裂纹、未熔合、未焊透
圆柱状缺陷	夹渣
球状缺陷	气孔
圆形表面缺陷	针孔
线形表面缺陷	表面裂纹

4. 致密性试验

锅筒的致密性试验主要是检查锅筒上存在的各种穿透性缺陷。目前最广泛采用的方法是水压试验，近年来也有采用氦探针试验。

（1）水压试验　它是锅炉受压元件检验焊缝致密性的主要方法，也可用以检验压力容器的强度。水压试验的目的有三个：验证超工作压力条件下结构的完整性，验证超工作压力下焊缝有无渗漏；验证有无异常变形。

水压试验应在周围气温高于5℃时进行，如低于5℃，则必须有防冻措施。水压试验用水应保持高于周围露点的温度，以防锅炉表面结露，但也不宜温度过高，以防止引起汽化和过大的温差应力，一般为 20～70℃。

对于用低合金高强度钢或合金钢制造的容器，为了防止在水压试验过程中发生脆性断裂，所用水温必须保证容器材料在水压试验时处于韧脆转变温度以上，这一点是十分重要的，否则会发生严重的损坏事故。

奥氏体钢受压元件水压试验时，应控制水中的氯离子的质量浓度不超过 25mg/L，如不能满足这一要求，水压试验后应立即将元件内的水渍去除干净。

水压试验前应对锅炉进行内部检查，必要时应对其强度进行核算。

锅筒进行水压试验时，水压应缓慢地升降，当水压上升到工作压力时，应暂停升压，检查有无漏水或异常现象，然后再升压到试验压力，并在此压力下保持 20min，然后降到工作压力再进行细致的检查。在检查期间压力应保持不变。

锅筒的水压试验符合下列情况，则认为合格：

1）在受压元件金属壁和焊缝上没有水珠和水雾。

2）焊缝和胀口处，在降到工作压力后不滴水珠。

3）水压试验后，没有发现残余变形和异常变形。

（2）氦探针试验　氦探针试验是在容器内充入空气和氦气的混合物，如果容器中存在不致密处时，便会有氦气泄漏出来，依靠氦质谱仪就可发现泄漏位置。

9.6.2　大型电站锅炉锅筒制造过程中的质量控制

锅筒是锅炉重要的受压元件，它连接上升管与下降管组成循环回路，同时接受省煤器来的给水，还向过热器输送饱和蒸汽，它是加热、蒸发、过热这三个过程的连接点。一般容量越大，则锅筒壁上下侧的温差越大，材料承受的热应力越大。特别是锅筒的整个制造环节，从原材料下料，到产品入库，关键工序必须严格控制，重要环节要严格检查。使每一台产品质量符合 ASME 法规、符合 ISO 9001 质量管理体系。

这里以 300 MW 锅筒为例，分析 300MW 以上锅筒的制造质量的控制方法。

1. 材料投产

原材料进入车间，要严格检查领料单和材质单等原始出库凭证，核对订货号是否与生产计划一致，材料牌号、规格与图样规格是否相符，检查实物标记，核对检验编号、材质牌号、材料规格等与出库单据提供的项目是否相等。锅筒是由封头、筒节、下降管、给水管及各种规格的小管接头组成。其中筒体材料为 SA 299，下降管、给水管为 20MnMo，标准化学成分和力学性能。应符合标准规定。

2. 筒体、封头压制成形的质量分析

（1）气割质量　封头钢板首先气割成圆，然后冲压成形。筒节钢板定尺来料，半片瓦片是在压制成形后切割余量。由于板材较厚，对切割技术要求较高，下料时已采取了严格的措施控制切割质量。将钢板切割处两面氧化皮等附着物清理干净，避免氧化皮熔渣飞溅阻塞割嘴，防止割炬回火烧损切割表面。通过严格控制可得到比较光滑的切割面。使切割面的表面粗糙度符合标准要求。

（2）加热冲击　钢板压制过程中，作纵、横向移动，圆弧压弯在模具的接头部位易出现挤压突棱。因此，压坑深度是指相对尺寸而言，即瓦片最高挤压突棱和最低压痕之差。

一般情况下，把局部棱角磨掉，圆滑过渡，目视检查凸凹部位无明显界线即可认为合格。

3. 组装、焊接

锅筒主要件的焊接，包括封头、人孔、加强焊缝、筒体纵缝、环缝、下降管接头焊缝等，组装、焊接时，必须对坡口准备、焊材选用、焊接预热、后热等工艺过程进行控制。

（1）坡口准备　封头和筒节窄间隙焊环缝坡口在车床上加工成形，纵缝坡口面的气割余量用铣床加工，因此，焊接过程必须随时检查焊缝成形，调节焊道长度和层数，控制焊缝金属处于同一深度，保证焊缝盖面连续焊接以便获得优质焊缝。对坡口面应消除钢板可能存在的分层而导致的隐患发展，以避免焊接过程中引起焊缝撕裂和缺陷扩展，坡口加工完成后均应进行磁粉检查。筒体下降管开孔是采用半自动氧—乙炔切割，砂轮打磨，磁粉探伤。

（2）焊材选取　锅筒材料 SA299，环缝封底焊缝、管接头角焊缝等焊条电弧焊，选用焊条 E7018—A1，使用时可以从焊条尾部涂字标记直接鉴别出牌号。

锅筒纵、环焊缝和封头人孔加强堆焊焊缝是采用自动焊方法，选用焊剂为 SJ101，应呈细小圆形灰色颗粒状，这可以从外观特征和焊剂包装上的牌号标记直接识别。

焊丝选用 S3Mo，规格 ϕ4mm。焊丝的选取非常关键，因为直径相同、颜色和挺度接近或相同的焊丝品种很多，现场无法从外观特征鉴别焊丝牌号。所以焊丝使用之前，首先查阅材质证明，核对焊丝牌号标记，牌号符合要求后，再进行光谱分析，确认无误，责任者签字，以保证焊丝选用正确。

（3）预热、焊接　材料 SA 299，厚度大于 76mm 时，焊前应预热至 150℃以上。由于锅筒纵、环焊缝、下降管焊缝及管接头角焊缝等坡口尺寸大，填充金属多，焊接持续时间长。为了保证预热温度和层间温度，锅筒应有足够的潜在热量，在大炉加热要略高于预热温度，减缓焊接过程的自然冷却。一般情况，锅筒每次进行预热，温度均控制在 190 ~ 210℃范围之内，在连续焊接过程中，按照监测层间温度，当低于 150℃时，立即停止焊接，用煤气喷烧或进炉加热，恢复到预热温度后，再进行焊接。

锅筒纵、环焊缝是采用窄间隙埋弧焊焊制而成，焊接过程应重点控制焊接电流、电压和焊接速度等工艺参数，随时监视，定时记录管理，并观察焊缝成形质量，发现焊道偏离或焊缝深度不均匀应及时调整。焊接连续进行，保证层间温度不低于 150℃，若中间停止焊接，应加热或进炉维持预热温度。焊接结束后立即进行 150～200℃保温 2h 后热处理。

锅筒下降管角焊缝采用焊条电弧焊，由于每一个下降管由两名焊工同时焊接，焊接过程应重点控制接头部位的成形质量。

在两端焊缝交界处，起焊前熔渣必须清理干净；两端接头焊缝应有 15～20mm 的重叠长度；每层重叠焊道的接头处应错开 15～20mm 的距离；随时调节焊把角度，使焊条与坡口面处于合适的角度，有利于排除熔渣，以保证熔合良好。

由于板厚、坡口深、下降管角焊缝填充金属多，为了避免焊后产生很大的叠加应力，当焊至一半时，应进行一次中间热处理。

封头人孔加强焊缝应用埋弧焊，由于封头呈半圆形状，散热面积大，虽然连续堆焊，工件冷却也很快。因此，焊接过程应定时测温，控制层间温度不低于 150℃。

锅筒上的各种规格的小管接头和预焊件，在焊接过程中应严格控制预热温度、焊缝成形及焊脚高度。确保无咬边、弧坑、气孔等缺陷。

4. 焊缝无损检验

焊缝在焊后及消除应力热处理后，分别进行射线探伤、超声波探伤和磁粉探伤，并在水压试验后再进行一次磁粉探伤，根据探伤结果对焊缝质量进行综合评定。具体的要求是：

(1) 纵、环焊缝质量　严格控制焊接过程，以保证纵、环焊缝质量。

(2) 下降管、给水管角焊缝质量分析　严格要求工艺纪律，焊前准备充分，在坡口面堆焊隔离焊缝，消除钢板分层隐患。对焊前预热、中间热处理、后热等一系列过程，控制及时准确。焊接连续进行，一气呵成，中间倒班或停歇环节，整体进炉恒温。焊接过程各项工艺参数处于受控状态，从而保证下降管和给水管角焊缝的制造质量。

5. 焊后热处理性能分析

300 MW 锅筒为消除焊接应力而进行的焊后热处理，也是最终热处理。因此，锅筒进炉之前，应审查热处理前的完工资料，特别是焊接工作，包括焊接返修无损检验必须全部合格。热处理过程严格按工艺执行，热处理后检查焊缝力学性能。

消除应力热处理结束后，锅筒不再受热过程影响，金属性能已经稳定，不再发生变化。锅筒纵、环焊缝的焊接工艺和焊接材料相同。因此，做一块试板，与母材同样经历正火、回火和焊后消除应力等热处理过程，然后割取样坯加工成试样进行力学性能检验。

锅筒焊缝检验结果不得低于 SA299 的力学性能，必须满足设计要求。

6. 锅筒成品质量

锅筒制造过程中，对封头、筒节、下降管、管接头等零件的加工和组装实施质量控制已为成品质量奠定了基础，但是，锅筒入库之前，尚需要按下述要求进行总的复查。

(1) 审查完工资料　生产过程中及时收集和汇总反映原材料和零部件或产品质量特性的原始单据和质量凭证，包括材料质量证明、无损探伤报告、热处理报告、力学性能报告及检验记录。报告及记录准确齐全。

(2) 外观检查　锅筒表面，包括钢板、纵环焊缝、管接头角焊缝，拉筋板等部位，对出现伤疤或尖锐划伤等缺陷，均进行砂轮打磨，使之圆滑过渡。锅筒筒节、封头、管接头标记齐全。

(3) 水压试验　锅筒消除应力热处理和力学性能检验合格后进行水压试验，水压试验项目及试验参数见表9-9。

表 9-9　水压试验项目及试验参数

规定项目	规定参数	实测数据
工作压力/MPa	19.6	—
水温/℃	≥21	39
锅筒壁温/℃	≤50	36（外壁）
压力表刻度/MPa	30～60	60
压力表精度（级）	1.5	1.5
试验压力/MPa	29.4	29.4
试验时间/min	10	10
检查压力/MPa	19.6	19.6
检查时间/min	—	30

水压试验执行 ASME 法规，按 1.5 倍工作压力试验，检查无渗漏，水压合格。

第 10 章　锅炉管件的制造工艺

锅炉的受热面及动力设备中的热交换管件大部分是由各种形状的钢管组成。另外，锅炉上还有许多其他的各种各样的管件，各种集箱也是由大直径钢管加工而成的。所以，管件的加工占了很大比例。尽管管件的用途、形状及材料都不同，但它们加工的基本工序都是类似的。其主要工序是划线、割管、弯管和焊接等。

10.1　管件的划线与下料

由于许多管件是弯曲成各种形状的，所以，管子在划线时应按管件的展开长度进行，并要考虑到管件的拼接。在拼接时，应满足如下要求：

1）应考虑到原材料的充分利用，尽量减少废料，并设法减少拼接焊缝的数量。

2）不同的锅炉和不同的工作条件对管子拼接的要求也不一样。对于火管锅炉，管子长度 $L \leq 4$m 时，允许有一个拼接焊缝；$L > 4$m 时，允许有两个拼接焊缝，但接上的最短一段管子的长度应不小于 300mm。对于水管锅炉的管子的拼接焊缝数量应不超过表 10-1 的规定。拼接管的最短长度不小于 500mm；中、低压锅炉的拼接管可不小于 300mm。对于每根（排）蛇形管，全长平均每 4m 允许有一个拼接焊缝。拼接管子长度一般不小于 2.5m，最短长度不小于 500mm；对于中、低压锅炉最短长度允许不小于 300mm。

表 10-1　水管锅炉管件允许的拼接焊缝

管子长度 L/m	≤2	>2～5	>5～10	>10
接头数量	不得拼接	1	2	3

3）管子的拼接焊缝应位于管子的直段部分。焊缝中心至管子弯曲起点或支吊架边缘的距离：对于高压锅炉的受热面管子应不小于 70mm；中、低压锅炉管允许不小于 50mm；锅炉范围内管道应不小于管子外径加 100mm。

管子划线后的切割下料工作，通常采用各种切割机械，如普通的锯床和各种专用的切管机。对于大直径管道有时也用火焰切割后，再进行端面机械加工。管子切割下料后的端面倾斜度应满足拼接焊接的要求。不同的焊接方法，对端面倾斜度的要求也不同。

10.2　管子的弯曲

10.2.1　管子弯曲时的变形分析

在纯弯曲的情况下，管子受外力矩 M 的作用而发生弯曲，图 10-1 为其受力状态。管子中性层外侧管壁受拉应力 σ_1 的作用而减薄；内侧管受压应力 σ_2 的作用而增厚。同时，合力 F_{N1} 和 F_{N2} 使管子的横截面而发生变形，如图 10-2 所示。

此外，内侧管壁会丧失稳定性而形成波浪形皱纹（图 10-3）。

上述各种缺陷是指一般情况而言的，并不一定都同时发生。通常，管子弯曲时变椭圆的程度用椭圆度 e 表示，即

$$e = \frac{D_{\max} - D_{\min}}{D_{w}} \times 100\%$$

式中　$D_{\max}$——弯管横截面上最大外径（mm）；

$D_{\min}$——弯管横截面上最小外径（mm）；

D_{w}——管子公称外径（mm）。

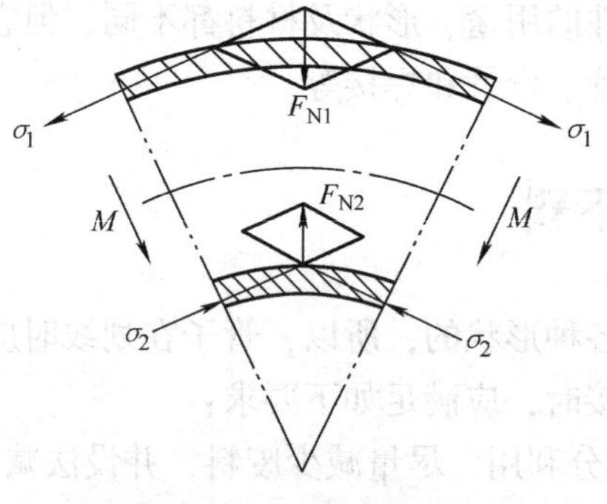

图 10-1　管子弯曲时的受力情况

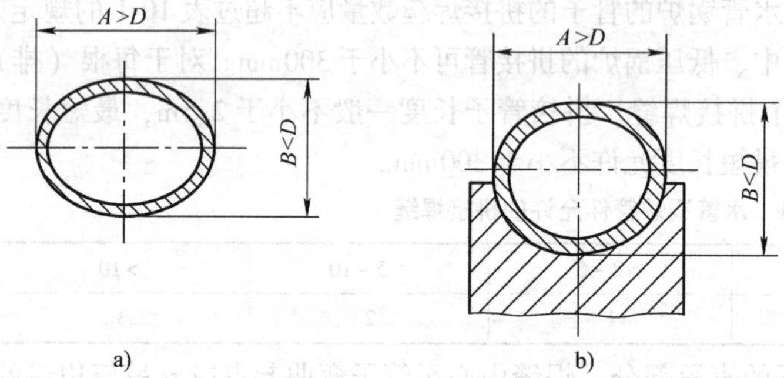

a)　b)

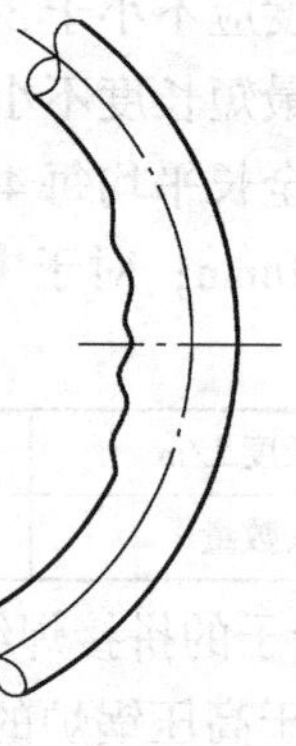

图 10-2　管子弯曲时的截面变形

a）简单弯曲时　b）采用具有半圆槽的模具弯曲时

图 10-3　管子弯曲处内侧的波浪形皱纹

另外，相对弯曲半径 R/D 和相对壁厚 S/D 愈小，即弯曲半径 R 小，管子直径 D 大，管壁厚度 S 越薄时，管子在弯曲处的横截面扁得更严重，管子外侧壁厚减薄也越显著，内侧更易出现波浪形皱纹。因此，为了保证弯管质量，在弯管时要采取各种相应的措施。

10.2.2　机械冷态弯管

机械冷态弯管时，可分为有芯弯管与反变形法弯管两种。

1. 有芯弯管

根据小弯曲的基本原理可知，管子的弯曲变形是在管子与模盘处于切线位置时就成形了。此时，管子在弯曲变形的同时，会产生椭圆度。为了防止椭圆变形可在该处管内插入一根芯棒，使芯棒撑在管内，阻止管子变扁。这种弯管方法称为有芯弯管。如图 10-4 所示。图 10-4 是在拉拔式弯管机上进行弯管的示意图。依靠夹块 2 将管子 4 夹紧在模盘上。当模

盘1顺时针转动时，管子便随着一起旋转。由于压紧导轮 3 把管子挡住，管子便只能被围绕在模盘上弯曲。根据管子设计弯曲角的需要，模盘转动一定的角度即停止转动，模盘的半径，在此即为弯管的弯曲半径（弯管机配有不同半径的模盘）。

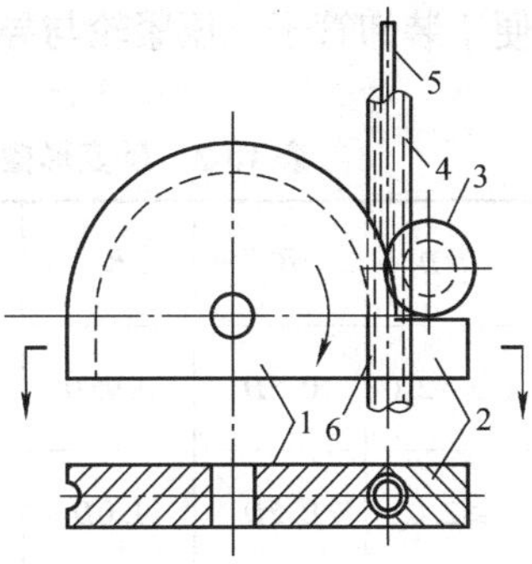

图 10-4　有芯弯管示意图
1—模盘　2—夹块　3—压紧导轮
4—管子　5—芯棒　6—芯杆

芯棒的形状对弯管质量也有很大的影响。常用的芯棒有五种形式。

（1）普通圆柱形芯棒（图 10-5a）　这种芯棒在生产上得到广泛的采用。

（2）勺式成形芯棒（图 10-5b）　这种芯棒可向前伸进，以减少与管壁的间隙，芯棒与管子外侧壁的支承面积较大，其防止椭圆变形的效果较好，而且有一定的防皱作用。这种芯棒的使用范围与普通圆柱形芯棒相同。

（3）链节式芯棒（图 10-5c）　它由支承球和链节组成，能在管子的弯曲平面内弯曲，以适应管子的弯曲变形。因此，它可以深入管子内部与管子一起弯曲，故防止椭圆变形的效果较好。管子弯成后，依靠液压缸可将芯棒抽出。

（4）软轴式芯棒（图 10-5d）　它是利用一根软轴把几个碗状小球串接而成的。它也能深入管中与管子一起弯曲。防止椭圆变形的效果较好。

（5）球节式芯棒（图 10-5e）　球节式芯棒是一种可以多方向弯曲的柔性芯棒。芯棒各支承球之间采用球面铰接，因而可以很方便地适应各种变形。支承球可以自由转动，其磨损均匀，使用寿命长。

上述三种柔性芯棒如与防皱板、顶镦机构配合使用，可用于相对弯曲半径 $R/D \geqslant 1.2$ 的情况下。

有芯弯管虽然能够防止管子的椭圆变形，但是在弯曲过程中，由于芯棒与管子内壁的摩擦，会使管子内壁拉毛，而且芯棒也较易磨损，同时，弯管所需的功率也有所增加。另外，对于小直径管子采用有芯弯管还存在着许多困难。

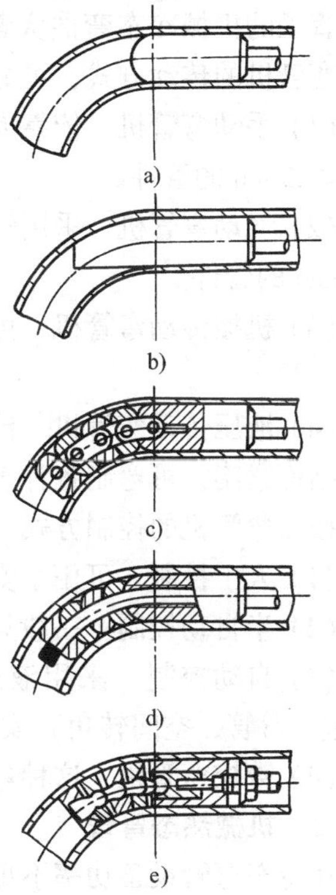

图 10-5　芯棒的形状
a）普通圆柱形芯棒　b）勺式成形芯棒
c）链节式芯棒　d）软轴式芯棒
e）球节式芯棒

2. 反变形法弯管

为了克服有芯弯管的缺点，改善弯管质量，可采用反变形法弯管。在采用具有半圆形槽的模盘进行弯管时，管子内侧基本上是圆形的，管子变扁发生在其外侧。如果我们在管子发生弯曲变形处，预先使管子外侧受到反向变形而向外凸出，以抵消管子弯曲变形时产生的椭圆变形，则可使管子的横截面回复到圆形截面。这就是反变形法弯管的概念。

压紧轮上反变形槽的尺寸（图 10-6）可按表 10-2 选取。

反变形法弯管如图 10-7 所示。模盘 1、夹块 2 和导向轮 4 与有芯弯管一样，只是压紧轮

3 具有反变形槽。压紧轮中心线与模盘中心线之间的距离 δ 可在 0 ~ 12mm 范围内调整，为了便于装卸管子，压紧轮与导向轮的中心线应和模盘中心线倾斜 3° ~4°。

表 10-2　反变形槽的尺寸

R/D	R_1	R_2	R_3	H
1.5 ~ 2.0	$0.5D$	$0.95D$	$0.37D$	$0.56D$
≥2.0	$0.5D$	$1.0D$	$0.4D$	$0.545D$
≥3.5	$0.5D$	0	H	$0.5D$

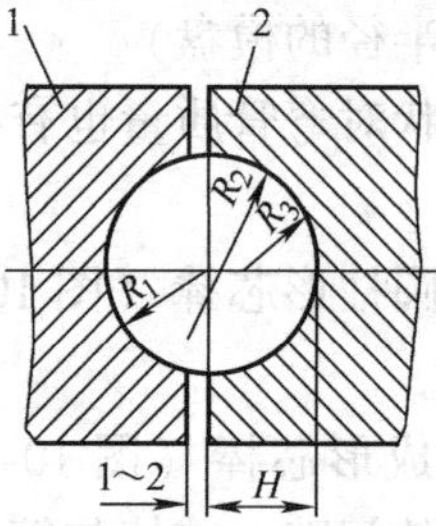

图 10-6　反变形槽的尺寸

1—弯管模型　2—反变形压紧轮

采用反变形法只有当弯曲半径 R 大于 1.5 倍管子外径 D 时（$R > 1.5D$），才能保证弯管质量，否则将产生严重的变扁和外侧壁减薄现象。

3. 弯管机的分类

管子的机械冷态弯曲大都采用各种弯管机械进行。按照弯管机的传动方式，可分为：

(1) 手动弯管机　依靠人工弯管，一般用以弯制管径 $D \leqslant 25$mm 的管件。

(2) 气动弯管机　采用气压传动，用以弯制管径 $D \leqslant 32$mm 的管件。

(3) 机械传动弯管机　可弯制管径 $D \leqslant 159$mm 的管件。

(4) 液压传动弯管机　传动平稳，工作可靠，噪声小，结构紧凑，可弯制各种直径的管件。

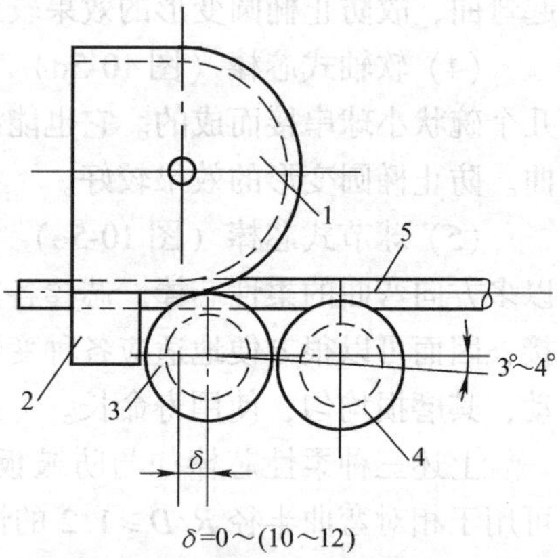

图 10-7　反变形法弯管示意图

1—模盘　2—夹块　3—压紧轮

4—导向轮　5—被弯管子

按照弯管机的控制方式，可分为：

(1) 人工控制　可用于安装及修配工作。

(2) 半自动控制　一般只对弯管角度实行自动控制。

(3) 自动控制　采用液压传动，通过尺寸预选机构和程序控制系统对弯管的全过程（送进、弯管、空间转角）实行自动控制。适用于大批生产及管件尺寸参数多变的场合。

(4) 数控弯管机　这种弯管机适用于大批生产，尤其适用于管件尺寸参数多变的场合。

10.2.3　机械热态弯管

在冷态弯管设备功率不足（如直径较大或壁厚较大）或被弯管材不允许冷弯（如高合金钢管）时，应采用先加热钢管，再进行弯曲的热态弯管方法。

1. 大型弯管机上热态弯管

对大直径管道的弯制，可将要弯制部分局部预先加热，而后送到大型弯管机上进行弯管。

2. 火焰加热弯管

利用特制的火焰加热圈对管子进行局部加热，然后进行弯管称为火焰加热弯管。

3. 中频感应加热弯管

中频感应加热弯管是将特制的中频感应圈固定在弯管机上，套在管径适当位置（图 10-8），依靠中频电流（一般为 2500Hz），对管子待弯部位进行局部感应加热，待加热到 900℃左右时，利用机械传动使管子产生弯曲变形。中频感应加热弯管机有拉弯式和推弯式两种。

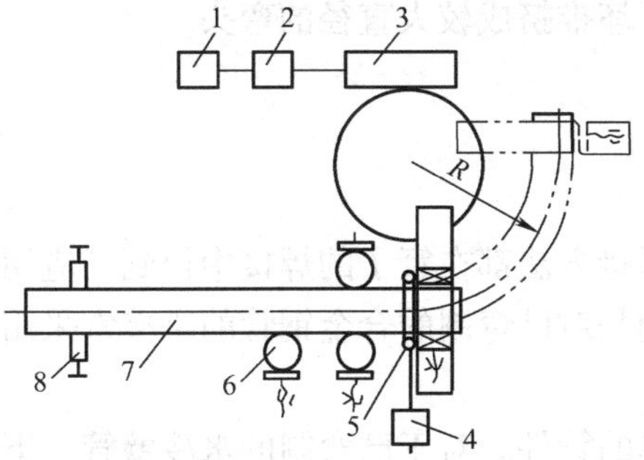

图 10-8　中频感应加热弯管示意图

1—电动机　2—减速器　3—蜗杆副　4—变压器　5—中频感应圈　6—导向轮　7—钢管　8—滚轮支架

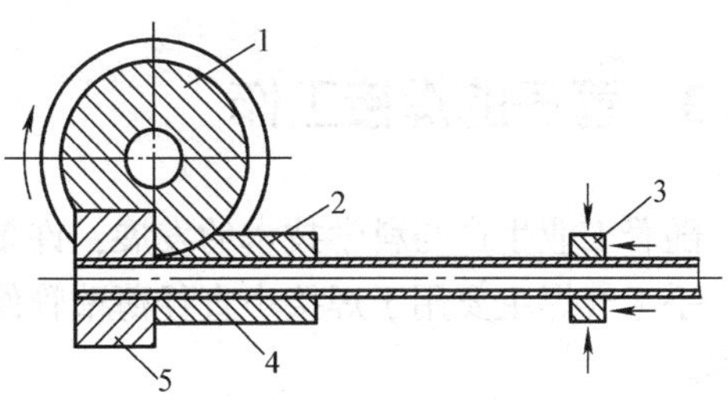

图 10-9　带有轴向顶镦装置的机械冷弯

1—模盘　2—防皱板　3—顶镦装置　4—压槽　5—夹块

10.2.4　小弯曲半径管件的弯制

所谓小弯曲半径管件就是指相对弯曲半径 $R/D<1.5$ 的管件。目前常采用下列各种方法：

1. 带用轴向顶镦装置的机械冷弯

为了改善小弯曲半径弯头的质量，在机械冷弯时，采用了顶镦装置，如图 10-9 所示，在管子末端施加轴向推力。用这种方法，可弯制相对弯曲半径 $R/D=1.2$ 左右的弯头。

2. 冷挤压弯管

利用金属的塑性，在常温状态下将直管压入带有弯形槽的模具中，形成管子的弯头，如图 10-10 所示。目前用这种方法生产的弯头最小相对弯曲半径 $R/D\approx1.3$。制成的弯头具有较小的椭圆度（≤3% ~5%），外侧壁管减薄量小（≤9%）。实践证明，在管子表面涂上全损耗系统用油，再抹一层石墨粉作为润滑剂是合适的。

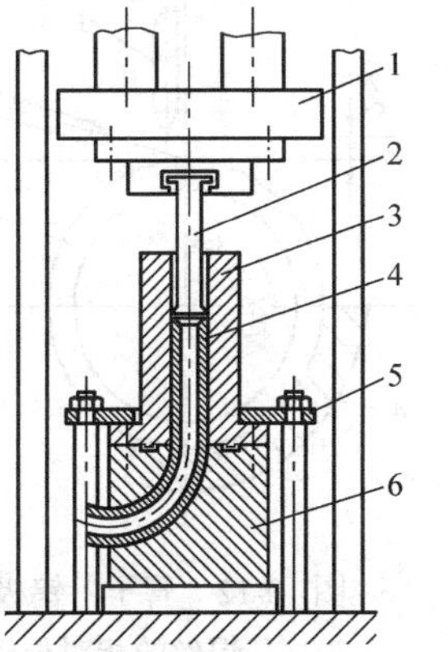

图 10-10　冷挤压弯管

1—压机活动横梁　2—冲头　3—套筒　4—管子　5—压板　6—下模

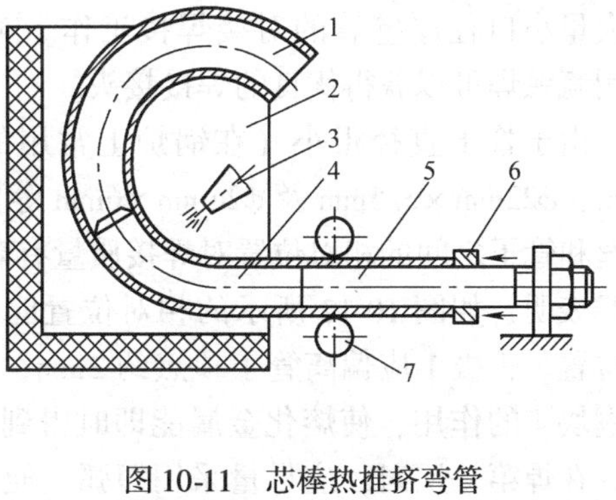

图 10-11　芯棒热推挤弯管

1—管件　2—反射加热炉　3—热源　4—牛角芯棒　5—芯杆　6—推板　7—管件支承装置

冷挤压弯管通常要求管子的相对壁厚 $S/D \geqslant 0.06$，否则管子会由于刚性差，而丧失稳定性，致使弯管内侧发皱，或使整个弯曲管子扭曲。

3. 芯棒热推挤弯管

如图 10-11 所示，这种方法是把管坯边加热边向前移动，从牛角芯棒 4 处挤出，使管坯产生周向扩张和轴向弯曲变形，从而将小直径的管坯推挤成较大直径的弯头。

10.3 管子的焊接工作

随着工业生产与科学技术的发展，许多新的焊接方法都在管子的焊接中得到了应用。

手工气焊主要用于焊接小直径薄壁管件，特别是对已弯制的合金钢管的拼接常采用手工气焊。

焊条电弧焊通常用以拼接直径较大、管壁较厚的管件。对于已弯制的水冷壁管、下降管及汽水管道等常采用焊条电弧焊。

闪光对接焊主要用于直径为 38~76mm、壁厚为 2.5~3.5mm 的直管（低碳钢和部分低合金钢）的拼接工作。为了提高质量，目前采用在焊接过程中管内充入一定压力的氮气或氮气与氢气的混合物的方法。

中频压焊通常用于直径 35~51mm、壁厚 2.5~3.5mm 的直管及弯制管件的拼接工作，也可用于蛇形管的拼接工作。

摩擦焊目前主要用于直径 32~42mm、壁厚 2.0~3.5mm 的低碳钢直管。这种焊接接头不能在高温条件下工作。

埋弧焊主要用于大直径（ϕ325~ϕ377mm 以上）、厚壁（$S \geqslant 20$mm）管道的对接工作。近年来，窄间隙埋弧焊在大型管道的对接工作中得到较为广泛的应用。

全位置 TIG 焊通常用于直径在 42mm 以下，壁厚在 3.0~3.5mm 以下的小直径、薄壁低碳钢、低合金钢和合金钢管的对接工作。焊接质量好，而且稳定。

全位置 MIG 焊及全位置等离子弧焊用于焊接低碳钢、低合金钢及合金钢管件的对接工作。各种直径及壁厚的管件均可采用此种焊接方法。

10.3.1 小口径厚壁管的自动氩弧焊接

在超高参数、亚临界参数直流锅炉的制造中，往往有大量小口径厚壁管的对接焊接工作。对于这种管件，采用氩弧焊可以获得优良的焊接接头。

由于管子直径很小（在锅炉上常用的是 ϕ21mm × 5mm、ϕ22mm × 5.5mm 及 ϕ24mm × 6mm 等），钨极、填充焊丝和管子之间的相对位置对焊接质量有着显著的作用。实践表明，如图 10-12 所示的相对位置能获得较好的焊接位置。钨极 1 应偏离管子顶点约 2mm，同时，借助冷却铜块 4 的作用，使熔化金属能即时得到冷却，不致流失。在焊第一层时，应尽量采用短弧，使钨极端部距焊缝根部 2~3mm 左右，保证焊透，同时也可提高氩气的保护效果。在焊第二层时，应将钨极抬高至距管子平面

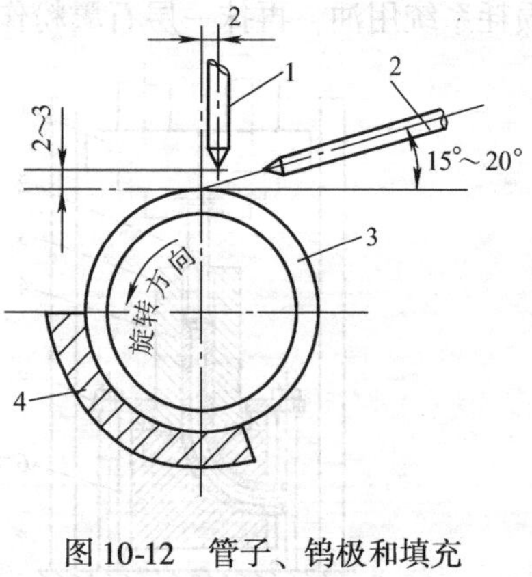

图 10-12 管子、钨极和填充焊丝的相对位置
1—钨极 2—填充焊丝 3—管子 4—冷却铜块

2～3mm 左右，在保证焊缝坡口两边与填充焊丝很好地熔合的情况下，应尽量采用短弧，否则易出现层间未熔合。填充焊丝与水平面之间的夹角宜小些，以增加电弧对填充焊丝的辐射热。

10.3.2　管子的全位置脉冲电流等离子弧焊接

全位置脉冲电流等离子弧焊接的优点是，能够获得优质的焊接接头，并能实现焊接全过程的自动控制。

它具有下列特点：

1）可以较有效地控制焊接熔池，采用脉冲电流可得到较好的成形，较易实现自动控制。

2）在满足同样的熔深条件下，与其他工艺相比，输入热量较少，从而缩小了热影响区，减小了焊接应力和变形，改善了焊接接头的性能。

3）通过对脉冲参数的调节，可以控制焊接循环。另外，脉冲电流对焊接熔池的搅拌作用也可减少焊接接头的缺陷，并细化其晶粒组织。

4）能保证均匀可靠的焊透，从而获得良好的焊缝根部质量。

脉冲电流参数对焊接过程有着较大的影响。脉冲电流幅值 I_P 和脉冲电流持续时间 t_P 是决定输入热量的主要参数。基本电流主要是用来在脉冲间歇时间内，维持电弧不熄灭，为下一个脉冲准备条件，并可使熔化金属以一定的冷却速度部分地凝固，同时又对未熔化的金属进行适当的加热，脉冲频率 f 也必须有适当的数值。

对于锅炉常用的各种管件（ϕ38～ϕ51mm，壁厚 3.5～5mm 的低合金钢管），脉冲参数可取为：频率 $f \approx 1$Hz，脉冲电流与基本电流持续时间比 $t_P/t_B = 0.6 \sim 1.0$，脉冲电流幅值 $I_P = 90 \sim 140$A，基本电流幅值 $I_B = 20 \sim 40$A。

在上坡焊和下坡焊位置上的熔池形态如图 10-13 所示。

全位置等离子弧焊接的整个焊接设备包括一个全位置焊接机头、等离子焊炬和能产生矩形波或梯形脉冲电流的电源，设备框图如图 10-14 所示。

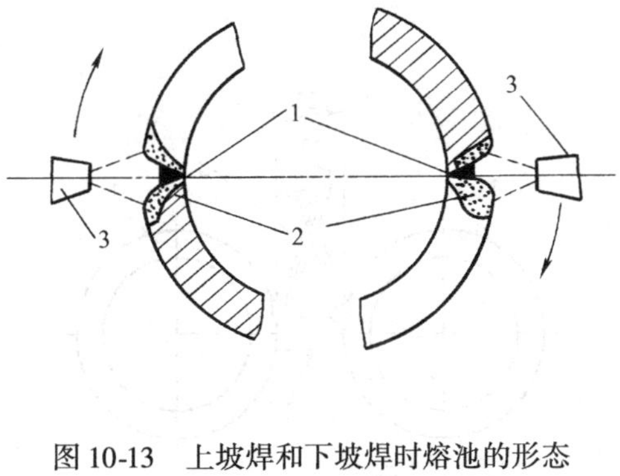

图 10-13　上坡焊和下坡焊时熔池的形态

1—等离子射流　2—熔池　3—焊炬

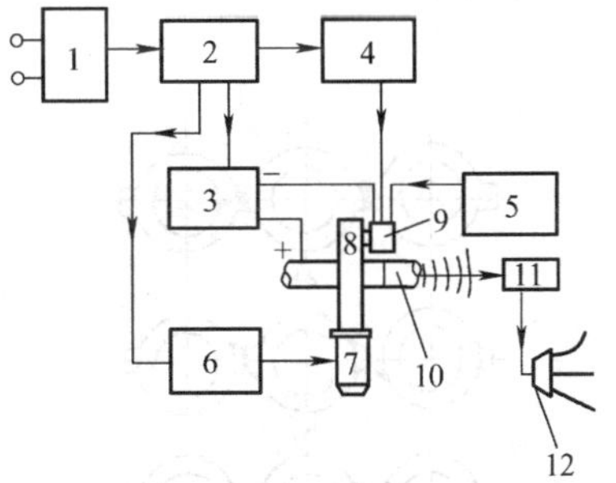

图 10-14　管子全位置脉冲等离子弧焊接设备框图

1—稳定电源　2—控制装置　3—脉冲电源　4—供气　5—供冷却水　6—焊机头驱动速度调整　7—驱动电动机　8—焊机头　9—等离子焊炬　10—工件　11—传感器　12—扬声器

10.4 膜式水冷壁管排的制造

随着锅炉技术的发展，膜式水冷壁已得到广泛应用。膜式水冷壁的制造可分为水冷壁管排的制造、管排的组装及管排的弯制三个方面。

10.4.1 膜式水冷壁管排的组合方式

膜式水冷壁的结构有四种，如图 10-15 所示。

1. 轧制鳍片管相互组合

如图 10-15a 所示，由于鳍片与管子本身压制成一个整体，所以鳍片具有良好的冷却条件。如果两相邻鳍片管的连接焊缝能保证溶深达到鳍片厚度的 70% 以上，就能承受 50℃ 温差所产生的温度应力。

对于这种结构，目前采用的焊接方法主要有两种：一是多头埋弧焊，另一是多头气体保护焊。由于均为多头焊接，因而必须注意各道焊缝焊接的同步性问题，否则不能保证焊接质量。

2. 焊接鳍片管相互组合

如图 10-15b 所示，首先需要把光管与鳍片焊接成鳍片管，然后再把各焊接鳍片管组合焊接成膜式水冷壁。

焊接鳍片管通常为低碳钢，光管的外径一般在 20 ~ 75mm 范围内，管子壁厚约为 4 ~ 9mm，鳍片厚度一般为 5 ~ 6.5mm，至于鳍片的宽度则应根据膜式水冷壁管的节距来确定。

3. 扁钢与光管相互组合

如图 10-15c 所示，其主要优点是材料成本低，管径和节距的选择比较自由。

扁钢与光管的焊接方法大都采用埋弧焊接（有用双头、四头、六头焊机的），焊丝应倾斜成一定的角度（通常为 22°左右），两根焊丝的间距约为 40mm 左右，其焊接速度约为 60 ~ 90m/h（图 10-16）。

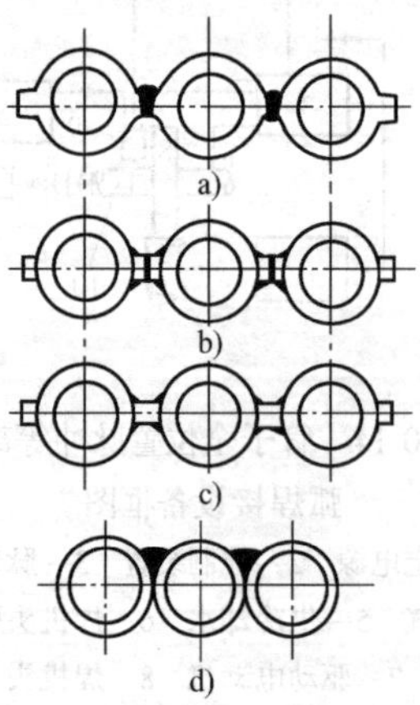

图 10-15 膜式水冷壁的结构
a）轧制鳍片管相互组合 b）焊接鳍片管相互组合 c）光管与扁钢组合 d）光管与光管组合

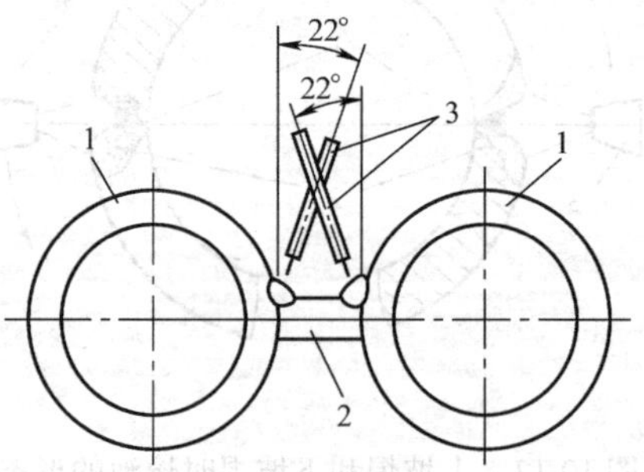

图 10-16 扁钢与光管采用埋弧焊时焊丝的位置
1—管子 2—扁钢 3—焊丝

对扁钢与光管连接焊缝熔深的要求与上述焊接鳍片管相同，必须采用双面焊接。

扁钢与光管的焊接除了采用埋弧焊外，近年来多头气体保护焊也得到了应用。日本三菱公司的焊接膜式壁管排的专用焊机（MPM 焊机），上下各装有六个气体保护焊头，正反面同时焊接四根光管中的三条扁钢的六道焊缝。不仅焊接质量好，焊缝成形美观，而且生产率高。

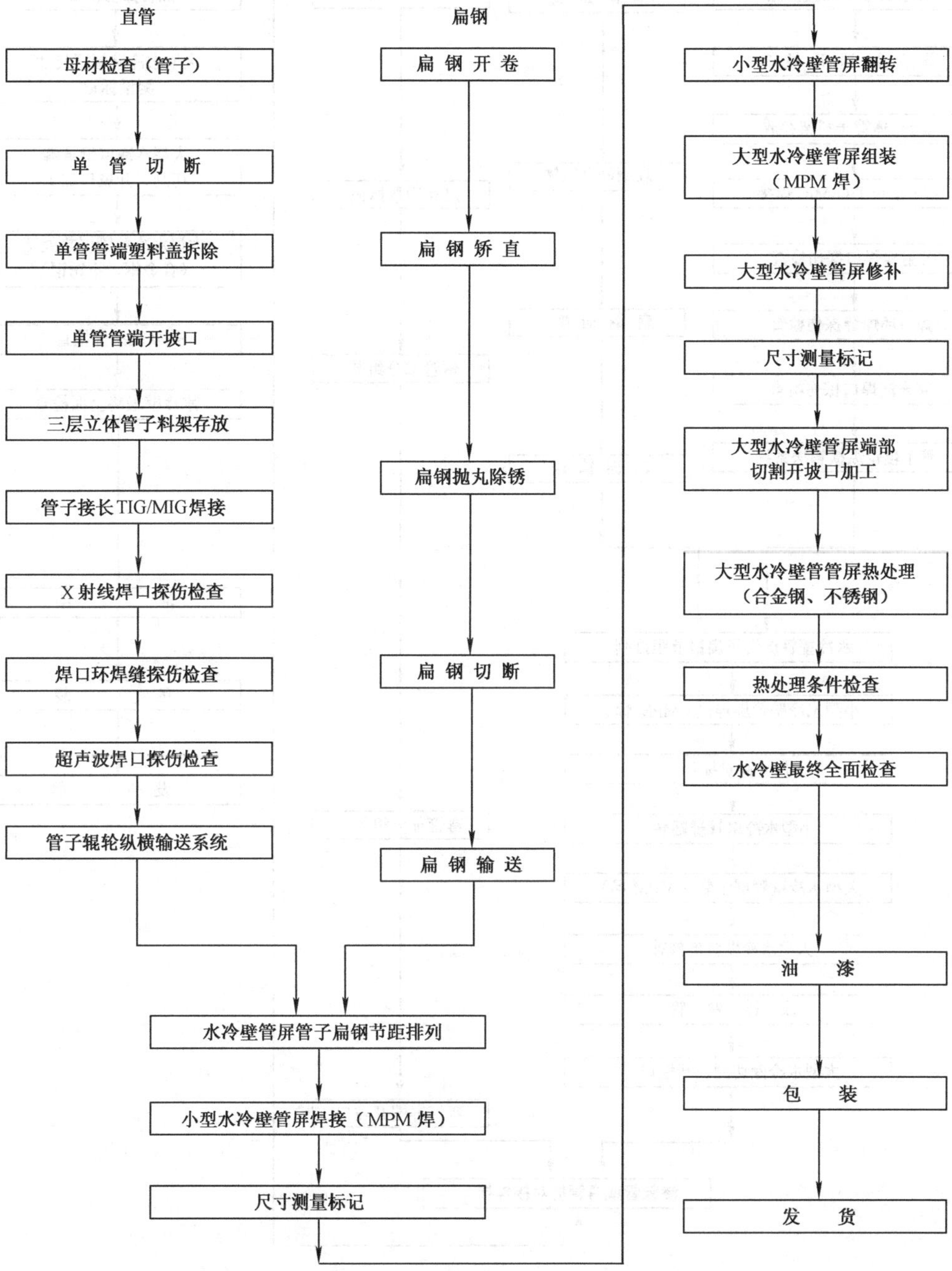

图 10-17　直管段水冷壁管屏生产工艺流程

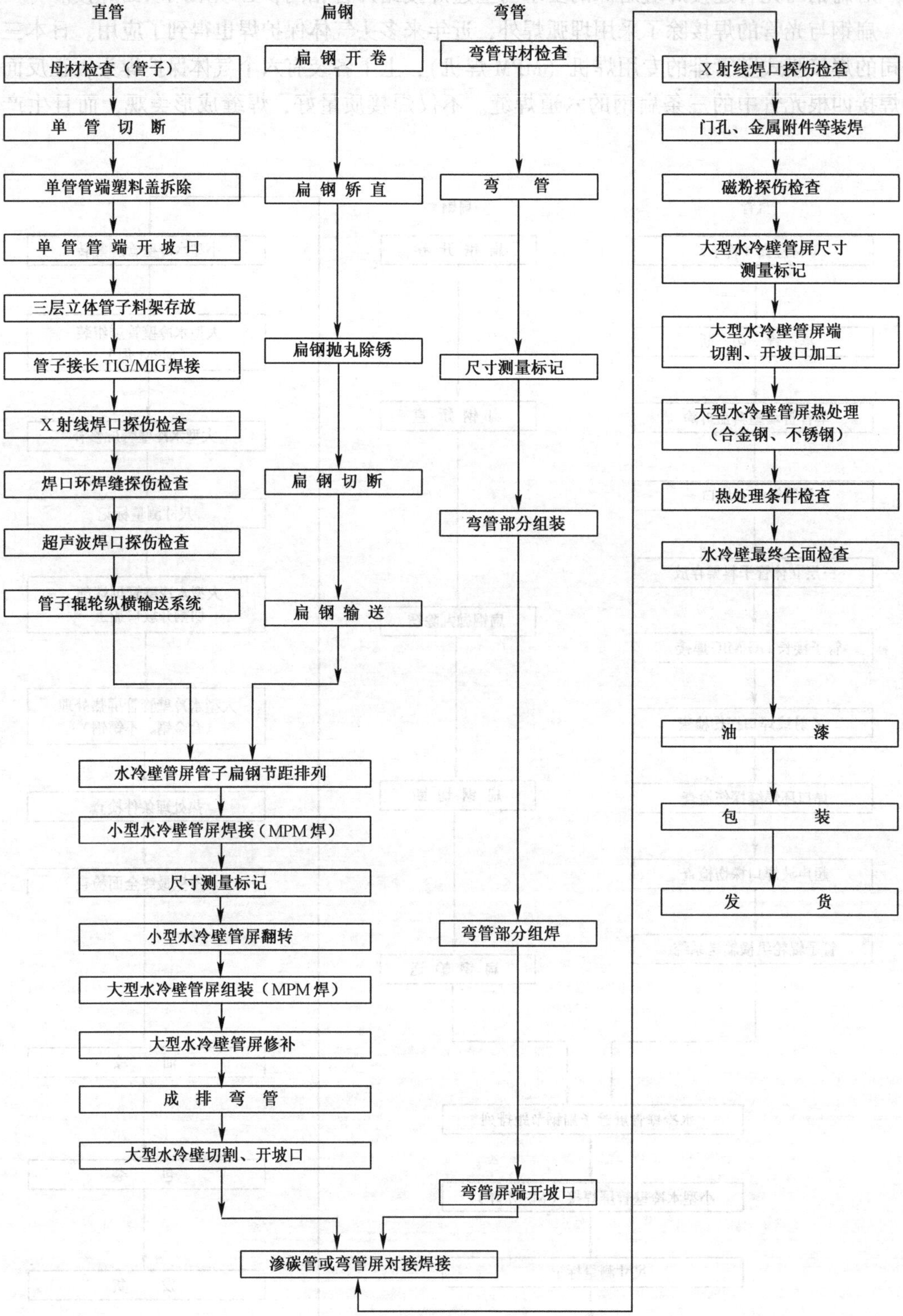

图 10-18 有弯管段水冷壁生产工艺流程

4. 光管与光管相互组合

如图 10-15d 所示，这种结构主要用于膜式壁管间节距较小时，如一些余热锅炉中的膜式壁。这种小节距的膜式水冷壁可用埋弧焊直接在管子之间进行焊接。

10.4.2　膜式水冷壁制造工艺流程

1. 直管段水冷壁管屏生产工艺流程

直管段水冷壁管屏生产工艺流程如图 10-17 所示。对于合金钢和不锈钢水冷壁管屏，一律进行热处理以消除焊后内部应力；对于碳钢水冷壁管屏，则不进行热处理消除焊后内部应力。

2. 有弯管段水冷壁管屏生产工艺流程

有弯管段水冷壁管屏生产工艺流程如图 10-18 所示，先按图样要求在已焊成的直管段水冷壁管屏的所需位置上切割开孔，然后把事先预制好的弯管对接焊接在水冷壁管屏上，再将门孔或金属附件等焊接在所需位置上。

10.4.3　膜式水冷壁管排的组装及弯制

膜式水冷壁管排组装成管屏常采用各种特制的组装设备。组装设备通常由三部分组成：装配架、装配小车、动力源。

膜式水冷壁管排的弯制可采用卧式或立式液压机依靠简单弯曲的方法进行弯制，也可利用卷板机进行辊弯成形。用得较普遍的弯制方法是采用成排弯管机进行管排的弯曲工作。

成排弯管机是采用一般弯管机回转弯曲的原理进行弯制工作的。这种弯管方式具有下列优点：

1）管排弯曲半径控制准确，弯制后管子的椭圆度小，不会出现局部压扁现象。

2）管子弯曲处定位准确。

3）成排弯管机操作较简便。

10.5　蛇形管排的制造工艺

锅炉的过热器、再热器及省煤器大都采用蛇形管受热面。蛇形管外径一般为 $\phi25 \sim \phi51$mm，厚度为 3.5 ~ 6mm，展开长度一般为 60 ~ 80m，有时，可达到 100m 或 100m 以上。由于蛇形管的数量多，弯曲半径各不相同，焊接接头多等，需采取一些技术措施，提高蛇形管零、组件的三化程度，建立流水生产线，实现制造过程的机械化和自动化。

蛇形管的成形可分为三种。第一种是管子弯成弯头元件后，与直管组装拼焊而成蛇形管。第二种是将管子预先接成长直管后，再进行连续弯曲成形。第三种是一边弯管一边接长，形成蛇形管。

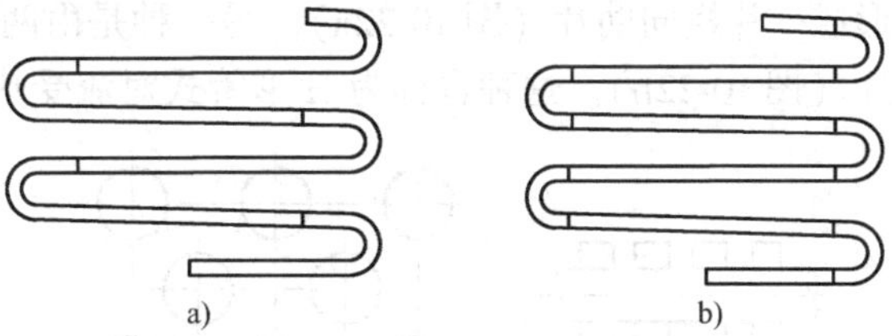

图 10-19　弯头元件与直管组装拼焊成的蛇形管
a）“手杖”形弯头元件组装拼焊　b）标准弯头与直管组装拼焊

1. 弯头元件与直管组装拼焊而成的蛇形管

这种方法常采用的弯头元件有两种，一种是所谓“手杖”形的弯头元件，如图 10-19a 所示。它是把直管都预先弯制成一端有弯头的“手杖”形元件，然后根据蛇形管的设计尺寸，把“手杖”形元件组装拼焊成形。另一种是采用所谓“标准弯头”与直管组装拼焊形成蛇形管，如图 10-19b 所示。这种方法是预先把短管弯制成两端齐平的弯头元件，然后按照设计要求，把标准弯头与直管组装拼焊形成蛇形管。

2. 预先接长的直管连续弯制成蛇形管

这种方法是把原材料管子进行对接焊接，接成符合蛇形管展开尺寸的长直管，然后再将长直管按程序控制依次进行弯曲工作，形成蛇形管。

3. 边弯管边接长的方法制造蛇形管

在制造蛇形管的过程中，管子被一边弯曲一边接长，如图 10-20 所示。这种方法中的弯管和焊接过程只能依次进行，不能像前两种方法那样平行进行，目前应用较少。

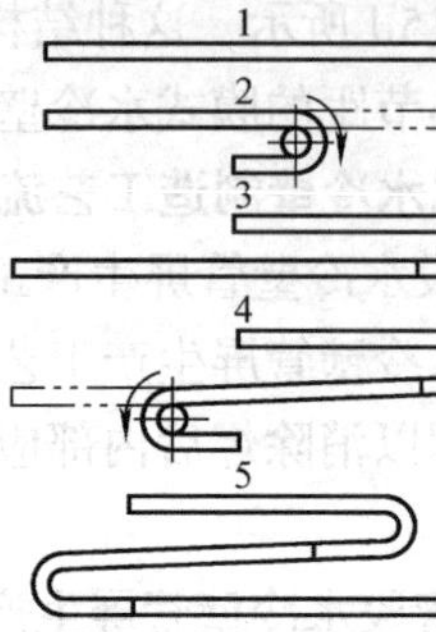

图 10-20　边弯管边接长的方法制造蛇形管
1—直管　2—弯第一个弯头，并传送到工作位置　3—管子接长，并传送到工作位置　4—弯第二个弯头，并传送到工作位置　5—管子接长

10.6　具有扩展表面的对流受热面管件的制造工艺

随着锅炉机组向超大容量发展，各种具有扩展表面的对流受热面开始得到应用。各种具有扩展表面的对流受热面已在燃油、燃气锅炉上得到了较广的应用。

目前对流受热面管件主要有三种形式：纵向鳍片管式、横向肋片管式及螺旋翅片管式。这三种形式在制造工艺上各有其特点。

1. 纵向鳍片管式对流受热面

采用的纵向鳍片管式对流受热面主要有两种，如图 10-21 所示。图 10-21a 是纵向断续短鳍片式，每片鳍片均较短，鳍片的尺寸一般为：厚 8 ~ 10mm，长 30mm，高 25mm。鳍片与管子的焊接可采用电阻焊。

图 10-21b 是由纵向连续长鳍片管组成的膜式蛇形管对流受热面组件。先把光管弯制成所需形状的蛇形管，然后再在管子间隙中焊接鳍片，形成整片的膜式蛇形管组件。

2. 横向肋片管式对流受热面

横向肋片管式对流受热面由两种结构，一种是由四片小肋片拼焊在管子的同一圆周上，形成一片横向肋片（图 10-22a）。另一种是由两片肋片焊在管子同一圆周上，形成一横向肋片（图 10-22b）。这种也称为 H 形管式对流受热面。

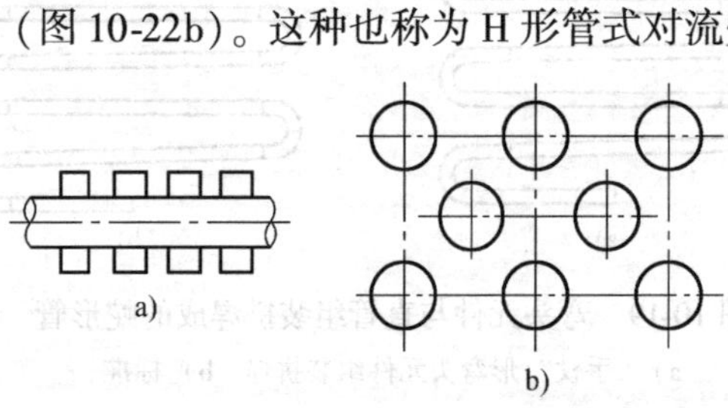

图 10-21　纵向鳍片管式对流受热面
a）纵向断续鳍片　b）纵向连续长鳍片

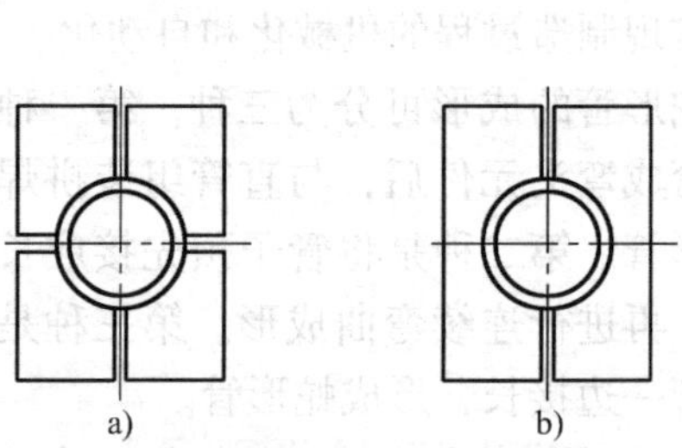

图 10-22　横向肋片管式对流受热面
a）四片肋片拼焊　b）两片肋片拼焊

这类横向肋片管每根管子一般要焊 400 片左右肋片，肋片厚 2mm、高 70mm 左右，肋片

间隙为 4 ~5mm。焊满肋片的直管再与标准弯头组装成蛇形管。

3. 螺旋翅片管式对流受热面

螺旋翅片管是将薄带钢螺旋形围绕在光管上，并相互焊合制成的。为了实现高速焊接，可采用高频焊接法。其焊接过程的示意图如图 10-23 所示。光管 4 由绕片机带动旋转并作轴向送进。焊机触头与带钢 5 接触于 C 点，与光管接触于 A 点，高频电流由钢管 A 点流经焊合点 B 和带钢 C 点形成回路，这样 ABC 就组成了加热三角形区。钢管自 A 点开始加热，至 B 点温度最高；带钢自 C 点开始加热，至 B 点温度最高。因此，在 B 点钢管和带钢均已被加热到焊合温度（对于碳钢为 950 ~1000℃），此时，依靠成型轮加压顶锻，使之焊合。

常用的这种高频焊机可将厚 0.6 ~3mm，宽 8 ~32mm 的带钢焊接在直径 $\phi25$ ~$\phi115$mm 的管子上。其最大焊接速度可达 10m/min 左右。

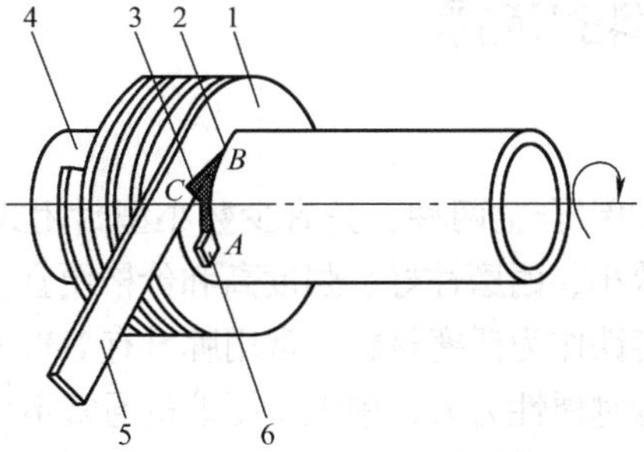

图 10-23 螺旋翅片管高频焊接示意图

1—翅片 2—焊合点 B 3—上焊接触头

4—光管 5—带钢 6—下焊接触头

第4篇 制冷机制造工艺

第11章 制冷压缩机加工与装配工艺

11.1 制冷压缩机材料的选择

1. 活塞组

活塞材料常用的有铸铁和铝合金两种，只有少数小型封闭式压缩机用钢。

铸铁的特点是热膨胀系数小、耐磨性好、强度高和价格便宜。因此，在不使用活塞环的小型封闭式压缩机中往往采用铸铁作为活塞材料。常用牌号有 HT100、HT150、HT200 或 HT250。但铸铁密度大，质量重。运行时惯性力大，中大型压缩机通常不用铸铁作活塞材料。

铝合金质量轻、导热性能好、铸造工艺性优良，高速多缸压缩机活塞材料往往采用铝合金。铝合金的不足之处是其热膨胀系数大，因而与气缸的配合间隙变化较大。为了防止高压气体泄漏和容易上油，铝合金活塞上需设有活塞环。国内常用铝合金有 ZL113。

活塞销承受气体力和惯性力等组成的交变弯曲负荷，而且带有冲击性，因此要求材料表面硬度高、耐磨且内部具有韧性，通常用表面渗碳的低碳钢或表面渗碳的低合金钢，如 20 钢或 20Cr 钢，渗碳层厚度随活塞销的壁厚的不同而不同，一般在 0.5 ~ 1.5mm 范围内，淬火及低温回火后的硬度为 HRC55 ~ 62。活塞销也可用 45 钢，进行高频感应加热淬火，并经低温回火，其表面硬度可达 HRC50 ~ 58。

活塞环处于高温、高压和高速的状态下，承受着冲击和磨损。因此，选用材料必须具有足够高的机械强度、耐磨性。目前国内采用最多的是灰铸铁，如 HT250 和加入少量 Cr、Mo、Cu、Mn 等合金元素的合金铸铁。

2. 连杆

连杆的材料应具有质量轻、强度高和冲击韧性好的特点。在封闭式压缩机中使用金属铸造或压铸的铝合金连杆，材料为 ZL117 和铝硅铜合金，开启式压缩机中使用可锻铸铁 KT350—10、KT370—12 和球墨铸铁 QT450—10、QT600—3 等。

连杆大头是剖分式，连杆螺钉应用优质合金钢制造，常用的有 40Cr、35CrMoA 等。

3. 曲轴

曲轴是传递动力的部件，它承受复杂的扭曲和弯曲应力，必须保证一定的机械强度，而主副轴承颈和曲柄销部分是摩擦面，应有较好的耐磨性，同时，还要具有良好的刚性，以减小压缩机在压缩过程中压力引起轴承面间隙的变动。曲轴普遍采用球墨铸铁 QT450—10、QT600—3，其特点是具备足够的强度，在正火处理后硬度可达 HBS263 ~ 272，抗拉强度在 750 ~ 800N/mm^2，不亚于一般中碳钢，但其伸长率和冲击韧度较低，弹性模量也较低。所以，从综合的力学性能来看球墨铸铁稍次于钢。此外，球墨铸铁耐磨性好，对应力集中的敏感性小，具有良好的吸振性和润油性，铸造加工工艺简单。

4. 机体、气缸套和机壳

一般机体的材料采用铸铁，它具有容易成形、切削性能好、价格低廉及有较好的吸振性等优点，只有在特殊要求的场合，如汽车空调用制冷压缩机要求质量轻时，才用铝合金材料。铸铁的牌号，根据需要可选用 HT100 ~ HT400，通常采用 HT200 或 HT250。

气缸套与活塞和活塞环之间存在着剧烈的摩擦，因此对它的要求主要是具有良好的耐磨性，此外，它还承受一定的气体压力，需要有足够的强度。气缸套的材料通常用铸铁，常用牌号有 HT200、HT250 和高磷铸铁。在某些机器中，也有使用球墨铸铁作为气缸套材料的。

全封闭机器中的上下机壳常用热轧钢板和冷轧钢板，经过数道工序的拉伸成形制成，牌号有 08AL、08、10。

5. 气阀阀片、弹簧和阀座材料

制冷压缩机上使用的阀片材料应具有弹度高、韧性好、耐磨和耐腐蚀等性能，以满足使用寿命长的要求。使用环片阀和网状阀的阀片常用 30CrMnSiA 或 4Cr13Mo 和 3Cr13 合金钢制造；簧片阀和阀片材料则采用瑞典弹簧带钢和 T8A、T10A 碳素工具钢；在高转速的情况下，可采用瑞典弹簧带钢、时效硬化不锈钢或无镍不锈钢。目前，世界上最好的阀片材料是瑞典弹簧带钢。它具有硬度高、耐磨性好、耐腐蚀性好、表面致密、厚度均匀、弹性持久和表面粗糙度值低等特点。此外，纯聚四氟乙烯加入一定量的氧化镉或氧化硅等填充剂制成的填充四氟乙烯工程塑料成功地用在阀片上，甚至有的还用尼龙 6 制造吸气阀片。

气阀弹簧材料常用合金弹簧钢丝，其中主要有 50CrVA、60Si2Mn 等。

阀座材料可按气阀两侧压力差的不同来选择，对于压差小于 6×10^5Pa 的阀座，可用灰铸铁 HT200；压差在（6 ~ 16）$\times10^5$Pa 范围内，则用 HT250、稀土球墨铸铁或 35、45 钢等。升程限制器的材料一般与阀座相同。

6. 轴承

制冷压缩机中曲轴轴承和连杆轴承大多数采用滑动轴承的结构形式，只有少数机器如斜板式压缩机、螺杆式压缩机才使用滚动轴承。轴承是主要摩擦件之一，所以，它应具有足够的机械强度、良好的表面减磨性能、耐腐蚀和与瓦背结合牢固等特点。当前，低速压缩机的轴承合金层可采用锡基白合金，中速压缩机可采用巴氏合金或铝镁合金，高速压缩机则采用高锡铝合金。此外，通常还用磷青铜、铅青铜等。

轴承背的材料，从与轴承合金层的结合牢固程度和机械强度考虑，以选用低碳素钢为宜，如 08、10、15 钢等。

11.2　曲轴加工的技术要求和工序

制冷压缩机中的曲轴通常分为曲拐轴和偏心轴两大类。曲轴在机械加工时，应严格控制其形状公差、位置公差和尺寸精度。形状公差是指各轴颈的圆度和圆柱度等，控制这些公差，可避免轴和孔配合时出现间隙不均匀、难以形成油膜而使磨损加剧。位置公差是限制曲柄销与主轴颈轴线的平行度，保证活塞往复运动方向与气缸中心线方向一致，防止气缸内活塞被咬死的情况发生。尺寸精度即为各加工表面的尺寸公差，如主轴颈与曲柄销轴线间的距离也有尺寸精度，它将影响余隙容积。此外，为了避免应力集中，轴颈、曲轴和曲柄销连接处的过渡圆角要光滑。

11.2.1 曲轴加工工艺的技术要求

曲轴机械加工以8S-12.5制冷压缩机曲轴为例进行说明，其结构如图11-1所示，曲轴材料为QT600—3。曲轴在机械加工过程中，主要技术要求如下：

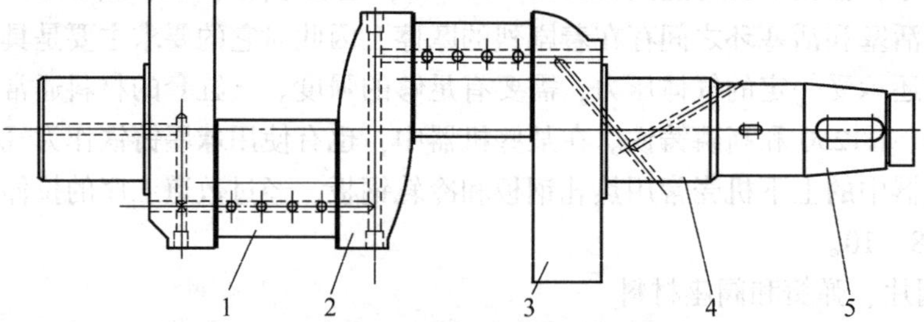

图11-1 曲拐曲线结构简图

1—曲柄销 2—曲柄 3—平衡块 4—主轴颈 5—锥轴颈

1）当曲轴用两端最外的主轴颈支承时，主轴颈中心线和曲柄销中心线的平行度，在100mm长度内的公差值0.02mm。

2）当曲轴用两端最外的主轴颈支承时，主轴颈表面对中心线的圆跳动的公差值为0.03mm。

3）采用滑动轴承时的主轴颈和曲柄销表面粗糙度 R_a 为0.32～0.63μm。

曲轴加工过程的定位基准选择如下：

在同轴线上，各轴颈的粗、精加工均以中心孔作为定位基准，以保证各外圆同心。因此，曲轴加工的第一步就是加工出两端中心孔。由于两端中心孔的尺寸、形状和相互位置精度对曲轴以后的加工质量有很大影响，因此对于加工余量较大的曲轴在粗加工后或热处理后还须进行修正中心孔的工序。

曲轴柄的粗、精加工应以加工过的主轴颈为基准。

为了保证主轴颈和曲柄销轴向尺寸的精度，在加工时都用相同的一个主轴颈或曲柄销的端面作为各轴向尺寸的定位基准，加工图上有关轴颈的轴向尺寸都从这个端面注起，这样可以减少累积误差，便于测量。

11.2.2 曲轴加工的主要工序

曲轴加工工序以8S－12.5制冷压缩机连杆为例进行说明，其材料是铸铁QT600—3。曲轴加工主要工序见表11-1。

表11-1 曲轴加工主要工序

工序名称	工序内容	工序名称	工序内容
铸造	铸造后清砂，热处理	粗车削	粗车两端轴颈和曲柄外圆
抛丸	使铸件外表面光洁呈金属光泽	粗车削	粗车曲柄销
划线	划曲轴两端面十字中心线	半精车削	半精车两端面并钻中心孔
镗削	镗铣两端中心孔	半精车削	半精车两端主轴颈和曲柄外圆

（续）

工序名称	工序内容	工序名称	工序内容
精车削	精车曲柄销	热处理	两曲柄销处激光淬火
精车削	精车两端主轴颈和锥颈	半精磨削	半精磨削两曲柄销
探伤	超声波探伤	精磨削	精磨削两曲柄销
划线	划油孔、键槽加工用线	钻削	作静平衡试验
钻削	钻曲柄销油孔，孔口倒角	精磨削	精磨削主轴颈与轴封轴颈
铣削	铣键槽	精磨削	精磨削锥轴颈
粗磨削	粗磨主轴颈	钳工	油孔口应修光，除毛刺 清除油孔内及各部的铁屑和杂物 清洗
粗磨削	粗磨锥轴颈		
粗磨削	粗磨曲柄销		

11.3　连杆加工的技术要求和工序

连杆的结构可分为连杆小头、大头和连杆体三部分。对中小型压缩机而言，连杆小头是不可剖分的，而连杆大头可分为剖分式和不剖分式两种。不剖分式连杆只能用于压缩机短行程，曲轴采用偏心结构的情况，由于它是整体的，连杆大小头加工精度容易保证，结构上又省去连杆螺栓，便于制造。对于缸径 70mm 以上的压缩机，其活塞行程较大，若采用偏心轴结构，则偏心销直径和连杆大头尺寸会显得过大。因此，采用曲拐轴和剖分式连杆结构。连杆的毛坯制造有铸造和锻造两种。铸造连杆不需要大型设备，材料利用率高，而锻造连杆则有自由锻和模锻两种。对于普通碳素钢，锻后要正火处理，以改善金属组织性能和消除内应力；而对于合金钢锻造毛坯，应先退火，再进行粗加工，在精加工前还要调质处理。

11.3.1　连杆机械加工的技术要求

连杆加工以 8S—12.5 制冷压缩机连杆为例进行说明，其结构如图 11-2 所示，连杆材料为 QT500—7。连杆机械加工过程中的主要技术要求如下：

1）连杆大头和小头孔中心线的平行度，在 100mm 长度内的公差值为 0.03mm。

2）连杆大头孔或小头孔轴中心线对端面的垂直度，在 100mm 长度内的公差值为 0.05mm。

3）两连杆螺栓孔中心线的平行度为在 100mm 长度内，螺孔直径小于等于 12mm 时，公差值为 0.20mm。螺孔直径大于 12mm 小于等于 20mm 时，公差值为 0.15mm。螺孔直径大于 20mm 时，公差值为 0.08mm。

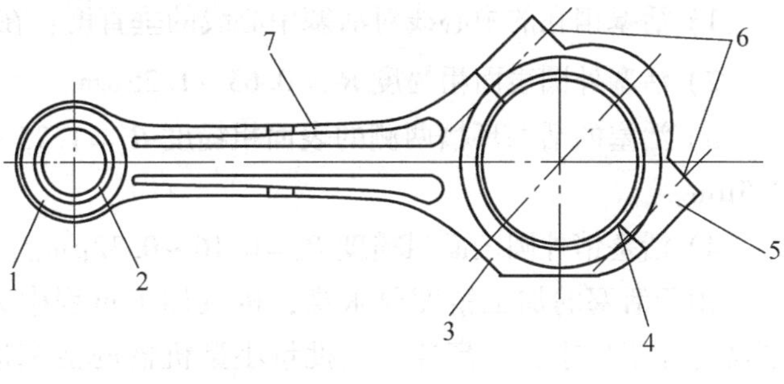

图 11-2　剖分式连杆结构

1—小头　2—小头孔　3—大头　4—大头孔
5—连杆盖　6—连杆螺栓孔　7—连杆体

4）连杆螺栓孔和支承面的垂直度，在 100mm 长度内的公差值为 0.30mm。

5）连杆加工表面的表面粗糙度，对小头衬套内表面为 $R_a = 0.32 \sim 0.63\mu m$。

11.3.2 连杆加工的主要工序

连杆机械加工工序以 8S－12.5 制冷压缩机连杆为例进行说明，其材料是 QT500—7。连杆加工主要工序见表 11-2。

表 11-2 连杆加工主要工序

工序名称	工序内容	工序名称	工序内容
铸造	铸造后清除型砂，热处理	钳工	清洗连杆体和盖
抛丸	铸件外表面光洁，并呈金属光泽		在连杆盖压入定位套
铣削	铣连杆大头及工艺凸台的两侧面	半精磨削	半精磨削连杆头及工艺凸台两侧面
磨削	磨连杆大头及工艺凸台的两侧面	粗镗削	粗镗削连杆大小头孔
铣削	铣连杆小头的两侧面	半精镗削	半精镗削连杆大小头孔
铣削	铣连杆体三个定位基准面	精磨削	精磨削连杆大头及工艺凸台两侧面
铣削	铣开连杆体和盖	精镗削	精镗削连杆大小头孔至图样要求
铣削	精铣连杆体分合面	钳工	拆卸连杆体与盖
铣削	精铣连杆盖分合面	铣削	铣连杆体与盖到轴瓦定位口
钻、镗削	钻、扩、镗铰连杆盖、体螺栓孔	钻削	钻连杆体油孔
铣削	铣连杆盖螺栓孔端面至图样要求	钳工	清除油孔毛刺，并吹净孔内污物
铣削	倒连杆盖螺栓孔倒角	镗削	镗小头衬套孔至要求

11.4 活塞加工的技术要求和工序

11.4.1 活塞机械加工的技术要求

活塞机械加工的主要要求是活塞销孔中心线至顶面的距离，以及它与外圆表面的垂直度，活塞环槽两侧面与活塞外圆表面垂直度，裙部外圆表面的尺寸精度；活塞销孔的尺寸精度。活塞结构简图如图 11-3 所示。活塞在加工过程中主要技术要求如下：

1）活塞销孔的中心线对活塞中心线的垂直度：在 100mm 长度内的公差值为 0.035mm。

2）活塞外圆表面粗糙度 $R_a = 0.63 \sim 1.25\mu m$。

3）活塞的活塞环槽两侧的表面粗糙度 $R_a = 1.25 \sim 2.5\mu m$。

4）活塞销外圆表面粗糙度 $R_a = 0.16 \sim 0.32\mu m$。

由于活塞的加工精度要求高，机械加工过程中为了降低加工要求，对高速、大批量小型机器的活塞进行分组装配。如活塞裙部外圆尺寸分三组，其较大的一组活塞配尺寸较大的一组汽缸，尺寸最小的一组活塞配尺寸最小的一组气缸，这样活塞裙部机械加工的尺寸公差可以放宽，又可达到原定的所需装配尺寸。

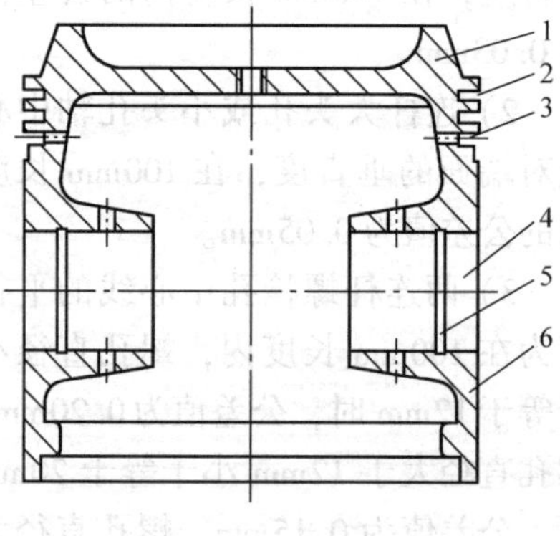

图 11-3 活塞结构简图

1—顶部 2—气环槽 3—油环槽 4—活塞销孔 5—挡圈槽 6—裙部

11.4.2 活塞加工的主要工序

活塞材料是铸铝 ZL110，其加工的主要工序见表

11-3。

表 11-3　活塞加工的主要工序

工序名称	工序内容	工序名称	工序内容
铸造	铸后清砂，热处理	车削	车外圆、沟槽、锥面等部位
车削	车内孔及端面	划线	
车削	车活塞销轴孔	钻削	钻各孔

11.5　阀片加工的技术要求和工序

11.5.1　阀片加工的工艺技术要求

阀片结构如图 11-4 所示。阀片在加工过程中的主要技术要求为：环形阀片厚度偏差为当外圆直径小于等于 150mm 时，偏差不大于 0.01mm；外圆直径大于 150mm 时，则偏差不大于 0.02mm。环形阀片翘曲度偏差在外圆直径小于等于 70mm 时，偏差不大于 0.08mm；外圆直径大于 70 ~ 140mm 时，偏差不大于 0.12mm；外圆直径大于 140mm 时，则偏差大于 0.18mm。阀片端面的表面粗糙度 R_a = 0.16 ~ 0.32μm。

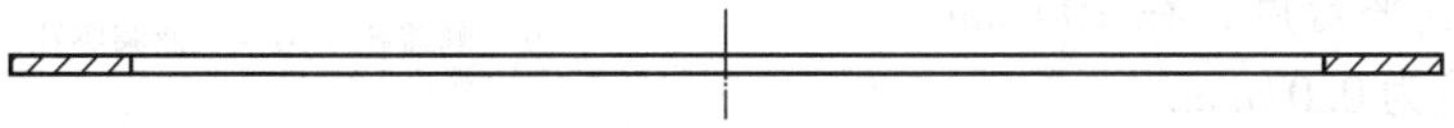

图 11-4　阀片的结构

11.5.2　阀片活塞加工的主要工序

阀片加工主要工序见表 11-4，阀片的材料是 30CrMnSiA。

表 11-4　阀片加工主要工序

工序名称	工序内容	工序名称	工序内容
备料	划线、剪料	热处理	淬火后回火
冲压		磨削	磨外圆
冷平	用铜锤校正两平面	精车削	车内孔
热平	保证平面度	磨削	磨内孔
车削	车削外圆	磨削	磨好两平面
车削	车削内孔	倒角	倒内外角
粗磨削	磨两平面	磨削	磨好两平面
退磁	退净余磁	磨削	反复两次磨好两平面
倒角	倒内外角	热处理	离子氮化
热处理	淬火	检查	全面检查质量要求
清洗	淬火盐洗干净为止	包装	

11.6 机体加工的技术要求和工序

11.6.1 机体机械加工的工艺过程

机体是压缩机的骨架，在它的内外安装着压缩机上的各种零部件。因此，机体的形状十分复杂（图11-5）。机体在机械加工过程中，对加工精度和表面粗糙度都有一定要求，其主要技术条件如下：

1）安装主轴承孔的同轴度，在100mm长度内的公差值为0.01mm。

2）前后轴承孔的密封结合面对孔轴线的垂直度，在100 mm长度内的公差值为0.02mm。

3）安装气缸的配合平面和安装主轴承的中心线平行度，在100 mm长度内的公差值为0.02mm。

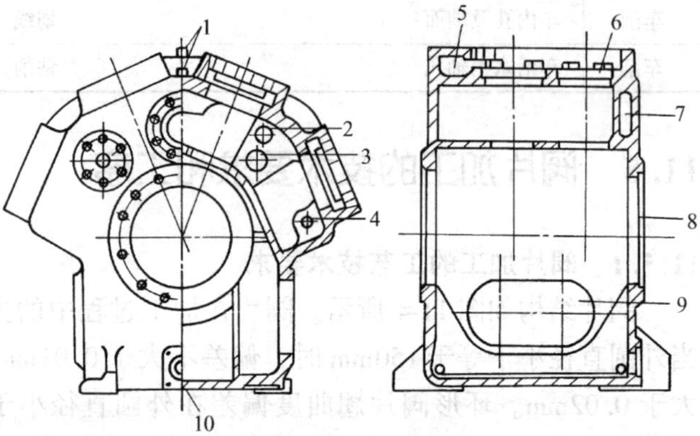

图11-5 机体结构

1—温度计插座 2—卸载法兰孔 3—吸气孔 4—拉杆导孔 5—排气腔 6—气缸套座孔 7—吸气腔 8—主轴承孔 9—侧盖孔 10—三通阀座孔

4）整体机身中安装气缸套的孔的中心线和安装主轴承孔的中心线垂直度：在100mm长度内的公差值为0.02mm 。

5）气缸配合面对气缸镜面轴线的垂直度为在100mm长度内的公差值为0.02mm。

6）气缸镜面的表面粗糙度 R_a =0.32～0.63μm。

11.6.2 机体加工的主要工序

机体机械加工过程以8S－12.5制冷压缩机为例进行说明，机体材料为灰铸铁HT200，整个工序见表11-5。

表11-5 机体加工主要工序

工序名称	工序内容	工序名称	工序内容
铸造	铸后清砂，应经人工时效处理	粗镗削	粗镗气缸孔及各端面
抛丸	铸件外表面光洁，呈金属光泽	精镗削	精镗气缸孔及各端面
喷丸	喷内表面，呈金属光泽	镗削	镗削气缸盖各法兰端面
涂漆	外表面涂防锈底漆	划线	划钻削加工用线
划线	划刨削加工用线	钻削	钻各孔
刨削	刨底平面及一侧端面	试压	进行压力试验
粗镗削	粗镗主轴承孔及端面，镗侧盖	钳工	清理内、外表面
镗削	精镗主轴承、两端法兰孔及端面		

11.7 机壳加工

全封闭式压缩机的机壳是一个密闭型的金属壳体，它由上机壳和下机壳两部分焊接而成，其结构和它的附加装配件如图 11-6 所示。机壳里面封装着电动机和压缩机，并贮有一定数量的制冷润滑油。机壳应具有承受内部气体压力反复变动的强度，能防止制冷剂泄漏，降低电动机和压缩机发出的噪声和振动。

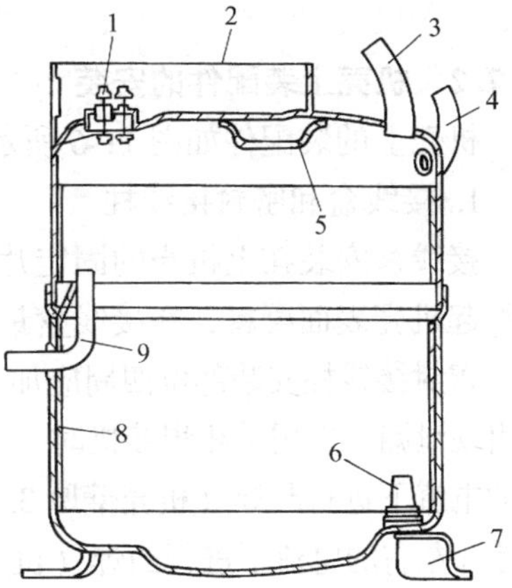

图 11-6　机壳附件

1—密封接线柱　2—接线盒　3—吸气管　4—充制冷剂管　5—过振动防止装置　6—内部支撑弹簧　7—外部支脚　8—消声板　9—排气管

11.7.1　材料与加工过程

机壳的材料多数采用热压和冷压钢板，少数采用铝合金材料。我国使用的有 08、10 和 08A L 钢等。日本精加工热压钢板其成分中质量分数 $w_C < 0.1\%$，$w_P < 0.03\%$；冷压钢板质量分数 $w_C < 0.08\%$，$w_P < 0.03\%$，$w_S < 0.03\%$。

板料的厚度应按机壳强度和隔声效果的要求进行选用，壁厚不宜太薄。根据强度计算和隔声能力试验，目前机壳所用的钢板厚度都在 2.6mm 以上，通常压缩机功率在 2.2 kW 以下，机壳用 3.2mm 的钢板；而 2.2 kW 以上的用 3.2 ~6mm 的钢板。

上下壳体的加工工序如下：

1）钢板冲裁下料。

2）拉深成机壳。

3）壳体钻孔。

4）车削焊接坡口。

5）清洗和磷化。

对于工序 2)，拉深要经过 2 ~5 次才能成形为机壳。

上下机壳采用 CO_2 气体保护焊接，或用氩弧焊，其焊接形状如图 11-7 所示。

图 11-7a 要求上下机壳的对接面平整，尽量减小间隙，以免焊接时产生的飞渣侵入壳体内，这就要在冲压或切削加工时予以保证。由于焊接部位要承受交变的弯曲应力，故焊接结构不能采用脆弱的、熔透度大的焊接，使焊接部位强度得不到增强，出现疲劳破坏。近年来，除一些低温用压缩机以外，对 0.75kW 以下的小型压缩机这种焊接已很少使用了。

图 11-7b 是目前生产的压缩机中应用最多的焊接方式，它的焊接部位没有弯曲应力，提高了疲劳强度。但是，这种形状的焊缝，其对接部分的间隙难于控制。为此，在拉深加工中，应使部位 1 的间隙放得大一些，以便上机壳易于插入下机壳，而在部位 2 处尽量没有间隙，不使焊接时飞渣掉入封闭壳内。此外，由于这种焊接方式是从大约 45°方向上进行的，故在上机壳附属装配件安装位置不应对喷火口形成障碍，这在设计时要考虑到。

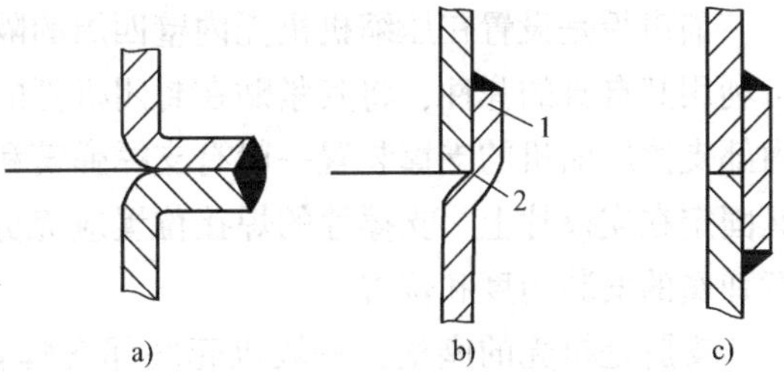

图 11-7　封闭壳密封部分的焊接形状

图 11-7c 的焊接形状采用较少。它的特点是避免上述两种的缺点，但又要增加一个环

圈。

11.7.2 机壳上装配件的安装

机壳上的装配件如图 11-6 所示。

1. 接线盒和密封接线柱

接线盒安装在上机壳的固定片上，并尽量远离吸气管，以免结霜和凝露，考虑到由于液击引起机壳表面凝露，在接线盒最低处设置了排水小孔。

密封接线柱安装部位四周应加工平整，否则孔的尺寸不准，焊接装配后，往往从焊接部位处出现泄漏。使用单相焊接机时，小型接线柱（外径 φ28.2mm）在 60000 ~ 70000A、3 周/s 左右的电流下进行凸焊（机壳壁厚 3.2 mm）；大型接线柱（外径 φ33.4mm）在 70000 ~ 80000A、3 周/s 左右的电流下进行凸焊（机壳壁厚 4.5mm）。

2. 吸排气管

排气管一端连接在振动的压缩机上，另一端固定在封闭机壳上，它必须能承受压缩机停开时产生的强烈振动。为此，机壳内部的排气管都使用比铜管强度高的铜钎接双层钢管，又名为邦迪管，其材料成分中 $w_C < 0.01\%$，$w_{Mn} < 0.45\%$，$w_P < 0.035\%$，$w_S < 0.040\%$。它制造过程较简单，把具有上述成分的低碳钢板的两面进行镀铜，然后在纵向上两次滚压成管状，做成两层壁的管子，最后把这种管子通过还原性环境的硬钎焊炉，进行铜钎焊。

吸气管温度低，在管外面易于凝露和结霜，所以可使用铜管。

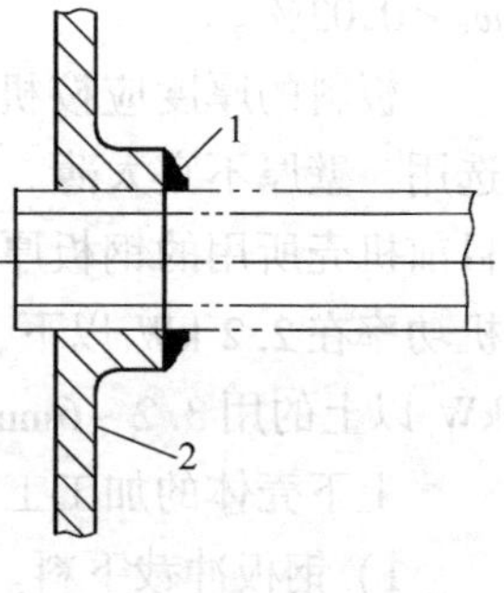

图 11-8 吸排气管与机壳的焊接方式

1—焊缝 2—封闭机壳

图 11-8 所示是吸排气管与机壳的焊接方式。机壳内缘翻边，这样，既提高了管子安装部位的强度，同时又易于进行钎焊。管子与机壳的配合间隙为 0.05 ~ 0.2mm 左右。

由于钎焊方式连接管时，管内受热而形成氧化铜或氧化铁，因此，钎焊接管一定要使用纯度高的干燥氮气流过钎焊接缝处，氮气的流量在手表面略微能感觉到即可。钎焊后，应在焊接部位温度降到 200℃ 以下时方可停止通氮气。

焊料使用银焊料和铜焊料两种。

3. 消声板、支撑装置和支脚

消声板是设置在压缩机机壳内壁四周的隔声装置，实现压缩机宁静运转。消声板的安装可利用其自身的弹性，将其紧贴在封闭机壳的内表面上或直接将消声板焊接在机壳上。机壳内部支撑压缩机的支撑装置一般有支撑弹簧和支撑片组成。支撑片焊接在机壳内壁上，弹簧又固定在支撑片上。支撑片的焊接位置应充分注意弹簧的安装角度和位置。

支脚是机壳的座垫，一般机壳底部支脚有 3 ~4 个，每一支脚上开设安装孔。小型压缩机上支脚做在一块板上，如图 11-9 所示。支脚与机壳的焊接部分应具有足够的强度，不致因振动激烈或装卸不当而损坏。

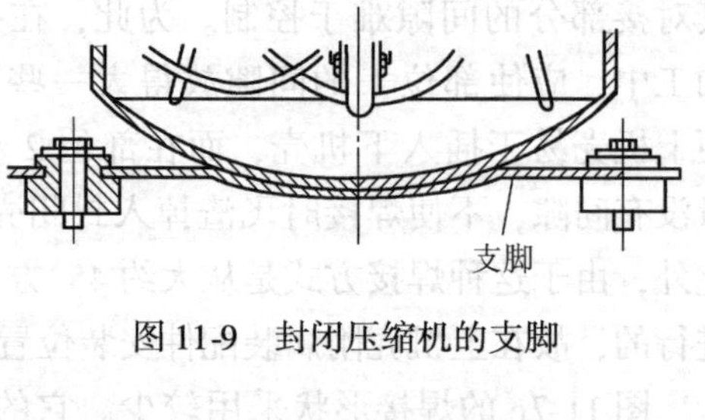

图 11-9 封闭压缩机的支脚

11.8　压缩机装配

装配压缩机应按照一定的装配工艺程序，才能装配正确，且工作量大。不同类型的压缩机由于结构上的差异，装配工艺各有不同，但对活塞式制冷压缩机虽有开启式、半封闭式和全封闭式，但它们都具有活塞、连杆、曲轴、气阀和机体等相类似的零部件。因此，有很多共同之处。压缩机的装配间隙是装配中重要的控制参数。

装配工艺程序一般如下：

1）零件清洗。

2）部件装配。

3）整机装配。

4）试车运转。

11.8.1　零件清洗

压缩机零件在装配前的清洁工作应该相当重视，没有彻底的清洗这一道工序，就不可能保证使用寿命。通常大型机器用汽油或柴油清洗，清洗前应将零件的螺孔、气道等里面的铁屑、污物用压缩空气吹掉。对于小型的机器常使用各种溶剂，如三氯乙烷等，或用超声波洗净装置。清洗吹干后的零件送进烘房或烘箱干燥处理。

11.8.2　部件装配

压缩机的部分零件应先进行部件装配，然后总装。现以 2F10 型压缩机为例介绍装配过程。

1. 活塞连杆组

活塞和连杆组装时，先将小头衬套压入连杆小头孔内，压入时应注意油槽油孔的方向，油孔要朝上，然后检查衬套公差尺寸，如达不到要求，必须进行铰或精镗衬套内孔。

活塞放在温度为 100℃ 的油池中加热 3 ~ 5min，使活塞销孔略有膨胀。接着把连杆小头放于活塞两销座中间，装上活塞销和弹簧挡圈。活塞冷却后，活塞销和活塞销孔为较小的过盈配合。

活塞环装入活塞环部后，用手转动环时，应灵活无卡住现象。装配次序是油环先装，再装气环。

装完活塞连杆组后必须检查连杆和活塞销能否自由转动，如卡住，就要拆卸、调换零件后再装。

2. 阀板组

阀板上的高低压阀线必须进行研磨，直至全部阀线磨出。研磨设备为铸铁磨具，其上涂以 200 号金刚砂并加上一些煤油。研磨完毕再用绿油等抛光剂磨光，最后清洗烘干。

装配次序是排气阀片放在阀板阀线上，接着将弹簧放在升程限制器孔内后，把限制器平放在阀片上，然后把气阀螺钉从阀板底部穿入，并用槽形螺母拧紧，把开口销锁紧。吸气阀片装在阀板下部，过程同上。

阀板组装配后，应用塞尺测量吸排气阀片的开启度，用小棒从阀板下部小孔内顶排气阀，检查阀片开闭是否灵活。检查阀片与阀线的密封性能。

11.8.3 整机装配

1. 曲轴箱装配

清洗曲轴箱内腔。在过滤器上装上支撑螺钉、密封橡皮垫圈，然后将过滤器插入曲轴箱底部的孔道上，拧紧螺母以防松动。油面指示器装在曲轴箱侧面。

2. 装前盖、曲轴和后盖

把轴承套装入前盖轴承孔中，并使其凸缘上的定位孔对准端面上的定位销，把涂油石棉纸垫覆在前盖的密封面上后，整个前盖推进曲轴箱的前盖孔中，要对称均匀地分几次旋紧螺栓。

曲轴的前后轴颈涂上润滑油，把它从后盖孔塞进曲轴箱推入前轴承，直到推足为止。

把轴承装入后盖轴承孔中，将涂油纸垫放在后盖密封面上，把后盖推入曲轴箱的后盖孔中，然后在曲轴后轴颈端放入传动销和油泵传动块。转动曲轴，检查是否灵活和松动，接着拧紧后盖上的螺栓。

油泵装在后盖的油泵腔内，再装垫片和泵盖，并用螺栓拧紧。

3. 装活塞连杆组

曲轴曲柄销上涂少量的冷冻油，拆开连杆大盖，从气缸孔把活塞连杆装入曲轴箱中，并把连杆大头装在曲柄梢上，拧紧大头上的螺栓和螺母。装大头盖时必须注意大头盖的号码，千万不能装错。

4. 装气缸体

在气缸镜面和活塞外圆涂上少量润滑油，将几个活塞环的搭口位置按圆周均匀分布，相互错开，在曲轴箱气缸体的密封面上放上涂油纸垫，然后把气缸体安装在曲轴箱上，并对准定位销，用螺栓分次均匀旋紧。气缸体装上后，可将清洗过的过滤网等小零件按部位放入。转动曲轴，观察其转动是否轻快。

5. 装阀板组和气缸盖

把石棉纸垫涂油后放在气缸体上，放上阀板组，再把另一张涂油石棉纸垫放在阀板上，盖上气缸盖，拧紧螺栓。转动曲轴，观察是否有顶缸现象。

6. 装轴封

轴封装入前须用汽油清洗，磨擦端面绝不允许有点滴污物，装配时可涂上少量润滑油。

首先，把弹簧托板、轴封弹簧依次套入曲轴的伸出端轴颈上，接着装上已装配好的钢壳、已套上紧圈的橡皮环、摩擦环，最后把涂油石棉纸垫和压板一起用手推入，再松手，若其能慢慢向外弹出，则安装正确，拧紧螺栓。

7. 其他

装吸排气截止阀，装回油嘴、弯头等。加润滑油至视油镜水平中心线以上。

11.8.4 试车运转

装配完毕后的制冷压缩机必须经过试运转。其目的有两个：一是使机器的各运动件的摩擦表面能相互磨合；二是检查曲轴上轴封在动磨合后的密封性。具体试车方法参看第 14 章 14.5 节。

第 12 章　制冷换热器加工工艺

12.1　制冷换热器的分类、结构和选材

制冷换热器分为蒸发器、冷凝器、经济器、中间冷却器、冷却器、液化器等。如果按换热器的结构来分类，又可以分为翅片式换热器、壳管式换热器与板式换热器等。

12.1.1　蒸发器

蒸发器主要分为干式蒸发器、满液蒸发器、虹吸蒸发器等。

1. 干式蒸发器

干式蒸发器的结构如图 12-1 所示，主要特点是制冷剂在离开换热器时是过热气体，制冷剂安排在换热管内蒸发，进口为气液混合物，出口为过热气体，通常使用的制冷剂有 R22、R134a、R407C、R410A 等。干式蒸发器的壳程一般走水、乙二醇溶液、盐水等载冷剂，壳程采用 GB 151—1999 或 TEMA 规定的 E 型结构（折流板的形式），折流板根据载冷剂的物理性质与流量大小开 15% ~50% 的缺口。通常情况下，折流板缺口的流速与载冷剂横向掠过管束的流速大致相等。为了保证换热效果，折流板与圆筒的间隙、换热管与折流板的间隙要小于等于 GB 151—1999 或 TEMA 规定的最小间隙，特别是在低温情况下，这些间隙显得尤为重要。因为在低温情况下，载冷剂一般为高粘度流体，流速较低，热阻相对增大，间隙泄漏更加明显，所以在低温情况下对间隙的控制一定要更加严格。制冷系统用干式蒸发器一般采用 2 个或 4 个流程，换热管采用内部强化的高效换热管，换热管内部采用螺旋线沟槽的形式，一般内部有 32 ~75 个沟槽，主要用来增强管内的传热效果，有时换热管的外部也作了相应的强化，换热管根据载冷剂的不同采用纯铜 T2、磷脱氧铜 TP2、铁白铜 BFe10-1-1、锡黄铜 HSn70-1、铝黄铜 HAl77-2

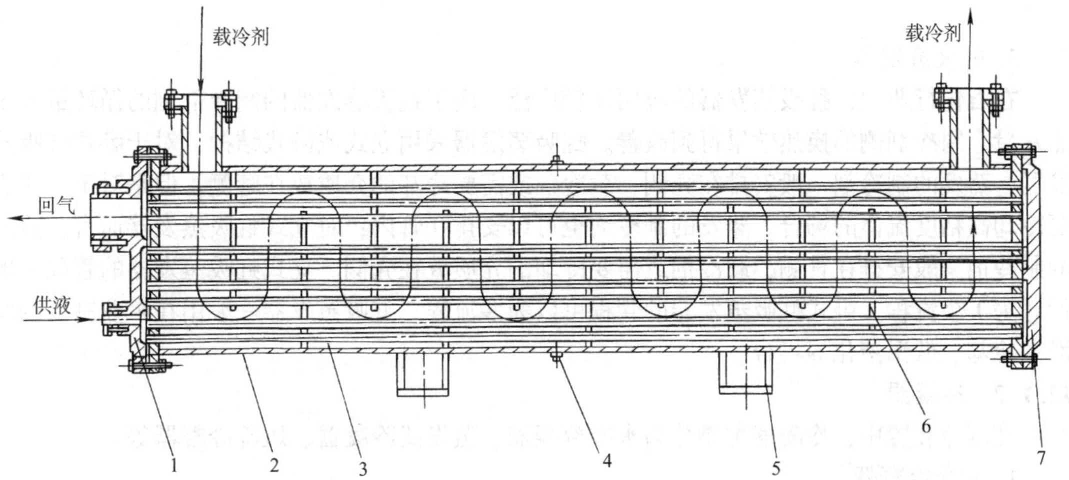

图 12-1　干式壳管蒸发器

1、7—端盖　2—筒体　3—蒸发管　4—螺塞　5—支座　6—折流板

等材料。换热管与管板一般采用胀接的连接方式，在制冷剂进口，一般设置一套分配器用来平均分配气液混合物，干式蒸发器一般适合在排量小于2000m³/h的压缩机中使用，在大型系统中由于制冷剂的分配不均问题，最好不使用此形式的蒸发器。

2. 满液蒸发器

满液蒸发器如图12-2所示，主要特点是制冷剂在换热器的壳程沸腾，制冷剂液体或气液混合物从壳程的底部进入，蒸发后的饱和气体从壳程的上部出来，通常使用的制冷剂有R717、R22、R134a、R407C、R410A等。管程一般走水、乙二醇溶液、盐水、海水等载冷剂，壳程采用GB 151—1999或TEMA规定的X型结构（管束采用少数支撑板支撑），制冷剂的进口设有均液板，用来平均分配掠过管束的制冷剂，壳程上部一般留有一定的沸腾空间与气液分离空间，对一些大型满液蒸发器，为了减小筒径，仅仅留有少量的沸腾空间，同时在蒸发器上部配备一个气液分离器。对于R22、R134a等的HCFC类制冷剂，为了节省铜材，强化管外的换热效果，常采用外部强化的高效换热管。随着高效传热技术的发展，在大中型空调机组中，管外的换热系数已经高于管内的换热系数，因此管内也作了相应的强化。换热管材质的选择，依据制冷剂与载冷剂的不同可以选择碳钢、纯铜T2、磷脱氧铜TP2、铁白铜BFe10-1-1、锡黄铜HSn70-1、铝黄铜HAl77-2、钛TA2等材料。换热管与管板的连接根据换热管材质的不同可以采用焊接、胀接、焊接与胀接相结合的方式。满液蒸发器一般用在载冷剂粘度较小的场合。

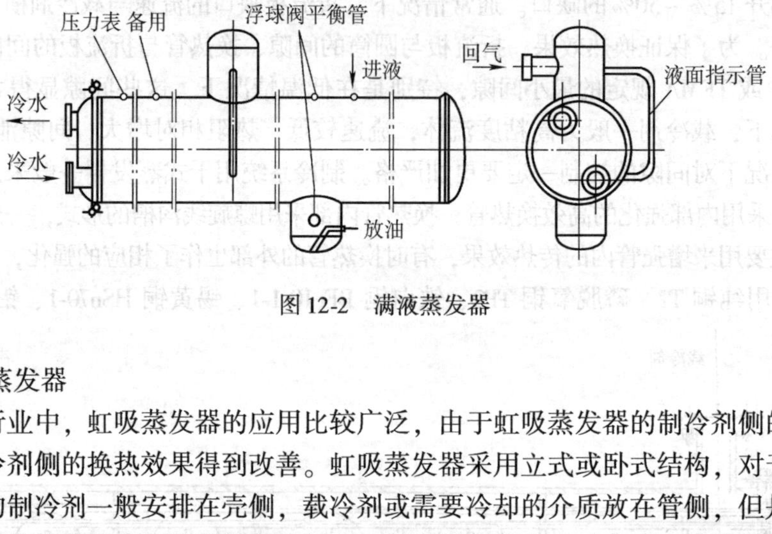

图12-2　满液蒸发器

3. 虹吸蒸发器

在石化行业中，虹吸蒸发器的应用比较广泛，由于虹吸蒸发器的制冷剂侧的循环量大于蒸发量，制冷剂侧的换热效果得到改善。虹吸蒸发器采用立式或卧式结构，对于卧式虹吸蒸发器，蒸发的制冷剂一般安排在壳侧，载冷剂或需要冷却的介质放在管侧，但是对于一些需要冷却高粘度流体的场合，蒸发的制冷剂也可以安排在管内；对立式虹吸蒸发器而言，蒸发的制冷剂一般安排在管侧，载冷剂或需要冷却的介质放在壳侧。立式虹吸蒸发器的管程一般设计为1个流程，卧式虹吸蒸发器的管程可以为多流程。虹吸蒸发器一般用在工业制冷的润滑油冷却、低温液化等场合。

12.1.2　冷凝器

在制冷装置中，冷凝器主要分为水冷冷凝器、蒸发式冷凝器、风冷冷凝器等。

1. 水冷冷凝器

水冷冷凝器如图12-3所示，它应用最为广泛，制冷用水冷冷凝器的壳程一般采用GB 151—1999或TEMA规定的E型或X型结构。如果采用E型结构，折流板的底部一般开有V

形或梯形缺口，主要用来泄放冷凝液体。如果采用 X 型结构，最好在冷凝器的上部设置一个分配机构，尽量使过热的制冷剂气体平均掠过管束。

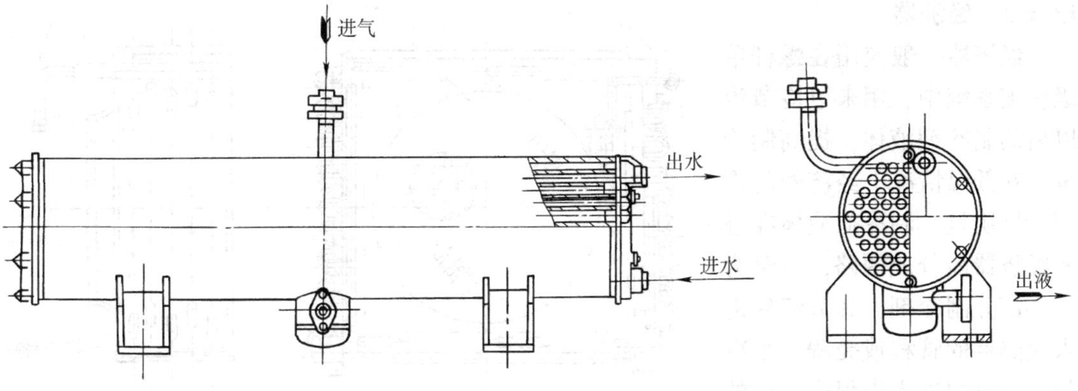

图 12-3　水冷冷凝器

2. 蒸发式冷凝器

蒸发式冷凝器如图 12-4 所示，它是近几年发展起来的直接用湿空气冷却制冷剂的一种换热器，相当于把水冷冷凝器与冷却塔组合到一块，节省了循环水泵的功耗，所以蒸发式冷凝器在工业制冷领域得到了迅速的发展，有着取代水冷冷凝器的趋势。蒸发式冷凝器主要由 PVC 热交换层、挡水板、风扇、循环水泵、集水槽、盘管等部件组合而成，主要的运行原理为：盘管内的高温气态制冷剂与盘管外的喷淋水和空气进行热交换，由气态逐渐被冷凝为液态。引风机的超强风力使喷淋水完全覆盖在盘管表面，水借风势，换热效果显著增高。喷淋水与空气吸收热量后温度升高，部分水由液态变成水蒸气，蒸发潜热带走大量的热，热空气中的水被挡水板截住收集到 PVC 热交换层中。PVC 热交换层中的水被流过的空气冷却，温度降低，进入集水槽中，再由循环水泵送入喷淋水系统中，继续循环。散失到空气中的水分由水位调节器控制补充。

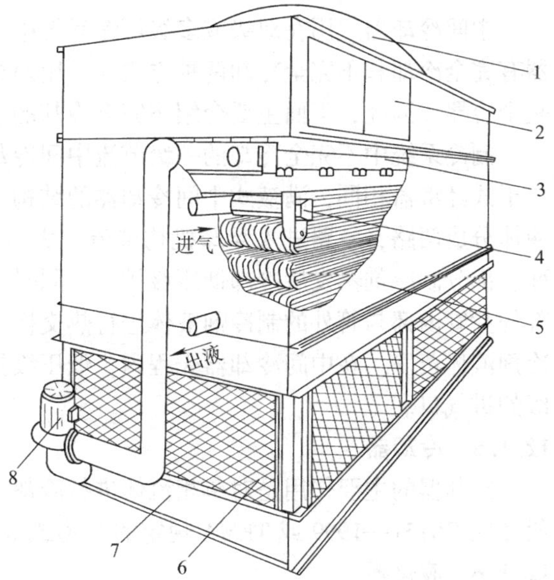

图 12-4　蒸发式冷凝器

1—风机及其电动机　2—挡水板　3—喷淋管　4—冷却管组　5—箱体　6—进风格栅　7—水箱　8—水泵

3. 风冷冷凝器

风冷冷凝器如图 12-5 所示，它在空调、热泵方面应用比较广泛，比较有代表性的是翅片管换热器，在热泵机组中使用的翅片管换热器主要有三种形式，即 L 形、平直形和 V 形。L 形和平直形使用在容量较小（小于 70kW）的热泵机组。这两种形式的换热器适用于侧向吸风或向上斜吹风。而 V 形翅片管换热器则适用于中型热泵机组（70 ~ 700kW），换热器分左右两个成 V 形布置，制冷时由压缩机排出的高压气体分两路分别进入左右换热器的汇总管，再分别进入各分路，在管内冷凝，冷凝后的液体再进入分配器后流出。

12.1.3 经济器

经济器一般应用在螺杆单级压缩系统中，用来过冷节流以后的制冷剂液体，提高制冷量，在低温情况下经济器的作用特别明显。制冷剂液体在进入经济器前分成两路，一路为一小部分制冷剂，其节流后进入换热器的管程或壳程，来冷却另一路的进入壳程或管程的制冷剂液体。

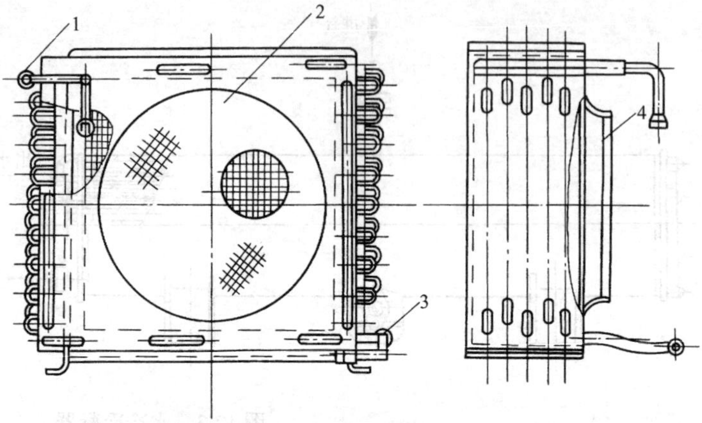

图 12-5　风冷冷凝器

1—气体集管　2—翅片管组　3—液体集管　4—风机扩散器

经济器也分满液与干式两种，结构与干式蒸发器和满液蒸发器的结构完全一样，设计与制造过程中要注意的事项请参考蒸发器，使用哪种形式主要由管程与壳程的热阻分配情况来决定。

12.1.4 中间冷却器

中间冷却器应用在双级或多级压缩系统中，主要用来冷却中间制冷剂的温度。中间冷却器有完全冷却和不完全冷却两种方式，采用两级节流的中间冷却器为完全冷却，其结构仅仅是个容器，因此，下面主要介绍不完全冷却的、用于一级节流循环的中间冷却器。

制冷系统中不完全冷却的一级节流中间冷却器，经常制作成干式经济器的结构，原理也与干式经济器相同，满液式中间冷却器的结构及原理与满液蒸发器类似，来自储液器的高压液体分成两路，一路进入浮球机构节流，之后随着低压级的排气进入中间冷却器的液体里面，部分制冷剂蒸发后冷却低压级排气。同时，另外一路制冷剂液体进入置于中间冷却器底部的盘管内部与管外的制冷剂液体进行热交换，管内的制冷剂液体得到冷却，管外的部分制冷剂液体蒸发。在中间冷却器壳程内，低压级排气和蒸发的制冷剂蒸气从上部出口进入高压级的进气口。

12.1.5 冷却器

冷却器的主要作用是对单相流体进行冷却，例如油冷却器、天然气冷却器等，冷却器一般做成 GB151—1999 或 TEMA 规定的 E 型或 X 型结构。

12.1.6 液化器

液化器主要应用在工业制冷中，主要用来液化天然气中含碳高的烃类、氯气、氯甲烷等。通常情况下把液化气体放到换热管侧，液化器的壳程做成 GB151—1999 或 TEMA 规定的 U 型结构（U 型管换热器），壳侧采用制冷剂沸腾的形式。

12.2 壳管式换热器的加工

制冷换热器和设备大多属Ⅱ或Ⅰ类容器，惟有容积在 2.5m^3 以上的高压氨储液器划为

Ⅲ类容器，它的制造要求最高。制冷换热器或设备制造厂，须持有国家颁发的制造许可证才能生产Ⅲ类容器，持有省市政府部门颁发的制造许可证才能生产Ⅰ或Ⅱ类容器。

壳管式换热器是应用最广泛的结构形式。大型氨冷凝器常做成立式，可以置于室外并利用水的重力在管内流过，使壳侧氨蒸气冷凝。卧式壳管式换热器既可做成冷凝器，也可做成蒸发器。氨或氟利昂卧式冷凝器均是冷却水在管内受迫流动，使壳侧蒸气得到冷凝。氨卧式蒸发器亦是冷媒水在管内受迫流动，氨工质在壳侧沸腾吸热。活塞式氟利昂制冷系统中，卧式蒸发器常由于工质中的回油问题多设计成冷媒水在壳侧受迫流动，工质在管内沸腾吸热。

12.2.1　壳管式换热器的结构工艺特点

卧式壳管式换热器的基本结构如图 12-6 所示，它由传热管、筒体、管板和端盖等组成。端盖上的水筋将管内流体分成几个流程，使流体在管内往返几次，提高其流速，然后流出换热器。壳侧若是相变传热过程，则一般不予分隔，但常用支撑板将管簇撑起，以防止因传热管较长产生下垂而影响传热管与管板间的连接性能。如果壳侧只是无集态变化的流体流动，则常用折流板将其隔开，以提高其流速。图 12-7 所示为两种折流板在筒体内的布置形式，图 12-7a 是圆缺形折流板，图 12-7b 是环盘形折流板。圆缺形折流板是常用的结构形式，它是将圆板去掉一块弓形，故也称为弓形折流板，这种折流板有上下之分，且相间装配。折流板的数目取决于设计中壳侧流体流速的大小，一般为 20 个左右且常取奇数，以便流体的进出口接管可布置在筒体的同一侧。

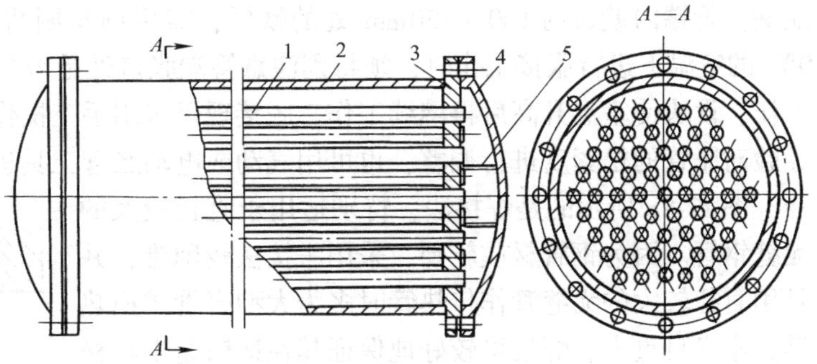

图 12-6　壳管式换热器的基本结构

1—传热管　2—筒体　3—管板　4—端盖　5—水筋

在图 12-6 的两端管板上钻有许多位置相对应的小孔，在每对小孔中装入一根传热管，管子的两端与管板固定在一起。管板上的管孔一般采用正三角形布置，这样布置比较紧凑。管孔的中心距一般取 $s \geqslant 1.25d_0$（d_0 管子外径），且要求管外缘间的距离不小于 4 mm，最外部管孔的边缘与筒体内表面间的距离不小于 5mm。因为管子与管板之间的连接部位是换热器中两侧流体最易产生串通泄漏之处，管子与管板间无论采用焊接或胀接，总是一根一根进行，管簇布置得太密即管板上金属太薄，既不利于焊接，又会由于焊接时金属的热变形或胀接时的挤压变形而使已连接好的管子重新松动，产生泄漏。

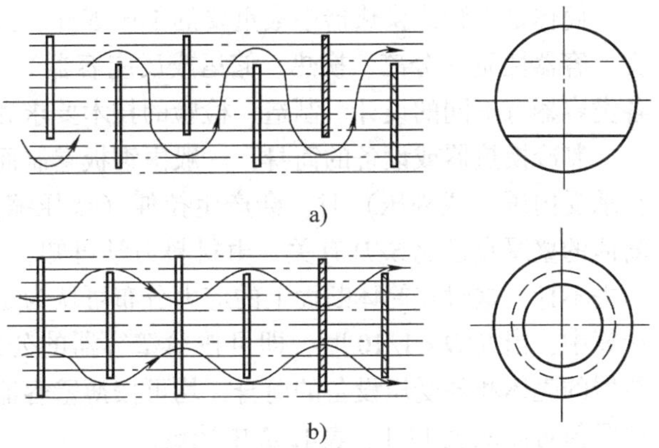

图 12-7　折流板

a) 圆缺形　b) 环盘形

传热管与管板之间常用的连接方式如图 12-8 所示。图 12-8a 所示的胀接法是较早被使用的一种连接方法，目前对铜管及小口径钢管，仍广泛采用此法。采用胀接法时，管孔与管外径间的间隙较小，常为0.2~0.4mm，管孔表面粗糙度为$R_a=2.5\sim5\mu m$。为使胀接牢固，还常用特制的偏心刀具在管孔中加工两道环形槽（当管板厚度在25mm以下时，也可只加工一道），槽宽3 mm，深0.5~0.8 mm，以便胀管时可将材质较软的铜挤压变形嵌入环形槽内，增加连接的强度和密封性。当管子直径较小（14mm以下）或设计压力较低（表压588kPa以下）时，也可不加工槽而采用光管胀接。采用胀管法连接时，对管和孔的加工要求较高，管板孔壁在胀接前需经打磨使之发出金属光泽，且打磨时不可抹油。胀接前两管端各约200~250mm长度需作退火热处理，且也需对管端长约90 mm段打磨至发出金属光泽。清理后的管端外表面和管板孔壁面上均不允许有深度超过0.1mm的轴向沟箱，以防胀接后泄漏。管端内壁长约100~120mm处的铁锈，需用钢丝刷清除，以免磨损胀管器。在低于0℃的室温下进行胀接工作时，须特别注意管端胀口处是否产生裂缝，若有裂缝时，须停止工作，设法使室温升高后再继续工作。胀接现仍多用手工操作，它可根据管端的软硬程度凭经验对胀管的松紧度进行调整，也可用气动或电动胀管工具进行操作。

图12-8b所示的是焊接法，特别适用于直径较大的无缝钢管。因为钢管材质较硬，采用胀接法较困难，并且用直径较大的无缝管作传热管时多为大型壳管式换热器，本身自重大，焊接可较好地保证其在运输途中不松动。焊接法对管板的加工要求较低，只要准确地钻孔、倒角即可。但采用焊接法后，管板的强度会降低，焊接处易被腐蚀，管子损坏后不易更换。

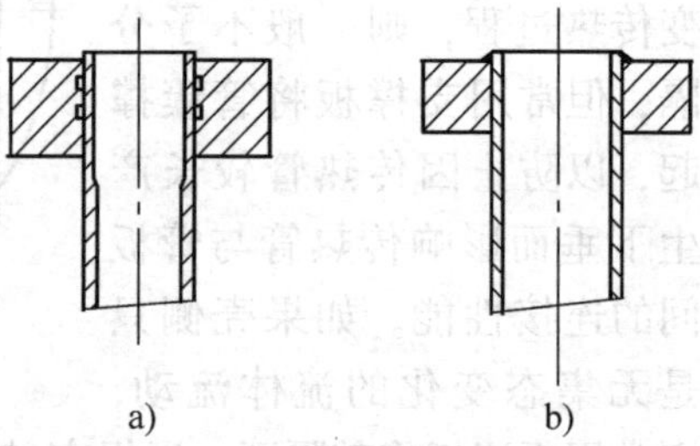

图12-8　传热管与管板的连接方式

a）胀接法　b）焊接法

壳管式换热器的管板与筒体用焊接法连接，且管板通常制成带有法兰的，以便与端盖连接。

12.2.2 主要零件的加工工艺

1. 筒体

筒体是壳管式换热器中最重要的承压零件。按国家标准，依照容器的工作压力、介质种类、容器性质（分离、换热、储运或反应容器）、容积大小而将它们划分为Ⅰ、Ⅱ、Ⅲ类，各类容器有不同的设计、制造、检验的技术要求和规程。制冷壳管式换热器属Ⅱ类容器。

制冷换热器或设备的筒身，一般由钢板卷制而成，筒体的截面大多是圆形的。圆形筒体在承受内压（或外压）时，会产生拉伸（或压缩）变形、弯曲变形，情况比较复杂，且与筒体的壁厚直径比S/D有关。由材料力学可知，当$S/D<1/20$时，弯矩的影响很小，可以略去不计，这时在筒体断面上的应力分布可认为是均匀的，可看做薄壁容器来处理。在实际计算中，当$S/D<1/10$时，即可按薄壁容器的公式来进行强度计算，误差也不大。制冷换热器的壳体和各受压设备的筒身，均可按薄壁容器进行计算。为简化起见，压力容器的经济壁厚值可以从表12-1、表12-2中选定。

对于较小直径的筒体，可用无缝钢管替代，否则要用容器钢板或锅炉钢板制作。国产钢板宽度为1.8m或1.5m（进口钢板有宽度为2.1m的），长为8m，故对于筒体直径大于570mm的，常需以多节筒体拼接而成，其制作工艺规程为：

（1）材料质量　Ⅱ类容器的钢板常用16MnR、20g（20号锅炉钢），对进厂的钢板材料的要求：

表 12-1　设计压力为 1569 kPa（表压）时压力容器的经济壁厚值

筒体内径/mm	16MnR	Q235R	筒体内径/mm	16MnR	Q235R
	经济厚度/mm	经济厚度/mm		经济厚度/mm	经济厚度/mm
300～500	6	6	1000～1200	8	12
550～700	6	8	1300～1400	10	14
800～900	6	10	1500	10	16

表 12-2　设计压力为 1961 kPa（表压）时压力容器的经济壁厚值

筒体内径/mm	16MnR	Q235R
	经济厚度/mm	经济厚度/mm
300～400	6	6
450～550	6	8
600～700	6	10
800～900	8	12
1000	8	14

筒体内径/mm	16MnR	Q235R
	经济厚度/mm	经济厚度/mm
1100	10	14
1200～1300	10	16
1400	12	18
1500	12	10

1）具备钢厂的质量保证书。

2）抽检、校核、验证钢厂的质量保证书，检验合格后才能认可。

3）不同批量的钢板分开堆放，且打上钢印确认，而不宜用油漆辨别之。

（2）落料　若来料为毛边钢板，则由于在轧制过程中，钢板边缘部分往往易形成夹层等缺陷，故在划线落料前先划出边缘切割线。以筒体的展开尺寸划线时，应以筒体的平均直径为依据，并且应注意，对于将进行热弯卷的筒体，应考虑热弯卷后钢板的伸长，其划线尺寸应比按平均直径计算的展开尺寸略小一些，通常缩短 0.5%；冷态弯卷时，钢板也有少量伸长，卷制成筒体后，钢板的厚度也有所减薄。此外，还应考虑气割和焊接坡口等的加工余量。落料的工艺过程：

1）套料。按同批加工任务中所用同材质、同厚度板材的图样尺寸在原板材上套排，尽量提高原材料的利用率。填写套料卡片，经检验后确认。

2）划线。按图样展开尺寸划落料尺寸线，展开方向为钢板轧制方向，除在同一块钢板上划出套料尺寸线外，还应划出两块 650mm×125mm 试板尺寸线，以供作理化、焊接试验用。在划出的各块料板尺寸线上检查，要求直角边垂直，对角线误差≤1/1000，经检验合格后，分别打上操作者和检验员的钢印记号。

3）下料。根据设备能力（最大剪切厚度和长度）决定用剪板机或气割进行下料。

4）对所落下的每一块料均分别按图样要求的宽度尺寸、筒体展开长度、对角线长度进行检查，填写加工流程卡，以便后道工序中逐步填写。

（3）冷作

1）在筒体展开尺寸的两端面上铣出焊接坡口。通常坡口角度为 25°，误差为 0.1mm，直边尺寸为（1±1）mm，如图 12-9 所示。

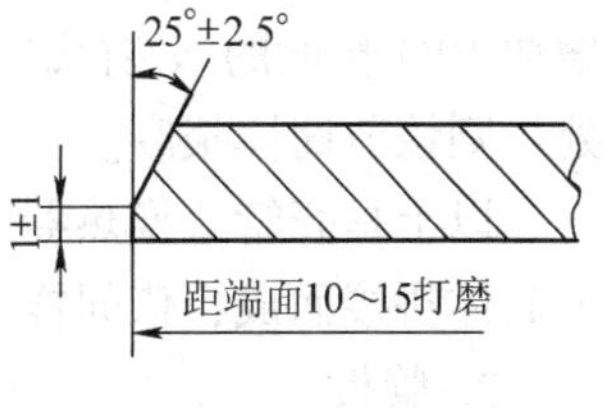

图 12-9　焊接坡口

2）清除。杂质在筒体钢板的两展开端面的三个面上，按图 12-7 所示尺寸打磨（包括试板)，去除氧化皮，油污等垃圾，以便后面的筒体纵缝焊接。

3) 预弯。钢板轧圆用四辊卷板机和三辊卷板机。它是利用一副圆心相间的上下模具，在强大的压力（如油压）下，使钢板端部产生塑性变形而弯成的。不同半径的筒体应选用不同的上下模具，由于钢板冷作后还会产生弹性变形，故所选模具的半径应小于筒体的半径。

4) 轧圆。将预弯后的钢板放入三辊卷板机，使钢板在辊带动下左右反复滚动，逐渐使之弯。曲形成圆筒状，然后松开辊轴承，使筒体退出。

5) 固定。点焊外部纵焊缝区域，使之固定。点焊时不得引弧焊。

6) 试板。将试板整形、校平，其直线度公差为1mm，并打磨将焊接的三个面（如图12-9）。

(4) 电焊

1) 敲去筒体外直缝搭配点焊处焊渣。两块试板分别与筒体点焊固定，使两试板间的直缝与筒体纵缝在同一直线上，拼缝间隙为0^{+1}_{0}mm 。点焊固定使用$\phi3.2$mm 的 J507 焊条。

2) 用自动焊机，焊丝规格为 H08A，焊剂为 431，按焊接工艺规程，对包括试板在内的筒体内直缝用同样的电流电压一次焊成。要求焊缝成型，表面质量良好。

3) 敲去外直缝上的焊渣，并打磨掉搭配点焊处的焊疤、焊瘤等。

4) 用自动焊机，焊丝规格为 H08A、$\phi4$mm，焊剂为 HJ431，按焊接工艺规程，焊接包括试板在内的筒体外直缝，要求焊缝成形，表面质量良好。

5) 将焊接试板“引熄弧板”用气割割落。

(5) 表面清理

1) 对筒体内外进行喷砂（小铁丸）处理，去除氧化皮等垃圾。若无喷砂设备，可用手工代替。

2) 清除内外焊缝（包括试板）及其附近表面上的金属飞溅焊渣、熔渣。

3) 对试板进行加工、检验，各项指标（包括在试板650 mm 的焊缝上作100% X 射线探伤，对试板作抗拉、冲击、弯曲试验）均合格后，方可对下一节筒体进行焊接。

(6) 冷作

1) 将筒体放入三辊卷板机中再次滚圆。

2) 用锄头对筒体作圆度修正。

3) 检查筒体材质钢印位置是否准确，否则在正确位置复敲钢印。

(7) 检验

按照 GB/T3323—1987 标准，Ⅱ类容器须作大于等于20%的直缝 X 射线探伤检查。如有超标缺陷，应修补，重复上述第（4）、（5）、（6）步工艺规程，然后由检查人员指定位置，增加10%长度的 X 射线探伤，若仍有不合格的，则应作100%的 X 射线探伤，再有不合格处，则该节筒体报废。

以上是壳管式换热器的一节筒体制作工艺过程，其长度仅 1.8m ，故一般筒体由两节以上筒体拼接而成，依同样方法制作第二、第三节筒体。

2. 管板

管板是壳管式换热器中的主要部件。管板上面钻有许多连接传热管的管孔，传热管与管孔间的连接部位是冷热两侧流体间最易产生泄漏的地方。管板都与筒身焊接在一起，且有些管板直径比筒身外径大以兼作法兰。兼作法兰的管板与端盖间用螺钉联接。管板与端盖间还有密封垫片。管簇上常装有折流板或支撑板，管簇的弯曲挠度受到抑制，它也会影响管板的受力情况。管板上管孔的个数、位置和大小、管子与管板的连接方式、是否兼作法兰、管板与端盖的连接情况、垫片的材料和宽窄等使管板中的应力分布情况很复杂。为了不降低管板的强度，管板都是用厚钢板加工而成，其厚度比筒体的壁厚大，且不允许使用两块钢板拼接而成。

壳管式换热器中管板与筒身的连接情况如图 12-10 所示，其中图 12-10a、b 是兼作法兰的管板结构，它与筒体的连接处开有装配槽，其槽宽 c 约为 $s+3$mm（s 为筒身壁厚），以便焊接前装配。当筒内承压较大时，可在焊缝处加衬环，如图 12-10b 所示。

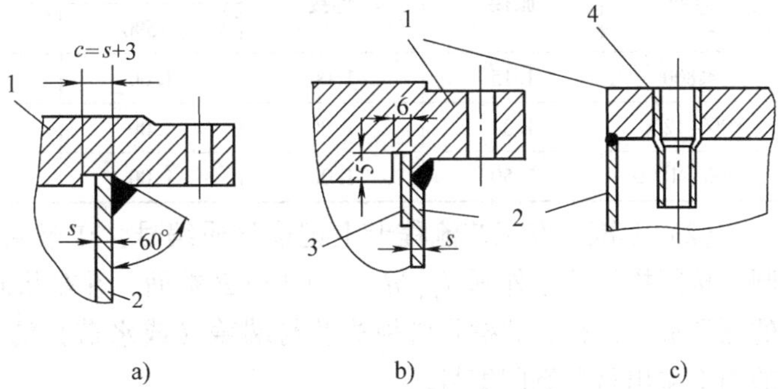

图 12-10　管板与筒体的连接

a）法兰式 1　b）法兰式 2　c）焊接式

1—管板　2—筒体壁　3—焊缝衬环　4—管子

对于小型壳管式换热器，可采用不兼作法兰的结构形式。如图 12-10c 所示，它既可节约管板材料，也使热交换器的外形尺寸减少，但仍要在管板上加工连接端盖的螺孔，且在螺栓联接处少装几根传热管。

管板的厚度与筒体直径及管板与管子的连接方式等有关，筒体直径越大，则管板侧产生的弯矩也越大，管板就越厚；当管板与传热管间采用胀接法连接时，为使胀接处有较好的强度和密封性，减少管板因机械力胀管而引起中部膨凸变形现象，管板也需厚一点；当采用焊接法连接时，管板可相对薄一些。

当传热管与管板间采用胀接法连接时，管板的最小厚度（不包括厚度附加量）应按表 12-3 的规定，其中包括厚度附加量在内的管板厚度建议最少不小于 20mm。

表 12-3　胀接法管板的最小厚度

传热管外径 d/mm	管板厚度/mm	传热管外径 d/mm	管板厚度/mm
≤25	d/4	38	25
32	22	57	32

壳管式换热器中的管板厚度一般为 20 ~ 50mm，准确地计算很复杂，可近似地按经验公式计算

$$t = f_1 f_2 \times (17 + 0.0083 D_i) \tag{12-1}$$

式中　t——管板厚度（mm）；

D_i——筒体内径（mm）；

f_1——与管子连接方式有关的系数；

f_2——与管板是否兼作法兰有关的系数。

f_1 及 f_2 值可由表 12-4 查取。

管板的加工工艺：

（1）落料　按图样外圆尺寸留工艺余量为每边约 5mm，画出落料线，自校后打上材质钢

印记号，用自动切割机落料，并去除熔渣。

表 12-4　系数 f_1 及 f_2 值

筒体内径/mm	f_1		f_2			
	胀接	焊接	兼作法兰，筒内压力/kPa			不兼作法兰
			≤590	980	1570	
≤800	1.15	1.00	1.00	1.15	1.30	1.00
800～1200	1.30	1.00	1.00	1.30	1.50	1.00
1200～1800	1.50	1.00	1.00	1.50	1.70	1.00

（2）车削　在工艺流程卡上记取材质编号，在车床上夹住图 12-11 所示的 A 端面侧外圆，按图样尺寸车外圆 d_a、$d_{b \times b'}$的凸肩 B 端面，并在凸面上按尺寸加工出两条 0.5mm×60°的圆环形三角槽，此槽是管板法兰与端盖（或水盖）法兰间的密封槽。按材质在光端面 B 的面上敲出材质钢印编号。

（3）车削　将工件调头，车床卡盘夹住外圆 d_a，车端面 A 至总厚度尺寸，并车出 $d_{c \times c'}$的凸肩。

（4）划线　在管板平面 A 上画出中心十字线并延至周边。

（5）钻削　以外圆 d_c 及平面 A 为基准定位，装上管孔钻模板，对准周边上的十字线夹紧。在钻床上用钻头逐个钻出管孔。用专用起槽工具逐个挖出每管孔中的两道胀接槽。在管孔双面倒角。

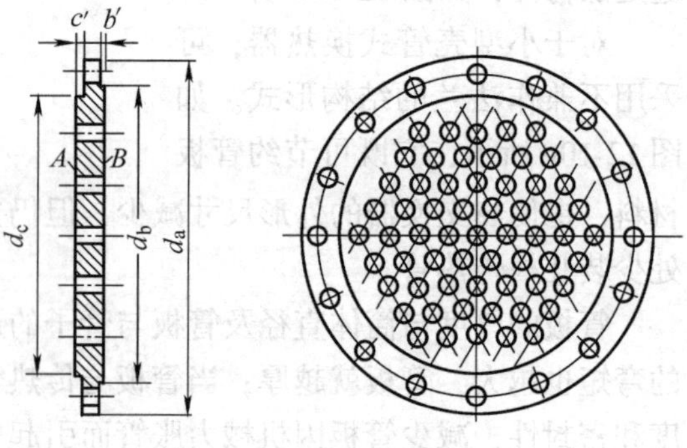

图 12-11　管板零件图

（6）钻削　以外圆 d_a 及平面 A 为基准定位，装上法兰螺钉孔钻模板，对准周边上的十字线夹紧。在钻床上逐个钻出法兰螺钉孔。

（7）钳工　修去全部毛刺和锐角。

以同样的工艺制出壳管式换热器的另一端管板。

3. 封头

焊接在筒身两端的零件称为封头，如高压贮液筒、油分离器、集油器等的筒体的两端。而壳管式换热器两端可拆卸的部件称为端盖，端盖也是由封头状零件与法兰焊接而成的。

制冷用壳管式换热器及容器设备的端盖和封头常用的是椭圆形，其次是平板形和半球形。平板形端盖制造简单，受力情况较差。在筒体直径不大的壳管式换热器中，有时为管内介质的流程和管数而在端盖上设计了形状复杂的水筋，此时也常将封头、水筋、法兰一起用铸造法制成平板形端盖。半球形封头虽然受力情况最好，但制造较困难，且轴向尺寸也较大，所以也很少使用。椭圆形封头是对钢板加热后用专用模具压制而成的，其强度和制造费用介于以上两者之间，故在制冷换热器和设备中被广泛采用。此外，还有碟形封头，其制造情况与椭圆形相仿，但应力分布仍不及椭圆形封头，多数场合下被椭圆形封头取代，故此处只对椭圆形封头作些讨论。

椭圆形封头的结构如图 12-12 所示为半椭圆的旋转体，它由三部分组成：第一部分是由

椭圆长轴半径 R 而作的球面；第二部分是以筒身内径 D_i 为直径、高度为 L 的圆柱形；第三部分则是曲率半径 r 连续变化的过渡部分。按照《椭圆形封头》的规定：标准椭圆形封头的长短轴之比为 2:1，而长轴半径 R 即等于筒体的内径 D_i，如图 12-12 所示的内高凸起部分 $h_i = D_i/4$。设计时可取 $h_i =（0.2 \sim 0.3）D_i$，圆筒部分的长度 $L =（1.25\% \sim 10\%）D_i$，一般为 25 ~ 60mm。

椭圆形封头的形状较复杂，其划线落料的毛坯直径都用近似计算式来确定

$$D = \sqrt{1.38\ (D_i + s)^2 + 4\ (D_i \times s)\ (L + \delta)} \tag{12-2}$$

式中　D——毛坯件的划线落料直径（mm）；

δ——封头边缘的机械加工余量（mm）。

其余符号如图 12-12 所示，单位均为 mm。

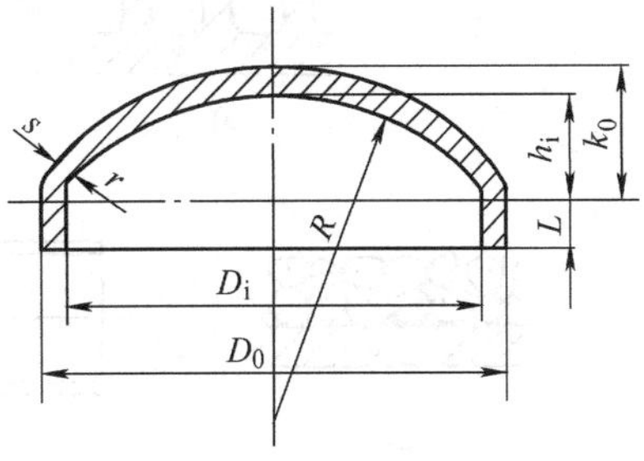

图 12-12　椭圆形封头

一般椭圆形封头的壁厚 s（不包括壁厚附加量）应不小于封头内直径 D_i 的 0.30%，标准椭圆形封头不小于 0.25%。

为了减少封头规格，便于压制和选用，仅采用设计压力为 1961kPa 的一种规格，封头壁厚选用见表 12-5，配用设计压力为 1569 kPa 和 1961kPa 的两种筒体。

表 12-5　设计压力为 1961 kPa（表压）的封头壁厚选用表

筒体内径/mm	16MnR	Q235R	筒体内径/mm	16MnR	Q235R
	经济厚度/mm	经济厚度/mm		经济厚度/mm	经济厚度/mm
300 ~ 350	6	6	900	10	12
400 ~ 550	6	8	1000	10	14
600 ~ 650	6	10	1100	12	14
700	8	10	1200 ~ 1300	12	16
800	8	12	1400 ~ 1500	14	16

4. 传热管

壳管式换热器中所用传热管的结构形式由制冷系统传热设计而定，根据两侧流体的放热性能的好坏确定的传热管应用情况大致是：氨制冷系统中壳管式冷凝器或蒸发器多用无缝光钢管；离心式制冷系统中的冷凝器或蒸发器以及活塞式氟利昂制冷系统中的冷凝器多用铜滚轧翅片管，少数用铜光管；活塞式氟利昂制冷系统中的壳管式干式蒸发器多用铜内翅片管，少量用光铜管。

（1）无缝钢管　它们的工艺很简单。首先，按设计尺寸落料，并去除管端毛刺。然后，吹砂（小铁丸）处理，以去除钢管的铁锈、油污、毛刺、垃圾。如果无喷砂设备可用手工清除。

（2）翅片管　也称为低翅片管或螺纹管，图 12-13 所示是强化蒸发管的表面结构，其是近年开发的新蒸发管，将铜管轧制或烧结成一种低螺纹管形状，多用薄壁铜管作坯管，翅高 1.2 ~ 2mm，翅密度为 19 ~ 25 翅/in。轧制低螺纹管工艺是在常温下用三轴组刀片对铜管外壁作无切削挤压成形的，如图 12-14a 所示是轧制断面示意图。图 12-14b 中表明每把刀片的宽度加垫片厚度就是轧成后低螺纹管的节距。为使轧制能连续进行，每把刀片均向同方向倾斜

一很小的角度，约1°，这就是低螺纹管的螺旋角。轧制过程中，刀具和铜管上均喷有润滑油，故轧制后均要进行认真的酸洗和漂清，坯管按图样和工艺要求落料，轧制时两端均应留有约80～100mm的无螺纹直管端，以便与管板胀接。

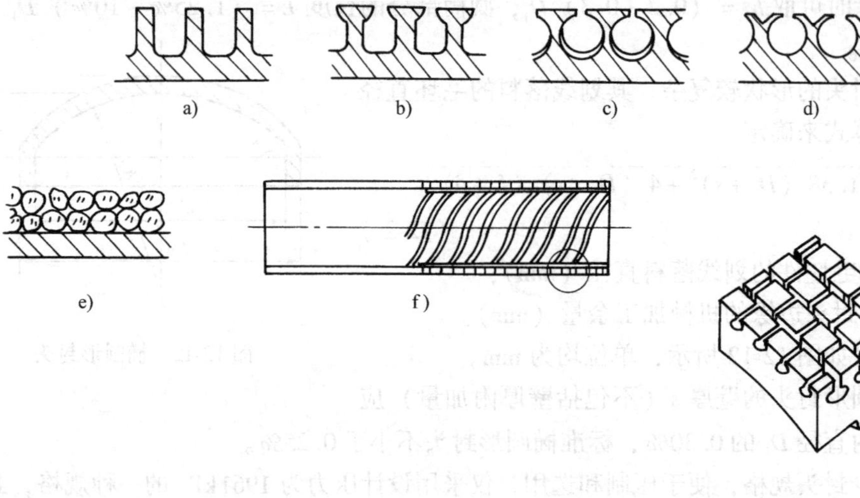

图12-13　强化蒸发管表面结构

a）低肋管　b）T形肋管　c）TX肋管　d）TXY肋管　e）烧结蒸发管　f）多孔E管

（3）内翅片管　图12-15所示是两种国产内翅片管形式，均为管内纵向翅片。其中图12-15a所示是整体式的，系在经退火的铜管中用拉刀拉制而成；而图12-15b所示是铜管和铝肋芯复合而成的，是制冷干式蒸发器中常用的传热管，其制作是由铜管厂加工而成。图12-15b所示的内翅片管的加工工艺大致为：铜坯管在复合前经退火和酸洗处理，管内应清洁，不得有铜屑和还原铜粉末存在；铝肋芯制成后要作扭曲处理，约每米长扭曲450°，以增加氟利昂在管内的沸腾放热强度，铝肋芯有8肋或10肋两种，将比铜管内径小1～2 mm的铝肋芯套入铜管，然后再用直径比铜管外径稍小的拉模挤压铜管，使之与铝肋芯压紧接触良好，复合后的紧密度检查为，取100mm长的试样一段，用锤子击其一端，其铝肋芯应无走动；套入的铝肋芯应比铜管两端各短80～100mm，以便换热器装配时传热管与管板间的胀接。

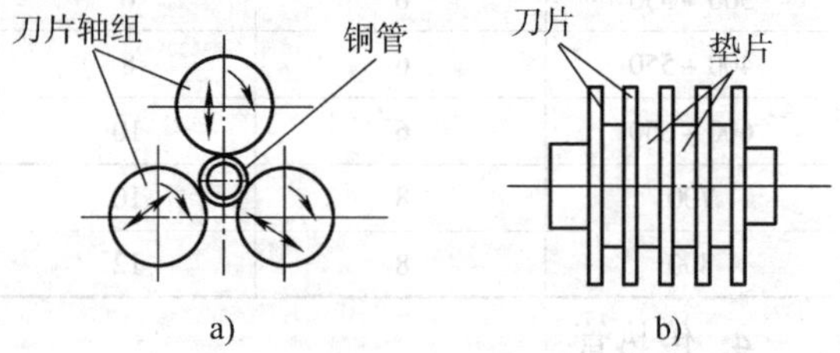

图12-14　螺纹管的轧制

5. 支撑板或折流板

由于壳管式换热器的传热管较长，筒体内管簇上一般设计有几块支撑板将管簇承起。而在干式蒸发器中壳侧的折流板除起提高流体流速的作用外，也对管簇起支承作用。它们的制作工艺大体相同。

（1）钳工

1）按图样外圆尺寸留工艺余量为每边6 mm，划出落料线。

2）按落料线用气割下料，割后去除熔渣。

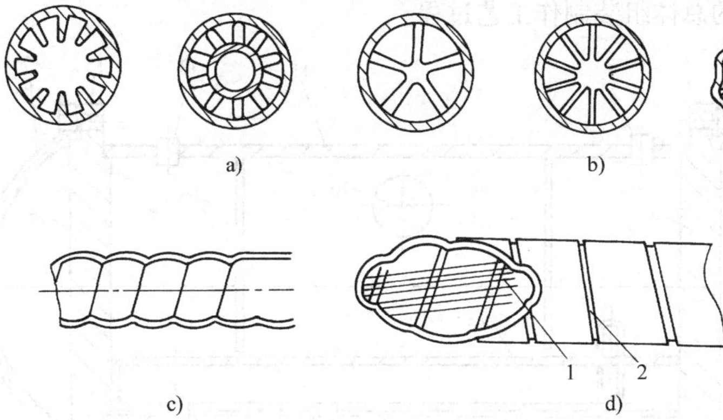

图 12-15　干式蒸发器的高效内翅片管的剖面图
a）整体式　b）内翅插入式　c）波纹管　d）波纹状螺旋管
1—内壁多头细微内肋　2—外壁螺旋管

3）每块板整形校平，支撑板 6 块以上一组，折流板 20 块左右一组。周边对齐，定位焊固定。

（2）钻削

1）在每组板上装上管孔钻模板，在钻床上钻出全部管孔，在折流板组上还要依靠钻模板钻出全部拉杆定位孔。

2）孔口倒角。

（3）车削　将每组板与车夹具底板一起，在管孔中用数根螺栓旋紧，车床卡盘夹牢底板，校正后车出各组板的外圆。

（4）钳工

1）对于支撑板组，旋去固定螺栓，拆卸支撑板，按图样划缺口线和剪切线，用剪板机或气割工具按线成形，割后去除熔渣。对于折流板组，旋去固定螺栓，对同一组板按上下顺序编号，依照图样按单、双号顺序划剪切线，在剪板机上剪切成形，即按单、双号交叉剪切，以保证 20 余块折流板装入筒体后穿管工艺的顺利进行。

2）管孔倒角，去除毛刺。

3）将各块板整形校平。

以上是壳管式换热器中的主要零件——筒体、管板、传热管和支撑板（或折流板）等的加工工艺。此外，还有许多零件如端盖、筒体和端盖上的进出流体接管及法兰、端盖垫片等，它们的工艺较简单，此处不再详述。

12.2.3　卧式冷凝器的组装工艺

在各零件制作、检验合格后，备齐有关的外购标准件，即可进行组装，组装成功与否将受多工种协同合作的影响。

图 12-16 所示是一种带有过冷器作用的卧式壳管式冷凝器，常用于冷水机组中。制冷剂蒸气在管外壳侧冷凝后积聚在筒体下部，再从左下部流入过冷管架组 9 中，过冷管架组中也布满了传热管，温度较低的第一流程的冷却水先从这些传热管内流过，工质液体在传热管间（且布有多块小折流板）流动而得到过冷，最后从出液管 14 流出。下面以此种冷凝器为例介

绍卧式壳管式冷凝器的总体组装制作工艺过程。

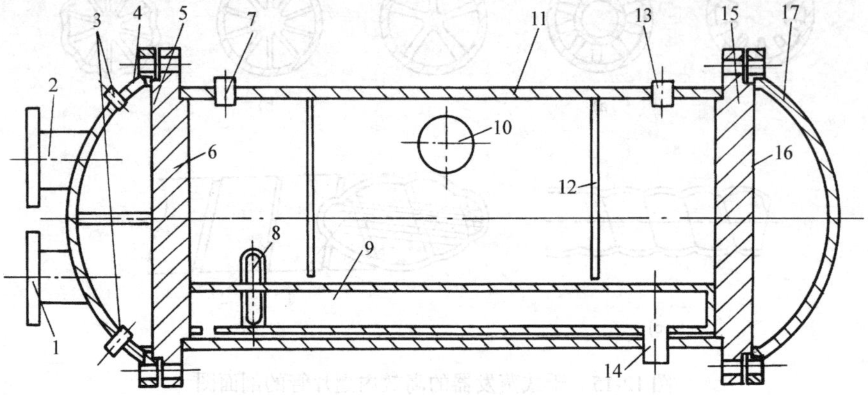

图 12-16　冷凝器结构示意图

1—进水管　2—出水管　3—试水螺纹接头　4—左端盖　5—左垫片　6—左管板　7—压力表螺纹接头　8—液面指示器　9—过冷管架组　10—进气管　11—筒体　12—支撑板　12—安全阀螺纹接头　14—出液管　15—右管板　16—右垫片　17—右端盖

1. 钳工

1）对已制成的每一节筒体的两端面，距端面 10 ~ 15mm 的内表面、端面、外表面的三面打磨，去毛刺。

2）将每节筒体距端面 20 ~ 25mm 处的内直缝焊高部分磨平，以便安装焊接衬圈。

3）制作环缝加强衬圈，表面抛光。

4）筒体拼接，相邻两节筒体的纵缝与环缝严禁成“十”形焊缝，两节筒体间的纵缝须错开 100mm 以上。

5）点焊固定，由合格焊工用 $\phi3.2$mm 的 J507 焊条手工点焊固定两筒体的拼接，焊缝区域外不得引弧。

2. 电焊

由合格焊工按焊接工艺规程用 $\phi3.2$mm 的 J507 焊条对两节筒体间的环缝进行手工焊打底，焊后去焊渣，然后按焊接工艺规程对环缝作自动焊盖面，要求焊缝成形、表面质量良好。焊后对焊缝外表面进行清理，去除氧化皮、焊渣、金属飞溅物等。

3. 检查

按 GB/T3323—1987 标准对环缝作 X 射线探伤。Ⅱ类容器探伤尺寸为大于等于20% 的环缝长度，若有超标缺陷，重复工艺过程 2（电焊），修补后由检查员指定位置增加 10% 的环缝总长作 X 射线探伤，若仍有不合格处，重复工艺过程 2（电焊），修补后则作 100% 的环缝 X 射线探伤，再不合格，该两节筒体报废。

4. 钳工

1）按图样在筒体上画出进气孔、出液孔等开孔的中心十字开孔线，各孔距应符合规定。

2）由专职割刀工按划线气割各孔口。

3）按图样和焊接工艺规程，气割各孔口坡口，进行倒角，再用砂轮打磨。

4）在左管板上划线，将左管板与过冷管架组点焊。

5. 电焊

与工艺过程 2 同样的焊法，将左管板与过冷管架组焊接，焊后去除焊渣。

6. 钳工

1）按图样将进气管及支撑板与筒体点焊固定。

2）由合格焊工用 ϕ3. 2mm 的 J507 焊条，按图样将筒身上的加强板与筒体点焊固定。

3）按图样及焊接工艺规程，由合格焊工用 ϕ3. 2mm 的 J507 焊条将右管板与筒体搭配点焊，焊缝区域外不得引弧。

7. 电焊

按焊接工艺规程，用 ϕ3. 2mm 的 J507 焊条，将右管板与筒体焊接，将筒体加强板与筒体焊成一体，焊后去焊渣。

8. 钳工

按图样将安装压力表、安全阀等用的几个螺纹接头及液面指示器与筒体点焊固定，此项工作也应由合格焊工用 ϕ3. 2mm 的 J507 焊条进行。

9. 电焊

由合格焊工按焊接工艺规程，用 ϕ3. 2mm 的 J507 焊条，将各螺纹接头、进气管、液面指示器与筒体焊接。

10. 钳工

1）用铰刀对管板攻螺纹孔，去除油污垃级，管孔应光洁，无纵向划槽。

2）去除螺纹孔和管板孔内的油污、垃圾，将所有冷凝管逐根从管板孔插入筒体。

3）将与管板连接的各管端预先扩孔。

4）利用胀管工具（手工或电动）将铜管与管板胀紧。

5）留在管板外的管端长短不一时，可用刮刀刮齐。

11. 钳工（壳侧试压）

1）去除各管堵口的油污、垃圾等杂质，作好泵压试漏准备。

2）各管堵表面涂防锈油，拼紧各管堵。

3）以温度不低于 5 ℃ 的水通入壳侧，将水压升至 2942 kPa，保持 10min；然后将水压降至 1961 kPa，保持 30 min。均不得有渗漏。检查后放尽筒内存液。

4）当气温高于 5 ℃ 时，则在壳侧通入压缩空气或氮气，维持气压为 2059 kPa ，且保持 30min，不得有泄漏，作气密性试脸。检查后放尽存气。

12. 钳工

清除两端盖内的油污、杂质等垃圾，将两端的垫片、端盖装上，用螺钉将其与管板拼紧。

13. 钳工（管侧试压）

堵住一端出水口，泵入 588 kPa 的水压，维持 30min，再降至 392kPa 水压，维持 10 min，作管侧水压试验，不得有渗漏。合格后放完存液。

14. 钳工

按图样将设备的标牌垫板焊接到筒体上。

15. 油漆

1）去除表面油污、垃圾等，作表面清理。

2）外表面涂一层环氧铁红底漆，再涂一层铝粉红。

16. 检查

1）容器表面附件检查，各零部件的加工流程记录卡整理成册归档，作最后完工检查。

2）安装产品铭牌。

以上是带过冷装置的氟利昂卧式冷凝器的组装工艺全过程，其他形式的冷凝器组装工艺基本与其相同，如氨卧式冷凝器，不带过冷装置的氟利昂卧式冷凝器等。

12.2.4 壳管式蒸发器的制作工艺

壳管式蒸发器由于结构上与卧式冷凝器基本相同，故其主要零件（如筒体、管板、端盖等）的制作工艺与冷凝疑完全一样。但是由于活塞式氟利昂制冷系统中，制冷剂中的润滑油不易分离和回收而常设计成干式蒸发器，它也是卧式壳管式换热器，只是氟利昂在管内流过而沸腾吸热，载冷剂水或盐水在壳侧管间流过，为提高载冷剂侧的放热性能而安装了许多块（通常20块左右）折流板，如图12-7所示。这种干式蒸发器与上述壳管式换热器在制造工艺上的主要不同点有：

1. 折流板的制造

目前产品中常用的折流板形式主要是如图12-7a所示的圆缺形，设计中折流板的块数常为奇数，以使载冷剂的进出口在筒体的同一侧。用气焊割刀在钢板上按折流板直径且留有余量割下一块块整圆钢板，去除毛刺，然后将20余块整圆钢板叠在一起，四周点焊固定之，在钻床上用模板钻出全部管孔和以后为固定折流板位置的拉杆孔。在车床上按折流板尺寸一次车去余量，车准外圆尺寸。将整叠的折流板从上到下依次编号，按折流板图样尺寸，在奇数号折流板的上端、偶数号折流板的下端分别画出所应截去的弓形尺寸线，注意各块折流板的相对位置不可相互转动。用剪板机或用气割枪裁去弓形尺寸。按编号将同组折流板堆叠在一起。

2. 折流板的组装

将同组折流板按编号依次放入专用框架上，此框架保证了各块折流板间的间距。将数根（按设计通常6~7根）用Q235直圆钢截成的拉杆（比传热管短）穿入折流板上的拉杆孔。对各块折流板与拉杆间进行点焊固定，以保证各块折流板上的管孔同心、板间距相等。将折流板组清除杂质，涂两遍防锈漆，将通过拉杆固定起来的折流板组穿入蒸发器筒体，放准折流板组在筒体内的轴向和径向位置。将两端的折流板与筒体内壁点焊固定，以防止整组折流板在筒体内轴向移动或径向转动。

折流板的制造和组装过程均是为了保证管孔同轴，以保证蒸发器组装时串传热管能顺利进行，当然串传热管时还涉及两端管板上的管孔，管板在筒体外比较好处理，只需先将几根传热管串入折流板，然后将管板放在筒体端部，只要这几根传热管同时穿过管板，即可将管板与筒体点焊牢固，继而逐根穿入所有传热管。

3. 泵压试漏

蒸发器与冷凝器的试压参数不同，且干式蒸发器是壳侧走载冷剂，管侧走氟利昂工质，它们的承压和气密性试验工艺为：

（1）壳侧泵压试验　在水温不低于5 ℃的条件下，将壳侧水压升至2354 kPa，保持30min。然后，水压降至1569 kPa，保持30min，均不得有渗漏。检查合格后放尽存液。

（2）壳侧气密性试验　壳侧通入温度不低于6 ℃的空气或氮气，压力为1650 kPa，保持

30min 不得有泄漏现象。检查合格后放尽存气。

(3) 管侧泵压试验　管侧进行水温大于 6 ℃，压力为 2354kPa 的液压试验，保待 30min，然后降至 1569 kPa，保持 30min，均不得渗漏。检查合格后放尽管侧液体。

(4) 管侧气密性试验　通入 1650 kPa 的压缩空气或氮气，保持 30min 不得有泄漏。检查合格后放尽存气。

12.3 整张套片管式换热器的加工

整张套片管式换热器（也称为表面式换热器），以其肋化系数高、传热性能好，制作工艺简单而在中小型氟利昂制冷装置中广泛地应用。如中小型空调机（窗式、分体式）、去湿机、装配式小冷库、无霜橱房冰箱等的蒸发器和冷凝器，大多采用整张套片管式换热器。其外形结构如图 12-5 所示。

12.3.1 主要零件的加工工艺

表面式换热器由翅片、传热管、半圆形管接头、四周面框板、集流管等组成，其中翅片和传热管是数量最多的基本零件。图 12-17 是几种常见的套片形状，波纹片和条形片都比平片的换热效果好。图 12-18 是用套片制作的蒸发器芯，外加罩板和风机就可组成类似家用空调的室内机。

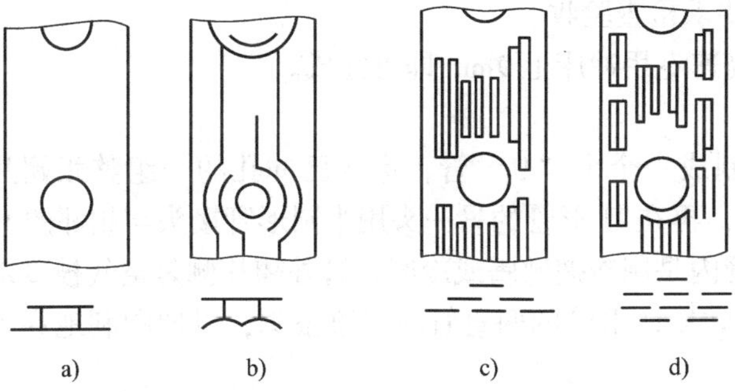

图 12-17　常见套片形状

a）平片　b）波纹片　c）条形片　d）双向条形片

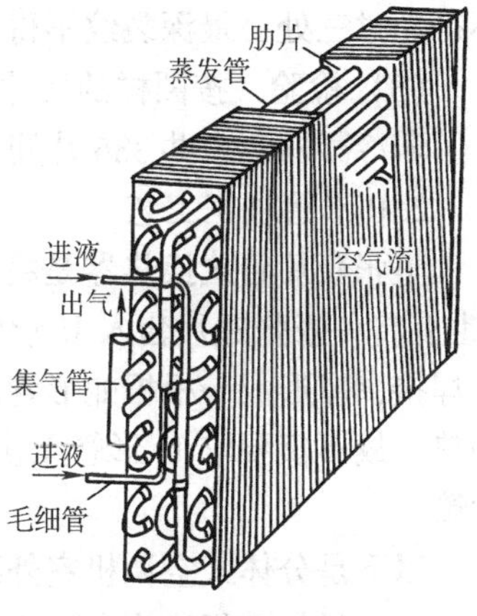

图 12-18　蒸发器芯

1. 翅片加工工艺

按翅片图样要求而先制成管簇孔中心距和管孔外径的模具，用冲床在整张铝片上冲孔。这种形式的翅片通常用很薄的铝片加工而成。

翅片的加工生产是用多套模具在高速冲床上进行的，它的最高冲片次数每分钟达 320 次。高速渐进模冲床更适宜对薄铝片进行加工，常用的翅片厚度有五种规格：0. 10mm、0. 13mm、0. 15mm、0. 20mm、0. 25mm，其中以 0. 13 mm 应用最普遍。这种用多套模具高速冲制的翅片工艺程序是：一次拉深→二次拉深→一次翻边并冲孔→二次翻边→切断。冲制过程中，翅片的变化情况如图 12-19 所示，最多的可 24 排孔一起冲成。

用多套模具对翅片进行一次次拉深产生塑性变形，可大大减少翅片翻边处的裂纹和胀管时产生的破口缺陷，且二次翻边可使整个热交换器中的片距准确均匀，更可改善翅片根部与基管的接触导热状况。依据热交换器的使用场合不同，冲片机可更换模具套数，以冲制成翻边高度不等的翅片，如空冷冷凝器的翅片节距可冲成翻边高度为1.5~2.0 mm 的翅片，空调用蒸发器翅片翻边高度为3~4mm，冷库用冷风机翅片和冷藏车制冷机组蒸发器翅片由于结霜，要求翻边高度达4~6 mm，进口设备中已有最高翅片翻边高度达6mm的高速冲床和模具。此外，可将各套模具中的翅片部位设计成不同形状，以将翅片边缘或中间冲成波纹形、带条形孔或带百叶窗形凸起条缝的形状以改善空气侧的放热性能。

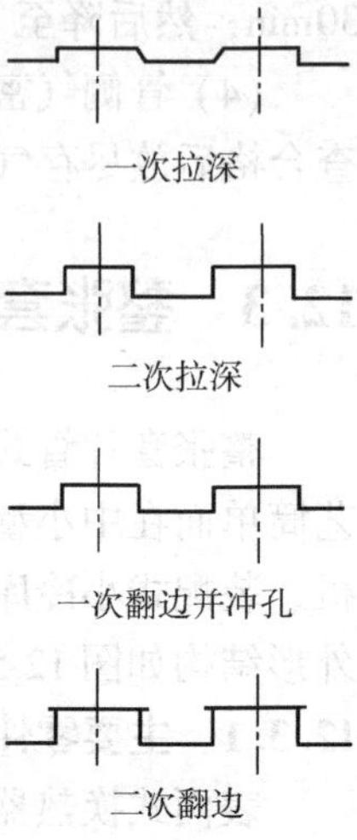

图12-19 二次翻边翅边工艺简图

以下是一种高速冲片机上生产的分体式空调机室外冷凝器组中翅片的加工工艺。

(1) 材料　材料是厚度为0.13mm的成卷筒状铝箔，按图样要求加工成长450mm宽43.3mm的整张翅片。

(2) 冲压　冲压在散热片专用冲床上进行。

1) 图样要求的翻边高度为1.5mm，调整模具的拉深深度；按散热片的长度和宽度尺寸调整切边刀和纵切刀。

2) 按专用冲床的操作规程，起动机器，连续冲制成形。

3) 散热片冲制后要求：二次翻边处外径为11mm（传热管外径为9.52mm)，孔拉深高为1.5mm。翻边处不得有较严重的裂纹，每孔裂纹不得超过三处，最深裂纹不得大于0.5mm。每张翅片裂纹数应小于等于1/5总管孔。

(3) 检验　按图样的尺寸、技术要求检查验收。

若冷凝器每台共386片翅片，在高速专用冲床上9min即可完成。

2. U形管加工工艺

整张套片管式换热器是将圆管弯制成一个个“U”管，穿入已冲孔的一组整张翅片中(也有将一张张翅片套入U形管簇中)，再在U形管的另一头用半圆形管接头与相邻的U形管焊接，即形成一根根蛇形管。显然管内是制冷剂沸腾或冷凝，管外翅片侧是空气被冷却或加热。故不仅要求U形管无伤痕，且要求U形管的两直管段平直滚圆，以便顺利地穿入翅片簇。

以下是分体式空调机室外冷凝器组中U形传热管的加工工艺。

(1) 材料　规格为ϕ9.52mm×0.35mm的T2纯铜管。

(2) 切管　在切管机上将ϕ9.52mm×0.35mm的纯铜管按图样中U形管的展开长度切除，注意控制管的长度误差。

(3) 修整　在整形机上将管两端外圆倒钝，内圆光滑无毛刺。

(4) 校圆　每次将10~15根管材并排置于平滑的工作台面上，两手均匀用力地搓动，使管身基本达到正圆。

(5) 探伤　对于国产铜管，用W-Ⅱ型涡流探伤仪作100%的探伤检查。

(6) 弯曲　将符合尺寸要求的直管放入U形管弯曲机中进行180°弯曲，使之成为U形管。

(7) 检查　U形管的长度、管中心距应符合图样尺寸要求。两直管端面要直，其长度误差小于等于1mm。管身不允许有弯曲、压伤等缺陷。两端管口要圆滑。U形管弯头弯曲处变形小于等于15%的原管直径。

若冷凝器共 34 根传热管，即每台需弯制 17 根 U 形管，平均生产速度为 1min 弯制 1 根 U 形管，故 17min 可完成一台该种冷凝器的 U 形管加工。

此外，半圆形接头管、四周边框板、制冷剂进出集流管等的加工工艺较简单，不再叙述。

12.3.2 整张套片管式换热器的组装工艺

各零件加工完成后即可进行组装，组装工艺的制定是换热器质量好坏的关键。仍以分体式空调机室外机组的冷凝器为例介绍其组装工艺过程。

1. 穿管

在插片工作台上，校正 U 形管位置的定位架，先放上冷凝器左边框板，再将一组共 386 张已冲孔翻边的翅片置于其上，翅片间距为 1.5mm，由管孔中拉深部位尺寸确定，将 17 根 U 形传热管倒置成“∩”形按图样所示位置从上往下插入翅片管孔中，要求 U 形管插入或拉出应畅通无阻。小心操作，勿碰伤散热翅片。

2. 胀管

胀管在立式扩管机上进行。

1）按换热器叠片组的有效高度和翅片的有效长度，调整扩管机胀头杆的行程和防止扩管时热交换器失稳的两边夹板位置。

2）在扩管机台面上装好用于托住 U 形翅片管组的水平组合模，此模上有许多与 U 形管尺寸和位置相同的半圆形凹槽。

3）将工艺过程 1 穿好管的翅片管组工件倒置 180°，放入水平组合模上。

4）在工件上部装入右边板，用手工压入管簇中。

5）各管的管端切齐，管口处扩管。

6）起动扩管机，胀杆头部在油压缸压力作用下通入管内胀管。

7）此胀管工艺后的检验要求是：叠片高度的有效尺寸缩短不大于 1mm；传热管弯曲允差小于等于 2 mm，且不许有严重叠片；翅片和传热管间紧密接触，不许松动；不许有严重的伤片、露管现象。

3. 清洗、除油

对于胀管时胀头与管内壁间的润滑油，要将工件置于三段清洗槽内，用化学溶液除油并用清水漂清，具体应按清洗生产操作规程进行。要求清洗后工件上无油污和溶液的白色结晶粒，无异常气味。

4. 半面接管

1）在制环机上将卷状焊料丝制成一个个焊料环。

2）将盘状铜管在半圆形制管机上弯曲、切断，制成一个个半圆管，管端面倒角，半圆管除油、清洗。

3）在套环机上将半圆管两头分别套上焊料环。

4）按图样手工将带有焊料环的半圆管插入工件管孔中。

5）检查各半圆管是否插正确。

5. 焊接

在自动焊接机中，按热交换器生产线自动焊接工艺，进行充氮保护自动焊接操作。要求焊缝圆滑均匀。焊完后的半圆接管高度 29.5mm。

6. 补焊

对于自动焊接机中未焊透的半圆管环缝进行手工补焊，并手工焊上配气管、集液管。

7. 试漏

1）将配气管堵塞，工件放入试漏水池中的工作台上，将压缩空气管端的快速接头与集液管联接，通入2452kPa（表压）的高压干燥空气。

2）细心观察焊缝口是否有泄漏情况，若有漏则补焊，再试漏，直至无漏为止。

3）工件从水池中取出，用低压588 kPa（表压）的干燥空气反复将散热表面的水分吹出。要求在整个试漏阶段操作要小心，以防碰伤翅片。

8. 烘干

在专用烘炉中进行。

1）将炉温预先升温至160～180℃，然后起动工件输送带。

2）将已吹干过水分的工件小心放在输送带上送到炉内烘干。要求：当炉温小于160℃时，不宜开炉工作。从烘炉出来的成品，若仍有水分，应重新送入炉内烘干。

3）用橡胶塞封住配气、集液管口，保持铜管内干燥。

9. 整形

对压伤的散热翅片加以校形。

10. 检验

1）翅片叠高方向有效尺寸缩短量不大于1 mm，半圆形接管焊后高度为29.5mm。

2）无严重的伤片现象。

3）无严重的露管（指传热管基管上未被翅片翻边处遮住部分）现象。

4）散热翅片及基管表面无水珠。

5）抽测U形管内空气中残留的水分，允许值为6～7 mg。

11. 堆放

将合格的冷凝器小心叠放在指定的垫架上，或转入仓库或转至空调机装配生产线工段。

12.3.3 翅片管换热器的生产流水线

换热器的流水线生产，对产品的产量和质量提高均大有好处。从国外引进的生产线，有全套引进的，也有仅引进主要设备（如冲片机、胀管机等），其他由国内配套的。图12-20所示是日本松下冷机株式会社的换热器流水线生产的工艺流程图，以此流程图为例，对其中的工艺环节作些说明。

1. 材料供应

弯制U形管用铜管或冲成翅片用的薄铝片，大多以卷材的形式供给生产线。两卷同种型材置于一垂直轴的两边，可沿垂直轴旋转180°，当然卷材可沿水平轴转动输送材料。当一卷材料用完后，另一卷转动了180°即可接上去使用，减少了流水线作业的间断时间。并且以卷材形式供料，比起以直管或平铝板形式供料可减少许多短管头和边角料，节约原材料消耗，只是要在生产线中加上校直或压平设备，它们的工艺过程为：

成卷铜管→校直→切断→弯制成U形管。

铝片卷材→浸油→高速冲床或超高速冲床上冲孔、下料，翻边。

2. 左右边框板加工

这两块边框板加工后分两次与U形管和翅片装配，一块先置于翅片组上部，将U形管从上往下串入翅片组后，工件翻转 180°，再在管端上装入另一块边板，故图 12-20 中左右边框板加工到装配之间画有两根箭头线。其次，松下的工艺流程图中倒数第五、第四步是在工件泄漏检查、干燥后对边框板喷漆、烘干的，而一般的换热器边框板不作喷漆处理，多在边框板冲孔加工后即进行电镀处理，作电镀处理的边框板就没有边框板喷漆这一工艺环节，边框板加工就变为：钢板→冲孔加工→电镀→装配。

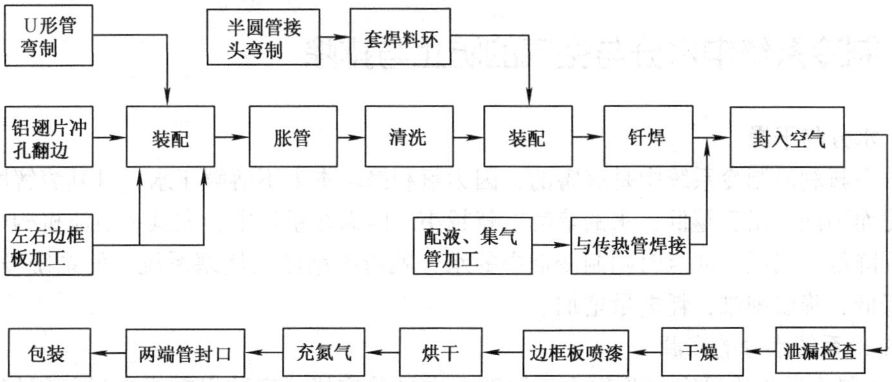

图 12-20　换热器流水线生产的工艺流程图

3. 胀管

胀管是套片管式换热器减小翅片与基管间接触热阻的重要环节。有液压胀管和机械胀管两种。

由于液压胀管的水压力（通常 14.71 ~ 24.5MPa）不宜掌握，现在使用较少。机械胀管可以定量地控制胀大管量。胀头为钢球或柱塞状在机械力作用下强行通过管内，使管径胀大与翅片根部贴紧。胀管机有立式和卧式两种。

4. 钎焊

半圆形弯头与 U 形管焊接采用钎焊。半圆型弯头也是由软的卷铜管在弯头机上制成，丝状焊料在制环机上制成焊环，然后套在半圆形弯头上，再将弯头插入已扩过口的 U 形管管端上。焊环加热后的流动性很好，可用手工焊枪加热焊接，但效率较低。引进设备上多用输送带送入自动焊接机中，经高温煤气加热到 800 ℃ 左右，焊环熔化后即钎焊而成。

5. 泄漏检查

由于铜管的弯制、胀管、焊接而有可能使换热器泄漏，故须将高压干燥空气（压力为 2452 ~ 2942kPa）封入管内，然后将工件置于水中进行试漏和强度试验。试压时间约 1min。

6. 干燥

水中试漏后，先用压缩空气吹去表面水滴，然后工件再经输送带送入隧道式加热器中进行干燥，隧道入口处有空气幕向下吹掉水分。隧道内空气温度约控制在 150 ~ 160℃之间。

第 13 章　制冷系统的工艺

13.1　制冷系统中水分与空气的防止与排除

13.1.1　水分与干燥

水分在氟利昂制冷系统中是有害的，因为氟利昂基本上不溶解于水，且其溶解度是随温度的变化而不同。温度越低，水的溶解度就越小。因而在系统中，尤其在节流机构中，由于温度急剧降低，当低于冰点时则制冷剂中的水分就析出结冰而堵塞系统，使系统停止供液、制冷量降低，降温困难，耗电量增加。

1. 制冷系统水分的来源

1）若制冷设备的强度试验用水压试验，在试验完毕，安装以前没有进行很好的清除，致使水分残留在系统中。

2）系统用压缩空气作气密性试漏后未进行干燥处理。

3）由于系统不严，尤其在系统低压端的各接头或压缩机轴封处，在运行中低压压力低于大气压，使空气进入系统。与空气一同进入的水蒸气在低温部分（如节流阀处）就会析出结冰，致使系统堵塞。

4）制冷剂本身不纯，水分超过了要求。

5）润滑油在加入系统时未进行干燥处理。

6）加氟利昂或加油时由于操作不当或未将接管中的空气排除，都会使空气进入系统。

2. 水分对制冷机影响有如下几个方面：

（1）节流装置的堵塞和蒸发器结冰　同氨、二氧化碳等制冷剂相比较，氟利昂制冷剂对水分的溶解度很小，在 0℃时 R12 的水分溶解度为 25×10^{-6}，R22 为 580×10^{-6}，R502 为 250×10^{-6}。一旦制冷剂中含水量超过其溶解度，就分离出来，当温度低于 0℃时，水就结成了冰。在制冷循环中，由于出现结冰，将使毛细管和膨胀阀堵塞，在蒸发器内结冰，其结果将减少制冷剂的流量，使制冷能力降低；若结冰严重，将不会制冷。为了防止水分结冰堵塞，使用 R12 的低中温制冷机，在膨胀阀或毛细管出口温度为 -15℃时，含水量控制在 10×10^{-6}以下；若用 R22 时，低温侧最低温度为 -10℃，含水量应在 400×10^{-6}以下，否则需要对制冷剂进行干燥处理。

（2）金属材料的腐蚀和积炭　氟利昂气体的化学稳定性非常好，它同水不会直接起反应。但如有金属存在时，则会同水进行缓慢的化学反应，即加水分解成酸，其反应方程式为

$$2H_2O + CCl_2F_2\ (R12) — 2HCl + 2HF + CO_2$$

又

$$H_2O + CCl_2F_2 — COF_2 + 2HCl$$

这种酸腐蚀金属，就产成了金属盐的无机性积炭，其本身又成为促进制冷剂分解的催化剂。此外，无机性积炭与酸一起又促使绝缘材料、润滑油的恶化，而劣化反应的生成物又促进了金属的腐蚀。吸排气阀一直在较高的交变压力下工作，如果受到上述腐蚀，许用应力将

明显降低，而使阀片遭到破坏。

(3) 镀铜现象 在使用氟利昂作制冷剂的装置中，在高温钢铁表面上（例如气缸内表面、活塞、活塞销、曲轴、轴承等部位）会产生“镀铜”状的沉淀现象。镀铜现象是由于氟利昂与水分反应生成酸后产生的，其反应式为

$$[O] + 2HCl + 2Cu — 2CuCl + H_2O$$

$$Fe + 2CuClFe + 2CuCl \xrightarrow{H_2O} FeCl_2 + 2Cu$$

铜首先生成一种化合物，附着在铁的表面，由于电化反应，铜析出，镀铜在铁表面上。有试验表明，制冷剂中含水量饱和与不饱和情况相比，后者容易发生镀铜现象。另外，润滑油种类不同，镀铜现象也有差别，这是由于各种润滑油对铜的溶解度不同而引起的。镀铜现象对金属材料有明显影响，阀片上出现镀铜现象后，其使用寿命将大大缩短。

3. 含水量的测定方法

(1) 冷却凝汽法 在压缩机的制造过程中，常用冷却凝汽法来测定零部件和系统中的残留水分。由真空泵对放着试样的干燥炉抽真空，气体在凝汽弯被装有液氮或干冰的冷却器冷到 -70℃左右，测定积存于凝气弯的水分。这种方法测得的水分含量，与装置的加热温度和操作时间有关，而且也允许含水量随制冷装置容量的大小而改变。如当装置内部温度为 120℃，抽真空时间为 2h，规定对于 130W 以下的压缩机，允许含水量小于 80mg，750W 压缩机的允许含水量小于 300mg，7.5kW 压缩机的允许含水量小于 1200mg。

(2) 真空法 在制冷装置上安装一个高精度的真空计，用真空泵对装置进行抽真空干燥，待抽到一定真空度后，关闭真空泵阀门，观察真空计变化的程度，这一方法称为真空法。如果真空计的真空度迅速下降，表示装置有泄漏或有水分。对于小于 4kW 的小型压缩机，把制冷装置温度调到一定数值（按标准规定），使真空度到达 100.66kPa 时，关闭真空泵的阀门，观察真空度的变化，若在 30min 内下降 0.27kPa，就可以认为干燥是充分的。

(3) 露点法 用露点温度在 -40℃以下的干燥空气，对制冷装置进行干燥处理时，通过测定进出口空气的露点温度，进行含水量的测定。如果进出口空气没有露点温差，就可以认为装置内系统是干燥的。对于低温装置，宜用露点温度在 -55℃以下的干燥空气。

(4) 称重法 称重法是在制冷装置内充入一定量的制冷剂，然后使系统在稳定工况下连续运转几个小时，那么装置上的干燥剂就会吸收制冷剂中的水分，根据干燥剂质量的增加来求取制冷剂的含水量。所用的干燥剂是脱水性质的五氧化二磷等。

(5) 电解法 这种方法是把装有五氧化二磷薄膜的电极放在具有一定流速的制冷剂中，制冷剂中的水分被电极上的薄膜所吸附，在一定的直流电压下，水就被电解成氧化氢。根据法拉第定律，电极间的电流与制冷剂中的水分成一定的比例关系，利用这一关系来测定制冷剂中的含水量。电解法的测量精度高，能够测出制冷剂中的微量水分，但用它来测量时，往往需要较多的制冷剂用量。此外，当油与制冷剂共存时，必须进行除油处理，这是因为电极使用了五氧化二磷的缘故。当然电极可用白金或铑等其他金属，但白金作电极时，应注意可能出现电解后氧和氢的再结合。

(6) 干燥镜法 这是一种根据制冷系统中的制冷剂的吸湿率，使装在视镜中的变色纸改变颜色，再根据颜色的变化和制冷剂的温度来判断制冷剂的含水量的方法。这种方法简便，精度不高。

4. 干燥方法

(1) 加热真空干燥法　真空干燥法是目前国内制冷机厂广泛使用的一种方法。它是把压缩机或制冷装置放入高温烘房内，通过真空泵排气，把残留的水分排出。

由于烘房内真空的原因，待干燥的压缩机或制冷装置传热较慢，因而需要较长的真空干燥时间。若不抽真空仅加热干燥，时间虽然可以缩短，但烘房内的高温，会使零件氧化。为了弥补真空干燥法的缺陷，可以采用直流加热真空干燥法、干燥空气吹入法等。

(2) 真空加热干燥法　在真空干燥的条件下，把封闭式压缩机电动机的接线柱串连起来，接通直流电流进行加热，使压缩机内部温度很快提高。其中直流电流值是根据把电动机绕组温度升到所需的烘房内温度而确定的，时间大约控制在2~3h。在操作时，应注意电动机绕组温度不要超过150℃，否则可能会引起电动机烧毁。全部操作过程现举一个例子说明。

把100W的内部支承的封闭压缩机放入130℃左右调定温度的烘房内，串接好电动机绕组，接通94V、14~18A直流电，约3.5h后，压缩机的内部温度比烘房内温度稍高，然后把电流减小到38V、7A，经过5.5h加热，切断电源，继续真空干燥6.5h，再通以干燥空气，进行内部清洗1h，接着把房温升高到140℃，向压缩机电动机通以38V、6.3A的直流电，直至干燥终了。全部干燥过程为12h左右。

(3) 干燥空气吹入法　在加热真空干燥过程中，停止使用真空泵，然后在烘房内充入加热干燥空气（氮气），系统内的水分被干燥空气吸收，再继续抽真空。如此反复几次进行干燥。

干燥空气吹入法也可以在没有烘房的现场进行，这时充入的不是空气而是制冷剂。工作顺序为：

1) 用真空泵抽制冷装置内系统的空气，使系统内真空度为13.3Pa后，继续抽真空5min以上。

2) 停止真空泵，充入干燥过的制冷剂，使系统内表压力在0.1MPa以内，保持这种状态1h，则系统内水分被制冷剂吸收。

3) 与顺序1) 相同，进行第二次抽真空。

4) 与顺序2) 相同，第二次充入制冷剂，并保持这种状态。

5) 与顺序1) 相同。

(4) 干燥空气法　干燥空气法是把露点温度在-40℃以下的加热干燥空气（氮气），用毛细管连接通入放在烘房（房内温度130℃左右）内的压缩机或制冷系统中，吸收水分，然后被排放出去的一种干燥方法。该方法与加热真空干燥法相比较，在大量生产时，设备费用便宜，使用占地面积只有后者大的1/3，所以，特别适宜于大批量产品的干燥。

应用这种方法时应注意，当压缩机的气缸、活塞等表面粘有油时，会产生残留油的氧化等问题。因此，最好用于经过完全清洗的零件组装的压缩机。此外，还应考虑到，当压缩机干燥后，马上充入润滑油后进行运转是危险的，这是因为压缩机的内部还未充分冷却。

(5) 红外线干燥　压缩机以外的部件，如冷凝器、蒸发器、吸排气阀等比较容易干燥，这些部件在烘房内用红外线灯加热到100℃以上后，再用露点温度为-40℃或更低些的干燥空气充分吹除即可。但是，对于有两根或三根配管的某些部件，由于干燥空气从阻力小的部分跑掉了，所以，除了要充分加热外，对于干燥空气的吹入方法，应该进行一些改进。

这种红外线干燥法，对于含有像水滴那样存在于部件中的水分就不适用。此外，焊接时使用的焊药如果进入管子内，在干燥中，形成结晶而覆盖在管子内，将妨碍水分蒸发。

(6) 干燥剂　干燥剂可以分为与水进行化学反应而脱水的加水型干燥剂和物理吸附的吸收型干燥剂两大类。前者通常指的是无水硫酸钙、氯化钙、氧化钡和五氧化二磷等，其脱水速度快，但其反应生成物会腐蚀金属及不能再生；后者指的是活性氧化铝、硅胶、分子筛等，其脱水速度比前者差，但是它吸附水分后不生成有害物质。一般来说，加水型干燥剂用做待充灌制冷剂的干燥；而吸收型干燥剂通常用做干燥器的干燥材料，它将随干燥器放入制冷系统对制冷剂干燥。

硅胶干燥器是制冷机中使用最多的一种。硅胶干燥后呈蓝色，吸水后呈粉红色。它可以较长时间放置在制冷系统中使用，吸水失效后，可放在烘箱中加热到 110℃左右把水分除去，再生处理后重复使用。在装入干燥器前，宜将被击碎的小颗粒剔除，以免使用时掉入制冷系统损坏机器零件或堵塞。

分子筛是一种白球状或条状的吸附剂，它对含水低的制冷系统，也有较高的干燥能力，是一种高效理想的干燥剂，而且使用寿命长，还可以经过再生后重新使用。制冷机经常以分子筛作为系统中的干燥剂。

13.1.2　空气和排除

在制冷系统中，除制冷剂润滑油外，有时还会有空气或润滑油及制冷剂分解的气体(但主要是空气)。在制冷装置的工作温度范围内这些气体是不会凝结的，所以称其为“不凝性气体”。

1. 制冷系统中空气的来源

1）系统在投入生产以前，没有很好的抽真空，致使空气残留在系统中。

2）制冷装置的低压部分，其压力低于大气压，如有不严密处，空气就会进入系统。

3）检修后，由于操作不当或加灌制冷剂和加油时连接管中的空气未排除而进入系统。

4）制冷剂和润滑油在高温高压下分解的少量气体。

2. 空气对制冷系统的危害及表现

1）当系统中残存空气时，冷凝压力将显著增高，而且压力表的指针随压缩机的行程作剧烈的摆动。

根据道尔顿定律，混合气体的总压力等于各组成气体分压力之和。所以系统的冷凝压力 p_K 等于氟利昂的冷凝压力 p_F 与空气的分压力 p_A 之和，即

$$p_K = p_F + p_A$$

因此，制冷系统有空气必然导致冷凝压力升高。随着空气量的增多，空气分压力越大，其总压力 p_K 值就越高，压力表指针摆动得也越剧烈。

2）系统中有空气时，排气压力升高。制冷剂中混有空气时，排气温度必然升高。因为，这时压缩机压缩的实际上是制冷剂和空气的混合物。这种混合物的绝热指数高于制冷剂的指数所以排气压力升高，相应使排气温度升高。

3）氟利昂系统中存在空气时，空气中水蒸气在低温情况下会结冰而堵塞系统。

4）降低压缩机的制冷量。

制冷系统有空气时，使冷凝压力升高，从而排气压力也升高，所以使容积效率降低、单位容积制冷量 q_V 减少；由于温度升高使单位制冷能力也减少、压缩机的制冷能力降低。此

外，由于冷凝压力升高，排气温度和排气压力升高，增加了压缩机的负荷，使耗电量增加。

3. 氟利昂制冷系统空气的排除

以氟利昂为制冷剂时，因为空气的密度小于氟利昂的密度，因此空气一般总是处于冷凝器或储液器的上部。但是，冷凝器和储液器的上部并不是单一的空气，而是制冷剂蒸气、油蒸气和空气等的混合物。所以在放空气时要细心，不应操之过急，否则将会使大量的制冷剂随空气一同排出。排空气时可按下述步骤进行：

1）关闭冷凝器的出液阀并使压缩机继续运转，把系统中的制冷剂和混合气体都积聚在冷凝器中，低压达到真空（一般达到66.5~77.8Pa）即可停止压缩机运行。继续供给冷凝器冷却水。

2）停机1h左右，使冷凝器中制冷剂蒸气冷凝，从而使空气与制冷剂逐渐分离。

3）慢慢松动高压阀的多用通道堵头螺栓，使系统的气体流出。用手摸放出的气体，如果感觉到排出的气体比较热，即为空气，当排出的气体使手感到凉时，即拧紧螺栓、堵塞多用通道。

4）开机运行，观察指针是否摆动，冷凝压力和排气压力是否还超过正常值。否则还得按上述方法继续放空气。

5）拧松多用通道堵头螺栓时，不应松得过多，否则制冷剂会大量逸出。这样每次少放一点，反复进行多次，直到系统无空气为止。

13.2 制冷剂的选择与充注量

13.2.1 选用制冷剂的要点

制冷剂的性质直接影响制冷循环的技术经济指标，而且对制冷装置的特性及运行管理也有着密切的关系。制冷剂应满足下列要求：

1）制冷剂符合环保要求，对臭氧层无破坏作用，不产生温室效应。

2）冷凝压力和蒸发压力适中。用常温的水或环境空气作为冷却介质时，制冷装置的冷凝压力不要过高，一般不要超过1.2~1.5MPa。这样可以减少制冷装置承受的压力，减少制冷系统的制造成本，减少制冷剂向外泄漏的可能性。在工作温度的范围内，其相应的蒸发压力不低于大气压力，避免制冷系统低压部分出现负压而使空气渗入系统。同时，冷凝压力和蒸发压力之比不要过大，以免压缩机排气温度过高、容积效率过低。

3）制冷剂的单位体积制冷量要大，可以减小压缩机的尺寸。

4）制冷剂的临界温度要高，便于用一般的环境温度的冷却水或空气进行冷凝。

5）制冷剂的凝固温度要适当低一些，这样可以得到较低的蒸发温度。

6）制冷剂的热导率要大，这样可以提高换热器的传热系数，减少传热面积，制冷换热器的体积和质量都会减小。

7）制冷剂的密度、粘度要小，以减小制冷剂在系统中的流动阻力。

8）制冷剂对金属和其他材料应无腐蚀和浸蚀作用。

9）制冷剂在高温下不分解，与润滑油不起化学反应，且不爆炸、不燃烧。

10）制冷剂对人的生命和健康无危害，不具有毒性和刺激性。

11）易于取得，价格便宜。

12）混合制冷剂不因泄漏对系统和环境的安全产生危害。

制冷机中常用的制冷剂有氨、氟利昂以及水、乙烯、丙稀等。常用制冷剂的物理特性见表 13-1。

表 13-1 制冷剂的物理特性表

制冷剂	分子式或混合物组成（质量分数）(%)	相对分子质量	标准沸点/℃	凝固温度/℃	等熵指数(103.25kPa)	临界温度/℃	临界压力/MPa
R14	CF_4	88.00	-128.1	-184.0	1.22（-80℃）	-45.6	3.75
R21	$CHCl_2F$	102.92	8.9	-135	1.16（20℃）	178.3	5.18
R22	$CHClF_2$	86.47	-40.8	-160.0	1.194（10℃）	96.2	4.99
R23	CHF_3	70.01	-82.1	-160.0	1.19（0℃）	25.9	4.84
R32	CH_2F_2	52.02	-51.7	-78.4	—	78.2	5.78
R50	CH_4	16.04	-161.5	-182.8	1.31（15.6℃）	-82.5	4.64
R113	CCl_2FCClF_2	187.37	47.6	-36.6	1.08（60℃）	214.1	3.39
R114	$CClF_2CClF_2$	170.92	3.6	-94.0	1.092（10℃）	145.7	3.26
R115	$CClF_2CF_3$	154.47	-38.9	-106.05	1.091（30℃）	80.0	3.12
R116	CF_3CF_3	138.01	-78.2	-100.6	—	19.9	3.04
R123	$CHCl_2CF_3$	152.93	27.8	-107.0	1.09（20℃）	183.3	3.66
R124	$CHClFCF_3$	136.48	-12.0	—	—	122.3	3.62
R134	CHF_2CHF_2	102.03	23.0	—	—	119.0	4.62
R134a	CH_2FCF_3	102.03	-26.1	-101.1	1.11（20℃）	101.1	4.06
R141b	CH_3CCl_2F	116.95	32.0	—	—	204.2	4.25
R142b	CH_3CClF_2	100.49	-9.0	-130.08	1.12（0℃）	137.1	4.12
R143	CH_2FCHF_2	84.04	5.0			156.7	5.24
R143a	CH_3CF_3	84.04	-47.2	-111.3	—	72.9	3.78
R152a	CH_3CHF_2	66.05	-24.0	-117.0	—	113.3	4.52
R170	CH_3CH_3	30.07	-88.6	-183.2	1.18（15.6℃）	32.2	4.87
R245ca	$CH_2FCF_2CHF_2$	134.05	25.1	—	—	174.4	3.94
R245fa	$CHF_2CH_2CF_3$	134.05	15.1	—	—	154.1	4.43
R290	$CH_3CH_2CH_3$	44.10	-42.1	-187.1	1.13（15.6℃）	96.7	4.25
RC318	$-CF_2-CF_2-CF_2-$	200.03	-6.0	-40.2	1.03（0℃）	115.2	2.78
R404A	R125/R143a/R134a（44/52/4）	97.60	-46.6	—	—	72.1	3.74
R407C	R32/R125/R134a（23/25/52）	86.20	-43.8	—	—	87.3	4.63
R410A	R32/R125（50/50）	72.58	-51.6	—	—	72.5	4.95
R500	R12/R152a（73.8/26.2）	99.30	-33.6	-158.9	1.127（30℃）	102.1	4.17
R502	R22/R115（48.8/51.2）	111.63	-45.3	—	1.133（30℃）	80.7	4.02

（续）

制冷剂	分子式或混合物组成（质量分数）（%）	相对分子质量	标准沸点/℃	凝固温度/℃	等熵指数（103.25kPa）	临界温度/℃	临界压力/MPa
R503	R23/R13（40.1/59.9）	87.25	-87.5	—	1.21（-34℃）	18.4	4.27
R504	R32/R115（48.2/51.8）	79.25	-57.7	—	1.16（20℃）	62.1	4.44
R507A	R125/R143a（50/50）	98.86	-47.1	—	—	70.9	3.79
R600	$CH_3(CH_2)_2CH_3$	58.12	-0.5	-135.0	1.10（15.6℃）	152.0	3.80
R600a	$CH(CH_3)_2CH_3$	58.12	-11.6	-160	—	134.7	3.64
R717	NH_3	17.03	-33.3	-77.7	1.32（20℃）	132.3	11.34
R718	H_2O	18.02	100.0	0.0	1.33（0℃）	374.2	22.10
R744	CO_2	44.01	-78.4	-56.6	1.295（20℃）	31.1	7.38
R1130	CHCl = CHCl	96.94	47.8	—	—	243.3	5.48
R1150	$CH_2=CH_2$	28.05	-109.4	-169.5	1.22（15.6℃）	9.3	5.11
R1270	$CH_3CH=CH_2$	42.08	-47.7	-185.0	1.15（15.6℃）	92.4	4.67

现在环境保护的要求日益得到重视，制冷剂正处于新旧交替的阶段。长期的解决方法是采用臭氧层破坏能力（ODP）值为0，且全球温暖效应（GWP）也很小的物质作制冷剂。表13-2列出一些绿色环保制冷剂。可采用天然制冷剂，如氨、二氧化碳、烷烃等天然物质；也可采用卤代烃中的HFCs物质，如R134a和R152a。还有一些商业化的混合制冷剂，如R404A、R410A、R407C等。

表13-2　绿色环保制冷剂

制冷剂用途	原制冷剂	制冷剂替代物
家用和楼宇空调系统	HCFC22	HFC混合制冷剂
大型离心冷水机组	CFC11、CFC12 R500、HCFC22	HCFC123、HFC134a HFC混合物、HFC245ca
低温、冷冻、冷藏机组及冷库	CFC12、R502 HCFC22、NH_3	HFC134a、HCFC22 HFC或HCFC混合物 NH_3
冰箱及冷柜、汽车空调	CFC12	HFC134a、HCs及其混合物 HCFC混合制冷剂、CO_2

13.2.2　制冷剂的充注量

制冷系统的制冷剂充注多少会直接影响制冷机的运行性能。过大的充注量引起的冷凝器内积液，减少了冷凝面积，从而使冷凝压力上升，压缩机功耗增大，制冷量减小；过少的则会使蒸发器过热段增加，实际蒸发面积减小，吸气过热度上升，蒸发压力下降，蒸发器的传热系数下降，制冷量同样下降。功耗上升则以充注量过多为显著。

在设计制冷机时，制冷系统中制冷剂总的充注量可按下述一般标准估算（充注量一律折合成液体体积）。

1）热力膨胀阀供液的蒸发盘管蒸发器和空冷蒸发器等，其充注量为它们容积的25%。

2）壳管式冷凝器的充液量，为其容积的15%。这里的容积是指两管板间壳内管外的净空间容积。

3）液体过冷器充液量为其容积的100%。

4）液管的充注量为其容积的100%，吸排气管为其容积的25%。

5）套管式冷凝器的系统中，考虑到这种冷凝器无贮存能力，为了使负荷变化时能使制冷剂循环量变化，一般系统中设置储液器的充注量 $g_{充}$ 为

$$g_{充}=(g_2+g_3+g_4+g_5)\times 20\% \tag{13-1}$$

则系统总的充注量 g 为

$$g=(g_2+g_3+g_4+g_5)(1+20\%)+g_1 \tag{13-2}$$

式中 g_1——冷凝器（包括过冷器）充注量；

g_2——蒸发器充注量；

g_3——液管中充注量；

g_4——吸气管中充液量；

g_5——排气管中充液量。

对于小型的家用电冰箱，可用下式计算其充注量 g

$$g=0.62V_K+0.4V_e+38 \tag{13-3}$$

式中 V_K——冷凝器容积（cm^3）；

V_e——蒸发器容积（cm^3）。

式（13-3）适用于冰箱的蒸发器容积为100~140cm^3，冷凝器容积为90~150cm^3，工作的环境温度为25~32℃。

氨制冷机的充氨量也可按其种类和生产能力粗略估算。

1）制冰装置。按制冰日产吨数（或每2.5m^3），每吨货物充氨25~45kg。

2）冷藏装置。按冷藏货物吨数，每吨货物充氨1~1.5kg。

3）贮冰库。按贮冰量吨数，每吨充氨0.5kg。

4）冻结装置。按每日冻结货物吨数，每吨充氨75kg。

对于现有的制冷机，制冷剂充注量应按产品说明书或制冷系统设计文件规定，并可用如下方法判断其是否合适。

1）制冷机在稳定运转过程中，排气压力过高，而吸气压力此时也过高，有可能制冷剂充注量过多。

2）制冷机在稳定运转过程中，排气压力过低，而冷却水流量又不大，有可能制冷剂充注量过少。

3）制冷机在稳定运转过程中，压缩机有液击声，则有可能制冷剂量过大。

4）对于冷库、冷藏柜等制冷机，在运转过程中结霜仅出现在吸气管，可以认为充注制冷剂量适宜。

5）对于冷凝器外置式家用电冰箱，可以摸一下冷凝器的最低几排的温度是否均匀，如果不均匀，说明制冷剂的液体少，制冷剂充注量或许不足。如果均匀，可以认为制冷剂量适中。此外，如果下半部冷凝器温度均匀，而上半部温度很高，则说明制冷剂添加得太多。

13.3 润滑油的选用和添加量

13.3.1 润滑油

制冷系统中使用的润滑油又称冷冻机油。润滑油润滑压缩机的各运动部件，既减少摩擦和磨损，又起到冷却作用，将运动部件保持较低温度，以提高效率。利用油的粘度，使运动部件间形成油膜，维持制冷循环高低压力，起密封作用，如涡旋式压缩机间隙的油膜可减少其泄漏。润滑油还可冲走摩擦处的杂质，缓冲机器振动。此外，还可利用润滑油的油压差调节压缩机的制冷量，如螺杆式制冷机组。

润滑油在物理特性方面的重要指标有：粘度、与制冷剂的互溶性、流动点、絮状凝固点、水的溶解性、空气的溶解性、挥发性、发泡性等。润滑油的化学特性的重要指标有：摩擦面的油膜形成能力、热稳定性、化学稳定性、混合物与添加剂等的影响。GB/T 16630—1996 规定润滑油的主要质量指标，其中粘度和凝固点是润滑油的两个重要指标。

国产制冷机润滑油，旧粘度等级是按 50℃时的运动粘度大小分为 13、18、25、30、40、60 等牌号；新粘度等级是同国际标准一样，按 40℃时的运动粘度大小分为 N15、N22、N32、N46、N68 等级。

13.3.2 润滑油的选用

选择润滑油应考虑以下一些问题：

1）选择合适的粘度。无论高温过程还是低温过程都要有适当粘性，以保持足够的油膜。国际上通常用粘度值来规定润滑油的标号，如我国 N15 润滑油的含义是在 40℃时，运动粘度为（13.5 ~ 16.5）mm^2/s。制冷机的负荷大，压缩机承受的压力也大，选择润滑油的粘度应大；反之，负荷小应选用粘度小的润滑油。运动部件之间的间隙的大小与排气温度的高低影响粘度的选择，间隙大、排气温度高，应选择大粘度的润滑油。

2）与制冷剂相匹配。不同的制冷剂对油的作用不同。氨与矿物油的互溶性很差，而大部分卤代烃制冷剂与矿物油互溶性很好，溶油后粘度会下降。所以，卤代烃制冷剂用油的粘度比氨制冷机用油的粘度高。

3）凝点、浊点及闪点的选择 蒸发温度低，用凝点和浊点低的油。卤代烃制冷剂所对应的润滑油的凝点和闪点可稍高于蒸发温度。闪点主要与排气温度有关。排气温度高，要求润滑油的闪点也高。一般要求油的闪点高于排气温度 15 ~ 30 ℃。

4）有良好的化学稳定性和抗氧化安定性。特别是用在全封闭压缩机，在使用期 10 ~ 15 年内，润滑油长期不能更换，一定要选用抗氧化安定性好的油。

5）电气性能的选择。封闭式压缩机用润滑油要求具有良好的不腐蚀电气绝缘材料性能和良好的电气绝缘性能。GB 16630—1996 要求润滑油的介电强度不低于 25 kV 和严格的酸、碱值的指标。

6）润滑油的种类的选择。CFC、HCFC、HC 类制冷剂大多选用矿物油，HFC 类制冷剂大多选用合成油，如醇类润滑油（PAG）和酯类（POE）。R22、二氧化碳和 R600a 使用矿物油，R134a、R404A 使用脂类油。GB/T 16630—1996 标准规定的润滑油均为矿物油或合成烃油，主要使用于氨、CFCs 和 HCFCs 为制冷剂的制冷压缩机，不适用于 HFCs 为制冷剂的制冷压缩机，具体的使用范围见表 13-3。一些国外厂商的润滑油适用的制冷剂的种类和制冷工况情况见表 13-4 和表 13-5。

表 13-3　我国润滑油的品种（矿物油和合成烃油）和应用

GB/T 16630—1996 规定的品种	ISOVG 粘度分类	主要组成	制冷系统中蒸发器操作温度	制冷剂类型	典型产品
L-DRA/A	N22，N46，N68	深度精制矿物油、合成烃油	高于 -40℃	氨，CO_2	开启式，普通制冷机
L-DRA/B	N32，N46			氨，CFCs，HCFC 以 HCFCs 为主的混合物	半封闭、普通制冷机，冷冻、冷藏设备，空调
L-DRB/A	N32	深度精制矿物油、合成烃油	低于 -40℃	CFCs，HCFCs 以 HCFCs 为主的	全封闭、冷冻、冷藏设备
L-DRB/B	N15，N32，N46，N56	合成烃油		混合物	电冰箱

表 13-4　某些国外润滑油及使用范围

生产厂商	牌　号	油的类型①	40℃的粘度/（$\times10^{-6}m^2/s$）	使用范围②（H）CFC
FUCHS	Reniso SP 32	A	32	HML
	Reniso SP 46	A	47	HML
	Reniso SP 68	A	68	HML
	Reniso HP 32	MA	34	HML
	Reniso KMH 46	MA	47	HM
	Reniso KM 32	MO	32	HM（L）
	Reniso KS 46	MO	47	HM
	Reniso KC 68	MO	68	HM
ESSO	Zerice S 46	A	48	HML
	Zerice S 68	A	64	HML
	Zerice R 46	MA	50	HM（L）
	Zerice R 68	MO	68	HM
MOBIL	ARCTIC C HEAVY	MO	44	HM
	KOEL F	MO	46	HM（L）
	ARCTIC OIL 300	MO	60	HM
	ARCTIC F HEAVY	MO	64	HM
SHELL	T22 - 12SD	MA	39	HML
	CLAVUS G 32	MO	30	HM（L）
	CLAVUS G46	MO	44	HM（L）
	CLAVUS G68	MO	65	HM
SUN OIL	SUNISO 3GS	MO	30	HM（L）
	SUNISO HT 25	MO	43	HM（L）
	SUNISO 4GS	MO	57	HM
	SUNISO316，336，351			离心压缩机

（续）

生产厂商	牌　号	油的类型①	40℃的粘度/（$\times10^{-6}m^2/s$）	使用范围②（H）CFC
ADDINOL	XK 30	A	30	HML
	XKS 46	A	46	HML
	XKS 68	A	64	HML
TOTAL	Lunaria S 32	MO	30	HM（L）
	Lunaria S 46/68	MO	55	HM
CASTROL	Icematic 44	MO	15	HML
	Icematic 66	MO	32	HML
	Icematic 99	MO	68	HM
CALTEX	Capella Oil WF22	MO	22	HML
	Capella Oil WF32	MO	32	HML
	Capella Oil WF46	MO	46	HML
	Capella Oil WF68	MO	68	HM

① MO 表示矿物油，A 表示合成油（烷基苯），MA 表示部分合成油（M + A）。
② H 表示空调工况，M 表示中温工况，L 表示低温工况，（L）表示非高冷凝温度下的低温工况。

表 13-5　ICI EMKARATE RL 制冷润滑油的质量指标

油品	运动粘度（40℃/100℃）/$\times10^{-6}$（m^2/s）	倾点/℃	密度（20℃）/（kg/m^3）	闪点/℃	水的质量分数/10^{-6}	酸值（KOH）mg/g	色度 Hazen	低温互溶性（下限）（R134a 内 10% 油）/℃
RL 10H	9.9/2.7	-51	949	205	<40	<4.5	125	-31
RL 15H	15.1/3.5	-50	978	222	<40	<4.5	50	-34
RL 22H	18.9/4.2	-52	995	240	<40	<4.5	100	-45
RL 32S	31.5/5.7	-48	972	250	<40	<4.5	110	-7
RL 32H	32.5/5.8	-46	977	258	<40	<4.5	60	-42
RL 46S	45.2/7.3	-45	972	258	<40	<4.5	125	-5
RL 46H	45.3/7.1	-46	977	260	<40	<4.5	70	-37
RL 68S	72.2/10.1	-42	973	270	<40	<4.5	100	-3
RL 68H	65.5/9.3	-44	980	270	<40	<4.5	70	-26
RL100S	98.8/12.0	-36	974	270	<40	<4.5	125	6
RL150S	137/15.0	-37	976	270	<40	<4.5	150	9
RL170H	170/17.0	-25	968	290	<40	<4.5	250	不相溶
RL220H	222/19.5	-22	976	280	<40	<4.5	100	-16

7）对制冷机材料无腐蚀性，水分和杂质少。在选择润滑油时，必须考虑到使用的制冷剂的种类、压缩机的形式（往复式或回转式）、工作的温度等条件。矿物油、PAG、POE 的吸水性相差很大。如温度为 20℃，相对湿度为 55 ±3% 的条件下，矿物油 SUNISO5GS 的饱和含水量为 0.04g/l，PAG 油的为 10 ~ 20g/l，POE 油的为 2 ~ 3g/l。PAG 油与水作用生成脂肪酸，对压缩机产生腐蚀与镀铜现象，一般控制制冷系统中的最大允许含水量不超过 0.02g/l。

13.3.3　润滑油的添加量

润滑油在压缩机的曲轴箱或机壳中的添加量应有确定的数量。油面为油量的最少添加量

Q_1。但作为压缩机的添加油量，还应在最少添加量的基础上增加如下几种添加油量。

1. 润滑系统所需的油量 Q_2

首先应按润滑油带出的摩擦热量进行计算，若压缩机在运行过程中由摩擦产生的热量中，有 $a \times 100\%$ 传给润滑油，这样油泵所需的循环油量 q_{Vp}（m^3/s）为

$$q_{Vp} = \frac{aP_m \times 100}{c_p \rho \Delta t} \tag{13-4}$$

式中 P_m——压缩机所消耗的摩擦功率（kW）；

a——系数，可取为 0.5；

c_p——润滑油的比定压热容［J/（kg·K）］；

ρ——润滑油的密度（kg/m^3）；

Δt——润滑油经过润滑表面后的温升（℃），对于无冷却器润滑系统可取 10～15℃，对于有冷却器润滑系统可取 20～25℃。

由于在油泵设计供油量时，应考虑到油泵的制造精度和使用后的磨损等因素而选得大些，所以对 q_{Vp} 值还要扩大 0.5～1 倍。

此外，通常不同缸数的同系列产品往往只选用一种或两种油泵，如四缸、六缸和八缸的压缩机，均按八缸的压缩机选择油泵，过多的油由润滑系统中调压阀旁通，回流到曲轴箱。此时，应按八缸压缩机外的油泵循环油量确定。润滑系统所需的油量 Q_2 由油循环管路内容体决定。

2. 随制冷剂在制冷循环中的油量 Q_3

由于氟利昂制冷剂非常容易和油相互溶解，这样不少的油就随制冷剂一起在制冷循环中循环，制冷剂流量越大，则流出压缩机外的油也越多。

3. 积存在各种换热器中的贮油量 Q_4

虽然氟利昂制冷剂与油相互溶解，但随压力和温度的不同，溶解度会变化。因此，在低压侧，由于低温低压，油会从制冷剂中分解出来，如蒸发器设计过大，流速过低，而分解出来的油又不能回到压缩机的吸气口，这样油就会积存下来。

综上所述，压缩机的添加量应为四者之和，即 $Q_1 + Q_2 + Q_3 + Q_4$。另外，若制冷机发生工质气体泄漏，或在简单的修理中放出制冷剂，则油同制冷剂一起流出压缩机外。因此，考虑到这种情况，还需要计入一定的添加量的余量。

全封闭式压缩机的最高油面不应超过曲轴平衡块的下平面。超过这个高度时会使油过多的进入制冷系统，减少制冷量，增加功率消耗，起动时会发生液击现象。特别是封闭式压缩机往往与油接触，油过热加剧，噪声也增大。但油面也不应低于最少添加量 Q_1 时的位置，这样会造成油供应不足，噪声增大，零件磨损加快，甚至出现故障。

13.3.4 润滑油使用时的注意事项

1）润滑油应保存在干燥、密闭的容器里，放在阴暗处。使用后润滑油的容器应及时密闭，以免空气中水分进入。不同牌号的润滑油不能混装、混用，尤其在 R134a 制冷剂的制冷系统中千万不能加入矿物油，应根据使用说明书或压缩机铭牌上的标注加入相同的润滑油。PAG 和 POE 也不能混用。变质的润滑油不能继续使用。如发现有的颜色变深，将油滴在白色吸水纸上，发现油滴中央呈黑色，说明润滑油已经变坏。应按制冷系统或压缩机的规定加

入适量的润滑油。过多的润滑油将影响传热效率，降低系统制冷量；润滑油过少则会影响压缩机润滑，使压缩机过热。

2）气缸中润滑油过多会降低容积效率。油过多占去制冷剂蒸气的容积，减少制冷剂的循环量，降低压缩机的容积效率。

3）润滑油过少会引起更多的故障。润滑油过少使润滑效果变差，不能保护摩擦表面，压缩机的寿命变短；润滑油过少使冷却作用下降，压缩机温度升高，会缩短寿命甚至烧坏；润滑油过少会使摩擦副的油密封失效，引起漏气，效率下降。因此，必须灌充合适量的润滑油。

4）润滑油进入制冷循环后会造成各种堵塞毛病：如果制冷系统管路的最低部分设计不合理，润滑油会在最低管线处聚集，增加制冷剂的流动阻力，降低制冷剂的循环量，严重情况下会堵塞管道而不能制冷；若进入节流装置的油质量差，油中不饱和烃就会沉降，使节流装置堵塞而不能制冷；油进入分子筛干燥过滤器，会堵塞分子筛的空穴使分子筛失效，让水分在制冷系统中造成危害（如产生冰堵、镀铜等）。

5）采用不适宜牌号或质量差的润滑油，同样会造成严重后果。如果油的闪点低会引起蒸发，油蒸气随制冷剂进入制冷系统，减少制冷剂的循环量，降低效率；如果油脱蜡不净，将导致在传热面上沉淀，降低换热器的传热效率；如果润滑油的粘度过低会使油膜密封失效，油粘度过高又会使压缩机积炭。压缩机排气温度过高会破坏润滑油，引起阀、缸内、活塞和排气管内产生碳沉淀物。此外，当压缩机起动时润滑油油面的压力迅速下降，溶于润滑油中的制冷剂会因放出而产生泡沫，当泡沫过多会时影响润滑效果。

13.4 管路布置

13.4.1 制冷管道的布置原则

制冷管道是将制冷压缩机、冷凝器、节流阀和蒸发器等设备及阀门、仪表等连接构成一个封闭循环的制冷系统，使制冷剂不间断循环流动，起到制冷的作用。制冷管道布置得是否合理，将直接影响制冷系统运行的效果。

在制冷管道的布置中，应该使管道与设备、管道与管道之间，保持合理的位置关系，保证制冷剂在系统中顺利地循环流动。

13.4.2 氟利昂制冷管道

1. 制冷压缩机吸气管道

制冷系统投入运行后，润滑油随着制冷剂进入蒸发器中，制冷剂在蒸发器内汽化，润滑油与制冷剂蒸气仍混在一起。吸气管道的布置应使润滑油能顺利地随吸气返回制冷压缩机中。吸气管道与制冷压缩机如何连接，应根据蒸发器与制冷压缩机的相对位置而确定。

1）为保证润滑油能随氟利昂气体顺利地返回压缩机曲轴箱内，吸气管的水平管段应有不小于1∶50的坡度斜向压缩机。

2）蒸发器和制冷压缩机布置在同一水平位置时，吸气管布置应如图13-1所示，i为坡度。使蒸发器和制冷压缩机之间的管路形成“U”形弯，防止停机后液体制冷剂进入制冷压缩机内。

3）蒸发器在制冷压缩机上方时，蒸发器上部管应做成如图13-2所示的“U”形弯。

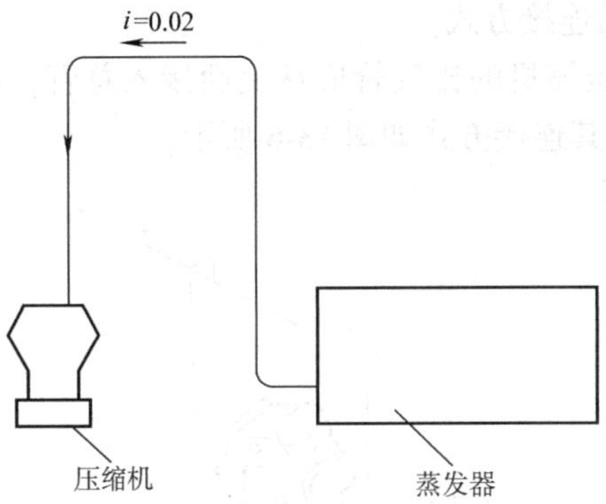

图 13-1　蒸发器和压缩机相同标高时管道连接

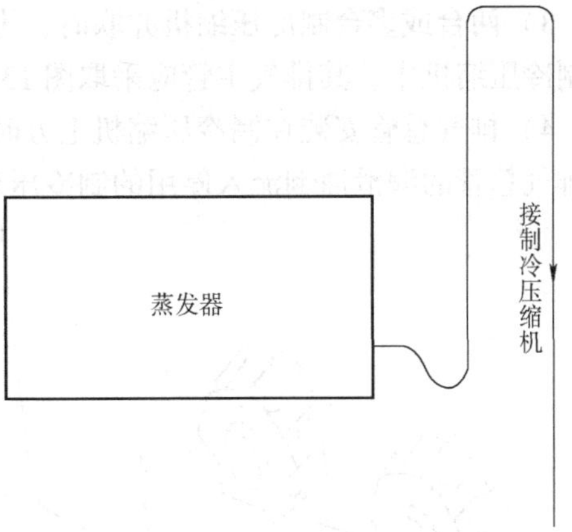

图 13-2　蒸发器在制冷压缩机上方时的连接

4）蒸发器在制冷压缩机下方时，其吸气管的连接方式如图 13-3 所示。

由蒸发器至制冷压缩机的吸气立管，在负荷最小、制冷剂气体流速最低时，必须保证能将润滑油均匀地带入制冷压缩机中。润滑油能否被制冷剂气体经向上的吸气立管带至制冷压缩机，取决于立管中制冷剂气体的流速和密度。

2. 制冷压缩机排气管道

制冷压缩机排气管道安装时，应根据下列的原则进行。

1）制冷系统排气管的水平管段应有不小于 1/100 的坡度斜向冷凝器，使制冷压缩机的润滑油流入冷凝器，防止其返回制冷压缩机的顶部。

图 13-3　蒸发器在制冷压缩机下方的管道连接

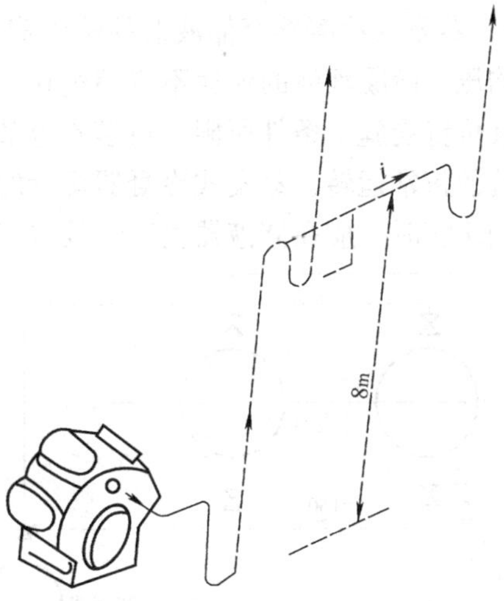

图 13-4　排气管至制冷压缩机的集油弯

2）制冷系统的直立排气管，如管长超过 2.5～3m，为防止管内壁沉淀的润滑油进入制冷压缩机顶部，应使排气管上形成如图 13-4 所示的存油弯，图中 i 为坡度。存油弯在停机时存留液体制冷剂和润滑油的混合液体。如直立管较长，除在靠近制冷压缩机处设一个集油弯外，每隔 8m 再设一个集油弯，以保证存留混合液体的容积（图 13-4）。

设有油分离器的排气管，可不设集油弯，系统停车后排气立管的润滑油可流入油分离器中，而不会产生倒灌入制冷压缩机的现象。

3）两台或多台制冷压缩机并联时，为防止在运转中制冷压缩机排出的润滑油流入停用的制冷压缩机中，其排气主管应采取图 13-5 所示的连接方式。

4）排气总管安装在制冷压缩机上方时，制冷压缩机的排气管应从上面接入总管，可防止排气总管的润滑油倒流入停用的制冷压缩机内。其连接方式如图 13-6 所示。

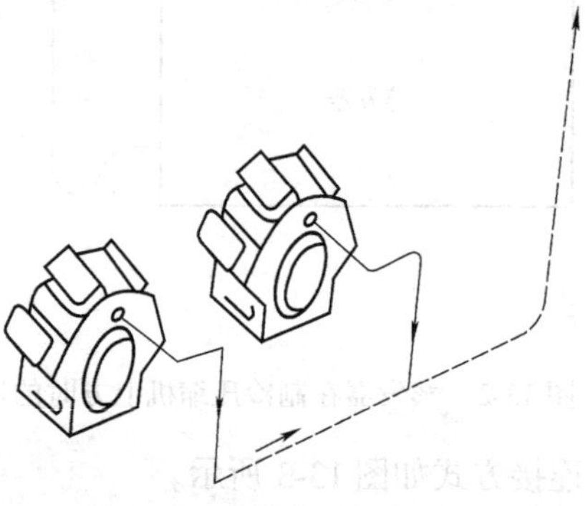

图 13-5　多台制冷压缩机的排气管下方连接之一

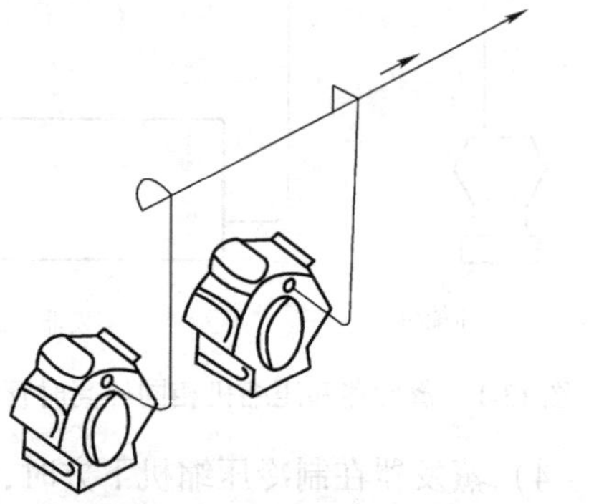

图 13-6　多台制冷压缩机的排气管上方连接

3. 冷凝器至储液器的液体管道

冷凝器至储液器的液体是靠液体重力流入的，为防止冷凝器排出液体时出现高液位现象，冷凝器与储液器应保持一定的高差，其连接的管道要保持一定的坡度。

1）卧式冷凝器至储液器的液体管道。管道内的液体流速不应超过 0.5m/s，水平管段的坡度为 1:50，斜向储液器。冷凝器至储液器之间的阀门，应安装在距离冷凝器下部出口处不少于 200mm 的部位，其连接方式如图 13-7 所示。

2）蒸发式冷凝器至储液器的液体管道单组冷却排管的蒸发式冷凝器，可用液体管本身进行均压。冷凝液体的流速不应超过 0.5 m/s，水平管段的坡度为 1:50，斜向储液器。如阀门安装位置受施工条件所限，可装在立管上，但必须装在出液口 200mm 以下的位置。为保证系统的正常运转，蒸发式冷凝器排管的出口处应安装放空气阀。如冷凝器与储液器之间不安装均压管时，应在储液器上安装放空气阀，其连接方式如图 13-8 所示。

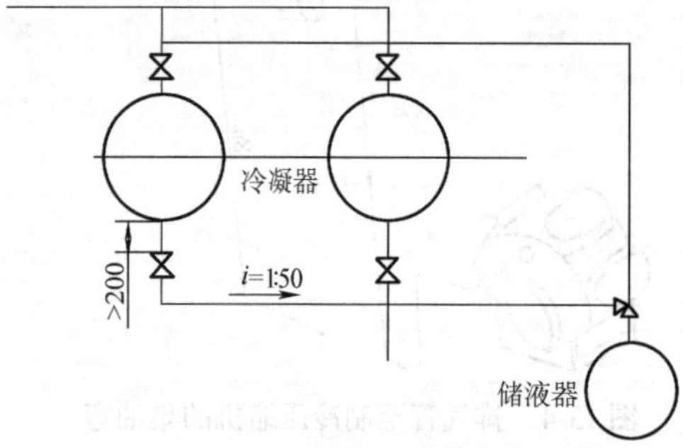

图 13-7　卧式冷凝器与储液器连接方式

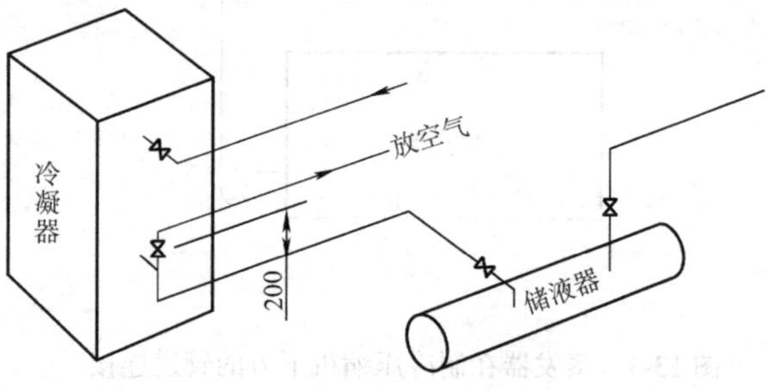

图 13-8　单台蒸发式冷凝器与储液器的连接方式

4. 冷凝器或储液器至蒸发器的液体管道

在冷凝器或储液器至蒸发器的液体管道上，由于安装有干燥器、过滤器、电磁阀等附件，致使产生膨胀阀前压力损失和供液到高处的静液柱压力损失，且管外浸入的热量使制冷剂温度上升。如以上的因素超过制冷剂的过冷度时，将会出现闪发气体，造成膨胀阀的供液量不足，而降低制冷能力。为防止产生闪发气体，应在制冷系统中设置气热交换器，使膨胀阀前的液体制冷剂得到一定的过冷。

在氟利昂系统中设置的热交换器如图 13-9 所示，它是从储液器引出的高压液体制冷剂与来自蒸发器的低压气体制冷剂进行热交换，使高压液体制冷剂得到过冷，同时在热交换过程中夹杂在低压气体制冷剂中的液滴吸收热量而汽化，可防止压缩机出现湿冲程。

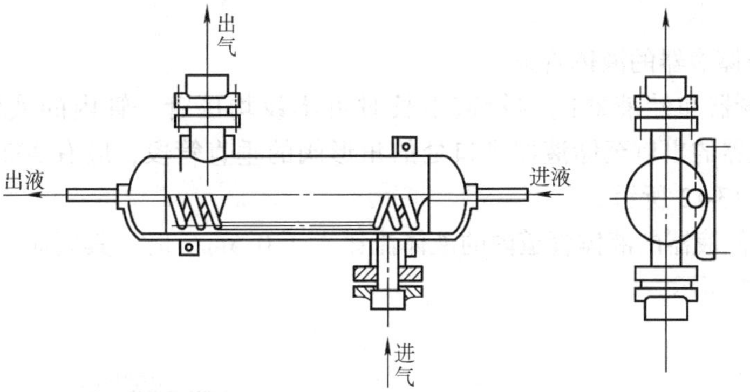

图 13-9　气热交换器

为防止环境温度的影响，当液体制冷剂温度低于环境温度时，可采取保温措施。

（1）单台蒸发器在冷凝器或储液器下面时的管道连接方式　为防止在制冷系统停止运行时液体制冷剂流向蒸发器，在系统中没有安装电磁阀的情况下，应安装倒“U”形液封管，其高度不小于 2000mm，其连接方式如图 13-10 所示。

（2）多台蒸发器在冷凝器或储液器上端时的管道连接方式　采用多台蒸发器在冷凝器或储液器上端时，如不能避免产生闪发气体，可按图 13-11 所示的连接方式，使每台蒸发器较均匀的流过闪发气体。如果液体管道的压力损失较大，则膨胀阀尺寸应比充分过冷时增大一号。

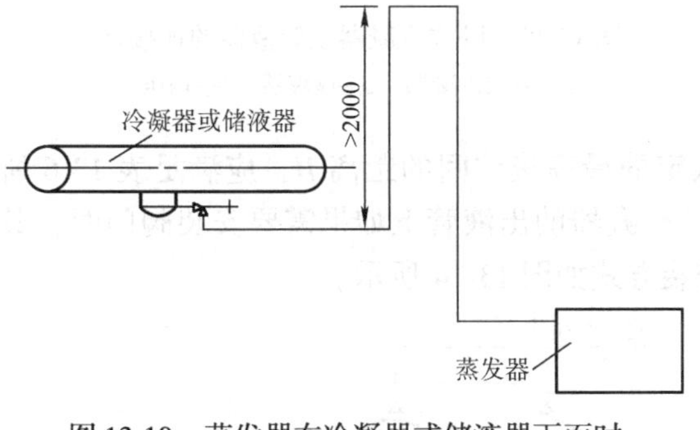

图 13-10　蒸发器在冷凝器或储液器下面时的管道连接示意图

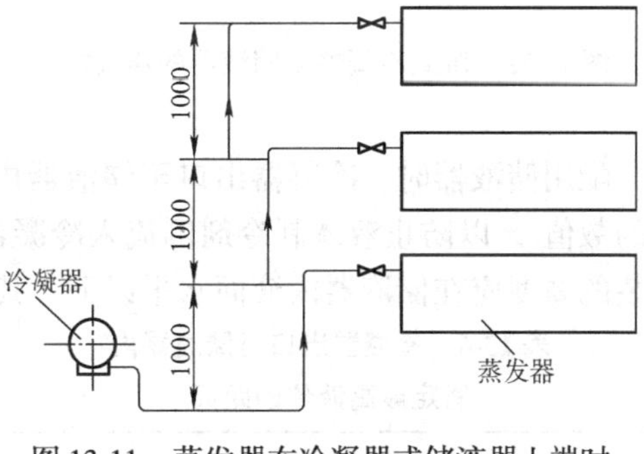

图 13-11　蒸发器在冷凝器或储液器上端时的管道连接示意图

13.4.3　氨制冷管道布置

1. 制冷压缩机吸气管道

由蒸发器至制冷压缩机的吸气管道应有 5∶1000 ~ 1∶100 的坡度，斜向蒸发器，防止管道中的液体制冷剂进入制冷压缩机中造成液击现象。

另外，为防止管道的干管内液体制冷剂进入制冷压缩机，吸气支管应从干管的顶部接出。

2. 制冷压缩机排气管道

制冷压缩机排气管道应有大于或等于1:100的坡度，斜向油分离器和冷凝器，防止排气管道中的润滑油进入制冷压缩机，造成液击现象。

另外，排气支管应从排气干管的顶部或斜向接出，防止管道内的润滑油进入停开的制冷压缩机中。

3. 冷凝器至储液器的液体管道

1）卧式冷凝器和储液器间的管道不长时可不设均压管，管内的液体流速不应大于0.5m/s。由冷凝器的出口至储液器进口处的角形阀的垂直管段，应有300mm以上的高差。其连接方式如图13-12所示。

如冷凝器至储液器的液体管道内的液体流速大于0.5m/s时，其间应安装均压管。其连接方式如图13-13所示。

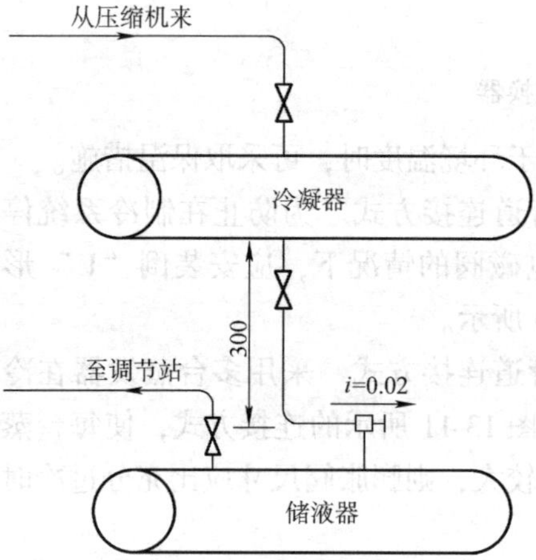

图13-12　卧式冷凝器至储液器的连接之一

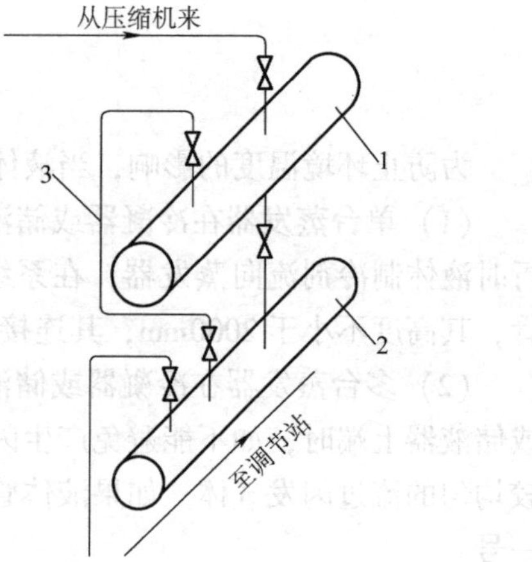

图13-13　卧式冷凝器至储液器的连接之二

1—卧式冷凝器　2—储液器　3—均压管

配用储液器时，冷凝器出口至储液器内假定的最高液位间的距离H，应满足表13-6所列的数值，以防止液体制冷剂倒流入冷凝器。冷凝器的出液管上如果需要安装阀门时，其安装的高度应在储液器内液面水平以下。其安装方式如图13-14所示。

表13-6　冷凝器出口至储液器内假定最高液位的距离

液体制冷剂最高流速/（m/s）	冷凝器至储液器之间的阀门	H（最小）/mm
0.75	无阀门	350
0.75	角形阀	400
0.75	直通阀	700
0.5	无阀门、角形阀、直通阀	350

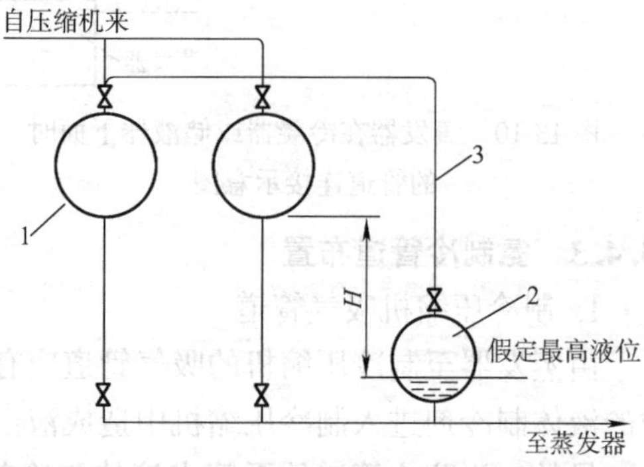

图13-14　储液器与冷凝器的连接方式

1—冷凝器　2—储液器　3—均压管

2）蒸发式冷凝器与储液器之间的液体管道，参见氟利昂制冷系统中的图 13-8。

4. 浮球调节阀的安装

为使蒸发器达到一定的热交换效果，但又要避免将液体制冷剂带入制冷压缩机而产生液击现象，必须注意蒸发器中的液位既不能过低也不能过高。

在卧式蒸发器上安装浮球调节阀的高度 h，应根据蒸发器管板间的长度 L 与筒身直径 D 的比值来确定，其安装方式如图 13-15 所示，高度见表 13-7。

表 13-7　浮球调节阀安装高度

管板间长度 L 与筒身直径 D 的比值	浮球调节阀安装高度 h
$\frac{L}{D}<5.5$	$0.8D$
$\frac{L}{D}=5.5\sim7$	$0.75D$
$\frac{L}{D}>7$	$0.65D$

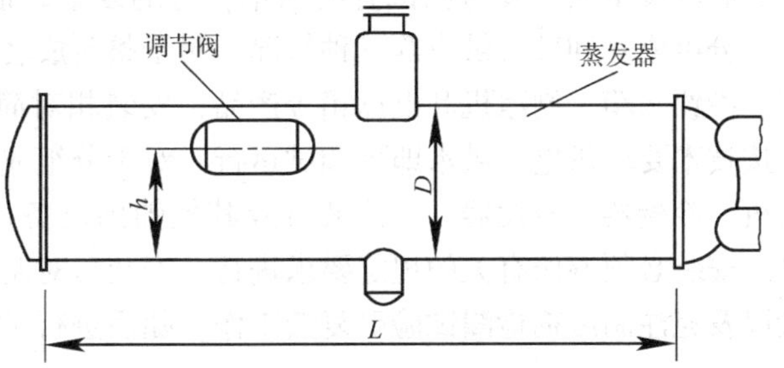

图 13-15　浮球调节阀安装位置

13.4.4　水管路布置

水冷冷凝器中冷却水大部分是强制通水，即用泵强制供水，大型制冷机都有一个水泵，而小型制冷机冷却用自来水供给。

直接把冷凝器出来的冷却水放掉，而不循环使用的冷却水系统称为放流回路。放流回路受到水质、水量、成本及地形条件等各方面限制。因此，制冷机上的冷却水常常循环使用，即称为循环回路。循环回路基本上都用泵来强制通水，回路上有一个冷却器或冷却塔。图 13-16 所示为有冷却塔的水管系统管路布置。

水管多用钢管，它比铸铁管质量轻，施工方便，而且耐冲击，可是与铸铁管比较，也有易腐蚀的缺点。此外，排水管还可用塑料管，如硬质聚氯乙稀管，它的特点是质量轻，价格便宜，极易施工，适用温度在 $-10\sim+50$℃之间。

各种冷却水管和盐水管的管径应根据管内水速求取，如水管内流速选得不好，水管系统可能会产生较大的噪声，俗称水锤。水速一般取 1.5m/s 左右，低扬程的清水泵，使用 0.7～1.0m/s 的水速。

在一个管路系统中要供给几台制冷机使用冷却水，由于它们的冷却水量不同，应注意各个水管的管径比。在冷凝器的出口处装上流量调节阀，以便负荷变化或水温变化时调节水流量。管路系统的最低处，应用 T 形接头，并装上阀门，使得能够放水，这样在冬天，制冷机停用时，不至于管路上残留下的水冰冻，造成冷凝器、水泵或水管冻裂。对于较长的水平管应设支承，防止其振动和产生噪声。

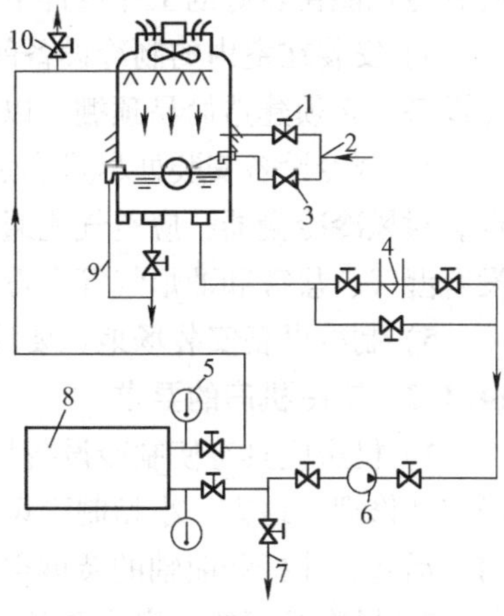

图 13-16　冷却塔的水管系统管路布置示意图

1—手动给水　2—给水管　3—自动给水　4—过滤器　5—温度计　6—泵　7—排水（水管最低处）　8—冷凝器　9—溢流管　10—放空阀

第14章 制冷设备的安装与调试

制冷设备的种类繁多，服务对象多样。制冷产品的类型、制冷量的大小和结构也有差异。制冷设备的安装与调试有的简单，有的复杂。根据制冷产品整体结构形式，有整台成套、分组成套和散装供应等三种情况。对于整台成套的制冷设备，例如家用窗式空调器、冷柜、冷饮水箱、制冰机和电冰箱等产品，安装相对简单，没有接管，只需检查和开启阀门，并按技术要求供电、供水即可调试运行。对于分组成套和散装供应的产品，安装工作包括压缩机、冷凝器、蒸发器、节流装置及其他辅助设备相互位置的固定和各部件之间的管道连接。安装必须遵照有关的规定要求进行。安装后对制冷系统进行吹污、气密性试验、真空试验以及充注制冷剂检漏试验等复杂工作，随后进行试运转和验收工作。

14.1 制冷设备安装的基本要求

14.1.1 安装场地的要求

1）制冷机的运转会产生振动和噪声，制冷系统中的制冷剂有可能泄漏，特别是氨制冷机氨气的泄漏，会严重污染空气，并危害人体。因此，安装制冷设备时应考虑对周围环境的影响。

2）对于整体式制冷设备或组装式压缩冷凝机组的安装地点必须远离炉灶、烘房等热源，使制冷机能在良好的工作条件下运行。

3）安装在室内的制冷设备的地基、地面和房屋应具有足够的强度。对安装在室外的制冷设备，必须建造简易顶棚，以免设备经受风雨、积雪和日光照射，产生各种不良情况。

4）制冷设备安装处尽量靠近水源、电源。对水冷冷凝器，应选择水质好、水源近的地点。对风冷冷凝器，应空气流通，并注意季风的风向等。制冷设备周围环境应具有灰尘少，没有湿气、盐雾和油烟气等有毒或腐蚀气体等条件。

5）制冷设备安装场地也要注意安全、检修的方便、美观等事项。

14.1.2 制冷机房的要求

1）机房应具有使制冷设备易于保养和检修的空间，也就是说，必须留有可供管理人员操作和修理的地方。小型制冷设备大多没有机修场地，但也应保证有进行压缩机气缸盖、阀门、活塞、连杆和曲轴的装拆空间。

2）风冷机组的机房应宽敞，空气要畅通。若通风不良，则必须采取通风设备，一般可按1kW制冷量要求换气量$6m^3/h$计算选择风机，使机组具有良好的散热条件。

3）对水冷机组，机房应保证供水方便，冷却水管应专管供水，水温一般要高于35℃，水压力不低于0.12MPa，进水管上应装有阀门以调节水量。

4）机房内的环境温度不应超过40℃，也不要低于0℃。

5）制冷系统的清洁度和干燥度要求很严，安装机房必须清洁，为了防止潮气和水分侵入系统内，安装工作最好在晴朗的天气进行。

14.1.3 制冷设备安装施工要求

1）制冷压缩机应该尽量与蒸发器、冷凝器靠近，各种制冷设备的连接管要短、直，以减少管道中制冷剂的流动阻力和机组的冷量损失。

2）较大冷量机组或对防振有较高要求的机组，应浇注整体基础，对于小型机组，若运转平稳，可不浇注基础，但要埋浇地脚螺栓。

3）由于制冷机运行时的振动会传给连接管道，当管道穿过墙壁或地板面时，往往会引起共振，为了减少噪声，接管通过这些部位应有防振措施。

4）对单独分装的蒸发器和冷凝器等应检查内部清洁情况，装接前，要用氮气或干燥空气吹净残存的泥沙、铁屑等杂质。所有接管也都需要进行清洁。如果分装的机组出厂前已经处理，需要做好验收、保管。

5）施工中要做到连接管路具有可靠的密封性，以免制冷剂在系统中漏出或漏入。

6）制冷设备上的电动机应专线供电。

7）制冷设备上使用的仪表板、管路上的操作阀件和观察窗应面向操作方便的方向，以利操作和观察。

14.1.4 制冷设备基础浇注要求

大型制冷设备需要浇注基础，基础的设计应能承受制冷设备静、动及振动载荷，并要考虑邻近设备和建筑有无特殊要求，因而通常必须根据机房具体位置与情况确定。

通常基础用标号不低于 150 号的混凝土捣筑。混凝土由水泥、砂碎石和水拌合后凝固而成。所用的砂子要坚硬、洁净，其所含的泥污粉末不能超过总质量的 5%，最好砂子为硅砂。石子也要洁净，其大小约为 5 ~ 50 mm 直径。砂子的粗细、石子的大小要搭配使用。

混凝土常采用水泥、砂子、石子的容积配合比为 1:2:4、1:3:5 或 1:3:6。

搅拌混凝土时要拌得均匀透彻。加入的水量要适当，这是因为加入的水量仅一小部分约加 20% 与水泥发生水化作用，而其余的水则游离蒸发，这样游离水蒸发后，其原来所占的空间就变成微小的空隙，使混凝土的强度受到影响，所以水量不能太多。但是水量太少则不易拌透，浇注时也不易捣实，亦将造成大量的微小空隙。混凝土拌合时的用水量可按所用水泥质量的 60% 左右计算。

浇注混凝土前还须检查模板支撑是否牢固，模板是否已清洗干净，基坑是否有积水，然后对模板间断浇水 2 ~ 3 次，使板缝胀严并可避免木板吸收混凝土的水分。地脚螺栓模孔壳的木料也须浸湿。

基础要一次捣筑完毕，在浇注中的间歇时间一般最多不超过 2 h，混凝土浇入模框中时，中间存有很多空隙，必须随时捣实，排除其中的空气，达到致密程度，养护一个月后可以进行验收使用。

图样上所注的制冷设备的标高为实际的标高，为了对设备放置垫铁进行找平和灌浆，因而要在设备底面与基础顶面之间留出一定空隙，一般为 20 ~ 30 mm ，因此，基础的捣筑高度要比图样所标注的高度低一些。当设备放上基础时，用垫铁垫高至设计高度。

14.2 制冷压缩机安装

安装前的准备工作，是安装过程的一个重要阶段和环节，它关系到整个安装工程能否全面地、多快好省地完成。安装前的准备工作实际上贯穿于安装的全过程，有总的安装前准备，也有分阶段或工序间的准备。从工程开工前到全面施工阶段，需要进行一系列的准备工作。因此，安装前的准备工作是一项有计划、有步骤、有阶段性的工作。

安装前准备工作的基本任务是：了解工程的特点、工程总进度的要求，了解设备基础的交付时间、设备材料供应到货情况、现场安装条件、技术的复杂程度以及人力、机具的部署等。制定切实可行的施工方案，为全面施工创造必要的条件。

14.2.1 中小型压缩机的安装

中小型压缩机大多数是氟利昂制冷机，它们有全封闭、半封闭和开启式机器。通常这类压缩机都安装在机座上，中间垫以防振垫圈，防振材料使用橡胶或橡胶加弹簧，这样可防止压缩机的振动直接传到机座上和控制板上。当压缩机同蒸发器和冷凝器等连接时，实际上将振动源与固定部件结合起来。因此，接管还应该注意其强度和共振方面的情况。封闭式压缩机同其他部件的连接接管通常用钎焊，焊接时必须严防管内表面产生氧化膜，否则产生的氧化膜碎片，将使制冷循环发生故障。因此，必须采用充入氮气等进行保护。半封闭和开启式机器同其他部件的连接接管一般采用喇叭口接头。

14.2.2 大型压缩机的安装

大型压缩机多数为开启式。安装前须浇注基础，然后把基础面上的螺钉孔两旁放置垫铁处表面铲磨平正，并在其周围的基础面上打凿小坑（大约在100cm^{2}范围内有2~3个直径为100cm、深约10mm的小坑），以使灌浆层结合牢固。放置垫铁后，可将压缩机和电动机吊放在基础上。机座的中心位置可按基础上所画的中心线进行调整，垂直高度和水平位置的调整可用橇棒或小千斤顶将机器抬起。

大型压缩机的找平工作是安装中不可缺少的一个环节。

1. 对活塞式压缩机找平

通常把水平仪放在压缩机加工基准面上，如曲轴的伸出端，利用垫铁调至水平，使纵向和横向坡度不得大于0.2:100。对于压缩机和电动机安装在公共底盘上，因机器在出厂前已经校好水平，所以安装时只需在公共底盘的加工表面上找水平，用垫在底盘下的垫铁进行调整。至于电动机和压缩机不在同一底盘上，应根据压缩机的位置，找正电动机水平。电动机和压缩机的传动用带轮，则用千分尺检查带轮端面和铅垂线的距离及带轮的径向摆动，其允许偏差值见表14-1。

表14-1 带传动的端面偏差和径向偏差的允许值

名 称	带轮直径/mm			
	≤150	150~300	300~600	≥600
端面偏差	0.10	0.15	0.25	0.40
径向偏差	0.05	0.08	0.12	0.35

电动机和压缩机为直接传动，则应调节它们的同轴度，可用百分表测量径向和轴向偏差允许值，见表14-2。

2. 螺杆式制冷压缩机找平

螺杆式制冷压缩机的一般结构形式均为压缩机通过弹性联轴器与电动机直接连接，且与油分离器及油冷却器等部件置于同一机架上，出厂时即为螺杆制冷压缩机组。其找平工作应对机组底盘，使纵、横向坡度不应大于 1∶1000。至于压缩机与电动机的同轴度应调整至符合产品使用说明书的要求。

表 14-2　直接传动的径向和轴向偏差的允许值

压缩机转速/（r/min）	径向和轴向偏差/mm	
	固定联轴器	弹性联轴器
500	0.10	0.15
750	0.08	0.10
1500	0.06	0.08
3000	0.04	0.06

压缩机找平后，即可进行灌浆。此时应检查地脚螺钉挂设清况，螺栓顶端一般高出螺母 2～3 个螺纹牙。灌浆工作一定要一次完成，中间不能间断，灌满浆后要捣动，使其致密。灌浆及其养护工作要在气温不低于 5 ℃ 时进行，否则须采取加入防冻剂或加热等措施以保证质量。待浆凝干后，约需要 7 d 左右，再把地脚螺栓拧紧。最后，再作一次水平与垂直方向上的同轴度调校。

14.3　制冷换热器及辅助设备安装

14.3.1　冷凝器安装

1. 小型冷凝器

小型冷凝器多数是用在氟利昂机组上，形式有各种各样，可分为风冷和水冷两大类，而风冷冷凝器又可分为自然通风和强制通风两种。通常水冷和强制通风的冷凝器同压缩机一起安装在底架上，组成压缩冷凝机组。自然通风的冷凝器一般安装在制冷设备通风好的地方，家用电冰箱的冷凝器往往放置在箱体的背部或两侧。冷凝器中制冷剂进出管接口用喇叭口或钎焊。

2. 立式冷凝器

立式冷凝器用于氨系统，一般安装在室外钢筋混凝土水池之上。其安装方式有三种。

(1) 装于水池顶部预先在有钢筋混凝土的池顶上 按照冷凝器筒身的直径开孔，并按冷凝器地脚螺栓的位置预埋地脚螺栓，待冷凝器吊装就位及找正后拧紧螺母。

(2) 装于水池顶的工字钢或槽钢上　将工字钢或槽钢搁置于水池顶部，用预埋的螺钉固定。然后把冷凝器吊装在工字钢和槽钢上。

(3) 装于预埋的钢板上 这种方法对安装冷凝器更为灵活，便于调节。在水池上预埋钢板，钢板与钢筋混凝土池壁的钢筋焊牢。安装时先按冷凝器底板螺孔位置将工字钢或槽钢放在预埋钢板上，待冷凝器安装完毕后将工字钢或槽钢与预埋钢板焊牢。

3. 卧式冷凝器

卧式冷凝器一般装于室内，可置于槽钢底架上，也可装在混凝土基础上。为了节省占地面积，往往同储液器一起安装在底架上，此时卧式冷凝器的安装高度比储液器稍高些。卧式冷凝器安装时应对放油管端有 2∶1000～3∶1000 的倾斜度。

卧式冷凝器设有压力表、安全阀和均压管。为了使冷凝器的冷却水系统正常运转，应将封头盖顶部装设的小阀门开启，排除冷凝器内的空气，待运转正常，将空气排除后关闭。为了在检修时将冷却水放出，应在封头盖底部装设排水阀门。

（1）平面布置　卧式冷凝器的平面布置如图 14-1 所示。图中右侧要留出的尺寸，相当于冷凝器内管束长度，以便更换或检修管束。如室内的面积较小，也可在卧式冷凝器端面对应的位置上开设门窗，利用门窗由室外更换装入管束。卧式冷凝器的安装如图 14-2 所示。图中的 H 尺寸根据设计要求或实际要求而定。

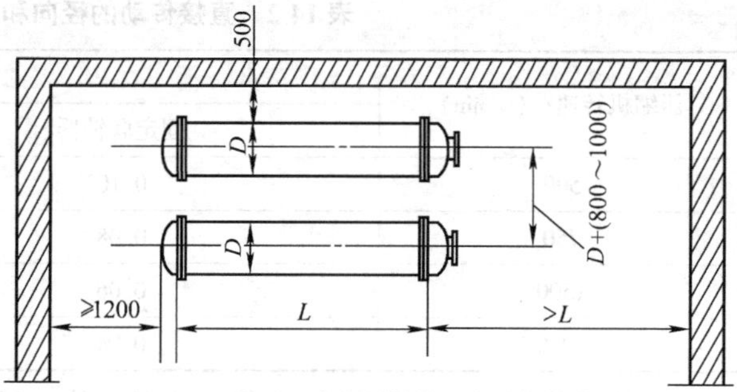

图 14-1　卧式冷凝器的平面布置

（2）安装高度　为了节省设备占地面积，也可将冷凝器安装在储液器上，支架可采用槽钢制作。垂直安装的高度及间距如图 14-3 所示。

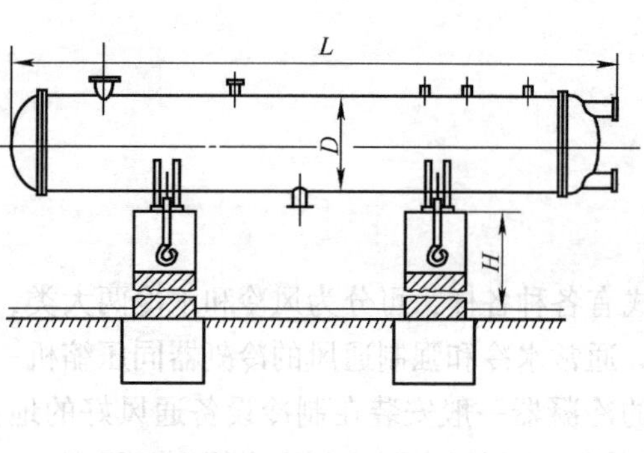

图 14-2　卧式冷凝器的安装

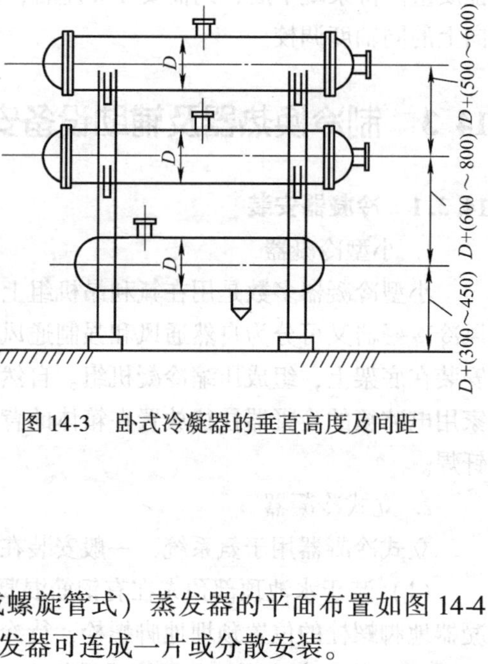

图 14-3　卧式冷凝器的垂直高度及间距

14.3.2　蒸发器安装

1. 立式蒸发器的安装

（1）平面布置　为了便于运行维护，立式（或螺旋管式）蒸发器的平面布置如图 14-4 所示。三台或三台以下蒸发器可靠墙布置，多台蒸发器可连成一片或分散安装。

（2）安装　立式（或螺旋管式）蒸发器安装前，应对水箱箱体进行渗漏试验，即盛满水保持 8～12h，以不渗漏为合格。然后便可将箱体吊装到预先做好的上部垫有绝热层的基础上，再将蒸发器管组放入水箱内。应使蒸发器管组垂直，并略倾斜于放油端，各管组的间距应相等，采用水平仪和铅垂线检查其安装是否符合要求。为避免基础绝热垫层的损坏，应在垫层中加放与保温材料厚度相同、宽 200mm、经过防腐处理的木梁。保温材料与基础应做防水层。组装完毕，蒸发器的气密性试验合格后，即可进行保温工作。

在安装立式搅拌机时，应将刚性联轴器分开，清除内孔中的铁锈及污物，要注意原定的连接方向，使孔与轴能正确的配合。将搅拌机轴和电动机轴清除干净，用刚性联轴器将两轴进行连接。

2. 卧式蒸发器的安装

卧式蒸发器和卧式冷凝器一样，是安装在已浇好而且干燥后的混凝土基础或钢制支架上，在其底脚与支架间加放 50～100mm 厚的经防腐处理的木块，并应保持水平。待制冷系统压力试验及气密性试验合格后，再进行保温。

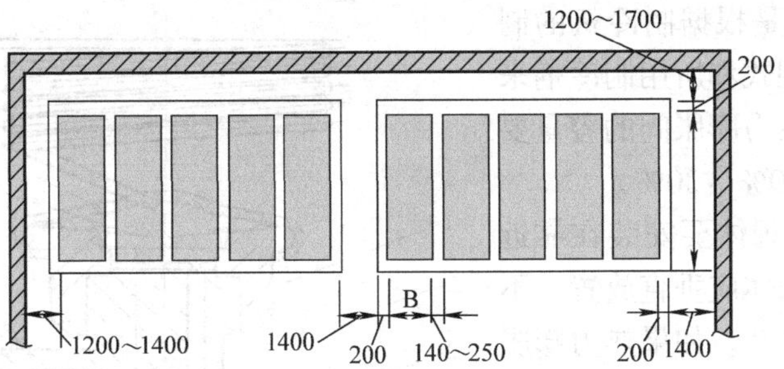

图 14-4 立式蒸发器的平面布置

蒸发器安装时应尽量减少冷桥，如放置在经过防腐处理（用煤焦油涂刷）的垫木上。空调用的卧式蒸发器，由于其蒸发温度高，在蒸发器底脚与混凝土基础之间不需要垫木。

14.3.3 节流机构安装

1. 毛细管

毛细管把冷凝器出来的高压制冷剂液体减压降温，变成低温低压的湿蒸气，然后在蒸发器里汽化吸热，它是一种最简单的节流装置，大量用于小型制冷机上，在装配时应注意以下几点：

1）由于不同管径和长度的毛细管及制冷剂在节流前的过冷温度对制冷剂流量影响很大，安装前毛细管的管径大小和长度必须按产品设计要求选择。

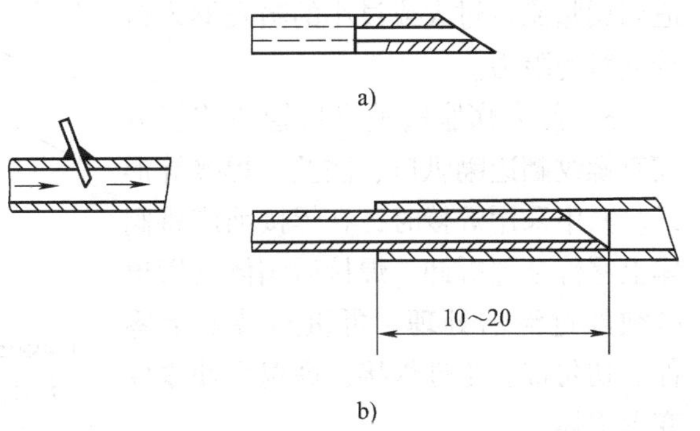

图 14-5 毛细管的连接
a）毛细管的端部处理 b）毛细管与粗管的位置

2）所使用的毛细管应退火处理，退火前须将其两端封闭。退火后的清污过程是用氮气吹净管内灰尘，然后用酸洗→水洗→钝化→水洗→120℃烘干 2h→干燥氮气吹净。

3）毛细管与其他管子焊接前，应将前端仔细地锉削成 30°，如图 14-5a 所示，增加管口面积，在距管口 10～20mm 的外表面锉干净，粗管口内表面也同样处理，再采用低熔点银焊焊接，有的可以用锡焊（图 14-5b）。

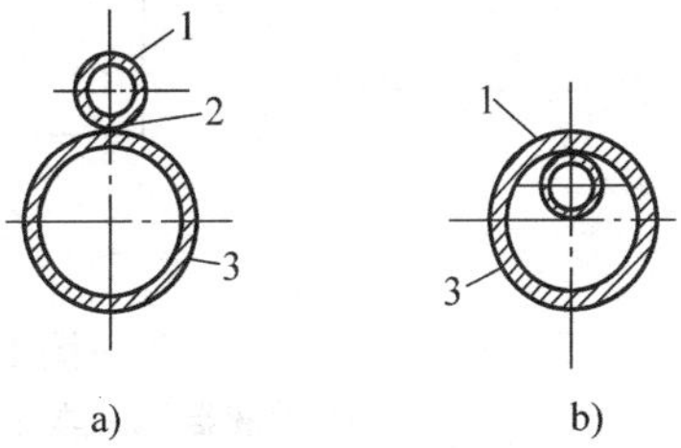

图 14-6 毛细管与回气管的热交换连接方式
a）并行回热连接 b）插入回热连接
1—毛细管 2—焊接处 3—回气管

4）毛细管与吸气管可以回热，图 14-6 有两种结构，其一与回气管并行焊接，其二插入回气管内，使毛细管内制冷剂液体过冷度变大，提高制冷效果，同时又达到了保护毛细管的目的。

2. 热力膨胀阀

热力膨胀阀一般用在氟利昂制冷机上，它是一种节流装置，安装在冷凝器（或储液器）出液管和蒸发器之间，依靠蒸发器出口处制冷剂气体的过热度变化来调节制冷剂流量。图 14-7 是内平衡式热力膨胀阀的结构图，图 14-8 是它的安装系统图。它的安装特点如下。

1）热力膨胀阀是根据制冷机的制冷量和制冷系统的型式和所用制冷剂来选定的，所选用的热力膨胀阀的容量要大于系统制冷量的 20% ~30%。

2）热力膨胀阀阀体要安装在靠近蒸发器入口管端，阀体应垂直放置，不能倾斜更不能颠倒安装。如果热力膨胀阀节流后流入多个蒸发器，需要接分配器，再流入分配支管。对于不采用分配器而应用总管加支管的系统，各支管的截面积总和不得超过热力膨胀阀出口总管的截面积，无论蒸发器各组管道入口远近，所有支管长度要相同，调试中要适当调整流量过大或过小的蒸发器入口端支管的阻力。

3）热力膨胀阀进出口管道连接方式有螺纹翻边喇叭口、法兰、焊接等形式。其中采用焊接时，在焊接前应将阀体上零件全部拆卸，焊接后阀体与管道必须经过清洁处理，再重新装配上零件。切勿带着零件焊接，高温会使零件变形损坏。

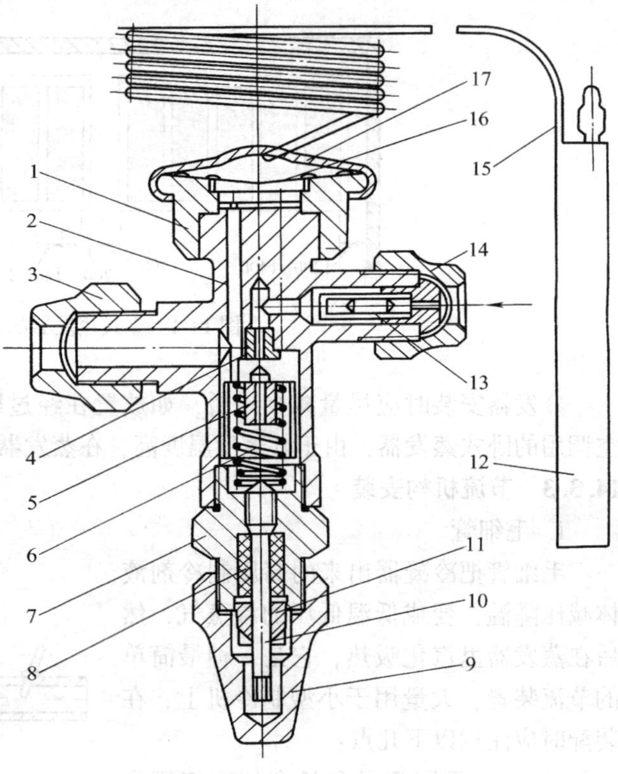

图 14-7　内平衡式热力膨胀阀的结构图

1—阀体　2—传动杆　3—螺母　4—阀座　5—阀针　6—弹簧　7—调节杆座　8—填料涵　9—帽罩　10—调节杆　11—填料压盖　12—感温包　13—过滤器　14—螺母　15—毛细管　16—感应薄膜　17—气箱盖

4）感温包应安装在蒸发器出口段吸气管上，并且应远离压缩机吸气口 1.5m 以上，其安装的正确位置如图 14-9 所示。

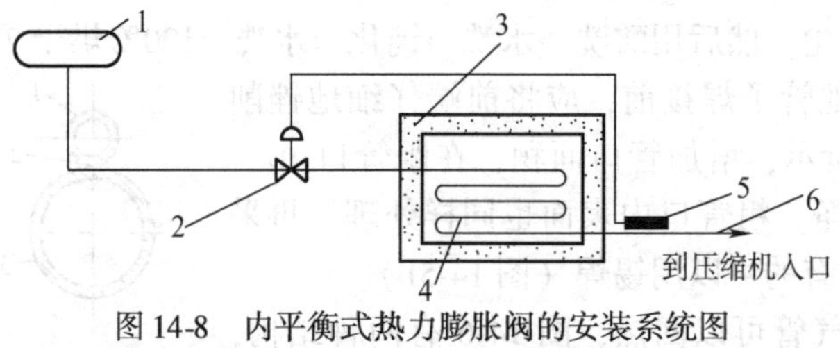

图 14-8　内平衡式热力膨胀阀的安装系统图

1—储液器　2—热力膨胀阀　3—冷库　4—蒸发器　5—感温包　6—压缩机吸气管

从图 14-9 中可见，当水平回气管直径小于 20mm 时，感温包可装在回气管的上端，如图 14-9a 所示。当水平回气管直径大于 20mm 时，感温包可装在吸气管水平轴线以下与水平线成 45°左右的位置，如图 14-9b 所示，以免吸气管内积液使感温包的传感温度不正确。需要有良好的热传递温度和小的过热度时，吸气管管径超过 50mm 以上可采用图 14-9c 所示的方

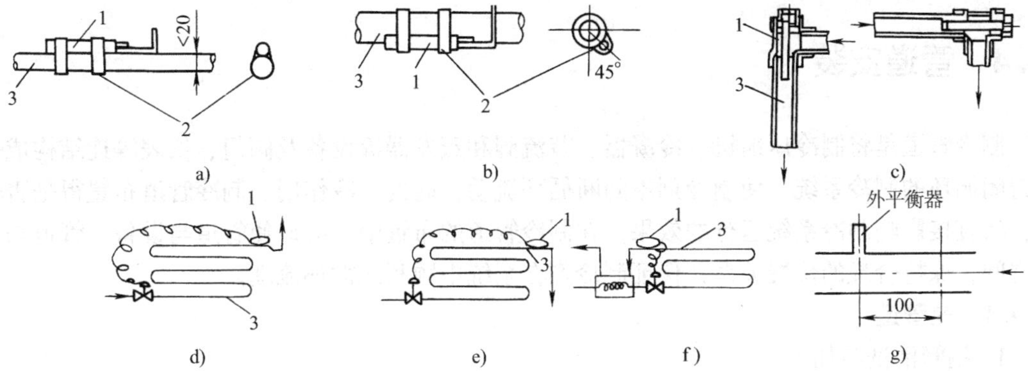

图 14-9 热力膨胀阀感温包的安装位置
a) 水平安装 b) 斜下 45°安装 c) 内插安装 d) 上行管前 e) 下行管前
f) 气液换热器前 g) 外平衡器前
1—感温包 2—固定夹 3—吸气管

式。当回气管垂直向上时，感温包不能装在管段的垂直部分，而必须装在回气管的水平部分，即装在蒸发器出口至集油弯管之前的水平管段，如图 14-9d 所示。当回气管垂直向下时，感温包不能装在垂直向下的管段部分，而必须装在回气管的水平部分，如图 14-9e 所示。当蒸发器出口具有气液热交换器时，感温包应装在气液热交换器之前，如图 14-9f 所示。外平衡式膨胀阀的平衡管一般都安装在感温包后面 100mm 处的回气管上，从回气管顶部引出，以防止油进入阀内，如图 14-9g 所示。

5）热力膨胀阀安装时，要注意感温包必须低于膜片上腔，当相对位置高于膜片上腔时，毛细管向上弯成 U 形，以免液体进入膜片上腔，影响调节性能。此外，感温包勿装于受冷、热气流影响的地方，以免感温包的感受温度不正确。感温包安装过程中，还必须保证感温包与回气管接触良好，管子表面要除锈，钢管表面要涂银漆，安装完毕后外表面应包扎绝热防潮材料。

6）氨制冷机所用的膨胀阀（或称节流阀）是手动操作的，安装时应注意阀的操作空间及操作位置的方便性。

14.3.4 阀门安装

制冷系统所用的阀门种类很多，使用阀门前可根据所用制冷剂用压缩空气进行试压，试压进行两次，即阀门打开和关闭各试一次，关闭时试阀芯是否严密，打开时试阀杆密封性是否良好，此时阀的另一端要堵上，通常试压要在试验压力下持续 5min，如无泄漏，则阀的气密性达到要求。另外，要对阀门（如浮球阀、电磁阀等）进行控制性能试验，检查其灵敏度如何。

阀门与系统的连接有法兰连接和螺纹联接，阀门的法兰连接一般用凸凹法兰，连接面应有防漏线，其间放置 1 ~ 3mm 厚的中压或高压石棉橡胶板。阀门的螺纹联接采用锥螺纹联接，联接处应涂抹氧化铅和甘油拌合的填料或用聚四氟乙烯密封带作螺纹的密封。所有阀门必须安装平直，不允许阀门手柄朝下，并注意阀门进出口安装方向。安全阀前应装截止阀，以便检修，安全阀出厂前已经过调整铅封，安装时不得随意拆开。

14.4 管道安装

制冷管道是将制冷压缩机、冷凝器、节流阀和蒸发器等设备及阀门、仪表等连结构成一个封闭循环的制冷系统，使制冷剂不间断循环流动，起到制冷作用。制冷管道布置得是否合理，将直接影响制冷系统运行的效果。在制冷管道的布置中，应该使管道与设备、管道与管道之间，保持合理的位置关系，保证制冷剂在系统中顺利地循环流动。

14.4.1 氨管道

1. 钢管清洗与加工

氨管道采用无缝钢管。管子在安装前必领仔细检查并彻底清洁、除锈，否则存留的氧化铁屑、砂粒或其他杂质将损伤压缩机气缸等。清洗方法通常向管内注入质量分数为5%的硫酸溶液，停留1.5~2h，再用质量分数为10%的无水碳酸钠中和，并用清水冲洗干净，用干燥空气吹干，最后用体积分数为20%亚硝酸钝化，也可用汽油或三氯乙烯清洗，洗净后再用干燥空气吹净。

氨管道上的无缝钢管用锯子锯切或气割。所需要的连接弯头可用标准弯头，若自行弯制时，一般弯管半径为：

1）管内不装砂，也不加热，在弯管台上用定心轴弯管，管子弯曲半径不小于外径的2倍。

2）管内不装砂，也不加热，在弯管台上用锭心轴弯管，管子组序弯曲半径不小于外径的4倍。

3）管内装砂，用加热弯管时，最小弯管半径不小于外径的3.5倍。

2. 钢管连接

氨管道连接采用焊接时，常常是壁厚小于4mm的管子用手工气焊，大于4mm的管子应用焊条电弧焊。

电焊焊条可用J422，即结构钢焊条，药皮为钛钙型，含多量氧化钛（金红石或钛白粉）及相当量钙或镁的碳酸盐矿石。气焊焊条为08钢气焊条。

为了使焊池较小，以免液体金属从焊池中流出，进行立焊或仰焊时，将电焊机电流减小10%~20%。管壁小于3mm时，气焊采用2号焊嘴。

接头间隙选择方法为，4mm壁厚以下的管子对焊时可不开坡口；4mm以上则要开坡口。坡口可用气割、风铲或车床加工。如用气割时，割后应将坡口锉平。不开坡口的接头间隙见表14-3。V形坡口尺寸与间隙见表14-4和图14-10。

表14-3 不开坡口的接头间隙

管壁厚度/mm	电焊接头间隙/mm	气焊接头间隙/mm
<2.75	0~1	0.5~1
2.75~3.5	0.5~1	1~1.5
3.5~6	1.5	1.5~2

焊接装配时管端接头不可有过大的错位。两管子中心线允许偏差为：管子直径小于6mm时为0.25mm，管子直径6~8mm时为0.5mm。

表 14-4　V 形坡口尺寸与间隙

管壁厚度 s/mm	接头间隙 a/mm	钝边 b/mm	坡口角度 α/（°）
5 ~ 8	1.5 ~ 2	1 ~ 1.5	60 ~ 70
8 ~ 12	2 ~ 3	1.5 ~ 2	60 ~ 70

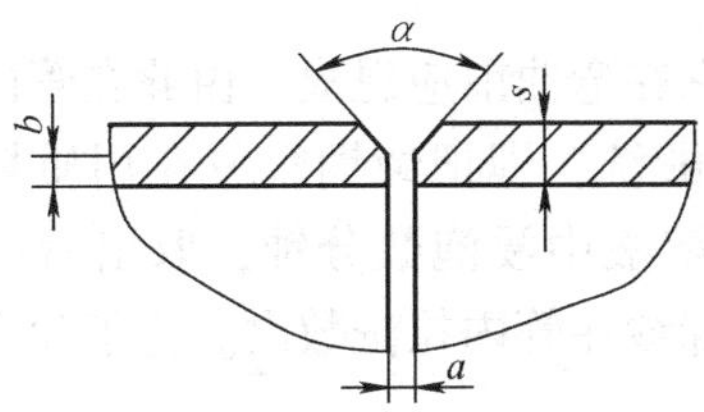

图 14-10　V 形坡口尺寸示意图

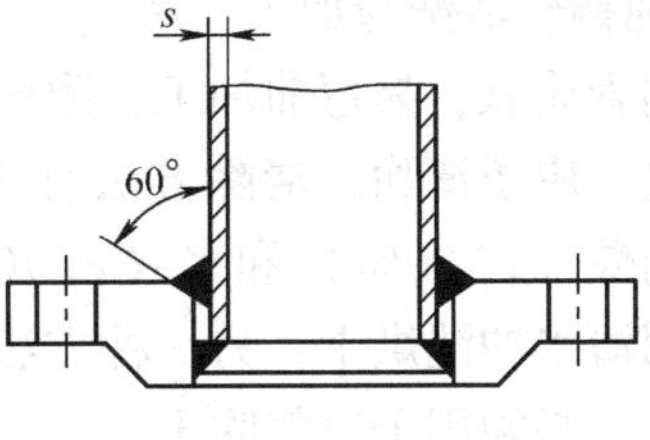

图 14-11　管子与法兰的连接

管子与法兰的连接如图 14-11 所示，管子与管子的连接如图 14-12 所示，其法兰选择以及接头间隙选择可参考有关国家标准。

当不同管径对接时，可将大管径的管口烧红使管口缩小，然后与小管子管口对焊。

氨管道的法兰或螺纹联接是由于安装或检修的需要而被采用的。一般情况下，ϕ38mm × 3mm 及以下的管子可用螺纹联接，但用法兰连接装卸比较方便。无论法兰或螺纹联接，其接头都不可位于墙内或其他不易检修的地方。

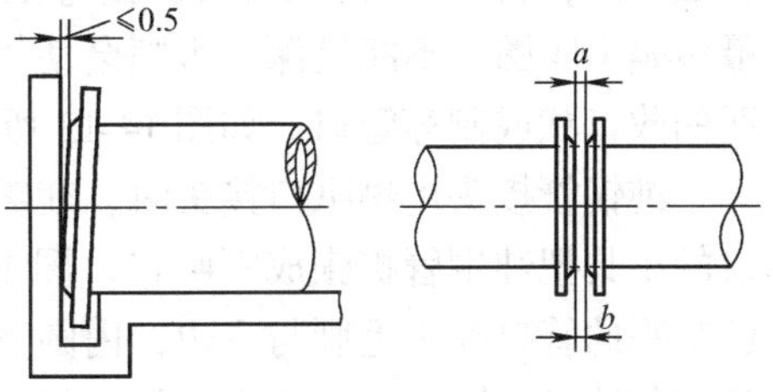

图 14-12　管子与管子的连接

螺纹联接的管子应将螺纹处擦洗清洁，除去油腻、污垢及杂质并擦干，安装时可涂上氧化铅及甘油配制的浆糊状混合物或绕以聚氟乙烯生料带，然后互相拧紧。注意勿使胶浆挤入管口，以防止其干固后缩小管子断面。

氧化铅及甘油混合后干固较快，必须随用随配。如果使用受潮的原料配制，则长久不会干固，用后影响质量，易导致系统渗漏等。氧化铅及甘油的容器在取用后须立即盖紧，以免受潮。

一般无缝钢管管壁较薄，不便套螺纹，在其与螺纹管件联接时，可用一段厚壁钢管（俗称水汀管），一端套螺纹与阀门或管件联接，另一端与无缝钢管焊接。有些螺纹氨阀附有联接短管，安装时就方便很多。在螺纹联接的管路上，在必要的地方要加装活络接头或法兰等管件，否则不便于安装和拆卸。

法兰连接管子时，应在每副法兰的凹片和凸片的密封面上车出两道沟槽以增强密封性。法兰螺钉孔的中心偏差不大于 1mm。法兰垫圈采用耐油石棉橡胶板，厚度为 1.5 ~ 3mm，视管路的压力采用高压或中压两种。安装时在垫圈两面涂以凡士林或石墨粉与机油的调和料。

为了便于装拆法兰螺钉，法兰与墙面或其他平面之间的距离最好不小于 200mm。工作温度高于 100℃ 的管道的法兰，在其螺栓的螺纹上可涂上石墨粉和机油的调合料，以避免日久锈蚀而不易拆卸。

对较长的接管，应在适当的间距设一支撑。当管道通过墙壁时，管子和墙孔上填入防振材料，以免管道振动传给建筑物，管子应尽量避免埋在地下。

14.4.2 氟利昂管道

氟利昂管道中较大管径的管子采用无缝钢管，连接方法同氨管道相同。小管径管子大都采用纯铜管，连接方法多采用焊接或喇叭口接头。

1. 纯铜管清洗与加工

纯铜管质软，易弯曲加工，耐腐蚀，管壁光滑，它在弯曲前应退火，由此在管内壁产生的氧化皮，应予清除。清除方法有两种：一种方法是酸洗，即把纯铜管放在用质量分数为98%的硝酸（占30%）和水（占70%）配制的混合溶液中浸泡数分钟，取出后用碱水中和，并用清水冲洗烘干；另一种方法是用浸过汽油的棉纱在管内拉洗数次。为了除去管子内部的蒸汽，必须用干空气吹干。

对管径为3～25mm的纯铜管可用小割刀切割。割刀在切割管子时，将铜管放在两个滚轮中间，旋转转柄至刀刃碰到管壁上，用手捏紧管子（若手捏不住可用扩口工具夹紧），另一只手捏转柄使整个刀绕铜管顺时针旋转。每转一圈，就顺时针旋转转柄进刀1/4圈。这样边旋转边进刀，转几圈后管子就被割断。注意进刀量最多是1/4圈，不能过深，否则会使管口出现内凹的收口状或割坏管口，如图14-13所示。

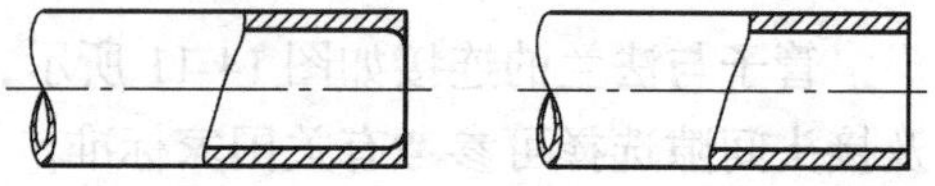

图14-13 割管后的两种切口

a）切口不好 b）切口好

纯铜管接头用喇叭口接头时，就需要用扩管口的工具把纯铜管扩张成喇叭口。图14-14a为扩口工具。其操作方法是，将已退火过的且已割平的管口除去毛刺与飞边，内圆飞边可用三角刮刀刮。将接口套进铜管上，放入扩口工具内与管径相同孔径的孔中，管口朝向喇叭面。纯铜管需露出喇叭口斜面高1/3的尺寸，如图14-14b所示，将工具两头的螺母旋紧，把纯铜管紧固牢。然后用顶压器的锥形支头压在管口上，其拉脚卡在扩口工具内，慢慢旋转螺杆。使管口挤压出喇叭口形，如图14-14c所示。此喇叭口形应是整齐的90°扩角。喇叭口不应有裂口和麻点等缺陷。

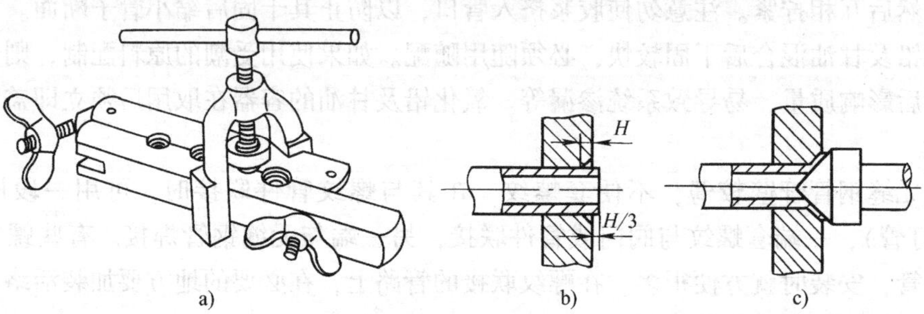

a) b) c)

图14-14 纯铜管扩口

喇叭口产生裂缝，一般是因为管口伸出工具平面过高，挤压时螺杆旋得过快，管子材质太硬（因没有退火）。如发现喇叭口高低不齐，是因为切割管子时，将管口切歪了，或是毛刺、飞边未处理好。

纯铜管的弯曲一般都应用弯管工具。管径大于20mm的纯铜管就要用弯管机弯曲。对小管径的纯铜管一般就用弯管工具手工弯管，如图14-15所示。为了不使弯管处的管壁有凹瘪现象，各种管子的弯曲半径应不小于 5 倍的管径，如图 14-16 所示。不同的管径要用不同规格的弯管模子来弯曲。

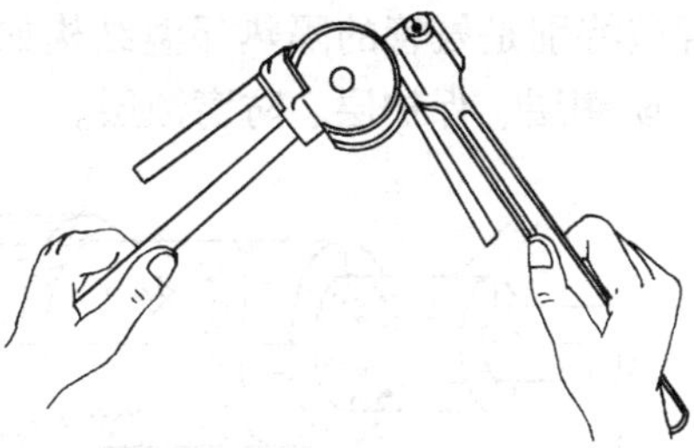

图 14-15　手工弯管

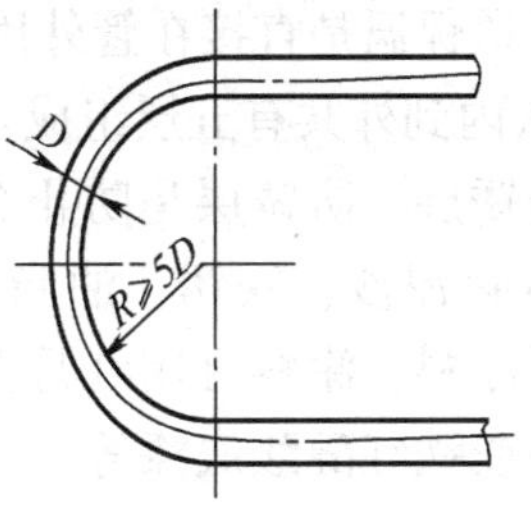

图 14-16　最小弯曲半径

弯管的操作方法是把已退火的管子放入弯管工具，将搭扣扣住管子，慢慢旋转杆柄，使管弯曲。待弯曲到所需角度后，可将弯管退出模具。对管径小于 8mm 的铜管，可用弹簧管套入管内，徒手弯曲。

当管子需要插入钎焊连接时。就需将一根管子口扩张，使另一根管子能插齐扩口管子内再钎焊。扩口内径 D_2 等于接管外径 $d+(0.1\sim0.25)$ mm。可用扩口方法，采用不同的冲头工具。

2. 纯铜管连接

氟利昂系统的密封性要求较高，管道中不需要考虑拆卸的地方尽量采用钎焊连接，以减少系统泄漏的可能性。具体钎焊的工艺参阅前述章节。在焊缝布置时应设在容易检查的部位。此外，还须注意到压缩机有防振基础时，从机组上引出的管道一定要装设一段波纹软管，或把接管绕成一个或两个环形的补偿伸缩节，防止机器振动造成钎焊接头密封性破坏。在焊接过程中，钎焊的质量与加热条件关系很大，加热应均匀，接头处一经充分加热，就立即在钎焊处撒上硼砂粉等焊药，将钎焊条加到焊炬上引向接头，使熔化的钎料填满接头的间隙，形成要求形状的焊缝。

纯铜管用喇叭口接头连接有两种形式，全接头连接，即两端都为螺纹联接，如图 14-17a 所示；半接头连接，如图 14-17b，左面纯铜管用螺纹联接，右面纯铜管则与接头焊接。后一种形式用得比较普遍。从图中连接方式可见，管口扩成喇叭口形的铜管上套上接口后，将接口的螺纹与接头的螺纹接上旋紧而把管子联接起来的，所以称喇叭口接头。应该注意的是喇叭口不能有裂缝，否则就会泄漏制冷剂。

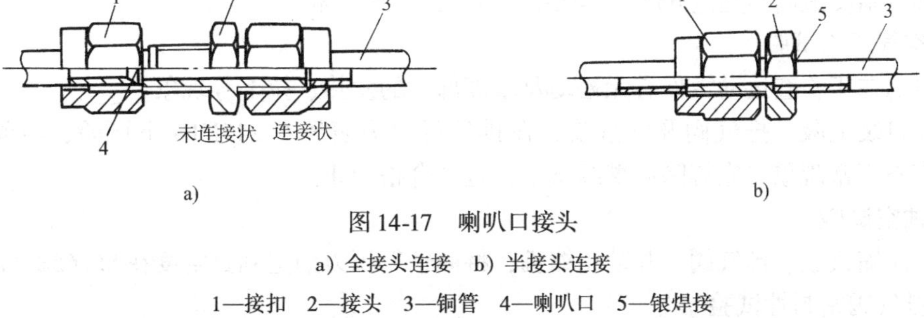

图 14-17　喇叭口接头

a）全接头连接　b）半接头连接

1—接扣　2—接头　3—铜管　4—喇叭口　5—银焊接

在大型冷库、大楼空调的制冷系统中，各种管子沿墙或在地沟内安装时的关系尺寸，应根据管径大小、安装位置、地沟形状等具体情况决定。

14.4.3 管道的隔热保温

小型管道保温是直接在管外用保温管材。大的管道特别是氨管的隔热保温结构如图 14-18 所示，从内到外共有五层组成：防锈层、隔热层、防潮层、保护层、防腐蚀层。

（1）防锈层　防锈层是防止金属产生锈蚀，在管道表面清除泥沙、铁锈、油脂及其他污物之后，涂上的一层涂料，涂料可用红丹防锈漆、铅粉硼钡酚醛防锈漆或铁红醇酸底漆等。已有锈迹的表面应仔细清除铁锈。

（2）隔热层　隔热层的最小厚度应根据隔热层外表面温度高于露点温度的要求进行计算。

（3）防潮层　防潮层主要防止水分进入隔热层而导致的保温性能下降。常用材料有沥青和聚乙烯薄膜。

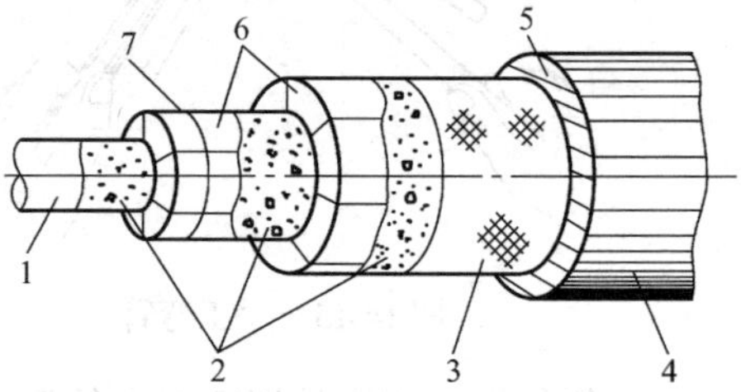

图 14-18　管道的隔热保温结构
1—管道外表面防锈层　2—防潮沥青涂层　3—铁丝网　4—油漆层　5—石棉石膏　6—隔热层　7—镀锌铁丝捆扎

（4）保护层　保护层保护防潮层和隔热层不受机械损伤，使设在室外的管道不因受雨风冲刷而损坏，常用材料有石棉石膏和石棉水泥。

（5）防腐蚀层　在保护层外面再涂上防止保护层腐蚀的带有色别或标志的防腐蚀层，该层还兼有识别管道内工质类型、压力高低和流体流向的作用。

14.5 压缩机的性能试验

对于新产品必须按 GB/T 5773—2004《容积式制冷压缩机性能试验方法》作各种工况下的制冷量和功耗的热力性能试验，考核其热力性能指标是否达到设计要求，在批量生产中也须抽查压缩机的热力性能。

14.5.1 空气试车

空气试车的目的是检查压缩机在空气负荷下的运转情况和使压缩机在较低的负荷下继续磨合，对开启式机器适用。其内容有：

1. 不带阀片的无负荷试验

其目的在于检查运动零部件的装配质量、润滑系统的性能和机器运转的灵活性。试验时间不少于 2 h。停车后检查摩擦部位，如连杆大头表面、轴封外表面等，温升应不超过 25 ~ 30℃，轴承温度最高不超过 65℃，轴封不漏油，声音正常。

2. 空气压力试验

其目的在于检查运动零件有无松动及摩擦部位的发热、拉毛等现象。

压缩机装上吸、排气阀及气缸盖，在排气压力为表压 0.245MPa 下试验，时间不少于 4h，如有不正常现象，应排除后继续试车，直到合格为止。

3. 抽空试验

关闭压缩机吸、排气阀。开动压缩机，将曲轴箱压力抽空到真空度在 86.658kPa 以上。

4. 排气阀密封性试验

一般在完成抽空试验后，在排气管的压力加到表压 0.98MPa，曲轴箱的压力从真空度

86.658kPa 回升到零的时间，应不少于 15min。

5. 空气排量测定

吸气压力为大气压力。进行空气排量测定时，排气压力对氨压缩机为 0.392MPa 表压，对氟利昂压缩机为 0.294MPa 表压。

测定方法有两种，一种叫节流装置法，一种叫气包法。

要求测定的空气排量与同类型第一台合格产品的空气排量的偏差，应与标准制冷量允差一致。

6. 密封性试验

将表压为 0.98MPa 的空气或氮气充入压缩机中，用肥皂水检漏，所有金属连接处和轴封不得有漏气现象。

14.5.2　性能试验

1. 气环法试验

中、大型制冷压缩机制冷量和功率的测定都用此种方法。气环法试验系统如图 14-19 所示，其原理是由压缩机排出的高温高压制冷剂蒸气，经高压节流阀 A 节流后进入冷凝器。在冷凝器中少量的制冷剂被冷凝成液体，大部分被冷却。被冷却的气体和被冷凝的液体一道进入储液器，然后分别经气、液节流阀进入调节容器。在调节容器内进行充分的热质交换后，达到预定工况（标准工况，空调工况等）的吸入参数（包括应有的过热度），通过孔板或喷嘴流量计之后，制冷剂蒸气再被压缩机吸入。利用测得的制冷剂流量和温度、压力等参数，计算制冷机的制冷量。

在实际的系统中，往往为了操作、调整的灵活，常附加一些管路和仪表。

制冷量的计算中不考虑制冷剂中含油因素，而实际制冷循环中却含有油，若在蒸气中含有微量油则会引起通过孔板或喷嘴的蒸气流量测定发生误差，即引起压缩机制冷量的测量误差。因此，测试标准规定用气环法进行测量时制冷循环中气体含油量应少于 1.5%（质量分数）。为此，在测试系统中增加了油分离器，安装于压缩机排气端后，高压节流阀 A 之前。

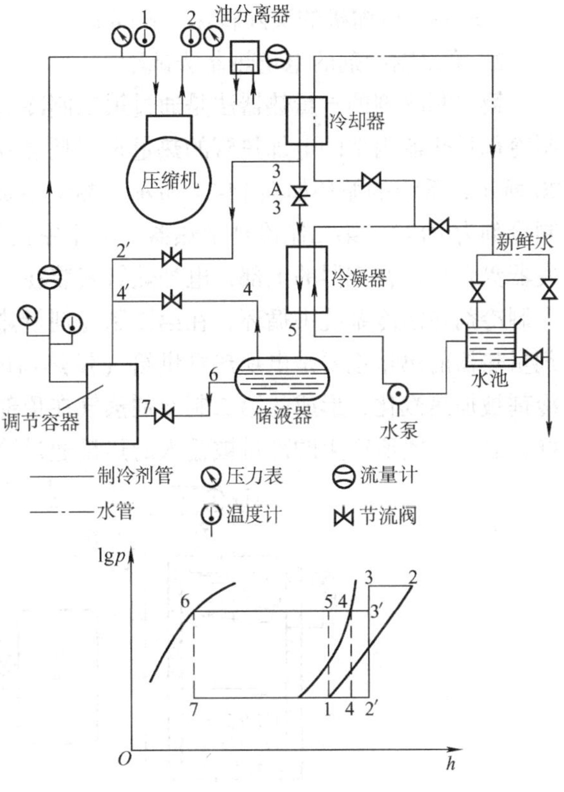

图 14-19　气环法压缩机试验系统示意图

制冷量计算是根据测定的参数，按下式计算制冷剂蒸气的质量流量 q_{mh}（kg/h）

$$q_{mh}=0.0040\alpha\varepsilon d^2\sqrt{(p_1-p_2)\rho} \tag{14-1}$$

式中　α——流量系数；

ε——膨胀系数；

d——节流装置孔径（mm）；

p_1-p_2——节流装置后压力降（Pa）；

ρ——节流装置前对应的制冷剂蒸气的密度（kg/m^3）。

然后可按下式计算压缩机制冷量 Q_0

$$Q_0=0.2778q_{mh}(h_1-h_7)\frac{v_1'n_1}{v_1n_2} \tag{14-2}$$

式中 h_1——压缩机规定的吸气温度、压力下制冷剂蒸气的比焓（kJ/kg）；

h_7——在规定过冷度下液体制冷剂的比焓（kJ/kg）；

v_1——在压缩机规定吸气温度、压力下制冷剂蒸气的比体积（m^3/kg）；

v_1'——在压缩机实际吸气温度、压力下制冷剂蒸气的比体积（m^3/kg）；

n_1——压缩机的规定转速（r/min）；

n_2——压缩机的实际转速（r/min）。

2. 第二制冷剂的电量热器法试验

第二制冷剂的电量热器法是通过第二制冷剂量热器间接测定制冷量，是利用安置在第二制冷剂量热器内部的电加热管的热量来消耗蒸发器盘管所产生的制冷量。试验装置如图 14-20 所示，系统的循环如图 14-21 所示。测试系统中有两种制冷剂，第一制冷剂为 R22，第二制冷剂为 R123。第二制冷剂量热器是一个密闭的受压的隔热容器，安置在该量热器内的蒸发器盘管悬挂在容器的上部，电加热管安装在容器的底部并被容器内的第二制冷剂浸没。第一制冷剂在制冷系统中循环，在第二制冷剂量热器的蒸发器盘管中蒸发制冷。输入第二制冷剂量热器的热量主要是电加热管供给（量热器的漏热量应不超过 5%），量热器内的第二制冷剂被加热汽化，形成的第二制冷剂蒸气在顶部蒸发器盘管外表面冷凝，重新回到液面。这样，制冷系统所产生的冷量被输入的热量通过第二制冷剂这中间介质间接消耗，当试验系统

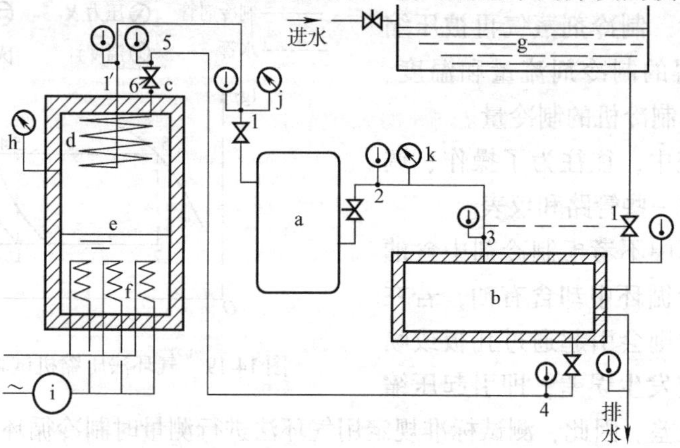

图 14-20　制冷压缩机性能试验装置系统图

a—全封闭式制冷压缩机　b—冷凝器　c—节流阀　d—蒸发器盘管　e—第二制冷剂量热器

f—电加热管　g—静压水箱　h—第二制冷剂压力表　i—电功率表　j—制冷压缩机吸气压力表　k—制冷压缩机排气压力表　l—冷凝压力水量调节阀

的热力状态趋于稳定，表明量热器内趋于动态热平衡。

当系统处于热平衡时，其热平衡方程式为

$$Q_0 = P_h + \Delta Q_l \tag{14-3}$$

式中　Q_0——蒸发器盘管制冷量（W）；

P_h——加热功率（W）；

ΔQ_l——第二制冷剂量热器的热损失（外界传入为正）（W）。

当实际试验工况与规定的试验工况相一致，以及实际供电频率和规定电网频率一致时，蒸发器盘管制冷量即为制冷压缩机的制冷量。若实际的试验工况和规定工况有些差异，根据制冷压缩机制冷量的定义，用以下的公式来求得全封闭式制冷压缩机在规定试验工况下的制冷量。

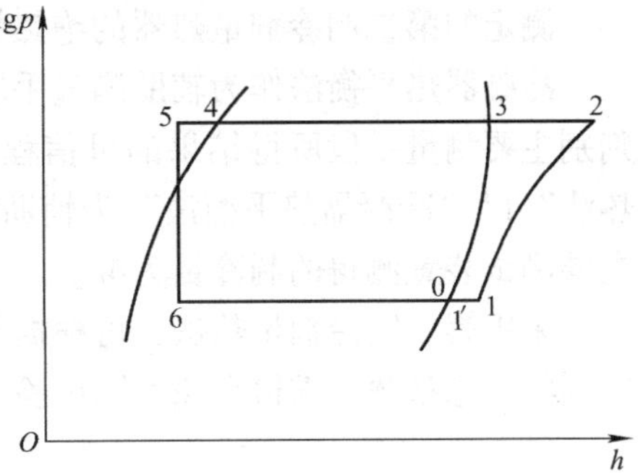

图 14-21　性能试验装置制冷系统循环图

$$Q_p = (P_h + \Delta Q_l)\frac{h_{1n} - h_{5n}\, v_1 f_{1n}}{h_1 - h_5\, v_{1n} f_1} \tag{14-4}$$

式中　Q_p——制冷压缩机规定试验工况下的制冷量（W）；

h_{1n}——规定试验工况下制冷压缩机吸入蒸气的比焓（kJ/kg）；

h_{5n}——规定试验工况下节流阀前液态制冷剂的比焓（kJ/kg）；

h_1——实际试验工况下制冷压缩机吸入蒸气的比焓，（kJ/kg）；

h_5——实际试验工况下节流阀前液态制冷剂的比焓，（kJ/kg）；

v_{1n}——规定试验工况下制冷压缩机吸入蒸气的比体积（m^3/kg）；

v_1——实际试验工况下制冷压缩机吸入蒸气的比体积（m^3/kg）；

f_{1n}——规定试验工况下制冷压缩机供电频率（Hz）；

f_1——实际试验工况下制冷压缩机供电频率（Hz）。

第二制冷剂量热器的热损失需要标定。方法如下：将量热器与制冷系统的阀门全部关闭，接通电加热管电源，供给电能使第二制冷剂蒸发并升压，调节供电量，使第二制冷剂压力稳定于某值，该值所对应的第二制冷剂的饱和温度与环境温度之差不小于15℃，此时维持供电量，其值波动应在±1%之内，并使第二制冷剂压力相对应的饱和温度的波动不大于±0.5℃，读得电加热量 Q_d。

第二制冷剂量热器热损失系数为

$$K_F = \frac{Q_d}{t_b - t_a} \tag{14-5}$$

式中　K_F——第二制冷剂量热器热损失系数（W/℃）；

t_b——第二制冷剂稳定压力所对应的饱和温度（℃）；

t_a——环境温度（℃）。

从而可利用 K_F 值，求得试验条件下第二制冷剂量热器的热损失

$$\Delta Q_l = K_F \times (t_b' - t_a') \tag{14-6}$$

式中　t_b'——实际试验条件下第二制冷剂稳定压力所对应的饱和温度（℃）；

t_a'——实际试验条件下环境温度（℃）。

测定的第二制冷剂量热器的绝热效果应使散热量不超过被测压缩机制冷量的5%。

冷凝器热平衡法作为辅助测量手段，其结果的求得不依赖于主要的测量手段，它是用以判别主要测量手段所得结果的可信程度。国家标准 GB/T 5773—2004 规定“第二制冷剂量热法”以“冷凝器热平衡法”为辅助测量手段，两种方法的测量结果偏差在±4%以内，以主要测试装置测得的制冷量为准。

采用第二制冷剂量热法，可根据节流阀前的状态参数及离开第二制冷剂量热器的第一制冷剂的状态参数，求得在该实际试验工况下系统内的实际制冷剂流量

$$q_{m1} = \frac{P_h + \Delta Q_l}{h_1 - h_5} \tag{14-7}$$

14.6 制冷系统的吹污、检漏和抽真空

14.6.1 制冷剂吹污

制冷机系统是一个密闭循环系统，它的每一个部件都要求有很高的清洁度。这是因为压缩机中的活塞与气缸、润滑油、毛细管和膨胀阀的阀孔等绝不允许有任何杂质或污物，否则就会加大压缩机的磨损或产生拉缸，缩短压缩机的使用寿命，严重时还可使活塞卡死，损坏压缩机。污物同样也会堵死节流装置，使制冷机不制冷。

系统中污物的来源主要有制冷设备在制造加工、安装或检修时，掉入了铁屑、焊渣、沙粒而残留在系统中，有的是管道腐蚀产生的铁锈等。一般制冷系统吹除这些污物是利用高压气体，如用高压干燥氮气充入制冷机的低压端。如果氮气的压力较高，充入压缩机时最好接上减压阀减压，以免损坏阀片。当不用减压阀时，应慢慢旋开气瓶阀，使氮气缓缓进入系统。对于膨胀阀前装有电磁阀，必须使电磁阀开启，否则氮气无法进入高压系统。排污口要设在系统的最低点，对于较大系统，采用几个排污出口，进行分段排污，排污工作要进行多次，直到系统确无污物为止。如果无氮气，则可用空压机或制冷压缩机本身压缩空气进行吹污。在使用制冷压缩机时，应密切注意排气温度，使它不超过130℃，否则就进行多次开机。因为过高的排气温度会降低冷冻油粘度，造成压缩机运动部件的损坏。

14.6.2 检漏

系统的检漏也称气密性试验。它是测定制冷系统是否具有良好的气密性。制冷装置所用的制冷剂，往往渗透性强，系统稍有不严密之处，就会造成大量制冷剂泄漏，影响制冷机的正常工作，例如压差为0.1MPa条件下，一个0.01mm的小沙孔能使氟利昂有每1h为0.05g左右的渗漏量，所以系统的气密性试验必须极其认真、仔细地进行。一般制冷系统的泄漏量每年不应超过充加制冷剂量的1/50～1/100。常用的检漏方法有以下几种。

1. 在水槽内充气检漏

这种检漏法适用于零部件和小型制冷系统。向被检部件内充入一定压力的干燥氮气或空气，其压力按制冷设备所用的制冷剂种类而定，见表14-5。

把加压后的设备浸入常温下的水中观察1min，目视无任何气泡产生，说明不漏。操作中要经常去除水面上的油污等杂质，保持水的清洁。

2. 肥皂水充气检漏

在制冷系统里充入氮气或干燥空气，其压力仍按表 14-5 中的数值。检漏可采用看、查、听和分段检查的方法。用肥皂水涂于系统中各连接处和焊接处，仔细观察，看到有由小变大的气泡即可断定此处泄漏。在有条件的部件上，还可用透明塑料围成斗形并加水，使部件浸在水中，检查是否有泄漏。有的泄漏会发生蟹吐沫的声音，根据听觉就可检查到。在检漏中还应注意，若发现螺纹接头处有泄漏，则不要急于在高压下操作，这样不安全，最好将局部管道内高压气体放掉后再操作。

表 14-5 检漏试验压力

制冷剂	试验压力/MPa	
	高压侧	低压侧
R134a	1.6	1.0
R22	2.1	1.4
R717	2.1	1.4

按照规范规定，充气检漏时，系统中应承受表 14-5 的压力数值要经过 24h，前 6h 的压力降不应超过 2%，其余 18h 应能保持压力稳定。考虑到由于环境温度变化对压力值的波动的影响，温度对压力应符合下列关系式，即

$$p_2 = p_1 \frac{273 + t_2}{273 + t_1} \tag{14-8}$$

式中 p_1——稳压开始时的绝对压力（MPa）；

p_2——稳压终了时的绝对压力（MPa）；

t_1——稳压开始时的环境温度（℃）；

t_2——稳压终了时的环境温度（℃）。

稳压 24h 后，若压力表的读数与上式计算数值相差较大，则说明系统还有泄漏，必须再进一步查找泄漏处，直到合格为止。

3. 充氟检漏

在氟利昂制冷系统中充入含有 1% 氟利昂的干燥氮气，系统压力应符合表 14-5 的数值，用卤素灯或电子检漏法进行检漏。氟利昂类制冷剂的组成元素是卤素族（氟、氯、溴、碘），它们在遇到燃烧着的铜时会发生绿色变紫色火焰。卤素检漏灯就是根据这一原理制成检查氟利昂泄漏的工具。电子检漏仪是根据卤素原子在一定电位的电场下，极易被电离而产生离子流这一特点制成的检漏工具。

14.6.3 抽真空

抽真空的目的有两个，一是检查系统在真空条件下的密封性，二是抽除系统中残余的气体和水分。

封闭式压缩机系统和大型开启式压缩机系统都要用真空泵来抽真空。使用真空泵抽真空应注意在停泵时，先关闭泵与系统临时接管的阀门，否则会造成真空泵内的润滑油被吸入制冷系统中去。

对于小型的开启式压缩机系统在没有真空泵情况下，也可利用制冷压缩机本身来抽真空。具体步骤如下：

1）关闭排出阀，打开排出阀上多用通道，以便排出空气。同时，打开系统中其余各阀

门。

2）起动压缩机，进行排气。到排出阀上听不出排气声时，可在多用通道上临时接上一根管子，并将管子另一头放入一只盛有冷冻油的容器里，观察其冒气泡情况。若5min内无气泡冒出，可以认为系统内气体已基本抽完，而且整个系统已没有泄漏。

3）抽完真空后，先关闭多用通道，然后停机。

在进行抽真空干燥时，系统内压力应在5.33kPa以下，即真空度要在95.99kPa以上，并要持续保持8h内压力回升不超过1.333kPa。

14.7 制冷剂的充注

制冷系统经过抽真空并确信无渗漏后就可开始充灌制冷剂。称重法充灌制冷剂的方法有两种。一种是从压缩机排气截止阀旁通孔充灌，称高压段充灌，充入的是制冷剂液体。这种方法的优点是充灌速度快而且安全。适用系统内无制冷剂而且是抽过真空的情况，也就是适用于第一次充灌。它靠钢瓶内的制冷剂与系统之间的压力差与高度差而自行排入系统。若用这种方法来充灌制冷剂蒸气，则其充入量是很少的，只有充灌制冷剂液体才能灌得多而快。充灌时切不可起动压缩机，以防发生事故。另一种方法是从压缩机吸气截止阀旁通孔充灌，称低压段充灌，多数用于氟利昂机，充入的是氟利昂气体。用这种方法切不可以液态注入，以防发生液击。这种方法充灌速度慢，适用于因系统充入量不够需要添补的情况。

下面按不同种类的制冷剂，介绍其充注步骤。

1. 氨机的制冷剂充注

一般采用高压段充注，其步骤如下：

1）氨瓶倾斜倒置于磅秤架上，磅称架往往高于制冷系统，用管道将氨瓶与系统充氨口连接起来。

2）稍微旋开氨瓶阀并立即旋紧，此时将充入口段接头稍松一下，利用管内制冷剂把空气赶出，再把接头旋紧。

3）开启氨瓶阀充氨，初充时，由于系统压力低，管道外面挂霜，当表压力上升到0.2MPa时，可停止充氨，用酚酞试纸检漏。

4）继续充氨，直到氨瓶与系统压力平衡，若此时仍达不到规定的充灌量（由磅秤称量），就需要借助制冷机进一步充氨。此时，必须将冷凝器或贮液阀关闭，开启压缩机，使氨瓶的氨经节流阀、蒸发器、压缩机和冷凝器，最后贮于储液器中。

2. 氟利昂机的制冷剂充注

中小型氟利昂机往往采用低压段充注，其步骤如下：

1）将吸入截止阀退足，先关闭多用通道孔，装上T形接头，一头接低压表，另一头用铜连接管与制冷剂瓶的接头相连。

2）氟利昂瓶放在磅秤上，以便称量氟利昂。

3）稍开氟利昂钢瓶阀并随即关闭，再松一松压缩机吸入口的管接头，利用管内制冷剂把空气赶出去，再把接头旋紧。

4）开启氟利昂钢瓶阀。

5）如果是水冷冷凝器则供水；如果是风冷冷凝器即起动风机电动机，打开排气截止阀，然后起动压缩机运转。

6）开启压缩机吸气截止阀，制冷剂蒸气缓慢地被压缩机吸入。

7）当系统充注到所要求的量时，立即关闭氟利昂钢瓶阀，再把吸入截止阀退足，拆除接管和氟利昂钢瓶。

对于大型的氟利昂制冷机，也可用高压段充注，这时，应在储液器与膨胀阀之间的管道上设置专用充氟利昂阀，与充氨相似的步骤进行充注，也可在排气截止阀的多用接头上充注。

体积法是另一种充入制冷剂的方法，它是根据温度和压力测出制冷剂的体积后确定其质量加以注入，有专用的工具，体积是用一个带有刻度的量筒测量的。体积法多数用于小型制冷机上。

14.8 制冷机调试

制冷机调试就是把制冷系统的运行参数调整到所要求的范围内工作。其运行参数有蒸发温度和蒸发压力、冷凝温度和冷凝压力、压缩机的吸气温度和排气温度以及节流装置前的制冷剂过冷温度。上述这些运行参数不是固定不变的，随着外界条件的变化，如周围环境温度的变化、冷却水温度变化和库内热负荷变化等，则蒸发温度、冷凝温度都要变化。制冷机的调试，就是调整各个运行参数，在一定的外界条件下进行合理的运行。

蒸发温度是根据被冷却物体或冷媒的温度来确定的。对于冷水机组，它的蒸发温度一般比冷媒水的出水温度低 4 ~ 5℃，要求冷媒水出水温度为 5℃，则蒸发温度应在 0℃左右。对于直接蒸发式冷库来说，它的蒸发温度应比库温低 5 ~ 10℃，若要求库温是 -12℃，则蒸发温度在 -17 ~ -22℃左右。由于蒸发温度与其蒸发压力相对应，一般在不考虑回气管路压力损失的情况下，根据压缩机的吸气压力表就可判断出蒸发压力的大小。正常运转中蒸发温度避免出现过高或过低。蒸发温度过高，则满足不了系统的要求，由于膨胀阀开启度大，容易出现液击冲缸事故；蒸发温度过低，则使压缩机制冷量降低，同样满足不了系统的要求。

对于冷凝温度，只要观察其排气压力表是否在所要求的范围内。一般 R22 和 R717 的制冷系统的冷凝温度不得超过 40℃；R134a 制冷系统的冷凝温度不得超过 50℃，最好在 40℃以下。

14.9 小型冷库的安装和调试

制冷设备在安装和调试前首先要查验设备装箱清单，设计安装技术路线，准备工具和辅助材料。这里以商业冷库为例说明安装和调试的过程，冷库使用的制冷剂为 R22，要求保持的冷库温度是 -18℃，冷却水温度为 30℃。冷库的结构如图 14-22 所示，冷库隔温材料采用硬质聚氨酯泡沫塑料，库板是按设定的模板生产，板与板之间在生产时已预埋有偏心钩，只要先按要求将冷库基础做好，库板安装可以很快完成。制冷系统如图 14-23 所示。首先是冷库本身的安装，其次为制冷系统及辅件的安装，最后是系统调试和验收。

14.9.1 商业冷库库体的安装

冷库库体的安装过程：

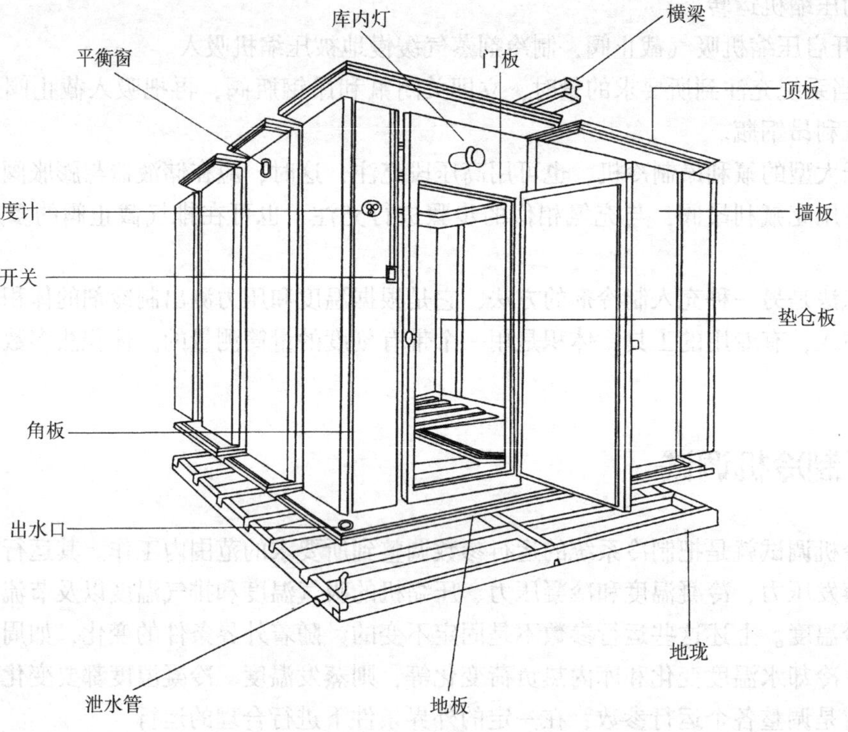

图 14-22　冷库结构

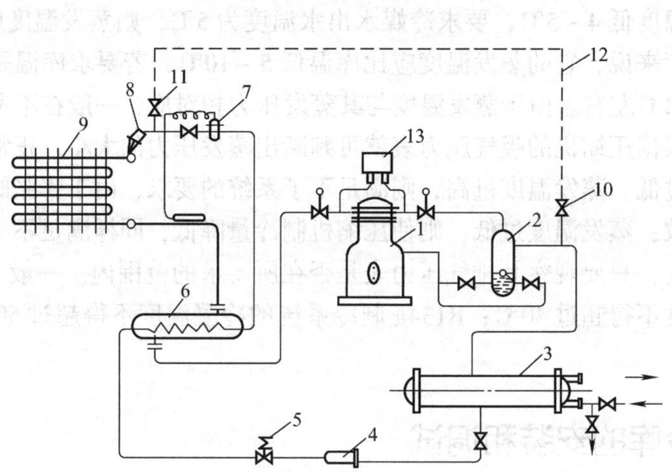

图 14-23　冷库制冷系统图

1—压缩机　2—油分离器　3—冷凝器　4—干燥过滤器　5—电磁阀　6—气液热交换器　7—热力膨胀阀　8—分液头　9—蒸发盘管　10、11—截止阀　12—热氟冲霜管　13—高低压控制器

1）冷库安装前先要做好冷库的基础和地坪（隔热底板以下）。

2）按冷库平面尺寸放线，划好安装线，然后装配底板。

3）冷库堵板在安装时需先装好一个转角板，然后依次安装。

4）安装顶板时，从一边依次安装。

5）用聚氨酯现场发泡，浇注顶板的应预留浇注缝。

6）安装地坪隔热板，用聚氨酯现场发泡浇注底板的预留浇注缝，以增加密封性。

7）安装隔热板。

8）用钢筋混凝土浇注库内地坪。

9）安装冷库门框、门、空气幕及必要照明设备等。

14.9.2 制冷设备的安装

压缩机与电动机通常先固定在特制的机座上，然后安装在机组的基础上。为了机组运转、操作和检修的方便，其基座应高出地面 200～300mm，而紧固螺栓应高出螺母上平面 10～20mm。此外，在压缩机机组周围应留有一定的活动空间和面积，以利于机组及其零部件的拆卸、检查和修理。

制冷装置的辅助设备有冷凝器、蒸发器、储液器等，这些设备的安装一般均有技术条件规定。安装前应确认状态良好，并做好清洁工作。在安装支座或吊架时，下面应放垫铁或软铅垫，所有辅助设备安装紧固后应保证在设备运行、振动条件下不产生任何方向的位移、摇动。冷凝器是承受压力的容器，安装前应检查设备的出厂检验合格证，安装后系统要进行气密性试验。壳管卧式冷凝器一般安装在室内，并设有压力表、安全阀和均压管，为了使冷凝器的冷却水系统正常运行，冷却水应从端盖下部进入，上部排出，且在进出口装有温度表。进水管上装有截止阀或水量调节阀。冷凝器进出水管的安装必须保证其端盖及管子拆解、检修的方便。为了节省设备占地面积，卧式冷凝器往往采用槽钢支架安装在储液器上方。立式冷凝器装于室外钢筋混凝土水池上，垂直度偏差每 1m 不大于 2mm。

蒸发器（蒸发盘管或空气冷却器）的安装应牢固，并保证空气良好对流和制冷剂顺利回气、回油。

储液器应在冷凝器下，以便冷凝器有效地排液。储液器上应装视液镜和进出口截止阀。储液器与冷凝器上部接压力平衡管。安装储液器的时候，必须注意安装方向，出液口是靠近节流阀的一边。如两台储液器并联安装，其距离应考虑到操作上的方便，并在两个储液器下面设一连接管，管道上装一个截止阀，以保证两个液面一致。

其他辅助设备可参考上面的办法进行安装。自动控制元件的安装位置要正确，安装过程中对像毛细管等细小元件要注意轻装，以免损坏。

使用干燥的氮气，应按要求的压力进行检漏，严禁使用氧气、干燥空气等其他气体进行检漏。用真空泵抽真空去除系统中的空气和水分。在初次充注制冷剂时应使用称重法，使制冷剂的充注量满足制冷系统设计的要求（在系统处于真空的状态下，由高压端将制冷剂注入制冷系统，直至停止吸入为止。若充注量尚未达到要求，然后打开制冷系统所有阀门在系统运转的情况下继续充注制冷剂直到要求的充注量）。

14.9.3 冷库的调试

在调试开始时，由于库温比较高，应把膨胀阀的开启度调至能看到阀的出口开始结霜后，再稍开大一点然后让它运行一段时间，这时注意低压表的数值，一般情况可在 0.15MPa（表压）左右。需要注意的是，刚开始时不能把膨胀阀开度调得过大，容易造成液击，但过小产生制冷量不足，使库温下降速度慢。待运转比较平稳后，再调节膨胀阀，调至结霜到回气管的出口，即压缩机的吸入阀处，最好不要结霜到压缩机上，以免造成冲缸。待稳定后再调（根据冷库容量，一般 10～20min 左右）。这样反复多次，一直调到库内温度在 -18℃。此时低压表处于 0.08 MPa（表压）左右，即蒸发温度为 -28℃。如果调试过程中发现系统故障或达不到正常运行的标志，要按表14-7的方法调整或排除故障。认真作好工程记录，提供验收资料，交使用方认可。

14.10 制冷系统故障分析处理

14.10.1 制冷系统正常运转的标志

1. 制冷压缩机正常运转的标志

1）氨压缩机的吸气温度一般高于蒸发温度5℃，氟利昂机最高不超过15℃，排气温度一般不低于70℃，不高于150℃。

2）油泵的排出压力应稳定，应比吸气压力高0.15～0.3MPa，油温一般保持在45～60℃，最高不超过70℃，最低不低于5℃。具体数值应参照压缩机的使用说明书。

3）润滑油应不起泡沫（氟利昂机除外），油面应保持在油面视孔的1/2处或最高与最低标线之间。

4）压缩机的加油量应符合说明书的规定。

5）压缩机的卸载机构要操作灵活，工作可靠。

6）压缩机的轴封温度一般不超过70℃，轴承温度一般不超过60℃，压缩机各运转摩擦部件温度不应超过室温30℃，压缩机机体不应有局部发热或结霜现象，表面温差不大于20℃。

7）冷却水的温度应稳定，出水温度不超过35℃，进出水温差一般为3～5℃。

8）制冷压缩机运转不应有异常声音。故障见表14-6。

2. 制冷设备正常运转的标志

1）水冷冷凝器的工作压力不超过1.5MPa。

2）壳管式冷凝器冷却水的水压应不低于0.12MPa，且必须保持一定的进水温度与水量，对风冷冷凝器和蒸发式冷凝器也应保证一定的进风温度和风量。

3）储液器液面指示应不低于桶高的30%，且最高液面不超过桶高的70%。

4）盘管式蒸发器表面应均匀结霜或结露。

5）设备上的安全阀应启闭灵活，压力表指针应相对稳定，温度计指示正确，其他保护装置应调到规定值，且动作正常。

14.10.2 制冷压缩机的异常声音

制冷压缩机的异常声音的是制冷系统出现了故障，或出现不良情况的前奏，必须迅速分析和排除。具体方法见表14-6。

表14-6 制冷压缩机的敲击声的故障分析和排除

故障现象	原　因	消除方法
气缸内有敲击声	运转时活塞撞击排气阀	将有杂音的气缸打开增加活塞与排气阀间隙
	气阀螺栓松动	旋紧气阀螺栓
	阀片损坏，活塞销与轴承间隙过大	拆缸后检查，调整修理
	假盖弹簧力不够	加垫增加弹簧力或更换
	制冷剂液体进入气缸造成液击	将吸气截止阀关小及液体节流阀关小或暂时关闭

（续）

故障现象	原　　因	消除方法
曲轴箱内有敲击声	连杆大头轴瓦与轴承间隙过大	检查调整其间隙或更换
	轴承、主轴承间隙过大	检查调整间隙
	飞轮与轴或键配合松弛	检查、调整间隙、修理
	连杆螺栓松弛	旋紧连杆螺栓

14.10.3　制冷系统的常见故障及排除

制冷系统的故障比较复杂，表 14-7 是氨和氟利昂制冷系统常见故障及排除方法的总结，可以根据表中罗列的故障进行分析和处理。察看问题先简单后复杂，先外部后内部。

表 14-7　氨和氟利昂制冷系统常见故障及排除方法

序号	故障现象	故障分析		故障处理
1	机组运转噪声大	压缩机、电动机地脚螺钉松动		紧固螺钉
		传动带或飞轮松弛		调节传动带张紧，检查飞轮螺母、键等
2	活塞压缩机有异常声响	气缸部分	气缸余隙过小	调整余隙，适当加厚缸垫
			活塞销与连杆小头衬套间隙过大	更换衬套或活塞销
			吸、排气阀片或阀片弹簧折断	更换阀片、弹簧
			假盖弹簧断裂	更换假盖弹簧
			因吸入液体制冷剂造成“液击”	调整工况，调整膨胀阀开度
		曲轴箱部分	连杆大头轴瓦与曲柄销间隙过大	调整间隙 更换连杆大头瓦 适当提高油压
			主轴颈与主轴承间隙过大	调整间隙 更换轴套 适当提高油压
			连杆螺栓松动、脱落	紧固、更换螺栓，用开口销锁紧
3	压缩机排气压力过高	系统混入空气等不凝结气体		排除空气
		水冷冷凝器的冷却水泵不转		检查、开启水泵
		冷凝器水量不足		清洗水管、水阀和过滤器
		冷却塔风机未开启		检查冷却塔风机
		风冷冷凝器的冷风机不转		检查、开启冷凝风机
		风冷冷凝器散热不良		清除风冷冷凝器表面灰尘，防止气流短路，保证气流通畅
		水冷冷凝器管壁积垢太厚		清除冷凝器水垢
		系统内制冷剂充注过多		取出多余制冷剂
4	压缩机排气压力过低	冷凝器水量过大，水温过低		减少水量或采用部分循环水
		冷凝器风量过大、气温过低		减少风量
		吸、排气阀片泄漏		检查、更换阀片
		气缸壁与活塞之间的间隙过大，气缸向曲轴箱串气		检修、更换气缸套（体）、活塞或活塞环

（续）

序号	故障现象	故障分析	故障处理
4	压缩机排气压力过低	油分离器的回油阀失灵，致使高压气体返回曲轴箱	检修、更换回油阀
		气缸垫击穿，高低压串气	更换气缸垫
		系统内制冷剂不足	充注制冷剂
		制冷蒸发器结霜过厚，吸入压力过低	融霜
		空调蒸发器过滤网过脏，吸入压力过低	清洗过滤网
		储液器至压缩机之间的区域出现严重堵塞	检修相关部件（如电磁阀等）
5	压缩机排气温度过高	排气压力过高	采取有关措施，降低排气压力
		吸入气体的过热度太大	调节膨胀阀的开启度，减少过热度
		排气阀片泄漏	研磨阀线，更换阀片
		气缸垫击穿，高、低压腔之间串气	更换气缸垫
		如冷凝压力过高，蒸发压力过低，以及回气管路堵塞或过长，使吸气压力降低压比过大	调整压力，疏通管路，增大管径及尽可能缩短回气管管长
		冷却水量不足，水温过高或水垢太多，冷却效果降低	调整冷却水量和水温，清除水垢
		压缩机制冷量小于热负荷致使吸热过热	增开压缩机或减少热负荷
6	压缩机吸入压力过高	蒸发器热负荷过大	调整热负荷
		吸气阀片泄漏	研磨阀线、更换阀片
		活塞与气缸壁之间泄漏严重	检修、更换气缸、活塞和活塞环
		气缸垫击穿，高、低压腔之间串气	更换缸垫
		膨胀阀开启度过大	适当调小膨胀阀的开启度
		膨胀阀感温包松落，隔热层破损	放正感温包，包扎好隔热层
		卸载—能量调节失灵，正常制冷时有部分气缸卸载	调整油压，检查卸载机构
		油分离器的自动回油阀失灵，高压气体窜回曲轴箱	检修、更换自动回油阀
		制冷剂充注过多	取出多余制冷剂
		系统中混入空气等不凝结气体	排出空气
		供液阀开启太小，供液不足	调节供液阀
7	压缩机吸入压力过低	蒸发器进液量太少	调大膨胀阀开度
		制冷剂不足	补充制冷剂
		膨胀阀“冰堵”或开启过小	拆下干燥过滤器，更换干燥剂，调节开启度
		膨胀阀感温剂泄漏	更换膨胀阀
		供液电磁阀未开启，液体管上过滤器或电磁阀脏堵	检修电磁阀，清洗通道

（续）

序号	故障现象	故障分析	故障处理
7	压缩机吸入压力过低	储液器出液阀未开启或未开足	开启、开足
		吸气截止阀未开启	全开吸气截止阀
		蒸发器积油过多，换热不良	清洗积油
		蒸发器结霜过厚，换热不良	融霜
		蒸发器污垢太厚	清洗污垢
		蒸发器冷风机未开启或风机反转	启动风机，检查相序
8	油压过高	油压调节阀调整不当	重新调整（放松调节弹簧）
		油泵输出端管路不畅通	疏通油路
9	油压过低	油压调节阀调整不当	重新调整，压紧调节弹簧
		油压调节阀泄漏，弹簧失灵	更换阀芯或弹簧
		润滑油太脏，过滤网堵塞	更换、清洗过滤网
		油泵吸油管泄漏	检修吸油管
		油泵进油管堵塞	疏通进油管
		油泵间隙过大	检修或更换油泵
		油中含有制冷剂（油呈泡沫状）	关小膨胀阀，打开油加热器
		冷冻机油质量低劣、粘度过大	更换清洁的、粘度适当的冷冻机油
		摩擦面的间隙过大，回油太快	更换连杆瓦或轴套，调整间隙
		油量不足	找出原因，补充冷冻机油
		油温过低	开启油加热器
		油泵传动件损坏	检查、更换油泵传动件
10	曲轴箱油温过高	压缩机摩擦部位间隙过小，出现半干摩擦	调整间隙
		冷冻机油质量低劣，润滑不良	更换冷冻机油
		压缩机排气温度过高，压缩比过大	调整工况，降低排气温度
		机房室温太高，散热不良	加强通风、降温
		油分离器与曲轴箱串气	检查、修复自动回油阀
		压缩机吸气过热度太大	调整工况，降低吸气过热度
11	压缩机耗油量过大	油分离器回油浮球阀未开启	检查回油浮球阀
		油分离器的分油功能降低	检修、更换油分离器
		气缸壁与活塞之间的间隙过大	检修、更换活塞、气缸或活塞环
		油环的刮油功能降低	检查刮油环的倒角方向，更换油环
		因磨损使活塞环的搭口间隙过大	检查活塞环搭口间隙，更换活塞环
		三个活塞环的搭口距离太近	将活塞环搭口错开
		轴封密封不良，漏油	研磨轴封摩擦环，或更换轴封，加大维护力度，注意补充冷冻油
		制冷系统设计、安装不合理，致使蒸发器回油不利	清洗系统中积存的冷冻机油

（续）

序号	故障现象	故障分析	故障处理
12	冷冻油呈泡沫状	液体制冷剂混入冷冻机油	调整制冷系统的供液量，打开油加热器
13	卸载—能量调节装置失灵	能量调节阀弹簧调节不当	重新调整弹簧的预紧力
		能量调节阀的油活塞卡死	拆卸检修
		油活塞或油环漏油严重	拆卸更换
		传动机构卡死	拆卸检修
		油管或接头漏油严重	检修
		油压过低	检修润滑系统
		卸载油缸不进油	检查疏通油管路
14	制冷系统堵塞（注：其现象是吸气压力变低，高压压力也变低）	干燥过滤器脏堵	拆卸干燥过滤器，清洗过滤网，更换干燥剂
		膨胀阀脏堵	拆卸膨胀阀和干燥过滤器，清洗过滤网，更换干燥剂
		膨胀阀冰堵	拆下干燥过滤器，更换干燥剂（应同时清洗过滤网）
		膨胀阀感温剂泄漏	更换膨胀阀
		电磁阀不能开启	检查电磁阀电源，或检修电磁阀
15	热力膨胀阀通路不畅	进口过滤网脏堵，或节流孔冰堵 感温剂泄漏	检修膨胀阀和过滤干燥器 更换膨胀阀
16	热力膨胀阀出现气流声	系统的制冷剂不足	补充制冷剂
17	热力膨胀阀不稳定，流量忽大忽小	蒸发器的管路过长，阻力损失过大	合理选配蒸发器
		膨胀阀容量选择过大	重新选择膨胀阀
18	压缩机不起动	主电路无电源或缺相	检查电源
		控制回路断开	检查原因，恢复其正常工作状态
		电动机出现短路，断路或接地故障	检修电动机
		温度控制器的感温剂泄漏，处断开状态	更换温度控制器
		高、低压控制器断开	调整压力控制器的断开调定值
		油压差控制器自动断开	调整油压差控制器的断开调定值
		制冷联锁装置动作（如自动转入融霜工况）	检查电气控制系统
19	压缩机起动后不久停车	油压差控制器的调定值过高	重新调整油压差控制器的调定值
		油泵不能建立足够的油压	检查油压过低的原因
		压力控制器的调定值调节不当	重新调节调定值
		压缩机抱合（卡缸或抱轴）	解体，检修压缩机

（续）

序号	故障现象	故障分析	故障处理
20	压缩机运转中突然停机或起停频繁	高压压力超过调定值，压缩机保护性停机	检查压力过高的原因，排除故障
		油压差控制器调节不当，保护停机的压力值（油压差）与自动起机的压力值（油压差）的幅差太小	重新调节保护停机和自动起机的幅差
		温度控制器调节不当，控制差额太小	重新调节起机温度和停机温度
		油压过低	检修、调整润滑系统
		制冷系统出现泄漏故障，运转时低压过低，停机后低压迅速回升	检漏、补漏、补充制冷剂
		压缩机抱合（卡缸或抱轴）	解体、检修压缩机
		电动机超负荷或线圈烧损，导致保险丝烧断或过热继电器动作	检查超负荷原因，排除故障
		电路联锁装置故障	检查修复
21	压缩机停机高低压迅速平衡	油分离器回油阀关闭不严	检修回油阀
		电磁阀关闭不严	检修或更换电磁阀
		排气阀片关闭不严	研磨阀线，更换阀片
		气缸高、低压腔之间的密封垫击穿	更换密封垫
		气缸壁与活塞之间漏气严重	检修气缸、活塞，或更换活塞环
22	压缩机运转不停而制冷量不足（不能达到停机温度）	制冷剂不足	补充制冷剂
		制冷剂过多	取出多余的制冷剂
		保温层变差，导致“漏冷”现象严重	尽量维护保温层的隔热性能
		压缩机吸、排气阀片泄漏致输气量下降	更换阀片，研磨阀线
		气缸壁与活塞间漏气导致输气量下降	检修或更换活塞环、活塞或气缸套
		系统中有空气	排除系统内空气
		蒸发器内油膜过厚，积油过多	清洗积油，提高传热系数
		冷凝器散热不良	检查维护冷凝器
23	制冷剂泄漏（接头焊缝阀门和轴封处有油迹）	制冷系统管路的喇叭口或焊接点泄漏	重新加工连接部位
		压力表和控制器感压管的喇叭口泄漏	使用扩胀管器重新加工喇叭口
		制冷系统各阀的阀杆密封不严	检修或更换阀门，更换橡胶填料
		空调冷水机组蒸发器铜管泄漏或因蒸发温度过低冻裂	检修或更换铜管
		开启式或半封闭压缩机的机体渗漏	进行定期修理
		开启式压缩机的轴封泄漏	检修或更换轴封
24	压缩机轴封泄漏	摩擦环过度磨损	研磨或更换
		轴封组装不良，摩擦环偏磨	重新研磨、调整、组装
		轴封弹簧过松	更换弹簧
		橡胶圈过紧，致使曲轴轴向窜动时动、静摩擦环脱离	更换橡胶圈

（续）

序号	故障现象	故障分析	故障处理
25	装置运转但不制冷	制冷剂几乎漏尽（机组未设置低压控制器）	检查漏点，充注制冷剂
		过滤干燥器严重脏堵（机组未设置低压器）	清洗过滤网或更换干燥剂
		电磁阀没有开启（机组未设置低压控制器）	检修或更换电磁阀
		膨胀阀严重脏堵或冰堵（机组未设置低压控制器）	检修膨胀阀和干燥过滤器
		膨胀阀感温剂泄漏（机组未设置低压控制器）	更换膨胀阀
		压缩机高、低压腔之间的密封垫被击穿，形成气流短路	检修压缩机，更换垫片
		吸、排气阀片脱落或严重破裂	更换阀片，研磨阀线
		蒸发器严重结霜	检修融霜系统，或人工除霜
		蒸发器表面积垢太厚	清洗蒸发器
		冷风机停转或倒转	检修风机及其电气控制系统
		卸载机构失灵	检查、调整卸载机构
26	冷间降温困难	进货量太多或进货温度过高，冷间门关不严或开门次数过多	控制进货量和进货温度，关闭门和减少开门次数
		供液阀或热力膨胀阀调整不当，流量过大或过小，使蒸发温度过高或过低	调整供液阀或热力膨胀阀
		隔热层受潮或损坏使热损失增多	检修隔热层
		电磁阀和过滤器中油污、脏物太多，管路阻塞或不通畅	清洗过滤网和电磁阀，疏通管路
		蒸发器面积较小	增加蒸发器面积
		管壁内表面有油污、外表面结霜过多	排除油污和霜层
		制冷剂充灌过多或过少，使蒸发压力过高或过低	调整制冷剂量，检修压缩机
		热力膨胀阀感温包感温剂泄漏，冰堵或脏堵	检修感温包，更换制冷剂或干燥剂，清洗过滤网
27	冷却排管结霜不均或不结霜	供液管路故障，如供液阀开启太小，管道、阀门和过滤网堵塞，管道和阀门设计或安装不合理，电磁阀损坏使供液不均	调整供液量，疏通管路，改进管道和阀门，修复或更换电磁阀
		供液管路中有“气囊”使供液量减少	去除“气囊”
		蒸发器中积油过多，传热面积小	及时放油
		蒸发器压力过高和压缩机效率降低，使制冷量减少	降低蒸发压力，检修压缩机，提高效率

（续）

序号	故障现象	故障分析	故障处理
27	冷却排管结霜不均或不结霜	膨胀阀感温剂泄漏	检修感温包
		膨胀阀冰堵、脏堵或油堵	清洗过滤网，更换干燥过滤器
28	高压储液器液面不稳	冷间热负荷变化大，供液阀开启度不当	适当调整开启度
29	压缩机湿冲程	供液阀开启过大，气液分离器或低压循环储液器液面过高，中冷器供液过多或液面过高，出液管堵塞或未打开，空气分离器供液太多	调整供液阀，检查有关阀门和管道，排除多余液体，放出多余制冷剂
		蒸发面积过小，蒸发器积油太多或霜层太厚，使传热面积减小	增加蒸发面积或减少制冷量
		冷间热负荷较小或压缩机制冷量较大，使制冷剂不能完全蒸发	冲霜和放油，调配压缩机容量
		吸气阀开启过快或气缸润滑油太多	缓慢开启吸气阀，调整油压
		热力膨胀阀感温包未扎紧，受外界影响误动作	检查感温包安装情况
		系统停机后，电磁阀关不紧，使制冷剂大量进入蒸发器	缓慢开启吸气阀，注意压缩机工作情况
30	压缩机吸气压力比蒸发压力低得多	吸气管道、过滤网堵塞或阀门未全开，管道太细	清洗管道、过滤网、调整阀门和管径
		“液囊”存在，使压力损失过大，吸气压力过低	去除“液囊”段
31	压缩机排气压力比冷凝压力高得多	排气管路不畅（阀门未全开、局部堵塞等）	清洗管道，调整阀门
		管路配置不合理（如管道太细）	改进管路
32	氟利昂系统油分离器故障	回油阀（自动）打不开，长期不热	检修浮球或阀针孔等
		回油阀关闭不严，长期发热或发凉结霜	检修浮球机构、阀针及阀针孔等
		过滤网堵塞	清洗过滤网

参 考 文 献

[1]　程熙．热能与动力机械制造工艺学［M］．北京：机械工业出版社，2003.
[2]　冯鹤敏，陈彩凤．机械工程基础［M］．北京：化学工业出版社，2005.
[3]　全国数控培训网络天津分中心．数控机床［M］．北京：机械工业出版社，1997.
[4]　周济，周艳红．数控加工技术［M］．北京：国防工业出版社，2002.
[5]　陈蔚芳，王宏涛．机床数控技术及应用［M］．北京：科学出版社，2005
[6]　陈仪先，梅顺齐．机械制造基础：上册［M］．北京：中国水利水电出版社，2005.
[7]　章燕谋．锅炉制造工艺学［M］．北京：机械工业出版社，1980.
[8]　邬志敏．制冷机工艺［M］．上海：上海科学技术出版社，1989.
[9]　蒋能照，余有水，等．氟利昂制冷机［M］．上海：上海科学技术出版社，1983.
[10]　韩耀明．制冷装置制造与维修工艺［M］．天津：天津科学技术出版社，1994.
[11]　缪道平，吴业正．制冷压缩机［M］．北京：机械工业出版社，2002.
[12]　川平睦义．封闭式制冷机［M］．张友良，彭伯彦，译．北京：中国轻工业出版社，1987.
[13]　吴天明．汽轮机冷加工制造工艺的发展［J］．上海汽轮机，2000（3）：9-17.
[14]　黄钟藩，等．电站汽轮机大叶片制造技术综述［J］．汽轮机技术，1996，38（5）：274-282.
[15]　庄乾兴，等．300MW 汽轮机场分缸装配技术浅析［J］．汽轮机技术，2005，47（4）：296-297.
[16]　张俊成，等．600MW 超临界汽轮机未级叶片装配工艺研究［J］．汽轮机技术，2005，47（2）：152-153
[17]　陈非凡，等．汽轮机叶片叶型测量综述［J］．航空计测技术，1995，15（3）：3-4.
[18]　肖刚，王春复．现代汽轮机叶片型面制造技术［J］．热力透平，2003，32（4）：269-272.
[19]　陈蓉．引进型 300MW 汽轮机低压转子动平衡［R］．振动与冲击，2000，19（2）：74-77.
[20]　万淑滨，等．汽轮机叶片汽道加工［J］．电站系统工程，2001，17（6）：3-4.
[21]　东方汽轮机厂．“909”动叶片加工工艺研究［J］．东方汽轮机，2003（3）：17-12.
[22]　黄晓坤．浅谈汽轮机叶片的工作条件及对材料的要求［J］．汕头科技，2003（1）：52-53.
[23]　张文华．大叶片加工难点的攻关及相应的解决措施［J］．汽轮机技术，2003，45（1）：61.
[24]　朱佳生．透平机械制造工艺学［M］．北京：机械工业出版社，1980.
[25]　胡念苏．汽轮机设备及其系统［M］．北京：中国电力出版社，2003.
[26]　吴季兰．汽轮机设备及系统［M］．北京：中国电力出版社，1998.
[27]　郭延秋．大型火电机组检修实用技术丛书：汽轮机分册［M］．北京：中国电力出版社，2003.
[28]　钱德祥．大型汽轮机安装［M］．北京：中国水利水电出版社，1987.
[29]　朱其芳．动力机械与设备制造工艺学［M］．西安：西安交通大学出版社，1999.
[30]　周礼泉．大功率汽轮机检修［M］．北京：中国电力出版社，1997.
[31]　陈禹明．汽轮机加工与数控机床［J］．数控机床市场，2004（1）：38-39.
[32]　邓旺群，等．汽轮机转子高速动平衡技术研究［J］．汽轮机技术，2004，46（1）：49-51.
[33]　邵子舒，等．大型枞树型轮槽加工的工艺研究［J］．汽轮机技术，2001，43（2）：122-123.
[34]　王力．泵水（水压试验）中密封的形式［J］．汽轮机技术，2003，45（5）：335-336.
[35]　桂启志．转子数控加工方法分析［J］．东方汽轮机，2003（1）：27-32.
[36]　章燕谋．锅炉制造工艺学［M］．哈尔滨：哈尔滨工业大学出版社，1987.
[37]　西安交通大学锅炉教研室．锅炉钢材与制造工艺学：中册［M］．西安：西安交通大学出版社，1977.

[38] 涂晨明．超高压、亚临界参数锅炉锅筒制造工艺综述［J］．武锅技术，2000（1）：18-21.

[39] 历志强．工业锅炉制造工艺现状及趋势［J］．炼油与化工，2004（1）：47-48.

[40] 章燕谋主编．锅炉制造工艺学［M］．西安：西安交通大学出版社，1995.

[41] 高广安．锅炉制造工艺学与检验［M］．哈尔滨：哈尔滨工业大学出版社，1987.

[42] 袁美艳，等．300MW 亚临界自然循环锅炉锅筒内部设备布置［J］．电站系统工程，2001，17（1）：21-22.

[43] 何振东，等．1000MW 超超临界锅炉设计探讨［J］．东方电气评论，2005，19（2）：59-62，68

[44] 袁承春，等．大容量电站锅炉锅筒压制焊接变形［J］．石油化工设备，2004，33（4）：57-59

[45] 王相鹏，等．大容量锅筒的制造质量探析［J］．锅炉制造，2003（4）：61-63

[46] 刘志英．大型锅炉锅筒安装工艺［J］．安装，2005，142（3）：34-37.

[47] 章美婕．高压蒸汽锅筒壳体及封头的焊接［J］．焊接质量控制与管理，2004，33（3）：55-56.

[48] 陈力，等．关于锅筒水压试验压力规定中存在的不足及完善建议［J］．试验与研究，2004（4）：15-18.

[49] 马言，等．某电站锅炉锅筒纵焊缝未融合处裂纹的成因分析和处理［J］．黑龙江电力，2001，23（4）：244-245.